Stefan Luppold · Wolfgang Himmel ·
Hans-Jürgen Frank
Hrsg.

Berührende Online-Veranstaltungen

So gelingen digitale Events mit emotionaler Wirkung

Hrsg.
Stefan Luppold
Duale Hochschule Baden-Württemberg
Ravensburg, Baden-Württemberg
Deutschland

Wolfgang Himmel
Expeditionsbegleiter
Konstanz, Deutschland

Hans-Jürgen Frank
Dialogarchitekt®
Gräfelfing, Deutschland

ISBN 978-3-658-33917-3   ISBN 978-3-658-33918-0 (eBook)
https://doi.org/10.1007/978-3-658-33918-0

Die Deutsche Nationalbibliothek verzeichnet diese Publikation in der Deutschen Nationalbibliografie; detaillierte bibliografische Daten sind im Internet über http://dnb.d-nb.de abrufbar.

© Der/die Herausgeber bzw. der/die Autor(en), exklusiv lizenziert durch Springer Fachmedien Wiesbaden GmbH, ein Teil von Springer Nature 2021
Das Werk einschließlich aller seiner Teile ist urheberrechtlich geschützt. Jede Verwertung, die nicht ausdrücklich vom Urheberrechtsgesetz zugelassen ist, bedarf der vorherigen Zustimmung der Verlage. Das gilt insbesondere für Vervielfältigungen, Bearbeitungen, Übersetzungen, Mikroverfilmungen und die Einspeicherung und Verarbeitung in elektronischen Systemen.
Die Wiedergabe von allgemein beschreibenden Bezeichnungen, Marken, Unternehmensnamen etc. in diesem Werk bedeutet nicht, dass diese frei durch jedermann benutzt werden dürfen. Die Berechtigung zur Benutzung unterliegt, auch ohne gesonderten Hinweis hierzu, den Regeln des Markenrechts. Die Rechte des jeweiligen Zeicheninhabers sind zu beachten.
Der Verlag, die Autoren und die Herausgeber gehen davon aus, dass die Angaben und Informationen in diesem Werk zum Zeitpunkt der Veröffentlichung vollständig und korrekt sind. Weder der Verlag, noch die Autoren oder die Herausgeber übernehmen, ausdrücklich oder implizit, Gewähr für den Inhalt des Werkes, etwaige Fehler oder Äußerungen. Der Verlag bleibt im Hinblick auf geografische Zuordnungen und Gebietsbezeichnungen in veröffentlichten Karten und Institutionsadressen neutral.

Planung/Lektorat: Rolf-Guenther Hobbeling
Springer Gabler ist ein Imprint der eingetragenen Gesellschaft Springer Fachmedien Wiesbaden GmbH und ist ein Teil von Springer Nature.
Die Anschrift der Gesellschaft ist: Abraham-Lincoln-Str. 46, 65189 Wiesbaden, Germany

Vorwort

Elf Freunde müsst ihr sein lautet der Titel eines Buches, das Sammy Drechsel 1955 veröffentlichte. Der legendäre Sport-Reporter, Moderator und Kabarettist schildert darin seine eigene Kindheit in den 1930er Jahren. Es geht um Sportlergeist und Gemeinschaftssinn.

Zwei und noch viel mehr Freunde müsst ihr sein könnte unser Buch heißen. Auf den Sinn für ein gutes Miteinander ausgerichtet wie auch auf die sportliche Gesinnung von engagierten Veranstaltungs-Schaffenden und leidenschaftlichen Kommunikations-Fans. Und mit einer ganz besonderen Geschichte verbunden: wie im digitalen Raum ein Team entsteht, wächst und schließlich seine Kompetenz in schriftlicher Form an Sie – die Leser – weitergibt.

Tatsächlich starteten im Frühjahr 2020 zwei von uns – bereits Freunde – damit, sich über die Zukunft der Veranstaltungen auszutauschen. Die Pandemie hatte uns dazu gezwungen, den Dialog online zu führen; gleichzeitig erlebten wir, wie Events, Messen und Konferenzen kurzfristig verschoben oder auf digitale Plattformen verlegt wurden. Wir selbst mussten unsere Vorlesungen und Bürgerbeteiligungen, Konferenzen und Meetings statt in physischen nun in virtuellen Räumen realisieren.

Zu unseren Treffen luden wir immer neue Gäste aus unseren Netzwerken. Als Referenten berichteten sie uns von ihren ganz spezifischen Erfahrungen, Fertigkeiten und Kenntnissen. Viele blieben dann im Team und wurden von Vortragenden zu Teammitgliedern.

Nach dem Spiel – also nach unseren Online-Verabredungen – bilanzierten wir weniger den Wissenszuwachs, sondern überlegten, wo denn Berührungen wahrgenommen werden konnten. Wir stellen fest, dass es davon reichlich gab. So versammelten sich auf unserer Expedition jene, die heute als Autoren in diesem Buch und damit Ihnen einen facettenreichen und wertigen Inhalt präsentieren.

Nicht nur das Doppelpass-Spiel mit den Autoren ist hervorragend gelungen – auch das mit Rolf-Günther Hobbeling, der uns als Executive Editor des Verlags Springer Gabler begleitete. Ihm, unserer Lektorin Anette Villnow und allen anderen Mitspielern danken wir herzlich für ihren Beitrag zum Team-Erfolg!

Ihnen wünschen wir viele Impulse und Anregungen beim Lesen – Mut beim Ausprobieren digitaler Konzepte und Freude bei berührenden Veranstaltungen digital. Wir freuen uns über Rückmeldungen von Ihnen, denn das Thema *Berührende Veranstaltungen digital* ist noch lange nicht zu Ende diskutiert. Work in Progress – und vielleicht beim nächsten Match mit Ihnen auf dem Spielfeld?

Besuchen Sie uns auf unserer Webseite: www.beruehrende-online-veranstaltungen.de

Genderformel: Bei allen Bezeichnungen in diesem Buch, die auf Personen bezogen sind, meint die gewählte Formulierung alle Geschlechter, auch wenn manchmal aus Gründen der leichteren Lesbarkeit die männliche Form steht.

Stefan Luppold
Wolfgang Himmel
Hans-Jürgen Frank

Inhaltsverzeichnis

Was uns online begeistern kann – Ergebnisse aus unserer Expedition ins Unbekannte   1
Stefan Luppold und Wolfgang Himmel

Neo-hybride Events – real und virtuell im Post-Corona-Mix   13
Stefan Luppold

Bürgerbeteiligung gelingt auch digital   27
Wolfgang Himmel

KunstPROZESSE in Wirtschaft und Gesellschaft für die Lösungsfindung in aktuellen Herausforderungen   47
Hans-Jürgen Frank

Zwangs-virtualisierte Events – Erfahrungen aus der Praxis   75
Claudia Nielsen

Never host alone – Erfahrungen aus berührenden Online-Meetings   89
Christian Kemper

Mit Methode und Konzept die virtuelle Begegnung inszenieren   103
Christina Buttler

Immersive Technologien als Transformationsbegleiter 117
Philipp Kahl

Angewandte Improvisation – online echten Kontakt erzeugen 127
Roberto Hirche

Berührende Elemente bei der Online-Teamentwicklung 139
Lars Pohl

Denken im Kollektiv – wie echte Begegnung auf Augenhöhe
gelingt, ohne sich zu sehen 147
Andreas Greve und Frank Schomburg

Das Empfinden der Teilnehmenden – ein Dialog über die
Evaluation von Online-Partizipation 157
Frank Brettschneider und Wolfgang Himmel

Berührende Momente in virtuellen Räumen 169
Susanne Blazejewski

„Digital Responsible Leadership" – Dialogische
Führungsverantwortung im Zeitalter der Digitalisierung 183
Hans-Jürgen Frank, Thomas Maak und Nicola M. Pless

Digitale Veranstaltungsplattformen 217
Thomas Bauer, Timo Kargus und Felix Josephi

Berührende Vorträge bei einem Online-Kongress – Referenten
informieren, qualifizieren und motivieren 239
Cornelia Ilg

Online-Meetings – besser als ihr Ruf? 255
Thomas Wolter-Roessler

Herausforderung Customer Experience bei digitalen
Veranstaltungen – Erkenntnisse aus der Corona-Krise 277
Susanne Doppler, Michelle Kraut und Adrienne Steffen

Business Meetings – Verbindung schaffen in virtuellen Räumen   307
Eugenia Schmitt

Experience Economy und virtuelle Live Communication   331
Lea Ott

Herausgeber- und Autorenverzeichnis

Über die Herausgeber

Prof. Stefan Luppold leitet den Studiengang „BWL – Messe-, Kongress- und Eventmanagement" an der staatlichen DHBW (Duale Hochschule Baden-Württemberg) Ravensburg. Zuvor war er zwei Jahrzehnte in internationale Projekte der Veranstaltungsbranche eingebunden. Als Herausgeber von Fachbuchreihen, als Mitherausgeber von „Praxishandbuch Kongress-, Tagungs- und Kongressmanagement" sowie „Handbuch Messe-, Kongress- und Eventmanagement", als Autor, Referent und Gastdozent an Hochschulen im In- und Ausland gibt er sein Wissen weiter. Stefan Luppold ist Mitglied in verschiedenen Beiräten und Leiter des Instituts für Messe-, Kongress- und Eventmanagement (IMKEM).

Wolfgang Himmel begleitet gerne außergewöhnliche Expeditionen in eine gute Zukunft. Wo es keine Landkarte gibt, braucht es die Vielfalt der Erfahrungen und Wahrnehmungen, um gemeinsam co-kreativ die Wege zu erforschen, wenn nötig umzudrehen und neu zu starten. Als Erwachsenenbildner, Moderator, Koordinator und Prozessbegleiter für Verwaltungen, Verbände, Hochschulen und Unternehmen bringt er langjährige praktische Erfahrungen und methodische Zugänge für transnationale, transdisziplinäre und cross-sektorale Innovations-, Kooperations- und Beteiligungsprozesse ein.

Hans-Jürgen Frank ist „thought leader" auf dem Gebiet des co-creativen Problemlösens und dem Dialog mit einer großen Zahl von unterschiedlichen Stakeholdern. Er nutzt dabei gemeinschaftliche visuelle Arbeitsoberflächen und künstlerische Prozesse. Seit ca. 25 Jahren begleitet er Unternehmen, internationale Organisationen und Regierungen in Veränderungsprozessen, Projekten und Dialogprozessen in Europa, Asien, den USA, Kanada, Lateinamerika und Afrika. Er hat auf der Grundlage dieser Erfahrungen das neue Berufsfeld des Dialogarchitekten® entwickelt. Hier hat er sein multidisziplinäres Know-how als Künstler, Architekt, Experte in Humanökologie, als Autor und „business facilitator" sowie seine Expertise aus der Fernsehproduktion und der Entwicklung von digitalen Räumen vereint. Hans-Jürgen Frank lehrte ca. zehn Jahre an mehreren Hochschulen und Universitäten. Mit seinen Kunden nutzt er Strategien von Künstlern, Erfindern und Filmemachern, um neuartige Lösungen in Industrie, Politik und Gesellschaft zu entwickeln.

Autorenverzeichnis

Prof. Dr. Thomas Bauer Duale Hochschule Baden-Württemberg, Ravensburg, Deutschland

Prof. Dr. Susanne Blazejewski Alanus Hochschule für Kunst und Gesellschaft, Alfter, Deutschland

Prof. Dr. Frank Brettschneider Universität Hohenheim, Stuttgart, Deutschland

Dr. Christina Buttler Director Strategy & Innovation bei MCI Deutschland GmbH, Berlin, Deutschland

Prof. Dr. Susanne Doppler Hochschule Fresenius, Heidelberg, Deutschland

Hans-Jürgen Frank Dialogarchitekt®, Gräfelfling, Deutschland

Andreas Greve nextpractice GmbH, Bremen, Deutschland

Wolfgang Himmel Konstanz, Deutschland

Roberto Hirche Improtheater Konstanz UG, Konstanz, Deutschland

Cornelia Ilg tekom Deutschland e. V., Stuttgart, Deutschland

Felix Josephi PIRATEx GmbH, Köln, Deutschland

Philipp Kahl Digitales Zukunftszentrum Allgäu, Leutkirch, Deutschland

Timo Kargus, Dipl.-Kfm., WorldHostingDays, Köln, Deutschland

Dr. Christian Kemper, M.A., Inbetweener, Bonn, Deutschland

Michelle Kraut Hochschule Fresenius, Heidelberg, Deutschland

Prof. Stefan Luppold Duale Hochschule Baden-Württemberg, Ravensburg, Deutschland

Prof. Dr. Thomas Maak University of Melbourne, Melbourne, Australien

Claudia Nielsen Claudia Nielsen Eventmarketing, Oestrich-Winkel, Deutschland

Lea Ott objective partner AG, Mannheim, Deutschland

Prof. Dr. Nicola M. Pless University of South Australia, Adelaide SA, Australien

Lars Pohl Trainer für Teamentwicklung, Konstanz, Deutschland

Dr. Eugenia Schmitt MBR Business Coach & Consultant Systemische Beratung Schmitt, München, Deutschland

Frank Schomburg nextpractice GmbH, Bremen, Deutschland

Prof. Dr. Adrienne Steffen Hochschule Fresenius, Heidelberg, Deutschland

Thomas Wolter-Roessler, Dipl.-Ing. TWR-Beratung, Stuttgart, Deutschland

Abbildungsverzeichnis

KunstPROZESSE in Wirtschaft und Gesellschaft für die Lösungsfindung in aktuellen Herausforderungen

Abb. 1	„Projektgedächtnis", hier roter Faden zur Entwicklung einer neuen Software	61
Abb. 2	Einfaches, schnelles 3-D-Computermodell als Werkzeug zur Überprüfung einer Wissens-Struktur und ihrer Zusammenhänge	65
Abb. 3	Wissens-Elemente sind in farbig gekennzeichneten Themen-Gruppen sortiert. In Fahrten durch den Raum können diese Wissens-Elemente, Themen-Cluster (links), oder Spuren (rechts) erschlossen werden	71

Mit Methode und Konzept die virtuelle Begegnung inszenieren

Abb. 1	Engagement-Spektrum	110

Denken im Kollektiv – wie echte Begegnung auf Augenhöhe gelingt, ohne sich zu sehen

Abb. 1	Nahezu unbegrenzt viele Teilnehmende können ihre Sichtweise digital einbringen	149
Abb. 2	Setting mit vernetzten Kleingruppen vor Ort	152
Abb. 3	Virtuell zugeschaltete Teilnehmende	153

„Digital Responsible Leadership" – Dialogische Führungsverantwortung im Zeitalter der Digitalisierung

Abb. 1	In der Wahlschlange stehen Bürger mit unterschiedlichen Hautfarben zusammen und handeln gemeinsam	188
Abb. 2	Unterschiedliche Völker mit unterschiedlichen Kulturen, unterschiedlichen Werten und verschiedenen Zielen durchbrechen gemeinsam die „Schallmauer" und beginnen in einer Richtung zu handeln. Dabei behält jeder eine Spur mit einer gewissen flexiblen Bandbreite in seiner eigenen lokalen, persönlichen Färbung und Kultur	199
Abb. 3	Übersicht über die verschiedenen räumlichen Werkzeuge (A–G). Raum-Übersicht (H) und Spirale (I) dienen der Navigation, live in Workshops gezeichnete Bilder (wie J und K) werden im digitalen Raum verarbeitet. Von der Einstimmung links unten (A) führt der Weg nach rechts oben zum Ergebnisraum (G)	207

Digitale Veranstaltungsplattformen

Abb. 1	Videoplattform für das Digital-Event *Gamescom now*	221
Abb. 2	Studioproduktion der *Gamescom now* mit virtuell zugeschalteten Interviewgästen	222
Abb. 3	Parallele Videostream-Einbindungen auf der Website der *re:publica*	223
Abb. 4	Studiomoderation der *re:publica*	224
Abb. 5	Unterhaltung zwischen Teilnehmern der *NamesCon* Online	225
Abb. 6	Interaktionsschwerpunkt auf der Plattform der *Collision from home*	226
Abb. 7	Spielerische Online-Oberfläche der *Equitana Open Air@Home*	227
Abb. 8	Videoprogramm mit Stars der Branche für die *Equitana Open Air@Home*	228
Abb. 9	Voll animierte Keynote bei der *V²EC 2020 – Virtual VIVE Ecosystem Conference*	228
Abb. 10	Mehrstufiger Aufbau einer Livestream-Produktion	230
Abb. 11	Live-Speaker und Präsentation auf der *Medtec LIVE*	232
Abb. 12	Gesammelte Dokumente und Links auf der *VExCon 2020*	233

Online-Meetings – besser als ihr Ruf?

Abb. 1	Live-Visualisierung durch den Graphic Recorder	262
Abb. 2	Ergebnisse Mentimeter-Umfrage zur Energieformel	265
Abb. 3	Begrüßungsvideo als permanent verfügbarer Informationspunkt	268
Abb. 4	Fotocollage als virtuelles Gruppenfoto	269
Abb. 5	Abschlussumfrage Zukunftskonferenz	274

Herausforderung Customer Experience bei digitalen Veranstaltungen – Erkenntnisse aus der Corona-Krise

Abb. 1	Berührende Erlebnisse, Resonanzerlebnisse – aktuelle Herausforderungen während Online-Veranstaltungen	288
Abb. 2	Customer Experience Map – Faktoren für eine gelungene Customer Experience bei digitalen Veranstaltungen	296

Experience Economy und virtuelle Live Communication

Abb. 1	Die vier Erlebnisbereiche	335

Was uns online begeistern kann – Ergebnisse aus unserer Expedition ins Unbekannte

Stefan Luppold und Wolfgang Himmel

Zusammenfassung Aus einem Dialog zwischen Wolfgang Himmel und Stefan Luppold wuchs eine Expeditions-Gruppe, die sich regelmäßig und später mit zusätzlichen Beiträgen von Externen zum Austausch traf. Diese virtuellen Sessions mündeten in den Versuch, mithilfe eines digitalen Tools für kollaboratives Arbeiten und einer größeren Anzahl an Mit-Gestaltern zu erforschen, wie digitale Veranstaltungen berühren können. In einem zweiten Durchgang wurden diese Erkenntnisse als Grundlage für die Entwicklung konkreter Ideen und Vorschläge verwendet. In diesem Beitrag werden sowohl die Geschichte dieser Expedition ins Unbekannte als auch alle Ergebnisse vorgestellt.

S. Luppold
Duale Hochschule Baden-Württemberg, Ravensburg, Baden-Württemberg, Deutschland
E-Mail: luppold@dhbw-ravensburg.de

W. Himmel (✉)
Konstanz, Deutschland
E-Mail: dialog@wolfgang-himmel.de

Erinnern Sie sich noch an Mitte März 2020? Während viele Menschen angesichts der drohenden Krise zu Depression und Ohnmacht verurteilt waren, war es für andere eine sehr aktive Zeit. Wir und unsere Kolleg*innen waren stark gefordert, geplante Veranstaltungen abzusagen, zu verschieben oder in den digitalen Raum „umzuziehen". Das galt auch für den Vorlesungsbetrieb an Hochschulen. Und beim Studiengang „BWL – Messe-, Kongress- und Eventmanagement" an der DHBW Ravensburg spiegelte sich die Situation bei den rund 150 dualen Partnerunternehmen wider: von einer ersten Beunruhigung bis zu existenzbedrohenden Herausforderungen. Die Veranstaltungsbranche beschrieb sich und ihre Situation als „first out – last in". Und das galt für Event-Agenturen wie für Messeveranstalter, für Locations wie für Caterer, für Kongressorganisatoren wie für Messebauer.

In Wolfgang Himmels Agentur für Bürgerbeteiligung gelang es, innerhalb weniger Tage ein professionelles Videostudio mit guter Beleuchtung, Kameras und Mikrofonen einzurichten. Rasch wurden Webinare angeboten, wie Bürgerbeteiligung auch digital gelingen kann. Wir haben diese Zeit als Flow mit einer extrem hohen Lernkurve erlebt. Ständig waren wir am Telefon oder in Videokonferenzen, um neue Erkenntnisse zu gewinnen und zu teilen.

Von Vorteil war, dass wir in den vergangenen Jahren intensiv mit digitalen und hybriden Formaten für Veranstaltungen beschäftigt hatten. Es war uns bereits gelungen, digitale Werkzeuge in den analogen Veranstaltungen einzusetzen. Sowohl junge als auch ältere Menschen, ob im städtischen oder im ländlichen Umfeld, waren als Teilnehmer*innen hoch motiviert, mit ihren Smartphones ein spontanes Stimmungsbild im Saal für alle sichtbar zu machen.

Trotz der positiven Erfahrungen waren wir bisher der festen Überzeugung, dass die von uns initiierten offen angelegten Dialogprozesse digital einfach nicht vorstellbar sind. Digitale Werkzeuge wären bestenfalls als Ergänzung zu analogen Begegnungen sinnvoll. Wir dachten, es brauche die direkte Begegnung, wenn sich Menschen transparent und respektvoll austauschen wollen und nur so trotz großer Interessengegensätze zu gemeinsam getragenen Lösungen kommen könnten.

Der 2016 in einem Buch von Colja Dams und Stefan Luppold beschriebene Ansatz der hybriden Events basiert schließlich auch exakt auf diesem Ansatz: Eine Veranstaltung hat im Kern ihre Existenz im realen Raum und wird durch digitale Tools und Kommunikation im virtuellen Raum ergänzt und hinsichtlich ihrer Wirkung verstärkt.

Und jetzt sollte von einem Tag auf den anderen alles anders werden! Wie noch nie zuvor stand die gesamte Gesellschaft vor den gleichen Herausforderungen. Wie kann der Sprung von analogen zu digitalen Meetings gelingen? Gleichzeitig extrem gefordert und fasziniert wurden wir durch die technischen Hürden. Erinnern Sie sich noch an die Kinderkrankheiten der Videokonferenzen? Für unser Webinar verschickten wir zweiseitige Anleitungen für die Einstellung der Technik und waren froh, wenn Bild und Ton einigermaßen stabil übertragen wurden. Über die Webinare kamen wir mit sehr vielen Menschen ins Gespräch. Bei jedem Webinar präsentierten wir neue Werkzeuge.

Während viele noch mit dem Umgang mit der neuen Technik beschäftigt waren, war es uns im März 2020 klar, dass es um viel mehr als nur um den Medienwechsel gehen wird. Obwohl im Zuge der „Elektrifizierung von Veranstaltungen" insbesondere über digitale Plattformen und Werkzeuge, über Webcams und Konferenzanlagen gesprochen wurde – es ging offensichtlich um eine Überbrückung in der Not, um eine zeitlich befristete Lösung –, sahen wir auch die Notwendigkeit, uns um Ziele und Beziehungen, um emotionale Komponenten und allgemein formuliert das Miteinander Gedanken zu machen.

Keinesfalls wollen wir unsere in vielen Jahren aufgebauten Überzeugungen und ethischen Kriterien über Bord werfen. Gerade bei Bürgerbeteiligungsprozessen ist es wesentlich, dass die Moderation als authentisch, nahbar, wertschätzend und offen wahrgenommen wird. Was müssen wir also tun, damit – gerade in Konfliktfällen – Transparenz, Glaubwürdigkeit, Verständigung, Akzeptanz und gemeinsam getragene Lösungen auch während der Videokonferenz entstehen können?

In diesen Tagen telefonierten Stefan Luppold und Wolfgang Himmel immer wieder miteinander.

Die Frage „Wie können aus Veranstaltungen im digitalen Raum berührende Begegnungen werden?" wollten wir systematisch und transdisziplinär untersuchen. Sehr spontan beschlossen wir, ein längeres Gespräch am Abend zu führen und dazu jeweils vier unserer Bekannten einzuladen.

Wir waren erfreut, dass unsere Gäste, die sich untereinander noch nicht kannten, ihre Erfahrungen austauschen wollten. Wir sprachen über Herausforderungen in der Schule, in der Hochschule, in Organisationsentwicklungsprozessen und bei der Entwicklung virtueller Messen. Wir teilten unsere Erlebnisse als Designer von Kongressen, die in die Videokonferenz-Welt umziehen mussten, über die erste digitale Bürgerversammlung oder über digitales Improvisationstheater. Neben dem inhaltlichen Austausch erlebten wir, dass sich Menschen auch digital sehr nahekommen können, selbst wenn sie sich vorher noch nie gesehen hatten.

Es entstand sehr schnell ein wohltuendes Klima von großem Interesse und gegenseitiger Wertschätzung. Alle waren Profis auf ihrem jeweiligen Gebiet. Sehr sensibel haben alle Verantwortung für eine gepflegte Gesprächsatmosphäre übernommen. Es mussten dafür keine Regeln entwickelt werden. Wenn wir gemeinsam lachen konnten, haben wir das als Höhepunkte erlebt. Wir alle haben diesen Gesprächskreis wie einen Lichtblick in der zunehmenden sozialen Isolation erlebt.

Ist es nicht seltsam, in einer Zeit, in der die physische Nähe als bedrohlich erlebt wird, gerade in der Videokonferenz den Anspruch zu formulieren, dass hier menschliche Berührung stattfinden soll?

90 min pro Woche war unser Rahmen, in dem wir unendlich viele Erfahrungen, Anregungen und Hilfestellungen sammelten. Wir erlebten, dass echte berührende Begegnungen in der Videokonferenz gelingen können.

Nach vier Abenden im engen Kreis begannen wir, jeweils einen Gast einzuladen. Dabei widmeten wir den ersten Teil der Treffen dem Austausch in wechselnden Kleingruppen zur kollegialen Fallberatung. Der zweite Teil war dem Gastreferat gewidmet. Fast alle Gäste wollten danach ständige Mitglieder unseres regelmäßigen Gesprächskreises werden.

Einer dieser Gäste war Andreas Greve aus Bremen. Er berichtete uns über ein Softwaretool zum kollektiven Denken und Entscheiden. Damit kann man mit sehr vielen Menschen in sehr kurzer Zeit eine hohe Ergebnisqualität erzielen. Er bot uns an, unsere Fragestellung mit mindestens 50 Personen zu bearbeiten und nebenbei auch die Wirksamkeit seiner Software am eigenen Leib zu erfahren.

Wir luden Personen zu einem Ideen-Workshop ein, die sich direkt oder indirekt mit Veranstaltungen beschäftigen, und wollten gemeinsam mit ihnen nach Ideen suchen. Dafür hatten wir die folgenden Fragen vorbereitet:

Stellen Sie sich vor, wir treffen uns im Jahr 2022 wieder. Nicht nur die Wogen der Corona-Pandemie haben sich geglättet, sondern der notwendige Strukturwandel ist mit sensationellen und wirklich überraschenden Lösungen geglückt. Mit vereinten Kräften sind die Entwicklungen zum Positiven gewendet worden und völlig neue Geschäftsmodelle, Methoden und Technologien entstanden. Es ist gelungen, berührende Veranstaltungen zum Standard zu machen. Menschen treffen sich gerne live und digital, um ihre wichtigen Themen und Anliegen gemeinsam voranzubringen. Wir schauen aus dem Jahr 2022 zurück und reflektieren gemeinsam:

- *Welche Sensationen sind gelungen?*
- *Welche Erfolgsfaktoren haben wir genutzt?*
- *Welche Stolpersteine mussten wir für den Erfolg aus dem Weg räumen?*

Über 80 Fachleute beteiligten sich als Mit-Gestalter*innen. Um es vorwegzunehmen: Viele der Eingeladenen waren begeistert von der überraschend schnellen und dynamischen Sammlung von Ideen, Kommentaren und Lösungsansätzen, obwohl man sich nicht dabei in die Augen sehen konnte. Nach einer guten Stunde lagen viele Ideen und umfangreiche Kommentare aus den vier Fragerunden vor. Es gelang eine sehr aussagekräftige Zusammenfassung. Dennoch wurde die Veranstaltung in unserem Gesprächskreis extrem unterschiedlich bewertet. Es wurde die gewohnte Begegnung auf Augenhöhe vermisst und der nicht immer perfekte Ablauf kritisiert.

Die Enttäuschung aufgrund unterschiedlicher Erwartungshaltungen konnten wir nutzen, um Neues zu lernen. Einerseits haben wir erfahren, dass Veranstaltungsteilnehmer manchmal auf ganz andere Dinge Wert legen, als wir Planer, Designer oder Gastgeber es erwarten. Dies beschreibt Claudia Nielsen (Beitrag „Zwangs-virtualisierte Events – Erfahrungen aus der Praxis"). Andererseits wurde unser Weltbild dahin gehend erweitert, dass die anonyme Beschäftigung mit einer Fragestellung zu schnelleren und unvoreingenommeneren Ergebnissen führen kann, wenn die sonst übliche Bewertung unseres Gegenübers ausgeblendet wird (Beitrag 11). Deutlich wurde auch, wie wichtig aktivierende Energizer für den Ablauf und die Pausen sind (Beitrag 9).

Als Möglichkeit zur persönlichen Interaktion hatten wir unseren Ideen-Workshop mit einem virtuellen Foyer versehen. Dort trafen sich einige der Mit-Gestalter*innen nach den vier Fragerunden zur lockeren Plauderei, zu einem kommunikativen Ausklang. Jene, die das nutzten, waren begeistert – sie konnten jetzt, statt nur anonym zu bewerten oder Vorschläge zu posten, mit Bild und Ton einigen der Mitwirkenden begegnen. Wir mussten diesen letzten Teil des Workshops schließlich offiziell beenden, da die Gespräche auch noch lange nach dem angesetzten Ende in vollem Gange waren.

Hier nun einige Elemente dessen, was sich aus den vier Fragerunden ergab:

Veranstaltungen sind in positiver Erinnerung geblieben, weil

- persönliche Begegnung und lebendiger Austausch ermöglicht wurden,
- die Atmosphäre durch Wertschätzung und Vertrautheit geprägt war,
- die Teilnehmenden aktiv in die Veranstaltung eingebunden waren,
- sie inspirierend waren und Neues entwickelt wurde,
- sie emotional ergreifend waren und eine Gänsehaut erzeugt haben,
- sie gut inszeniert waren und Überraschungsmomente enthielten,
- sie durchdacht, stimmig geplant und perfekt organisiert waren,
- alle Beteiligten begeistert waren und uns dies auch gezeigt haben.

Veranstaltungen werden in Zukunft begeistern, wenn

- neue digitale Komponenten in hybride Formate integriert wurden,
- virtuelle Realität das Gefühl der tatsächlichen Teilnahme erzeugt,
- häufige und spontane Teilnahme unabhängig vom Ort möglich ist,
- intelligent matchende persönliche Begegnungen unterstützt werden,
- sie interaktiv sind und die Teilnehmenden mit einbezogen werden,
- sie für jeden inhaltlich relevant und menschlich authentisch sind,
- Internetverbindungen schnell und zuverlässig überall funktionieren,
- die Werkzeuge vielfältig und trotzdem einfach zu bedienen sind,
- digitales Arbeiten allgemein für bessere Work-Life-Balance sorgt,
- die Bereitschaft, sich auf neue Formate einzulassen, bestehen bleibt,
- damit ein nachhaltiger Umgang mit der Umwelt verbunden wird.

Wir werden in Zukunft erfolgreich sein, wenn

- wir umdenken werden und den Mut haben, Neues auszuprobieren,
- es in virtuellen Formaten gelingen wird, Live-Erlebnisse zu kreieren,
- wir die Stärken der Formate und der Partner zusammenführen,
- wir auf spezifische Bedürfnisse der Zielgruppe eingehen,
- wir alle vom Mehrwert der aktiven Teilhabe überzeugen können,
- wir die Vorbehalte zu digitalen Formaten berücksichtigen,
- wir mehr als nur das Interagieren am Bildschirm anbieten,
- wir einfache Tools und verlässliche Technik zur Verfügung haben,
- uns die rechtlichen Rahmenbedingungen unterstützen,
- sich auch virtuelle Veranstaltungen finanziell lohnen.

> Die Ergebnisse des Workshops stehen, mit allen Details, online bereit. Interessierte finden dort auch die Einstiegsabfragen, die wir zu Beginn gestellt hatten, sowie die einzelnen Nennungen mit Kommentaren und den für das Ranking relevanten Stimmen. https://nextmoderator.net/beruehrende_veranstaltungen

Für einen Folge-Workshop im Oktober 2020 haben wir diese Ergebnisse zusammengefasst, aufbereitet und daraus sechs zentrale Fragen formuliert. Dabei ging es uns um konkrete Vorschläge und Ideen, Anregungen und Tipps, um den zukünftigen Erfolg von Veranstaltungen im virtuellen Raum unterstützen zu können.

Klassischerweise hätten wir aus dem großen Kreis der Mit-Gestalter Teilnehmer zu einer Vor-Ort-Veranstaltung eingeladen, um die Fragen im Format eines World Cafés zu bearbeiten. Aber durch die Pandemie war das nicht möglich. Zudem erschien es logisch, über erfolgreiche digitale Veranstaltungen selbstverständlich im Rahmen eines Online-Events zu diskutieren.

Den Teilnehmern wollten wir zu Beginn nochmals deutlich machen, was wir unter „berührend" verstehen. Zutreffend sind Emotionen, die sich durch Lachen oder Weinen, durch Freude oder Trauer ausdrücken. Es ist jedoch viel mehr, das hier greift: Veranstaltungen etwa, bei denen wir wirklich beteiligt sind, die uns motivieren oder Positives verstärken, bei denen durch Storytelling neues Wissen nachhaltig im Gedächtnis verankert wird oder spielerische Elemente das eigene Können zum Vorschein bringen.

In sechs Kleingruppen lieferten die beteiligten Fachleute eine Vielzahl von weitergehenden Antworten und Hinweisen:

- Wie kann die virtuelle Realität das Gefühl der tatsächlichen Teilnahme erzeugen?
    - Jemand gibt in der Vorstellungsrunde etwas Persönliches preis!
    - Eine Wohnungstour ermöglicht private Einblicke!
    - Das persönliche Gesicht ist bereits ein Statement – Kameras an!
    - Persönliche Gegenstände schaffen Nähe, können in die Kamera gehalten werden oder, entsprechend vorbereitet, neben den Teilnehmern platziert sein!
    - Beiträge leisten, die Resonanz erzeugen – also relevant und offen sind!
    - Der Mut, sich dann zu melden, wenn man etwas nicht verstanden hat!
    - Im Flow der Veranstaltung vergessen, dass man lediglich virtuell anwesend ist – ein Fokus auf: Hier ist es live!
    - Mehr Spaß bei virtuellen Veranstaltungen, indem man auch an die Vorteile denkt!
- Wie lassen sich persönliche Begegnungen intelligent matchen?
    - Die Gruppengröße kann durch die Raumgröße gesteuert werden – kleine Gruppen schaffen automatisch die Atmosphäre für einen sehr interaktiven Austausch!

- Durch optionales Clustern – wie bei Veranstaltungen im realen Raum – können Gruppen durch ein vordefiniertes Raster zusammengestellt werden (Parship-Ansatz)!
- Wichtig sind Offenheit und Freiwilligkeit im digitalen Raum: Das Verlassen der Session, um einen Kaffee im Foyer zu trinken, ist schwieriger und daher sollen diese Kriterien als Grundvoraussetzung für den Austausch Gültigkeit besitzen!

- Wie und mit welchen Methoden gelingt Interaktivität?

  Bei hybriden Veranstaltungen helfen spezifische Apps, die dann beide Gruppen – online wie onsite – zusammenführen!

  Ein neues Format kann Sprecher von Gruppen definieren (deren Wahl ist bereits eine Interaktion), die in einem Dialog miteinander die Meinungen großer Gruppen diskutieren, vertreten und repräsentieren!

  Abstimmungen – mit App oder spezifischen Systemen – sollten nur bei großen Gruppen zum Einsatz kommen; kleinere Gruppen immer in einen Dialog führen!

- Wie werden Veranstaltungen inhaltlich relevant und menschlich authentisch?

  - Wie bei allen Veranstaltungen – wir zeigen uns als verletzliche Menschen und sind mit unserem Körper wie auch mit unseren Gefühlen anwesend!
  - Wir bauen ein objektiv spürbares Gefühl der Sicherheit auf!
  - Kennenlernen ist eine Grundvoraussetzung, die auch virtuell organisiert werden kann!
  - Der Veranstalter muss vorab in Briefing-Gesprächen mit den Beteiligten (u. a. Referenten) Authentizität vorleben!
  - Inhaltliche Relevanz schaffen Instant-Beiträge, etwa durch kurze Umfragen als Spiegel der Teilnehmer!
  - Gerade virtuelle Veranstaltungen benötigen weniger Frontal-Beschallung und mehr interaktive Anteile!
  - Technikprobleme stressen nicht nur den Veranstalter, sondern auch die Teilnehmer – daher möglichst viele potenzielle Störungen im Vorfeld bereits ausschließen!
  - Wie bei allen Veranstaltungen müssen auch hier die Bedürfnisse der Teilnehmer im Fokus stehen; das erfordert gegebenenfalls mehr eigene Zurückhaltung!
  - Menschlichkeit kommt durch Fehler, durch Schwächen zum Ausdruck; dies von sich zu berichten, dazu sollte aufgefordert werden –

gegebenenfalls mit einem Teilnehmer, der vorab dazu seine Bereitschaft signalisiert hat und den Anfang macht!
- Gewöhnung durch die Übung im Umgang mit digitalen Plattformen wird dabei helfen, nicht mehr „in das Mikrofon" zu sprechen, sondern zu den anderen Teilnehmern!
- Bedürfnisse und Erwartungen im Vorfeld abzufragen schafft die richtigen Themen und trifft die Interessen der Teilnehmer – im Idealfall mit einer Anschlussfähigkeit für alle!
- Das Tempo der Veranstaltung determiniert die Menschlichkeit – digital benötigt im Zweifelsfall mehr Pausen, mehr Freiräume, weniger Klicks!
- Wie schon immer helfen eine klare Zielsetzung und eine entsprechend informative Einladung!
- Dialog im kleinsten Format – zwei Personen, die miteinander sprechen – ist das Format für inhaltlich relevante Kommunikation!
- Aufmerksamkeits-Catcher sind bei digitalen Veranstaltungen besonders wichtig, um die Teilnehmer inhaltlich nicht zu verlieren!
- Der heimische Bildschirm ist keine Leinwand – prägnante und gut lesbare Präsentationen sind obligatorisch!

- Welche vielfältigen und einfach zu bedienenden Werkzeuge oder Methoden haben sich bewährt bzw. sollten wir ausprobieren?
  - Es gibt bereits eine reichhaltige Auswahl an Tools, die permanent erweitert wird. Allerdings limitiert durch das jeweils eingesetzte Videokonferenz-System!
  - Videos sind häufig problematisch, hier sind ganz besonders wichtig das Referenten-Briefing und die „Generalprobe" zur Sicherstellung eines störungsfreien Beitrags!
  - Basis-Anforderung ist es, den Teilnehmern eine Melde-Funktion (aufzeigen) zu ermöglichen!
  - Kein Werkzeug ohne Ziel, kein Tool ohne Grund!
  - Gerade bei digitalen Veranstaltungen muss die Moderation als Werkzeug eingesetzt werden!
  - Mechanische Interaktion als Methode kann an vielen Stellen genutzt werden – die Hand vor die Kamera halten, winken, etwas ins Bild halten!

- Wie kann eine wirksame Dramaturgie echte Gefühle bei den Teilnehmern schaffen?
  - Vor der Veranstaltung bereits Neugierde wecken und die Vorbereitungen mit einer Pilotgruppe vornehmen – die das gewünschte

- Ergebnis und den dazu geplanten Prozess verifiziert, im Sinne eines Erwartungsmanagements!
- Variation sticht Monotonie – etwa eine Veränderung des Tempos (Kreativ-Spurts …) oder die Schaffung temporärer Stille!
- Bilder, Musik, Poesie und Metaphern schaffen das – ebenso wie Raum und Zeit für Aufgabenstellungen oder das Beantworten guter Fragen. Vorsicht jedoch beim „Individuum Mensch": Eine Intervention kann bei unterschiedlichen Teilnehmern auch unterschiedliche Gefühle auslösen!
- Gefühle sind elementar für die Verankerung – ohne Gefühle schaffen wir keine Erinnerung an die Veranstaltung!
- Je nach Konstellation kann die Spannungskurve zum Start bereits hoch sein – oder das Highlight ist am Ende. Ein zurückhaltender Teilnehmerkreis erfordert tendenziell eine langsam ansteigende Kurve, um die Teilnehmer abzuholen!
- Ein Gefühl der Relevanz, der Wertigkeit der Veranstaltung, des persönlichen Nutzens schafft man dann, wenn der Transfer in den eigenen Alltag thematisiert wird!
- Die persönliche Einladung ist und bleibt ein großer Motivator, um teilzunehmen und mit dabei zu bleiben!

Damit waren wir am vorläufigen Ende unserer gemeinsamen Lernreise angelangt, die mit einem spontanen Gesprächskreis im März 2020 begonnen hatte. Wir haben viel erlebt und wertvolles Material zusammengetragen, welches wir gerne anderen – nicht nur aus der Veranstaltungsbranche – zur Verfügung stellen wollen.

Rolf-Günther Hobbeling vom Verlag Springer Gabler hat unsere Idee sehr unterstützt, in Einzelbeiträgen und an konkreten Beispielen darzustellen, wie berührende Begegnungen im digitalen Raum möglich werden. Fast alle Mitglieder des Gesprächskreises haben sich mit einem Beitrag am Buch beteiligt, weitere Autor*innen ergänzen mit Themen aus der jeweils eigenen Perspektive.

Die Entstehung der meisten Beiträge wurde in einem Online-Gespräch zwischen den Autor*innen, den Herausgebern und dem Dialogarchitekten Hans-Jürgen Frank gestartet. In den einstündigen Videomeetings wurden nicht nur die grundlegenden Gedanken und die Gliederung des Beitrags formuliert, sondern auch die Zusammenhänge zum Buchtitel herausgearbeitet und visualisiert. Spannend war es dabei für uns zu beobachten, wie intensiv und persönlich dieser Dialog über Distanz von den Autor*innen erlebt wurde, und wie durch die Live-Zeichnungen neue Erkenntnisse entstehen konnten.

Alle Einzelbeiträge beleuchten sehr unterschiedliche Fragestellungen und dennoch verbindet sie ein roter Faden. Denn für echte menschliche und berührende Begegnungen in digitalen Veranstaltungen kann vieles wertvoll sein: Partizipation bereits in der Vorbereitung, empathische und warmherzige Gastgeberschaft und Moderation, überlegte, aktivierende und energetisierende Übungen, Softwarelösungen für Kollaboration, simultane Dokumentation, konsequente Pausen – und ein Bewusstsein für die ökologischen und insgesamt nachhaltigen Wirkungen unseres Verhaltens bei Videokonferenzen.

So können Sie als Leser*in überall mit der Lektüre beginnen. Damit Sie sich schnell orientieren und die Beiträge kombinieren können, ist jedem Beitrag ein visueller Überblick vorangestellt.

Lassen Sie sich auf die Forschungsreise ein und lassen sich von den dargestellten Erlebnissen und Erkenntnissen inspirieren. Wir freuen wir uns sehr, wenn Sie uns Ihre Erfahrungen mitteilen und damit Mitglied des vielfältigen Expeditionsteams werden. Treffen wir uns gerne hier: www.beruehrende-online-veranstaltungen.de

Prof. Stefan Luppold leitet den Studiengang „BWL – Messe-, Kongress- und Eventmanagement" an der staatlichen DHBW (Duale Hochschule Baden-Württemberg) Ravensburg. Zuvor war er zwei Jahrzehnte in internationale Projekte der Veranstaltungsbranche eingebunden. Als Herausgeber von Fachbuchreihen, als Mitherausgeber von „Praxishandbuch Kongress-, Tagungs- und Kongressmanagement" sowie „Handbuch Messe-, Kongress- und Eventmanagement", als Autor, Referent und Gastdozent an Hochschulen im In- und Ausland gibt er sein Wissen weiter. Stefan Luppold ist Mitglied in verschiedenen Beiräten und Leiter des Instituts für Messe-, Kongress- und Eventmanagement (IMKEM).

E-Mail: luppold@dhbw-ravensburg.de.

Wolfgang Himmel begleitet gerne außergewöhnliche Expeditionen in eine gute Zukunft. Wo es keine Landkarte gibt, braucht es die Vielfalt der Erfahrungen und Wahrnehmungen, um gemeinsam co-kreativ die Wege zu erforschen, wenn nötig umzudrehen und neu zu starten. Als Erwachsenenbildner, Moderator, Koordinator und Prozessbegleiter für Verwaltungen, Verbände, Hochschulen und Unternehmen bringt er langjährige praktische Erfahrungen und methodische Zugänge für transnationale, transdisziplinäre und cross-sektorale Innovations-, Kooperations- und Beteiligungsprozesse ein.

E-Mail: dialog@wolfgang-himmel.de.

Neo-hybride Events – real und virtuell im Post-Corona-Mix

Stefan Luppold

Inhaltsverzeichnis

1	Veränderung	14
2	Hybridität	16
3	Begriffe	17
4	Bedeutungswandel	19
5	Neo-Hybridität	21
	Literatur	24

Zusammenfassung Die Pandemie hat uns eine steile Lernkurve hinsichtlich virtueller Veranstaltungen beschert. So werden auch die uns bekannten hybriden Konzepte neu zu interpretieren sein. Erfahrungen aus dem erzwungenen Umgang mit digitalen Veranstaltungen schaffen einen nachhaltigen Erkenntnisgewinn, ein neues Bewusstsein für Inhalte und die Allokation von Lebenszeit. Gleichzeitig ist zu diskutieren, ob wir weiterhin von real und virtuell sprechen können – oder nach einer neuen und präziseren Definition suchen müssen: Denn wir treffen uns live, so oder so, bei echten Ereignissen und mit wirklichen Erlebnissen.

S. Luppold (✉)
Duale Hochschule Baden-Württemberg, Ravensburg, Baden-Württemberg, Deutschland
E-Mail: luppold@dhbw-ravensburg.de

1 Veränderung

Veränderung ist systemimmanent, ist immer existent. Mit unterschiedlicher Intensität und einer Variation der Geschwindigkeit. Und mit unterschiedlicher Richtung – die letztlich mit determiniert, ob das Ergebnis der Veränderung gut oder schlecht ist, eine Verbesserung oder ein Rückschritt.

So auch mit Blick auf Veranstaltungen, hier insbesondere Messen, Kongresse und Events als direkte, persönliche Kommunikation. Sie sind Teil der Unternehmenskommunikation und ebenfalls einem konstanten Wandel unterworfen. Da Fernseh- und Radiospots, Plakatwerbung und Postwurfsendungen immer weniger wirksam sind – man spricht hier vom Low Involvement der Werbeempfänger –, werden sie immer wichtiger. Sie verkörpern die sogenannte Live Communication, die einen Bedeutungszuwachs erfährt: etwa zur Vorstellung neuer Produkte oder zur Stärkung der Unternehmensmarke.

Dabei entwickeln wir – Veränderung! – immer wieder neue, wirksamere Konzepte und greifen teilweise auf Altbewährtes, Vergessenes zurück, um es in einem Relaunch als Instrument, Methode oder Format in das Jetzt zurückzuholen. Dies gilt beispielsweise für *Campfire*, ein durchaus angesagtes und effektvolles Veranstaltungsformat (für weitere Formate siehe beispielsweise Knoll, 2018).

Bei einer Campfire-Session geschieht das, was die Bezeichnung bereits ausdrückt. Anstelle eines Vortragenden, der mit seiner PowerPoint-Präsentation vor 50 oder mehr Teilnehmern in einem großen Vortragsraum steht, sind diese Veranstaltungen kleiner, intimer und der Fokus liegt auf Konversation und Networking – nicht auf der Vorstellung von Inhalten und Informationen. Der Leiter solcher Sessions spricht kurz, zehn oder 15 min, über das vorgegebene Thema. Dann fördert er die Entwicklung einer Gruppendiskussion, unterstützt das Lernen und Verstehen untereinander, leitet an und vermittelt.

Zwei Merkmale gelten als die Erfolgsfaktoren bei Campfire-Sessions: die limitierte Teilnehmerzahl und der Verzicht auf Technik. Eine Begrenzung resultiert zwar bereits aus der Tatsache, dass im Kreis sitzende Menschen nur bis zu einem bestimmten Durchmesser (der sich aus der Teilnehmerzahl ergibt) vernünftig miteinander kommunizieren können; jedoch ist die eigentliche Wirkung die, „ausgewählt zu sein", „mit dazuzugehören". Technik stört häufig, reduziert die Konzentration auf das, was derjenige, der gerade spricht, in die Runde gibt.

Gleich sein im Kreis, Homogenität und Ent-Hierarchisierung. Vielleicht erinnern Sie sich daran, dies schon einmal gehört, davon gelesen oder es selbst erlebt zu haben. Als Pfadfinder, im heimischen Garten an der Feuerschale oder in einem Western, wenn sich die Indianer zum Palaver versammelten.

Als der Mensch vor 800.000 Jahren lernte, das Feuer zu erzeugen, zu nutzen und zu bewahren, fand er sicherlich auch bald den Weg zum wertigen Austausch durch ein Treffen rund um das Wärmende und wilde Tiere fernhaltende Campfire.

Eher als Konstante galt bislang das Zusammenkommen im realen Raum. Trotz Überlegungen, inwieweit eine Messe virtuell, ein Event digital oder eine Konferenz online stattfinden kann, war dies überwiegend negativ konnotiert: geht nicht, macht keinen Sinn, liefert nicht die gewünschten Ergebnisse, ist wirkungslos. Hier fördert eine Aussage des Zukunftsforschers Matthias Horx das Nachdenken darüber: „Der eigentliche Sinn einer Krise besteht darin, dass wir erkennen, dass es auch ohne sie nicht so weitergegangen wäre wie bisher" (Horx, 2020). So werden wir im Kontext von Veranstaltungen den Begriff *Raum* neu begreifen müssen. Gibt es einen zweidimensionalen Raum? Sind Events im Cyberspace Veranstaltungen im Nirgendwo oder in einem virtuellen Raum? Ein neuer Blick auf das, was für uns bislang als selbstverständliche Größe von Zusammenkünften galt!

Begonnen hat das jedoch noch viel früher, vielleicht in den 1980er Jahren mit dem Spatial Turn: Im kultur- und sozialwissenschaftlichen Kontext wurde der Raum – wieder – wahrgenommen, nicht die Zeit allein bildet die kulturelle Größe. Besonders am virtuellen Raum des Internets wird deutlich, dass eine neue Raumauffassung erforderlich war, die den Raum nicht nur als ein dreidimensionales Behältnis versteht, in dem sich Menschen bewegen. Stattdessen sehen wir den Raum heute als das Resultat sozialer Beziehungen, das dem Interesse und Handeln einzelner Menschen oder Gruppen entspringt. Der reale Raum wird ergänzt durch soziale und kulturelle Raumwahrnehmung (Luppold, 2018). Und mit diesen Attributen ausgestattet kann dann auch ein konstruierter, elektronisch erzeugter Raum zu einem realen werden. Oder, etwas tiefsinniger formuliert entlang eines Films von Thomas Heise aus dem Jahr 2019: Heimat ist ein Raum aus Zeit.

2 Hybridität

Willkommen in der Gegenwart. Die präsentierte zu Beginn des 21. Jahrhunderts ein – Veränderung! – neues Zwei-Komponenten-Thema: Hybride Events. 2016 erschien das gleichnamige Buch von Colja Dams und mir, in dem wir das Konzept vorstellten und erläuterten (Dams & Luppold, 2016):

> „Events und Live-Marketing sind heute ohne die Einbeziehung der digitalen Kanäle nicht mehr denkbar. Als Basiskomponente eines jeden Hybrid Events dient das klassische Event als realer, dialog- und erlebnisorientierter Raum für Kommunikation zwischen Menschen, Unternehmen, Marken und ihren Interessengruppen. Die zweite Komponente setzt sich aus allen neuzeitlichen Kommunikationskanälen, Technologien und Geräten zusammen, die Menschen heute nutzen, um miteinander in Verbindung zu treten" (Luppold, 2011).
>
> „Während Hybrid Events in den USA eher als (virtuelles) Zusatzevent verstanden werden, hat sich in unseren Breiten eine physisch-digitale Mischform aus Live-Events und virtueller Kommunikation etabliert. Hybrid Events verbinden das Live Marketing mit mobilen Applikationen, Social Media Anwendungen und Location Based Services (standortbezogene Zusatzdienste)" (VOK DAMS 2012).

Aufmerksamen Lesern entgeht nicht, dass hier von Live-Events (und Live-Marketing) gesprochen wird, das den Kern einer hybriden Veranstaltung darstellt. *Live* wird synonym für *im klassisch-realen Raum* verwendet. Also klassische Veranstaltungen mit physischer Anwesenheit der Teilnehmer – ergänzt um virtuelle Kommunikation vor, während und nach dem Live-Event.

Es war nachvollziehbar – und ist anhand vieler Fallbeispiele auch belegbar –, dass ein Investment in die virtuelle Erweiterung der Kommunikation wirkungsvoll ist. So entstanden, ob bei Business-Events, bei Verbands-Kongressen oder auch im Vor- und Nachfeld von Messen, immer weitere hybridisierte Alt- oder hybride Neu-Konzepte. Denn:

- Hybride Event-Bestandteile erhöhen die Chance, dass sich die Teilnehmer mit den Inhalten und Botschaften eines Events intensiver, gründlicher und damit ganzheitlich auseinandersetzen.
- Hybride Events können durch die Ergänzung von virtuellen Bestandteilen effektiver werden und die Teilnehmer mehr in ihren Bann ziehen, als dies klassische Events vermögen.

- Je mehr Involvement die Besucher gegenüber den Event-Objekten entwickeln, desto höher ist auch die Wahrscheinlichkeit, dass sie über einen virtuellen Kanal mit dem Veranstalter in Interaktion treten (Dams & Luppold, 2016).

Mit *Zehn Grundregeln zum Einsatz hybrider Events* schlossen Colja Dams und ich unser Buch ab, darunter:

„Der Besucher ist König:
  Stellen Sie die Besucher in den Mittelpunkt all Ihrer Aktivitäten. Fragen Sie sich, was sie wirklich wollen, für was sie sich interessieren und was ihnen tatsächlich nützt. Wenn Sie Zweifel haben – fragen Sie doch einfach nach!" (Dams & Luppold, 2016).

Diese Anregung zum Nachfragen wurde vielfach aufgegriffen, jedoch im engeren Sinn und weniger darauf ausgerichtet, ob etwa An- und Abreisezeiten in einem gesunden Verhältnis zu den erwarteten Erlebnissen und Erkenntnissen stehen. Dies zu beantworten entfiel in Zeiten des Lockdowns und dennoch stellte sich dort die Frage. Dazu später mehr.

Eine Unschärfe in der Definition hybrider Events zeigt sich darin, dass damit immer wieder auch Veranstaltungen bezeichnet werden, deren virtuelle Komponente lediglich aus einem Livestreaming besteht: Die Inhalte des Kern-Events, beispielsweise Vorträge, werden via Internet an nicht im Raum anwesende Personen (ob man diese als Teilnehmer bezeichnen sollte, darüber lässt sich streiten) übertragen. Dies entspricht allerdings keinesfalls den oben dargestellten Zielsetzungen, etwa einem höheren Involvement der Teilnehmer. Hier sehen wir lediglich eine oft nicht qualitativ bestimmte Erhöhung der Reichweite. Und Quantität ist nun nicht vordergründig Ziel professioneller Hybrid-Konzeptionen.

3 Begriffe

Für die Einordnung von Messen, Kongressen und Events gibt es vielfältige Definitionen. Wenn wir von der Veranstaltungswirtschaft sprechen, dann trifft hier auch der Begriff Live-Kommunikation oder Live Communication zu. Da dies von Angesicht zu Angesicht stattfindet, sind auch Bezeichnungen wie Face-to-Face-Kommunikation oder Direkte Wirtschaftskommunikation passend.

Problematischer wird es mit Blick auf die Bestandteile hybrider Events. Hier sprechen wir heute noch von realen und virtuellen Elementen. Daraus ergeben sich zwei Fragen:

1. Sind digitale Bestandteile per se surreal, unwirklich, also nicht real?
2. Können virtuelle Bestandteile denn fiktiv und nicht faktisch sein bei einem Live-Event?

Dies fordert eine Klarstellung bezüglich des Begriffes *live:*

Dieser Terminus benötigt eine neue Bedeutungszuschreibung. Galt er bislang als Synonym für eine tatsächliche Begegnung im realen Raum, hat er sich nun an das angenähert, was wir aus der medialen Content-Produktion kennen. Eine Live-Übertragung ist das zeitliche Zusammentreffen von Konsum (bzw. Teilnahme) und Ereignis; ein Fußballspiel, ein Bühnenwerk oder eine Mondlandung, ohne dabei im Stadion, in der Oper oder auf dem Erdtrabanten sein zu müssen. Das neue *live* ist also das alte plus ein *remote-live*.

Also ist ein Webinar, an dem ich teilnehme, selbstverständlich live – und damit ist es sicherlich auch eine reale Veranstaltung: in der Wirklichkeit vorhanden, nicht nur in der Vorstellung (siehe dazu etwa DUDEN).

Folglich ist– auch für den nutzenstiftenden Gebrauch in der Veranstaltungswirtschaft – zwischen live und nicht-live zu unterscheiden. Findet etwas gerade jetzt statt, mit mir als Teilnehmer (ob im Raum oder am Bildschirm), dann ist das live.

Einen zielführenden Input erhielt ich von Kai Hattendorf, Geschäftsführer des Weltmesseverbandes UFI (Global Association for the Trade Show Industry). Im Rahmen eines Diskurses über hybride Veranstaltungen bat er darum, den Begriff *virtuell* in den Ruhestand zu versetzen. Denn ein Event, das Menschen aus einem gemeinsamen Grund zusammenbringt und verbindet, sei immer auch ein realer Vorgang. Kein Widerspruch, da er gleich die Alternativ-Begriffe für virtuell und real mitgeliefert hat: *online* und *onsite*.

Es wird vermutlich einige Zeit dauern, bis wir in der Veranstaltungswirtschaft zu diesen neuen Begriffen übergehen können. Daher bleibt es für den Moment, auch in diesem Beitrag, bei den vielleicht nicht ganz exakten, aber eingeführten *virtuell* und *real*.

4 Bedeutungswandel

Wer während der Pandemie an einer digitalen Konferenz teilgenommen oder ein virtuelles Event besucht hat, der war zunächst unerfahren, neugierig, vielleicht auch desillusioniert. Über Monate jedoch wurde das Neue, Unbekannte zu etwas Vertrautem. Verabredungen wurden fast schon automatisch als Link zur Session einer Online-Plattform getroffen, dabei auch viele Telefonate in Bild-Telefonate via Zoom, Microsoft Teams etc. transformiert. Denn: Headset und Kamera waren, wie Stift und Papier, normal geworden.

Mit dieser Normalität geht ein Bedeutungswandel einher, der sich aus verschiedenen Elementen zusammensetzt:

- **Wirtschaftlichkeit**
  Zu den Erlebnissen, die bei ins Internet konvertierten Veranstaltungen in Erinnerung bleiben, zählt die Zeitersparnis. Die Konferenz um 9:00 Uhr bedeutet, dass man sich – mit einer Tasse Kaffee ausgestattet – um 8:50 Uhr, mit einem letzten Blick in den Spiegel, vor die Kamera des Homeoffice-Arbeitsplatzes setzt. Und los geht´s! Keine Vorabend-Anreise, kein prophylaktischer Abruf von Stau-Infos. Dies im Übrigen auch vom klassischen Unternehmens-Office aus, also ein Just-in-Time-Conferencing.
  Damit auch keine aufwendigen Set-ups, keine Reise- und Übernachtungskosten, kein Pausencatering und insgesamt wesentlich geringere Kosten.
- **Umwelt**
  Untersuchungen zeigen immer wieder, dass die CO_2-Bilanz einer Veranstaltung insbesondere von den an- und abreisenden Teilnehmern bestimmt wird. Klar, dass – mit Blick auf die ökologische Dimension – eine digitale Veranstaltung vorteilhaft ist. Der Vollständigkeit halber muss darauf hingewiesen werden, dass auch der Betrieb von Informations- und Kommunikationstechnologie Emissionen verursacht und, um einen realistischen Vergleich zu bekommen, Experten mit einer Berechnung beauftragt werden sollten.
- **Relevanz**
  Durch die Alternative – online oder onsite – erhalte ich die Wahlmöglichkeit und kann Prioritäten setzen: Welche Veranstaltung lasse ich weg, wo genügt mir eine virtuelle Teilnahme und wo muss ich unbedingt vor Ort mit dabei sein? Zukünftig werden diese Entscheidungen viel ausdifferenzierter fallen, insbesondere dann, wenn die Veranstaltung inhaltlich sowohl zu Hause als auch am Veranstaltungsort in gleicher Qualität konsumiert werden kann. Dann geht es gegebenenfalls um persönliche Treffen und das Rahmenprogramm – oder um einen insgesamt guten Mix über das Jahr verteilt.

- **Balance**
  Auch wenn der Besuch von Veranstaltungen zum geschäftlichen Alltag zählt: Andere Arbeit bleibt liegen, muss verschoben werden, Reisezeiten kürzen freie Zeiten und die sogenannte Quality Time – Zeit für Familie und Freunde – leidet darunter. Ein Grund mehr, sich im Sinne eines ausgeglichenen privaten und beruflichen Lebens dort Freiräume zu verschaffen, wo das durch Online-Teilnahmen möglich ist.

In Summe stehen diese Elemente für ein verstärkt werteorientiertes Bewusstsein. In den Monaten der Pandemie habe ich mit vielen Besuchern von Kongressen gesprochen und war selbst als Teilnehmer wie auch als Referent von zu Hause aus aktiv. Alle haben ihre Sensorik neu justiert und denken zukünftig über Wirtschaftlichkeit, Umwelt, Relevanz und Balance nach. Sofern, wovon wir ausgehen sollten, das Angebot zur Teilnahme die Option zur Wahl bietet.

Beispiel Skoda

Am 1. September 2020 stellte Skoda sein erstes elektrisch betriebenes Fahrzeug vor. Authentisch sollte das sein, daher fand die Veranstaltung in Prag statt. Pandemie-bedingt gab es keine Möglichkeit, die Präsentationen und Vorträge vor Ort zu erleben. Deshalb hatte der Automobilhersteller eine virtuelle Live-Premiere in einem neuen Online-Format konzipiert. 360-Grad-Kameras vermittelten den Zuschauern das Gefühl, live vor Ort zu sein. Dazu gab es Interviews im Live-Studio, Videos im Skoda Cinema und einen virtuellen Rundgang durch die Unternehmensgeschichte. Vor und nach der Weltpremiere konnten sich alle Online-Besucher virtuell im Pavillon bewegen. Dort stand die Konzeptstudie VISION iV im digitalen Showroom. Nach der Live-Präsentation wurden zwei der Fahrzeuge im Showroom gezeigt. Allein die Zuschauerplätze waren nicht aufgebaut, ansonsten jedoch alles wie bei jeder anderen Produktpräsentation. Eine hohe Qualität – sehend und hörend – mit Live-Eindrücken, einer individuellen digitalen Beweglichkeit durch den Prager Veranstaltungsort und ein straffes Programm sorgten dafür, dass kompakt und wertig kommuniziert wurde, mit vielen zugeschalteten Teilnehmern, für die eine zweistündige Online-Show relevant und wichtig genug war, um teilzunehmen. Sicher hätten einige Marken-Fans eine Reise nach Prag bevorzugt, jenseits von zeitlichen und finanziellen Aufwendungen. Jedoch war die Show – und deren Ziel – ideal für bestehende und zukünftige Kunden im digitalen Raum positioniert.

5 Neo-Hybridität

Vorneweg: Was uns im Zusammenhang mit Unternehmensführung und Positionierung als neue Vokabel, mit entsprechender Unterstützung durch Fachliteratur begleitet, einen erweiterten Denkansatz liefert, ist *Purpose*. Sinnhaftigkeit in der Existenz, im Handeln, gegenüber den Stakeholdern, das ersetzt oder ergänzt, was wir als Mission kennen (Edeka: Wir lieben Lebensmittel).

Purpose leitet uns in der Frage nach der Konzeption und Durchführung einer Veranstaltung; der *Purpose* ist unserer Zielgruppe relevant für deren Bereitschaft zur Teilnahme. Wir denken viel weniger über geplante Budgets und routinemäßige Termine nach, wenn es um Events oder Konferenzen geht – sondern über deren Sinnhaftigkeit. Denn, was die Anwendung von Erlerntem aus der Phase der Pandemie betrifft: Nur wenn es Sinn macht, dann trifft das Veranstaltungs-Angebot auf eine Nachfrage.

Die Neo-Hybridität wird sich mehr am Bedarf und weniger an Traditionen ausrichten: Die Management-Konferenz eines Unternehmens findet nicht im Herbst statt, weil das immer so war, sondern dann, wenn es notwendig ist. Durch die ausgebaute digitale Infrastruktur können wir hier wesentlich kurzfristiger reagieren und situativ handeln. Angekündigt in verschiedenen Studien wurde das bereits vor Jahren (Gatterer et al., 2011; Varga, 2016), nun sind wir auch vorbereitet und fast schon passend konditioniert.

Schnelleres und spontanes Conferencing korreliert mit dem, was uns in der Realität stets begleitet hat: die situative Taktung. Aus der Messewirtschaft kennen wir die Entwicklung, dass der Messetermin Trigger für die Produktentwicklung ist – zur nächsten Fachmesse musste der Prototyp vorzeigbar, das neue Modell lieferbar sein. Die Dynamik der Märkte überholte dann diese fixen und teilweise im zweijährlichen Rhythmus getakteten Branchentreffen und es entstanden neue.

Kollaborative und interaktive Events sind in einer Neo-Hybridität noch besser vorstellbar. Diese *Demokratisierung*, die Teilnehmer zu Teilhabenden oder Teilgebenden macht, hat nun eine geübte und akzeptierte Plattform durch die über viele Monate praktizierten Online-Besuche. In der zweiten Jahreshälfte 2020 konnte man dazu fast wöchentlich in Blogbeiträgen und Fachzeitschriften lesen. Carsten Knobel, CEO von Henkel, berichtete auf LinkedIn von einem ersten Treffen mehrerer Zehntausend Mitarbeiter in der Virtual Global Townhall des Unternehmens – mit einer, wie er es nennt, faszinierenden Live-Interaktion.

Dass wir auch bei rein virtuellen Veranstaltungen unterschiedliche Interaktions-Level vorfinden, scheint eine Abbildung der realen Event-Welt zu sein: Bei Webmeetings sitzen alle um einen Tisch, bei Webinaren reduziert sich die Interaktion bereits auf Frage-und-Antwort-Sessions und ist schließlich bei Webcasts bei null angekommen. Folglich finden wir auch hier die notwendige Skalierbarkeit, um beispielsweise in hybriden Konstellationen die beiden Komponenten *real* und *virtuell* auf gleichem Interaktions-Niveau zu fahren.

MCI, eine Veranstaltungsagentur mit Niederlassungen in über 30 Ländern, subsumierte bereits vor der Pandemie in einem Whitepaper, was relevant sein wird (MCI, 2018): Partizipation, eine Digital-Real-Verzahnung, Networking- und Matchmaking-Lösungen sowie Wissen um wirksames Event-Design. „Teilnehmer und Veranstalter werden anspruchsvoller und erwarten passgenaue Event-Konzepte, die sich zielführend und messbar in jeden bestehenden Kommunikationskontext eingliedern können. Der idealen Verzahnung von realen und digitalen Erlebnis-Elementen, insbesondere im Hinblick auf die Informations-Architektur und die Wissensvermittlung, wird ebenfalls eine zentrale Bedeutung zukommen. Unsere Gesellschaft ist mittlerweile voll im digitalen Zeitalter angekommen und hat sich, besonders was die Verarbeitung von Inhalten und Informationen betrifft, erheblich verändert."

Auch diese Aussage spricht für *Purpose* – und hier als eine Orientierung, die das Wesen und die Bestimmung des Veranstaltenden (des Unternehmens, des Verbandes etc.) noch mehr berücksichtigt als bisher, um damit die operativen, singulären Event-Ziele in einen strategischen Kontext mit einzubauen. Ein großes Ganzes mit Formaten, die Agilität verinnerlichen und dies durch ein Loslösen von traditionellen Restriktionen realisieren. Das „Warum" steht im Mittelpunkt", bestimmt das „Wie" und führt erst dann zum „Was" (Sinek, 2014).

Für ein Fachbuch, das parallel zu diesem entsteht, habe ich Szenarien entwickelt, die als Beispiele für Neo-Hybridität stehen und nachfolgend aufgeführt sind:

Beispiel-Szenarien

Betrachten wir drei Szenarien, die sich aus einer Kombination von real und virtuell ergeben und erweiterte hybride Ansätze zur Realisierung von Veranstaltungszielen liefern können:

Szenario I: String (Kette)
Reale und digitale Einzelveranstaltungen sind Teil eines großen Ganzen; sie wechseln sich ab, aufgereiht und an einer Story Line entlang, haben strategische wie operative Ziele und kombinieren die reale Begegnung mit der zeitnahen und weniger aufwendigen digitalen. Content wird so verteilt, dass er optimal wirkt. Gedanklich eine Fortschreibung von Konzepten, die es z. B. in Form von Händler-Clubs und Anwender-Gemeinschaften bereits gibt.

Szenario II: Funnel (Trichter)
Eine Entkopplung von Zielgruppen und Zielen, die hilft, Quantitäten und Qualitäten bei Events besser zu steuern. Durch eine zeitliche Aufteilung werden in einer virtuellen Vorstufe alle Interessenten mit einem Grundbedürfnis an Orientierung versorgt, während das dann folgende reale Event in der direkten Begegnung mit hoher Effizienz auf ein aus dem Gesamt-Cluster selektiertes A-Level ausgerichtet werden kann. Bei Messen bzw. Messeständen heute durch die Zonen realisiert (Orientierung/Präsentation/Meeting), wird hier die Customer Journey zeitlich gegliedert. Eine Entsprechung hinsichtlich des Aufwands des Besuchers/Gastes resultiert aus der individuellen Nutzen-Stufe (orientiert an AIDA bzw. weiterentwickelten Ansätzen wie AIDAS).

Szenario III: Bridge (Brücke)
Eine Veranstaltung mit der zeitgleichen oder zeitversetzten Implementierung von virtuellen und realen Elementen. Aus der virtuellen Situation heraus erfolgt ein Wechsel in die reale oder pseudo-reale; die Teilnehmer werden portiert, über eine Brücke aus der simulierten in die echte Wirklichkeit geführt. Das kann in unterschiedlicher Art und Weise realisiert werden: durch eine Verabredung aus der digitalen Markenerlebniswelt heraus zu einem Video-Austausch mit dem Entwicklungsvorstand, durch einen Shuttle von der virtuellen Kulinarik-Messe zu Gastronomen in der Region oder durch die Anlieferung von Duftproben während der Präsentation einer Parfüm-Innovation – dies ausgestattet mit einer starken Erlebnisorientierung.

Halten wir fest:

- Reale und virtuelle Veranstaltungen (die wir möglicherweise zukünftig Onsite- und Online-Veranstaltungen nennen) können live sein!
- Zusätzlich können virtuelle Veranstaltungen auch nicht-live sein und etwa zeitversetzt als Aufzeichnung oder dauerhaft („Konserve") zugänglich und besuchbar sein (virtuelle Messe …)!
- Analoge und digitale Elemente vereinigen sich in hybriden Veranstaltungen (Verbindung zwischen Live-Event und tragenden Elementen der digitalen Interaktion im Vor-, Haupt- und Nachfeld einer Veranstaltung)!

- Zusätzlich zu den oben genannten Faktoren, die das Ergebnis limitieren, müssen *Live Need* und *Real Need* betrachtet werden: Gibt es Gründe dafür? (Luppold, 2019)

Was kommt sonst noch auf uns zu? Ich bin da ganz bei Colja Dams, CEO der VOK DAMS Gruppe, der in einem Beitrag von vier großen Veränderungen in der Eventwirtschaft spricht (Dams, 2020):

- Hybride Events werden das Format der Zukunft sein! Kein Teilnehmer wird dadurch bestraft werden, dass er nicht vor Ort sein kann, da er auch von zu Hause aus live mit dabei sein kann.
- Es kommen offene hybride Plattformkonzepte! Agenturen werden zu Plattformbetreibern – traditionelle Konzepte lassen sich nicht 1:1 in digitale oder hybride übertragen, neue müssen den Fokus auf das Erleben haben.
- Alles online ist die Herausforderung! Die Attraktivierung zur Teilnahme ist nicht ein Wettbewerb mit anderen Events, sondern mit anderen Angeboten, zu denen auch eine gute Netflix-Serie zählen kann.
- Der klassische Eventmanager wird sich hin zu einem mit Hybrid-Event-Kompetenzen ausgestatteten entwickeln müssen!

> **Wichtig**
> Und, bei aller Veränderung, bleiben Grundkomponenten wie Dramaturgie und Inszenierung selbstverständlich relevant, müssen Ziele und Zielgruppen (sowie deren Ziele) definiert und analysiert werden (Haag & Luppold, 2020). Bei einem fachlichen Austausch nannte mir der Geschäftsführer eines der größten deutschen Veranstaltungstechnik-Unternehmens ein Wesensmerkmal, eine Konstante:
> *Ob real, virtuell oder hybrid: Bei uns gibt es immer noch eine Bühne!*

Literatur

Dams, C. (2020). *A peek into the events of the future: Hybrid events.* https://www.specialevents.com/corporate-events/peek-events-future-hybrid-events. Zugegriffen: 20. Nov. 2020.

Dams, C., & Luppold, S. (2016). *Hybride events.* Springer.

Gatterer, H., Wehnelt, J., & Schibranji, G. (2011). *Event der Zukunft: Ein Handbuch für das neue Zeitalter der Eventbranche.* Zukunftsinstitut.

Haag, P., & Luppold, S. (2020). *Zielgruppenorientierte Veranstaltungskonzeption: Messen, Kongresse und Events auf Zielgruppen ausrichten.* Springer.

Horx, M. (2020). *Future mind kolumne.* https://www.horx.com/category/future-mind-kolumne/. Zugegriffen: 31. Dec. 2020.

Knoll, T. (2018). *Veranstaltungsformate im Vergleich: Entscheidungshilfen zum passgenauen Event.* Springer.

Luppold, S. (2019). *Luppolds Lupe.* WFA Medien.

Luppold, S. (2018). Ganzheitlich und pragmatisch – digitale Transformation in der MICE-Branche. In: S. Luppold (Hrsg.), *Digitale Transformation in der MICE-Branche – Messe-, Kongress- und Eventmanagement im Wandel* (S. 17–24). WFA Medien.

Luppold, S. (2011). Keytrends und Entwicklungen im Event-Marketing. In: S. Luppold (Hrsg.), *Event-Marketing* (S. 9–18). Wissenschaft & Praxis.

MCI. (2018). *Analoge Wurzen & digitale Flügel: Live-Kommunikation 2020.* MCI.

Sinek, S. (2014). *Frag immer erst: Warum.* Redline Verlag.

Varga, C. (2016). *Event der Zukunft: Vom Erlebnis zur Orientierung.* Zukunftsinstitut.

VOK DAMS Consulting. (Hrsg.) (2012). *Hybrid boosting: Practice review.* Vok Dams.

Prof. Stefan Luppold leitet den Studiengang „BWL – Messe-, Kongress- und Eventmanagement" an der staatlichen DHBW (Duale Hochschule Baden-Württemberg) Ravensburg. Zuvor war er zwei Jahrzehnte in internationale Projekte der Veranstaltungsbranche eingebunden. Als Herausgeber von Fachbuchreihen, als Mitherausgeber von „Praxishandbuch Kongress-, Tagungs- und Kongressmanagement" sowie „Handbuch Messe-, Kongress- und Eventmanagement", als Autor, Referent und Gastdozent an Hochschulen im In- und Ausland gibt er sein Wissen weiter. Stefan Luppold ist Mitglied in verschiedenen Beiräten und Leiter des Instituts für Messe-, Kongress- und Eventmanagement (IMKEM).

E-Mail: luppold@dhbw-ravensburg.de.

Bürgerbeteiligung gelingt auch digital

Wolfgang Himmel

Inhaltsverzeichnis

Literatur 44

Zusammenfassung In diesem Beitrag erfahren Sie, wie wichtig Bürgerbeteiligung für unsere vielfältige Demokratie ist und warum Prozesse und Veranstaltungen partizipativ geplant werden sollten. Auf welche Weise wollen Bürger*innen angesprochen werden, damit sie sich an öffentlichen Fragen beteiligen? Beschrieben wird ein neues Rollenverständnis für Politik, Verwaltung und für Expert*innen. Aus Teilnehmer*innen können Teilgeber*innen werden. Beispiele zeigen, wie innovative Veranstaltungsdramaturgie zu überraschenden und breit akzeptierten Lösungen beitragen kann. Digitale Formate und Werkzeuge erweitern die Breite und Tiefe der Bürgerbeteiligung, und die wirkmächtigen Potenziale sind noch längst nicht ausgeschöpft. Wenn der Beteiligungsprozess selbst partizipativ entwickelt wird, kann hohe Ergebnis- und Erlebnisqualität erreicht werden.

W. Himmel (✉)
Konstanz, Deutschland
E-Mail: dialog@wolfgang-himmel.de

Bürgerbeteiligung findet auf allen politischen Ebenen statt: Europa, Bund, Land, Kommune, Stadtteil. In den vergangenen Jahren hatte dieser Begriff Konjunktur. Und dennoch versteht meist jeder etwas anderes, wenn der Begriff „Bürgerbeteiligung" fällt. Die einen denken an Bürgerbegehren und Volksabstimmungen (direkte Demokratie), andere an die gesetzlich vorgeschriebenen Anhörungen, Stellungnahmen und Gutachten im Rahmen von Bauvorhaben (formelle Bürgerbeteiligung). Informelle Bürgerbeteiligung – und darauf fokussiert dieser Beitrag – „ist die Einbindung der Bürger in politische und administrative Vorgänge über das rechtlich vorgeschriebene Maß hinaus und ist darauf ausgelegt, in einem ‚Trialog' zwischen Politik, Verwaltung und Bürgerschaft zu funktionieren, in dem alle Seiten für einen Austausch offen sind" (Reidinger, 2013, S. 3). Bürgerbeteiligung wird häufig durch den Bürgerprotest gegen laufende Planungen angestoßen.

Als Expert*innen ihres eigenen Alltags können Bürger*innen wesentliche Beiträge leisten. Durch intelligente Partizipation können Straßen, Stromtrassen und Gebäude besser, kostengünstiger, schneller und akzeptierter geplant und gebaut werden. Unterschiedliche Sichtweisen, Bedürfnisse und Interessen können frühzeitig offengelegt und in einem produktiven Diskurs gemeinsam bearbeitet werden.

Besonders interessant ist es, wenn die Entscheidungen der repräsentativen Demokratie mit Elementen der direkten Demokratie kombiniert werden und ein dialogischer Beteiligungsprozess vorgeschaltet wird. Dazu liefert dieser Beitrag praktische Beispiele.

Bundesdeutsche Kommunen beteiligen ihre Bürger schon seit vielen Jahrzehnten bei Planungsvorhaben. Kurz nach der Jahrtausendwende engagierten sich viele Menschen für die nachhaltige Entwicklung im Rahmen der lokalen Agenda 21.

Gerade wenn Vorhabensträger, Verwaltungsmitarbeiter*innen und Politiker*innen hinter den Rathausmauern schon eine geraume Zeit über ein Projekt beraten, verschiedene Alternativen abgewogen und erste Entscheidungen getroffen haben, wird ihnen oft mangelnde Transparenz vorgeworfen und Misstrauen entgegengebracht. Betroffene und andere Interessengruppen fordern, beteiligt zu werden.

Unabhängig davon, ob das Motiv NIMBY – not in my backyard (Stöcker, 2018) – zutrifft oder sonstige Gründe im Hintergrund wirken, besteht die Gefahr der einseitigen Darstellung von Fakten und der gegenseitigen Unterstellungen. Die oft gefühlte Lagerbildung in Gut und Böse, die manchmal populistisch zugespitzte oder falsche Vereinfachung wird durch den allgemeinen Trend zur Karnevalisierung der Politik noch befeuert.

Im Karneval kann einmal im Jahr jeder ungestraft alles sagen. Jeder weiß aber auch, dass dies am Aschermittwoch endet. Wenn der Ausnahmezustand „Karneval" sogar durch die Regierenden selbst zum ständigen Stilmittel einer populistischen Politik-Kommunikation verkommt, wird es gefährlich für unsere Demokratie.

Für Politik und Verwaltung eröffnen sich mit der Bürgerbeteiligung jedoch neue Chancen. Für ihre Vertreter*innen mutet es auf der einen Seite seltsam an, wenn bei Themen, mit denen sie sich schon seit Jahren beschäftigen, plötzlich Bürger*innen mitberaten sollen. Die Angst vor einer Abwertung ihrer Expertise („Wissen ist Macht") ist nachvollziehbar. Auf der anderen Seite haben Politiker*innen und Verwaltungsfachleute sehr wertschätzende Reaktionen erlebt, wenn sie transparent und authentisch mit wirklich interessierten Bürger*innen in den Dialog auf Augenhöhe eintraten. So können alle aus der Anonymität heraustreten und erleben, dass ihre Kompetenzen gesehen werden.

Nötig ist also ein breiter gesellschaftlicher Lernprozess. Herkömmliche Rollen können und müssen neu definiert werden: Politiker*innen, Verwaltungsleute, Wissenschaft, NGOs, Expert*innen und beteiligte Bürger*innen haben die Chance, aber auch die Verpflichtung, ihre „Silos" zu verlassen. Sie dürfen ihre tradierten Denk- und Sprachkonventionen verändern, aufeinander zugehen, sich erklären und gegenseitig ernst nehmen. So können nach und nach wechselseitig Vertrauen, Respekt und Anerkennung wachsen.

Bürgerbeteiligung ist ein wertvolles Instrument für unsere vielfältige Demokratie. Sie erkennt an, dass es vielfältige Interessen und Bedürfnisse gibt, über die man Transparenz und Verständigung herstellen kann.

Ein Faktor für das Gelingen informeller Bürgerbeteiligung ist der wertschätzende Dialog. Bürger wollen wie Erwachsene behandelt, ernst genommen, nicht ohnmächtig mit Planungen und Entscheidungen konfrontiert werden. Sie wollen verstehen, die Zusammenhänge sehen. Wenn die Bürgerbeteiligung ernst gemeint ist, sind die Beteiligten bereit, sich die gesamte Komplexität zuzumuten. So haben die meisten Teilnehmer*innen des Bürgerdialogforums Altersversorgung der Landtagsabgeordneten in Baden-Württemberg (Reidinger & Wezel, 2018, S. 102 f.) die Abgeordneten ihres Wahlkreises besucht, befragt und so ein eigenständiges Verständnis für die komplexen Aufgaben eines Abgeordneten entwickeln können. „Demokratie soll die Komplexität nicht reduzieren, sondern erschließen" (Lotter, 2020, S. 104).

Doch bevor sich Menschen beteiligen, braucht es persönliche Betroffenheit. Der Stuttgarter Kommunikationswissenschaftler Frank Brettschneider beschreibt das Beteiligungsparadox: Zu Beginn einer Planung, wenn die Mitwirkungsspielräume noch groß sind, ist das Interesse der breiten Öffentlichkeit relativ gering. Je mehr sich im Verlauf die Planung konkretisiert, desto mehr nehmen das Informationsinteresse und der Wille zur Mitwirkung in der Bevölkerung zu, gleichermaßen verengen sich die Entscheidungsspielräume. Brettschneider rät den Vorhabenträgern, dass sie „nicht nur in den formal vorgeschriebenen Verfahren kommunizieren, sondern alle Gelegenheiten für den informellen Austausch nutzen oder – sofern nicht vorhanden – schaffen" (Brettschneider, 2016, S. 226 ff.).

Alle Beteiligten brauchen einen klaren politischen Auftrag, der von allen akzeptiert wird. In der davon abgeleiteten Planung des Beteiligungsprozesses werden die offene Fragestellung, der Entscheidungsrahmen sowie die Rollen und Aufgaben aller Beteiligten beschrieben. „Allen Teilnehmern müssen von Anfang an Zweck, Zielsetzung, Ablauf, Freiheitsgrade und Spielräume bewusst sein" (Brettschneider, 2016, S. 227). Wenn hier unsauber oder unehrlich kommuniziert wird, riskiert man zu Recht große Frustration.

Idealerweise wird in der Prozessplanung wie in einem Fahrplan dargestellt, wer wann zu welchem Teilaspekt in welchem Format – Veranstaltung, Befragung, Exkursion etc. – informiert wird, mitwirkt oder entscheidet.

Die Prozessplanung beantwortet die folgenden Fragen:

- Worum geht es genau? Wo gibt es noch Entscheidungsspielräume?
- Wie erreichen wir wichtige Zielgruppen? Wie wollen wir einladen: nach Selbstselektion oder nach dem Zufallsprinzip?
- Welche Formate, Methoden und (digitalen) Werkzeuge setzen wir ein?
- Welche Zugangsbarrieren gibt es für bestimmte Bevölkerungsgruppen und wie können diese gemildert oder überwunden werden?
- Wie soll die parallele Öffentlichkeitsarbeit erfolgen?
- Wie wird mit den Ergebnissen der Bürgerbeteiligung im weiteren politischen Entscheidungsprozess umgegangen?

Es macht Sinn, dass die externen Prozessbegleiter die oben genannten Fragen nicht alleine beantworten. Es hat sich bewährt, bereits bei der Planung des Beteiligungsprozesses partizipativ vorzugehen. Weiter unten wird beschrieben, wie eine maximal gemischte Spurgruppe ihre vielfältigen Perspektiven einbringen und auch bei den Veranstaltungen selbst aktiv unterstützen kann.

> **Spurgruppe:**
> Der Begriff kommt aus dem Wintersport. Es handelt sich um eine Gruppe von Ortskundigen und Mutigen, die das Gelände erkunden und eine Spur legen, auf der andere bequem und ohne Gefahren nachkommen können.

Die Ernsthaftigkeit einer Beteiligung lässt sich analog einer Stufenleiter beschreiben. Auf der untersten Stufe geht es um Informationsvermittlung, in höheren Stufen um Konsultation, Mitwirkung, Mit-Entscheiden bis zur Selbststeuerung durch Bürger (Bipar, 2018). Um keine falschen Erwartungen zu wecken, sollte man sich bewusst machen, auf welcher Stufe die jeweilige Veranstaltung anzusiedeln ist.

Wenn offen zu analogen Bürgerbeteiligungsveranstaltungen eingeladen wird, fühlen sich überdurchschnittlich viele ältere, männliche, gut gebildete Menschen mit einem hohen Zeitbudget angesprochen. Diese Tatsache macht Bürgerbeteiligung angreifbar.

Durch den Umzug der Bürgerbeteiligung in digitale Räume sind bisher bekannte Zugangsschwellen deutlich abgesenkt worden. Gerade Gruppen mit Mobilitätseinschränkungen oder geringen Zeitbudgets nehmen jetzt häufiger an Bürgerbeteiligungsveranstaltungen teil (siehe Beitrag „Das Empfinden der Teilnehmenden – ein Dialog über die Evaluation von Online-Partizipation").

Einer wirklich demokratischen Bürgerbeteiligung muss es jedoch unabhängig von den technischen Möglichkeiten gelingen, vielfältige Bevölkerungsschichten zu interessieren und zur Mitwirkung zu motivieren.

In vielen Fällen ist es sinnvoll, Menschen direkt und persönlich anzusprechen und um Unterstützung bei der Bearbeitung wichtiger Fragen zu bitten. Aus dem Einwohnermelderegister können nach Alter und Geschlecht differenzierte Personen zufällig gezogen und eingeladen werden. Alternativ dazu werden sechs bis zehn Personen für eine kleine Spurgruppe so ausgewählt, dass sie zusammen eine maximale Varianz aufweisen. Wichtig ist, dass die zufällig oder gezielt ausgewählten Menschen direkt persönlich angesprochen werden (siehe Beitrag „Das Empfinden der Teilnehmenden – ein Dialog über die Evaluation von Online-Partizipation").

Doch wie kann man sich Bürgerbeteiligung konkret vorstellen? Nachfolgend einige Beispiele aus der Praxis.

Rheinuferpark Gailingen/Diessenhofen

Gailingen am Hochrhein ist durch eine Brücke mit dem schweizerischen Diessenhofen verbunden. 2008 gab es in Gailingen Überlegungen zur Neugestaltung des Rheinstrandbades. Da bei der Neugestaltung auch Auswirkungen auf die Nachbargemeinde zu erwarten waren, sollten die Einwohner den gesamten Uferbereich auf beiden Seiten der Grenze in den Blick nehmen. Eine grenzüberschreitende Spurgruppe aus Verwaltungen sowie fachkundigen Einwohner*innen aus verschiedenen Bereichen plante gemeinsam mit externen Moderator*innen einen mehrmonatigen Beteiligungsprozess. Bei Exkursionen und Bürgerwerkstätten gelang die Bestandsaufnahme der Chancen und Risiken entlang beider Ufer, anschließend die Sammlung von Bedürfnissen unterschiedlicher Nutzergruppen. Am Ende wurden 40 Maßnahmen zur Aufwertung des gesamten Gebietes festgehalten und beschlossen. Im Monitoring von 2018 wurde durch eine Gegenüberstellung von Fotos vor und nach der Sanierung festgestellt, dass fast alle Maßnahmen realisiert waren. „Die Bürgerbeteiligung hat wesentlich zur Qualität und zur Akzeptanz der Veränderungen beigetragen" (Staatskanzlei Aargau et al., 2019, S. 19).

Höhenfreibad Gottmadingen

Im Winter 2012 protestierten 600 aufgebrachte Menschen für den Erhalt und die Sanierung des beliebten Höhenfreibades. Politik und Verwaltung gelang es, den Protest in einen konstruktiven Beteiligungsprozess über die Zukunft des Freibades zu drehen. Dabei berücksichtigten sie sowohl Bedürfnisse unterschiedlicher Nutzergruppen als auch den begrenzten finanziellen Spielraum der Gemeinde.

Wenige Monate später lagen die ersten Ideenskizzen der konkurrierenden Planungsbüros vor. An der darauffolgenden Bürgerbefragung beteiligten sich 50,7 % aller Personen über 14 Jahre. 89 % stimmten mit JA auf die Frage „Wollen Sie, dass 3,75 bis 4 Mio. Euro für die Sanierung des Höhenfreibades ausgegeben werden?".

Beeindruckend war, dass sich einfache Bürger*innen als „Expert*innen in eigener Sache" kompetent einbrachten (Himmel et al., 2014). Sie waren aber auch für den Rat anderer Expert*innen offen: Der Gemeindekämmerer erläuterte die finanziellen Spielräume im kommunalen Haushalt; ein anwesender Bäderspezialist erläuterte, wie man Geld sparen kann, ohne auf viele Annehmlichkeiten verzichten zu müssen.

Das Bad wurde in Rekordzeit geplant und gebaut und blieb im Kostenrahmen. Nach Auskunft der Architekten lag es daran, dass so viele Planungsdetails bereits durch die Beteiligung der Bürger*innen sehr schnell geklärt werden konnten. In Gottmadingen wurden die Bürger*innen in den folgenden Jahren erfolgreich bei der Überplanung der Kinderspielplätze, bei der Entscheidung über den Um- oder Neubau der Schule und bei der Entwicklung eines neuen Bauquartiers beteiligt.

Städtisches Leitbild Tengen

Die Stadt Tengen mit 4.500 Einwohnern teilt sich auf einer Fläche von 60 Quadratkilometern in neun Teilorte. 2015 wurde der damals 25-jährige Marian Schreier zum jüngsten Bürgermeister Deutschlands gewählt. Eines seiner ersten Projekte war ein strategisches Leitbild für einen Planungshorizont von 15 Jahren. Dieses sollten Gemeinderat und Verwaltung gemeinsam mit Bürger*innen erarbeiten.

Als Bindeglied zwischen Verwaltung, Politik und Bürgerschaft und zur konkreten Planung des partizipativen Leitbildprozesses wurde eine Spurgruppe eingesetzt. In Tengen bereitete diese Spurgruppe gemeinsam mit der Verwaltung und den externen Moderator*innen den Beteiligungsprozess mit den Einwohnern vor. Neben der maximalen Vielfalt nach Geschlecht, Alter, Bildungs- und Familienstand wurden bei der Zusammensetzung einer Spurgruppe unterschiedliche Lebenslagen und verschiedene Blickwinkel berücksichtigt: Pendler*innen, Selbstständige, Tourismus, Pflege, Schule, Kindergarten, Vereine. Ebenso sollten auch Menschen dabei sein, die neu zugezogen waren und die bisher noch nirgends mitmachten. Herausfordernd war, dass jedes der neun Spurgruppenmitglieder in einem anderen Teilort der ländlichen Kleinstadt wohnen sollte.

Schon beim ersten Treffen wurde die positive Wirkung der Vielfalt spürbar. Jede Person war vom Bürgermeister persönlich gebeten worden, sich für die mehrere Monate dauernde Aufgabe zu engagieren. Niemand hatte abgelehnt.

Dass sich in den folgenden Monaten Hunderte von Bürger*innen beteiligten und das Leitbild mit formulierten, lag zum großen Teil daran, dass die Mitglieder der Spurgruppe so unterschiedlich waren und sich gegenseitig interessant fanden. Vor allem deshalb konnten sie die großen Turnhallenveranstaltungen kompetent und engagiert vorbereiten und jeden Schritt der Entwicklung des Leitbildes bis zur Verabschiedung durch den Gemeinderat konstruktiv-kritisch begleiten.

Windräder in Tengen und Engen

Jahre später hatte der Gemeinderat von Tengen den Mut, die Entscheidung über den Standort von drei Windrädern einem Bürgerentscheid zu überlassen. Diesem Entscheid sollten aber partizipative Informations- und Dialogveranstaltungen vorausgehen.

Da die Windräder ebenfalls Auswirkungen auf einen Teilort der Nachbarstadt Engen haben würden, fand auch eine Veranstaltung im dortigen Dorfgemeinschaftshaus statt. Trotz hohen Emotionspegels konnte eine konkrete Alternative entwickelt werden. Eines der drei Windräder konnte einige Hundert Meter auf das Gebiet der Nachbarstadt verlegt werden. Aus ursprünglich drei geplanten Windrädern wurden am Ende zwei in Tengen und zwei in Engen. Genau wie in der Nachbarstadt gab es auch in Engen einen Bürgerentscheid. Die vorgeschalteten Informations- und Dialogveranstaltungen fanden dann – Corona-bedingt – online statt.

> Es zeigte sich, wie aus der anfänglich angespannten Atmosphäre eine konstruktive Wendung gelang, von der alle Seiten profitierten. Voraussetzung war, dass die Beteiligten im Gespräch blieben und so aufeinander zugehen konnten.

> **Altersversorgung der Landtagsabgeordneten**
>
> Vielfalt war auch das Kriterium für die Auswahl der nach dem Zufallsprinzip eingeladenen Mitglieder des Bürgerdialogforums zur Altersversorgung der Landtagsabgeordneten in Baden-Württemberg. 25 bunt gemischte Bürger*innen aus allen Teilen des Landes haben sich mit komplizierten Fragen beschäftigt und gemeinsam eine Empfehlung an den Landtag erarbeitet. Abgeordnete aus allen Landtagsfraktionen, die sich an einem der insgesamt drei Samstage einem „Speeddating" stellten, waren sichtlich überrascht, wie schnell und kompetent sich zufällig ausgewählte Mitglieder des Bürgerdialogforums in schwierige Themen eingearbeitet hatten.

Diese wenigen Beispiele zeigen, dass jeder Beteiligungsprozess ein eigenes Abenteuer ist, eine Exkursion mit ungewissem Ausgang. Das erfordert Mut und Vertrauen gleichermaßen.

Die Haltung der Moderator*innen

Meist werden Beteiligungsprozesse durch eine unabhängige Moderation begleitet. Das ist sinnvoll, denn „die Kunst der Moderation besteht ja genau darin, nicht nur die pragmatischen Konfliktebenen zu verstehen, sondern auch die emotionale Bedeutung für die Parteien zu sehen" (Lotter, 2020, S. 68).

Erfahrene Moderationsteams verfügen über ein großes Repertoire an Methoden und sowohl analogen wie digitalen Werkzeugen, die sie aber erst dann einbringen, wenn Fragen nach dem Ziel und dem Kontext wenigstens annähernd geklärt wurden.

Prozessmoderator*innen kooperieren als Entwicklungspartner auf Augenhöhe. In anspruchsvollen Beteiligungsprozessen reicht es nicht, sich auf seine Rolle als Kompetenzträger für Methoden und Formate zu beschränken. Die Moderation muss sich selbst inhaltlich tief einarbeiten, damit sie Fragen und Methoden entwickeln kann, die den wertschätzenden Dialog befördern.

Der partizipative Entwicklungsprozess braucht gegenseitiges, schafft aber auch zusätzliches Vertrauen. Gerade wenn eigene Zweifel, Unsicherheit und teilweise Ratlosigkeit ohne Ängste ausgesprochen werden können, eröffnen sich Chancen für unvorhergesehene Lösungen.

Eine wichtige Rolle kommt der Moderation zu. Sie sorgt dafür, dass sich alle wirklich zuhören und vom unfruchtbaren Austausch von Pro- und Contra-Positionen zum respektvollen Dialog kommen. Zuhören und andere Meinungen kennenlernen muss der erste Schritt sein, um tragfähige Lösungen gemeinsam entwickeln zu können.

Trotz der Kooperationsbereitschaft auf der Prozessebene müssen Moderator*innen immer inhaltlich unabhängig bleiben. Nur dadurch finden sie Akzeptanz bei allen Beteiligten.

Zunächst gilt es, sich einen ersten vorläufigen und unvoreingenommenen Überblick über die Themen und die Akteure zu verschaffen. Die „Themenlandkarte" (Brettschneider, 2016, S. 232), die interaktiv erstellt werden kann, hilft, ein gemeinsames Verständnis des Problems und seiner Teilaspekte zu entwickeln.

Dazu gehört ein möglichst objektiver „Faktencheck" zu den am häufigsten gestellten Fragen, der auf der Homepage veröffentlicht und bei Auftreten neuer Fragen oder Erkenntnisse aktualisiert wird.

Dramaturgie der Beteiligung
Alle Beteiligten erfahren Selbstwirksamkeit, wenn ihre Fragen aufgegriffen und von anderen wirklich „gehört" werden. Der amerikanische Philosoph John Dewey sagt: „Democracy begins in conversation" (Dewey, 2021).

Eine wirklich demokratische Konversation kann die tradierten Rollenbilder verändern. Verwaltungsleute und Expert*innen vermitteln Sachverhalte und müssen sich nicht verteidigen. Politiker*innen hören zu und verbreiten keine vorgefertigten Statements. Aus passiven Teilnehmer*innen werden aktive Teilgeber*innen.

Auf Veranstaltungen wollen Menschen zunächst Sicherheit. Sie wollen nicht herabgesetzt, eingeschüchtert oder beleidigt werden. Eine einfühlsame und unabhängige Moderation muss dies sowohl bei analogen als auch bei digitalen Veranstaltungen gewährleisten. Menschen wollen aber auch wahrgenommen und persönlich angesprochen werden und im Gespräch produktiv zur Lösung beitragen.

Eine gute Dramaturgie berücksichtigt die Bedürfnisse nach Sicherheit genauso wie das Bedürfnis nach Kontakt und Beziehung: von der Begrüßung per Handschlag durch die Gastgeber, die Ausgabe der persönlichen Namensschilder oder die Klarnamen unter jeder Videobildkachel, dem Willkommenskaffee an den kommunikativ angeordneten Stehtischen im Foyer oder im digitalen Warteraum, der freundlich-anregenden

Atmosphäre im passend gestalteten analogen, hybriden oder rein digitalen Veranstaltungssaal. Beteiligungsorientierte Dramaturgie berücksichtigt auch, dass die Teilnehmer*innen – wenn sie das wollen – sehr früh miteinander in den persönlichen Austausch treten oder ihre Erwartungen, Hoffnungen und Wünsche an vorbereiteten analogen oder digitalen Pinnwänden hinterlassen können. Dafür bietet sich ein reales oder digitales Foyer an.

Beim offiziellen Start der Veranstaltung wird über die Ziele, Rahmenbedingungen und den Ablauf der Veranstaltung informiert. Es wird bekannt gegeben, wie mit den Ergebnissen der Veranstaltungen weitergearbeitet wird. Bereits zu Beginn wird an die Bereitschaft zum respektvollen Meinungs- und Gedankenaustausch appelliert. Bei Videokonferenzen, aber auch bei deliberativen Online-Beteiligungsplattformen, die das geschriebene oder gesprochene Wort in den Vordergrund stellen, gibt es eine „Netiquette", die um respektvollen Umgang bittet und die Teilnehmer*innen auffordert, ihre Klarnamen anzugeben und ihre Kamera einzuschalten. So können sich alle sehen.

Wichtig ist, die Diversität der Teilnehmer*innen sehr früh sichtbar zu machen. Das kann durch Aufstellungen im Raum oder durch digitale Abfragewerkzeuge sehr einfach und erfrischend geschehen (www. Mentimeter.com). Die Moderation kann die Teilnehmer*innen zur direkten Kommunikation mit ihren Nachbarn einladen. Dies kann ein Speeddating mit vorbereiteten Fragen oder eine Murmelrunde sein, bei der sich zwei bis vier Sitznachbarn zueinander drehen und sich, angeregt durch einen Impuls, austauschen. Nicht nur bei Videoveranstaltungen ist es wichtig zu betonen, dass die Teilnahme an solchen Interventionen freiwillig ist.

Je nach Problemstellung kann es sinnvoll sein, die Kernfragen zunächst im Plenum mit allen zu besprechen, um ein gemeinsames Bild zu gewinnen.

Hier ein Beispiel, wie man es nicht machen sollte
In einer Veranstaltungshalle – oder in einer Videokonferenz – sehen alle auf die frontale Bühne. Dort sitzen Politiker*innen, Vorhabenträger sowie Expert*innen und zeigen PowerPoint-Präsentationen. Sie wollen möglichst viele Fakten „rüberbringen".

Die Podiumsteilnehmer*innen sitzen den Besucher*innen gegenüber, von denen sie nicht wissen, mit welcher Motivation sie gekommen sind. Wollen sie einfach nur informiert werden, wollen sie gehört werden und Fragen stellen oder kommen sie bereits mit einer ablehnenden Grundhaltung, zu der sie Bestätigung suchen?

Die Situation, bleibt so lange „unter Kontrolle", bis die Ersten genug vom Zuhören haben. Es dauert eine Weile, bis jemand den Mut aufbringt, sich vor der gesamten Versammlung zu Wort zu melden. Nicht immer repräsentieren die ersten Wortmeldungen die Stimmung der Mehrheit der Anwesenden. Ein Teil der Teilnehmer*innen will sich noch nicht – zumindest nicht vor allen – inhaltlich festlegen.

Manche Expert*innen auf dem Podium wundern sich, warum trotz ihrer fachlich-korrekt aufbereiteten Informationen bei den ersten Wortmeldungen Aggression mitschwingt. Und wenn die Versammlungsleitung dann von oben herab dominant einwirft: „Nun werden Sie aber nicht emotional! Bleiben Sie sachlich!", dann schaukelt sich die Aggression gegenseitig hoch.

Die Gefahr ist groß, dass das so weitergeht, dass die Sprachkompetenten ihre Positionen lautstark vertreten, die Expert*innen und die Verwaltung daraufhin ihre Planung verteidigen und man sich immer weniger zuhört. Aus einer sachlichen Informationsveranstaltung kann ein Stellungskrieg mit festgelegten Positionen werden.

Diese Situation ließe sich vermeiden, wenn sehr früh die rein passive Zuhörerposition aufgelöst wird. Vorstellbar sind analoge oder digitale Murmelrunden oder Reflexionen in kleinen Gruppen, bei denen alle im geschützten Rahmen ihre Selbstwirksamkeit erleben, ihre eigene Stimme hören und mit anderen in Beziehung treten.

Expert*innen in einer veränderten Rolle
Expertenwissen bleibt dennoch sehr wichtig. Im Planungsprozess zum Höhenfreibad Gottmadingen konnte ein Bäderexperte deutlich erklären, warum die Reduktion der Wasserflächen der wirksamste Hebel für Kostenreduktion sei. Im Bürgerdialogforum zur Altersversorgung wurden Rechtsexpert*innen aus der Landtagsverwaltung und aus der Rentenversicherung punktuell eingeladen. Die Expert*innen traten nicht dominant auf, sondern waren nach ihrem kurzen Input weiterhin eine gewisse Zeit anwesend, äußerten sich aber nur, wenn sie gezielt gefragt wurden. Die beteiligten Bürger*innen konnten sich gut in die Bedürfnisse unterschiedlicher Schwimmbadnutzer*innen hineinversetzen und die Anforderungen an jeden Bereich des neuen Schwimmbades miteinander verhandeln. Die Teilnehmer*innen des Bürgerdialogforums im Stuttgarter Landtag haben viele Fakten selbstständig recherchiert. In beiden Beteiligungsprozessen waren die von Expert*innen vermittelten Fakten von Bedeutung, aber nicht dominant.

In digitalen Veranstaltungen können Expert*innen über digitale Kanäle noch einfacher „on-demand" eingebunden werden. Ihre Einbindung verlangt in jedem Fall ein sorgfältiges Briefing vorab (siehe Beitrag „Berührende Vorträge bei einem Online-Kongress – Referenten informieren, qualifizieren und motivieren").

Schnell Übersicht gewinnen
Bei der Sammlung von Fragen und Bemerkungen im Plenum sollten Inhalte und Positionen unabhängig von den Personen wahrgenommen werden. In unserem Büro wurde ein Verfahren entwickelt, bei dem sich die Anwesenden entlang einer Linie Schulter an Schulter nebeneinander gegenüber von mehreren Flipcharts aufstellen. Sie rufen den Moderator*innen ihre Stichworte zu bestimmten Überschriften zu, die simultan aufgeschrieben werden. So können in kurzer Zeit Probleme, Lösungen, persönliche Bedenken und Informationen gleichzeitig gesammelt werden, ohne dass die Wortmeldungen von anderen diskutiert, kommentiert, bewertet oder angegriffen werden.

In den vergangenen Jahren wurden digitale Werkzeuge sinnvoll eingesetzt, mit denen die schnelle parallele Sammlung von vielen Ideen gelingen kann. Mit Wortwolken bei www.menti.com oder www.sli.do oder virtuellen Pinnwänden bei www.mural.com oder www.padlet.com kann das kollektive Stimmungs- und Meinungsbild unabhängig von der Größe der Gruppe sehr effektiv sichtbar gemacht werden. Nextmoderator von nextpractice (www.nextmoderator.de) ermöglicht zudem, die gesammelte Menge an Daten kollektiv und anonym zu bewerten und damit ein Meinungsbild zu erstellen, bei dem es nicht darauf ankommt, ob die einzelne Idee von einer bekannten oder unbekannten Person geäußert wurde (siehe Beitrag „Denken im Kollektiv – wie echte Begegnung auf Augenhöhe gelingt, ohne sich zu sehen").

Es ist unserer Erfahrung nach nicht immer nötig, dass die genannten Stichworte sofort sortiert und bearbeitet werden. Meist reicht es, wenn das vielfältige Meinungsspektrum ausgesprochen und aufgeschrieben wird und danach die Konversation in Kleingruppen startet.

Die Architektur für Partizipation
Ideal sind dafür kleine Stuhlkreise, die in dem großen Raum verteilt aufgestellt sind. So können alle jederzeit alles mitverfolgen und sich dennoch auf ihr Thema in der Kleingruppe konzentrieren. Aus Brandschutzgründen benötigt die Stuhlkreis-Lösung eine fantasievolle Kooperation mit den Veranstaltungshäusern. Gelingt dies nicht, müssen die Teilnehmer*innen sich auf den Weg zu den benachbarten Seminarräumen machen und haben nicht das ganzheitliche Erlebnis von „alle und alles in einem Raum".

Die gängigen Videokonferenzsysteme bieten Breakout-Räume. Im digitalen Kleingruppenraum können Teilnehmer*innen sogar das Gefühl haben, im Kreis zu sitzen. Leider ist es bei einigen Videokonferenzsystemen noch kompliziert, von einer Breakout-Gruppe zur nächsten zu wechseln. Das erfordert einige technische Tricks und Umwege.

Völlig neue Flexibilität im digitalen Raum ermöglicht die Software des Berliner Start-up-Unternehmens Wonder (www.wonder.me) oder www.kumospace.com aus den USA. Damit gelingt es, dass alle in einem Raum sichtbar und zugänglich sind.

Wenn wir noch einige Monate in die Zukunft schauen, dann besteht die begründete Hoffnung, dass neue Werkzeuge der Augmented Reality es erlauben werden, noch viel intensiver in digitalen Räumen zu kooperieren, so wie wir es uns nie hätten vorstellen können (siehe Beitrag „Immersive Technologien als Transformationsbegleiter"). Die 3-D-Brillen werden handlicher. Wir bzw. unsere Avatare werden nicht nur mit Mimik und Gestik kommunizieren, sondern in einem gemeinsamen digitalen 3-D-Raum noch einfacher zusammenarbeiten, forschen, brainstormen und Inhalte teilen. Und das so, als ob sich alle im selben Raum befänden. Werden wir uns dann – jeder mit einer 3-D-Brille – virtuell in den Arm nehmen können? Und wie wird sich das anfühlen?

Pause, Bewegung und Stille helfen beim Denken
Der interessanteste Vortrag und das spannendste Gespräch werden irgendwann zu lang. Auch in Präsenzveranstaltungen sollte die Sitzfähigkeit der Teilnehmer*innen nicht überstrapaziert werden. Ausreichend lange Pausen werden für Verpflegung, für den informellen Austausch oder für Erholung genutzt. Manchmal ist eine Pause die genau richtige Intervention, wenn man in der Diskussion nicht weiterkommt. Mancher Lösungsvorschlag kann in der Pause reifen.

Sehr gute Erfahrungen wurden mit Geh-Sprächen gemacht. Dabei gehen Gesprächstandems miteinander spazieren und achten bei ihrer Kommunikation darauf, dass ein Gesprächspartner seine Gedanken äußert und der andere dabei aktiv zuhört. Nach der „Halbzeit" geht man wieder zurück und tauscht die Rollen. In der digitalen Konferenz verabreden sich jeweils zwei oder drei Teilnehmer*innen zum Geh-Spräch mit ihren Mobiltelefonen.

Eine große Wirkung – selbst bei mehreren Hundert Menschen im Saal und erst recht bei digitalen Formaten – kann die folgende Ansage haben: „Wir machen zunächst mit ‚90 s Nichtstun' weiter. Wenn Sie wollen, dann schließen Sie die Augen und spüren, in welcher Stimmung Sie sich gerade befinden …"

Der Moderator könnte, wenn es passt, einige wenige kurze „Erfahrungsberichte" über die vergangenen 90 s abholen und dann alle einladen, mit dem vorgesehenen Programm weiterzumachen.

Unabhängig von den methodischen und technischen Möglichkeiten soll sich der Ablauf einer Veranstaltung an den partizipativ entwickelten Zielen und den emotionalen Bedürfnissen orientieren. Auf dieser Grundlage werden ständig Innovationen bei den eingesetzten Methoden und Werkzeugen entwickelt. Unerwartetes wird zur Routine.

Beispielsweise kann man in einer leeren Halle im Stehen starten. Die Teilnehmer*innen stellen später die Stühle in einer bestimmten Ordnung auf und verändern selbst die Möblierung, je nachdem, ob ein Frontalvortrag, eine Kleingruppenkonversation mit bis zu acht Personen sinnvoll sind. Nebenbei kann man am eigenen Leib die wohltuende Wirkung von Selbstorganisation und Kooperation erleben, wenn man unter Mithilfe von allen Teilnehmer*innen innerhalb von Sekunden eine Kleingruppenmöblierung zu konzentrischen Stuhlkreisen für mehrere Hundert Personen umbaut. Dies ist auch umsetzbar.

An der passenden Gestaltung der Sitzordnung, dem gut getakteten Wechsel zwischen Groß- und Kleingruppen, zwischen engagiertem Gespräch und Stille und an der zielgerichteten Auswahl der Methoden und Medien wird die Kunst des Moderatorenteams sichtbar.

Der nachhaltige Erfolg hat vor allem mit gelingender Kooperation während der partizipativen Vorbereitung zu tun. Dies gilt für digitale Formate noch mehr als für analoge.

Müssen immer alle gleichzeitig da sein?
Partizipative Veranstaltungsdesigns sollen es den Teilnehmer*innen so einfach wie möglich machen, sich zu beteiligen. Sie wollen weder bevormunden noch langweilen.

Die häufig verwendete Bezeichnung „Workshop" schreckt viele Teilnehmer*innen ab; löst negative Assoziationen und Erinnerungen an Schule, Bewertung und soziale Kontrolle aus. Es wird erwartet, pünktlich zu kommen, etwas zu tun, was die Person vorne verlangt, vielleicht muss man sogar schreiben, sprechen, wenn man es gar nicht will.

Aus diesen Gründen wurden für die Bürgerbeteiligung zum Leitbild für die Stadt Tengen ganz andere Formate entwickelt, bei denen jeder kommen und gehen konnte, wann er wollte.

Gestaltet wurde eine Architektur aus Stellwänden, die einerseits informierten, andererseits aufforderten, etwas hinzuschreiben oder dargestellte Varianten zu bewerten, zu kommentieren oder zu priorisieren.

Einzelne Teilnehmer*innen oder kleine Gruppen wurden durch Mitglieder der Spurgruppe begrüßt und in die Systematik der „Ausstellung" eingeführt. Zu jeder vollen Stunde gab es einen fünfminütigen Vortrag des Bürgermeisters, der grundlegende Informationen zu Anlass und Ziel der Veranstaltung vermittelte. Zwischendurch kam es zu spontanen informellen Gesprächsrunden, teilweise dezent animiert durch die Mitglieder der Spurgruppe.

Eine weitere Variante waren thematische Gruppentische mit beschreibbaren Tischdecken und permanenten Gastgebern. Besucher*innen konnten sich so lange beteiligen, wie sie wollten. Als Folge davon waren sowohl die Teilnehmerzahlen als auch die qualitativen Ergebnisse überraschend hoch.

Diese Settings lassen sich sehr leicht digitalisieren und ermöglichen damit sehr große Teilnehmerzahlen, gerade weil die Teilnehmer*innen zu unterschiedlichen Zeiten anwesend sein können.

Noch kaum abschätzbare Möglichkeiten tun sich auf, wenn durch zeitlich-versetzte Formate sehr große Teilnehmendenzahlen digital beteiligt sein können und ein sehr großes Spektrum an Ideen oder Bewertungen dokumentiert wird. Diese sehr große Datenmenge kann dann mit der Unterstützung durch Künstliche Intelligenz nach verschiedenen Kategorien sortiert, geclustert, priorisiert, analysiert und bewertet werden.

Technisch sind digitale deliberative Transformations- und Entscheidungsprozesse für sehr große Gruppen von Bürgern im fünf-, sechs- oder siebenstelligen Bereich kein Problem. Nach oben sind praktisch keine Grenzen gesetzt. Im anglofonen Sprachraum hat sich für solche Verfahren der Begriff der Civic Tech, bzw. im Spezifischen „AI enabled massiv digital collective intelligence (MCI)" durchgesetzt. Diese Technologien ermöglichen, sehr viele Menschen in großem Umfang für wichtige Herausforderungen zu mobilisieren, um in kurzer Zeit (acht bis zwölf Wochen) gemeinsam neue Lösungen für komplexe Aufgabenstellungen zu entwickeln (siehe z. B. www.bluenove.com). KI-unterstützte Online-Plattformen schaffen ganz neue Möglichkeiten zur Intensivierung und Strukturierung öffentlicher Debatten. Durch niederschwelligen und zeitlich versetzten asynchronen Zugang kann man größere und diversere Bevölkerungsgruppen erreichen.

Die digitalen Werkzeuge ermöglichen die Nachvollziehbarkeit der Argumente bei potenziell mehr als 10.000 Bürger*innen, die man niemals physisch an einem Ort in einen konstruktiven Austausch bringen könnte. Von großer Bedeutung sind auch das Potenzial der Inhaltsanalyse (semantisch und lexikalisch) sowie die didaktische Kraft digital konfigurierter Inhalte zur Unterstützung der Konsultation. Diese MCI-Technologien werden sicherlich in der nahen Zukunft auch in

Deutschland eingesetzt werden und die Deliberationslandschaft nachhaltig verändern.

Dies könnte eine Demokratie der Beteiligung befördern, die es den Bürger*innen ermöglichen würde, einen viel größeren Teil der politischen Verantwortung – auch zwischen den Wahlperioden – zu übernehmen oder zumindest beeinflussen zu können. Die partizipative Demokratie könnte in Zukunft auf allen Ebenen den programmatischen Rahmen von Parlamenten, politischen Parteien, Verwaltungen und Interessenvertretungen nicht nur punktuell und projektbezogen erweitern. Dabei könnten die Potenziale der kollektiven Intelligenz erschlossen werden, die Weisheit der vielen in Ergänzung zu unseren aktuellen Expertokratien. Durch Engagement und die Möglichkeit sich einzubringen könnten die demokratischen Kohäsionskräfte verstärkt, Echokammern überwunden und der Politikverdrossenheit entgegnet werden.

Trotz aller Zukunftseuphorie sind die massiven technischen Möglichkeiten nicht entscheidend für die Qualität der Beteiligung – im Gegenteil. Um dem Vorwurf der Manipulation zu entgegnen, wird es mehr als zuvor auf eine neugierige offene Haltung und auf einen gefestigten ethischen Kompass bei Auftraggebern, den Software-Unternehmen und den Prozessbegleitern ankommen. Und es braucht klare Commitments zum sicheren Umgang mit persönlichen Daten, zur Transparenz über die Algorithmen und wie mit den Ergebnissen im weiteren politischen Prozess umgegangen wird.

Fast, Fair, Fun
Audrey Tang, Taiwans Digitalminister, propagiert den Einsatz von Chatbots und Künstlicher Intelligenz, um sehr schnell Lösungen, Vorschläge oder Meinungen von möglichst vielen Menschen zu erhalten. Seiner Auffassung nach spare dies viel Zeit bei den Behörden. Zeit, die dann für den echten demokratischen Diskurs zu wichtigen Themen und Fragen zur Verfügung stünde.

Ähnlich wie bei der erstmals in der Stadt Heidelberg entwickelten Vorhabenliste (https://www.heidelberg.de/hd/HD/Rathaus/Vorhabenliste.html) wird in Taiwan innerhalb von wenigen Monaten ein Live-Multistakeholder-Dialog organisiert, wenn eine gewisse Anzahl von Personen ein bestimmtes Projekt unterstützt.

Audrey Tang nennt „fast", „fair", „fun" als wesentliche Kriterien für gelingende Bürgerbeteiligung (Bertelsmann-Stiftung, 2020). Diese sollten auch für uns in Europa gelten, denn sie würden die Attraktivität und den Erfolg massiv befördern.

Fair könnte bedeuten, dass alle wertschätzend miteinander umgehen, dass unterschiedliche Standpunkte vorurteilsfrei und ohne Abwertung aufgenommen werden und der weitere Beratungsprozess transparent kommuniziert wird. Es muss für alle klar und verbindlich sein, wie es mit den Ergebnissen der Bürgerbeteiligung im fortschreitenden Planungs- und Entscheidungsprozess weitergehen wird. Nichts ist für die Akteur*innen enttäuschender, als wenn die Anstrengungen ignoriert werden oder „versanden".

Fast meint nicht nur die die schnellen massiven digitalen Werkzeuge, die bei der Bürgerbeteiligung eingesetzt werden können (vgl. Beitrag „Denken im Kollektiv – wie echte Begegnung auf Augenhöhe gelingt, ohne sich zu sehen"), „fast" bedeutet auch, dass sich alle an die vereinbarten Termine halten oder wenigstens informieren, wenn sich der Zeitplan aus irgendeinem Grund verzögert. „Fast" verpflichtet auch zu einer guten Vorbereitung, die verantwortlich mit der Zeit anderer umgeht. „Fast" bedeutet auch, dass Bürgerbeteiligung leicht zu jeder Zeit und von jedem Ort aus zugänglich ist und dass die Wirkung des eigenen Beitrags rückgekoppelt wird. Es ist mit digitalen Werkzeugen möglich, Menschen viel öfter und regelmäßig über Zwischenstände zu informieren, ihre Einschätzungen zu Details von Planungen oder Gesetzesvorhaben einzuholen und so als echte Entwicklungspartner*innen und Co-Kreator*innen in politisch-administrative Aufgaben einzubinden.

Fun: Es soll Spaß und Freude machen, sich gemeinsam mit anderen intensiv mit anspruchsvollen und relevanten Fragen zu beschäftigen und dabei gut voranzukommen. Als verantwortliche Demokrat*innen dürfen und müssen wir uns gegenseitig schwierige oder tabuisierte Fragen zumuten; aber uns gegenseitig auch zutrauen, dass wir uns als Menschen kooperativ, freudvoll und berührend begegnen. „Bürgerbeteiligung macht glücklich" ist das Motto von www.partizipendium.de.

Das wäre als positives Zukunftsbild ein Gegenentwurf zur Befürchtung, dass Digitalisierung zu unpersönlichen und damit populistischen oder Pseudo-Beteiligungen mit oberflächlichen und unterkomplexen Fragen führen könnte.

Transfer

Digitale Innovationen erlauben uns, Bürgerbeteiligung noch breiter, permanenter und vertiefter zu denken. Die in kommunalen Zusammenhängen gewonnenen Erkenntnisse sind für nationale und globale Fragestellungen anwendbar. Komplexität wird weiter zunehmen und wird immer weniger durch zentrale Steuerung beherrschbar sein. Durch den Einbezug unterschiedlicher Kompetenzträger*innen aus Bürgerschaft, Wissenschaft, Zivilgesellschaft, Politik und Verwaltung, gekoppelt mit dem Einsatz massiver digitaler Werkzeuge können breit akzeptierte Lösungen entstehen, die sich vorher niemand hat vorstellen können.

Die Erlebnisse und Erkenntnisse aus der Bürgerbeteiligung lassen sich aber auch in anderen Zusammenhängen anwenden. Unabhängig davon, ob analog, digital, hybrid oder zeitlich versetzt: Die jährlich stattfindenden Betriebsversammlungen mit der gesamten Belegschaft könnten dialogorientierter sein, Kundenbeiräte könnten auf Augenhöhe mit den Verantwortlichen über Ziele, den Kundennutzen und notwendige Produktinnovationen beraten. Mancher Verbandsversammlung täte es gut, wenn die tradierten Strukturen durch lebendige Murmelrunden und maximal gemischte Kleingruppen in Bewegung kämen.

> Das alles kann man sich wünschen. Es lässt sich aber nicht von oben verordnen. Das inzwischen offene Geheimnis guter Partizipation liegt darin, den Beteiligungsprozess selbst partizipativ mit den „Betroffenen" zu entwickeln, sich auf das Wagnis einer gemeinsamen Expedition einzulassen.

Literatur

Bertelsmann Stiftung (2020). Digital Democracy – What Europe can learn from Taiwan - web discussion with Audrey Tang – youtube Live übertragen am 07.09.2020

Bipar (2018). Das Konzept der Partizipationsleiter – ein Modell von Sherry R. Arnstein zur Klassifikation von Bürgerbeteiligungsverfahren. https://www.bipar.de/das-konzept-der-partizipationsleiter/. Zugegriffen: 5. Sept. 2018.

Brettschneider, F. (2016). Erfolgsbedingungen für Kommunikation und Bürgerbeteiligung bei Großprojekten. In: M. Glaab (Hrsg.), *Politik mit Bürgern – Politik für Bürger, Praxis und Perspektiven einer neuen Beteiligungskultur* (S. 226 f). Springer VS.

Dewey, J. Zitiert aus www.elevatethediscussion.org. Zugegriffen: 10. Jan. 2021.

Himmel, W., Klinger, M., & Steinbrenner, F. (2014). Bürgerbeteiligung bei Infrastrukturprojekten – die Generalsanierung des Höhenfreibades Gottmadingen in Netzwerk Bürgerbeteiligung eNewsletter 03/2014 vom 5.11.2014.

Lotter, W. (2020). *Zusammenhänge* (S. 104 f). Edition Körber.

Reidinger, F., & Wezel, H. (2018). „Deliberation statt Abstimmung? Wie Bürgerbeteiligung und das Zufallsprinzip direkte Demokratie bereichern können" In: N. Braun et al. (Hrsg.), *Jahrbuch für direkte Demokratie 2017* (S. 102 f). Nomos.

Reidinger, F. (2013). „Direkte Demokratie und Bürgerbeteiligung: Zwei Seiten einer Medaille" in Stiftung Mitarbeit eNewsletter Wegweiser Bürgergesellschaft 13/2013 vom 19.07.2013.
Stöcker, C. (23. Dez. 2018). „Sei kein Nimby, sei ein Nomp", Spiegel Wissenschaft. https://www.spiegel.de/wissenschaft/mensch/klimaschutz-sei-kein-nimby-sei-ein-nomp-kolumne-a-1245076.html. Zugegriffen: 10. Jan. 2021.
Staatskanzlei Kanton Aargau et al. (2019). Empfehlungen für grenzüberschreitende Bürgerbeteiligung, 2017 (S. 19). https://www.ag.ch/media/kanton_aargau/rr/dokumente_8/strategie_1/aussenbeziehungen_1/demokratiekonferenz/Booklet_Handreichung.pdf. Zugegriffen: 8. Marz. 2021.

Wolfgang Himmel begleitet gerne außergewöhnliche Expeditionen in eine gute Zukunft. Wo es keine Landkarte gibt, braucht es die Vielfalt der Erfahrungen und Wahrnehmungen, um gemeinsam co-kreativ die Wege zu erforschen, wenn nötig umzudrehen und neu zu starten. Als Erwachsenenbildner, Moderator, Koordinator und Prozessbegleiter für Verwaltungen, Verbände, Hochschulen und Unternehmen bringt er langjährige praktische Erfahrungen und methodische Zugänge für transnationale, transdisziplinäre und cross-sektorale Innovations-, Kooperations- und Beteiligungsprozesse ein.

E-Mail: dialog@wolfgang-himmel.de

KunstPROZESSE in Wirtschaft und Gesellschaft für die Lösungsfindung in aktuellen Herausforderungen

Hans-Jürgen Frank

Inhaltsverzeichnis

1 Künstlerische Zusammenarbeit persönlich geschildert 48
2 Unterscheidung analog oder digital und die Bedeutung von KunstPROZESSEN 48
3 Das menschliche und das künstlerische Handeln 51
4 KunstPROZESS, nicht KunstWERK 53
5 Die Qualitäten der künstlerischen Zusammenarbeit 54
6 Virtuelle Möglichkeiten und analoge Voraussetzungen 70
Literatur 73

Zusammenfassung Der Beitrag zeigt Erfahrungen aus der Problemlöse-Arbeit durch KunstPROZESSE in Wirtschaft und Gesellschaft. Die wichtigsten Besonderheiten solcher Prozesse werden in praktischen Beispielen und persönlichen Erlebnissen geschildert. Dabei wird beleuchtet, warum solche Vorgänge in der aktuellen Situation für die Lösung dringender Herausforderungen wichtig sind und was dies für virtuelle Zusammenarbeit bedeutet. Menschliche Erlebnisse und berührende Momente spielen dabei eine besondere Rolle.

H.-J. Frank (✉)
Dialogarchitekt®, Gräfelfing, Deutschland
E-Mail: frank@dialogarchitect.com

© Der/die Autor(en), exklusiv lizenziert durch Springer Fachmedien Wiesbaden GmbH, ein Teil von Springer Nature 2021
S. Luppold et al. (Hrsg.), *Berührende Online-Veranstaltungen*,
https://doi.org/10.1007/978-3-658-33918-0_4

1 Künstlerische Zusammenarbeit persönlich geschildert

In diesem Beitrag wird beleuchtet, warum Prozesse künstlerischer Zusammenarbeit in Wirtschaft und Gesellschaft in der aktuellen Situation für die Lösung dringender Herausforderungen wichtig sind und was dies für virtuelle Formate bedeutet. Menschliche Erlebnisse und berührende Momente spielen dabei eine besondere Rolle. An vielen Stellen werden sehr persönliche Erfahrungen geschildert. Der Autor schreibt dann in der „ich"-Perspektive. Viele gemeinschaftliche Erlebnisse sind im Zusammenspiel mit dem Arbeitsteam, mit NetzwerkpartnerInnen, KundInnen oder auch in einer größeren Gemeinschaft entstanden. Wenn dies beschrieben wird, dann kommt das „wir" im Text vor.

2 Unterscheidung analog oder digital und die Bedeutung von KunstPROZESSEN

Wenn wir über das Berührende sprechen, denken wir meist zunächst an die Berührung von Mensch zu Mensch. In diesem Buch geht es aber um berührende Momente. Dazu möchte ich ein paar Anmerkungen machen.

Die Corona-Zeit hat uns durch Abstandsregeln, Reisebeschränkungen, durch die drastische Reduzierung menschlicher Kontakte im familiären, kulturellen, öffentlichen und gesellschaftlichen Leben sowie durch eine Vielzahl von Verboten vor Augen geführt, wie dringend wir soziale Kontakte, menschliche Wärme und berührende Erlebnisse brauchen – und wie sehr sie uns fehlen. Einerseits haben wir begonnen, uns darauf zu besinnen, was wirklich wichtig ist, und denken an Veränderung und Neubeginn (Lüpke, V., 2009). Andererseits fühlen wir uns gezwungen, das Gewohnte zu erhalten und es dort wieder aufzubauen, wo wir es verloren haben. Homeoffice, Webinare, Online-Kongresse, Home-Schooling, virtuelle Messen etc. versuchen, uns dabei zu unterstützen, weiterhin unseren gewohnten Tätigkeiten nachzugehen. Und gerade diese Hilfe erschwert physische Kontakte, macht haptische Berührung unmöglich, und manchmal scheint uns der Bildschirm wie eine Barriere (Arte, 2021). Dann aber haben wir wieder die Hoffnung, dass berührende Momente in dieser virtuellen Welt doch möglich sein könnten. Tatsächlich haben wir persönliche Kontakte und berührende Momente in digitalen Formaten erlebt. Sie sind hier tatsächlich möglich. Gleichzeitig berichten viele unserer

GesprächspartnerInnen, dass oft eine Atmosphäre der Unsicherheit bei der Nutzung dieser technischen Werkzeuge mitschwingt, auch wenn sie nicht explizit ausgesprochen wird: Wird die Technik funktionieren? Wie ist es mit dem Datenschutz? Wer könnte mithören? Wie schützen wir uns vor Cyber-Angriffen? Wir wissen, dass wir nicht in diesen Bildschirm oder die Großprojektion „hineingreifen" können, und fühlen uns manchmal ohnmächtig. Wir möchten den anderen im Bildschirmfenster in den Arm nehmen, ihn berühren, ihn mit allen Sinnen erfahren. Das geht nicht. Es bleibt die Sehnsucht danach.

Wir müssen klar sehen, was wir mit dem „Berührenden" meinen. All das, was passiert, wenn wir andere Menschen mit unseren Händen oder unserem Körper berühren, das gibt es in der digitalen Welt nicht. Das hat Konsequenzen für Erwachsene und besonders für Kinder (Hüther, 2). Sich selbst zu berühren ist etwas anderes. Beim Berühren des Touchscreens fühlen wir nur den Computer. Wenn ich in diesem Beitrag darüber berichte, was uns in einem virtuellen Format berührt hat, so könnte ich auch sagen, was uns innerlich „bewegt" hat. Es geht um berührende Momente. Kann es diese wirklich auch ohne die körperliche Berührung in der digitalen Welt geben?

Noch versuchen wir in Organisationen und im Homeoffice an vielen Stellen, das Bekannte aus der analogen Welt möglichst ähnlich auf die digitale Welt zu übertragen. Deutlich wird immer wieder der Versuch, auch virtuell das zu erreichen, was wir in der analogen Welt gewohnt sind. Wir bauen Messe-, Kongress-Räume und Bibliotheken nach. Oft versuchen wir, in Online-Meetings nahe an eine Situation heranzukommen, die so „naturgetreu" wie möglich den Eindruck vermittelt, als wären alle TeilnehmerInnen im gleichen physischen Raum. Wie oft wird eine Moderation probiert, die sich anhört, als wären wir in einem Face-to-Face-Treffen!

> Wie können wir neue Wege gehen, um in der virtuellen Welt gerade das zu realisieren, was in der analogen Welt nicht möglich ist? Können wir mit Begeisterung ganz neue Prozesse entwickeln, in denen wir bewusst wagen, über das Gewohnte in der realen Welt hinaus zu denken? Können wir dabei gleichzeitig mit Begeisterung wach und engagiert bleiben im analogen Umfeld und auch gemeinschaftsverantwortliches Handeln nicht vergessen? Hier setzt künstlerische Arbeit an.

Es ist mir wichtig, dass wir folgende Fragen präsent halten: Wo und wie SIND wir in der analogen Welt, was erleben wir hier, und was brauchen wir? Was können wir in digitalen Formaten erreichen, was können wir hier erwarten? Wenn wir in unseren Kunden-Projekten virtuelle Räume entwickelt haben, hatte die Klarheit über diese Fragen und die damit verbundene Unterscheidung erste Priorität. Ja, wir haben polyphone Farbstrukturen geschaffen, um der natürlichen Wahrnehmung des Menschen entgegenzukommen. Wir haben computergenerierte 3-D-Strukturen entwickelt, die dem menschlichen Denken und der künstlerischen Zusammenarbeit helfen sollten, mit hoher Komplexität besser umzugehen, Zusammenhänge immer präsent zu halten (Lotter, 2020), auch wenn der Mensch in einem Moment nur wenige Gesichtspunkte gleichzeitig ansehen und genauer bearbeiten kann. Wir haben Musik für diese digitalen Räume komponiert und eine menschliche Navigation etabliert, in der wir immer sehen, wo wir sind, woher wir kommen und wohin wir gehen können (Frank & Drosdol, 2005). Wir wollten Überblicke in Prozessen in einer Weise sichtbar machen, von denen wir glaubten, dass sie dem menschlichen Verstand entgegenkommen.

Bei dieser Arbeit konnten wir entdecken, dass wir ganz neue unerwartete Aktionsfelder durch künstlerische Prozesse schaffen können und dass gerade dadurch Werkzeuge entstanden sind, die wiederum künstlerisches Handeln in den Projekten unterstützen konnten. Dadurch habe ich gelernt, dass wir nicht an der analogen Welt festhalten müssen und im digitalen Umfeld ganz neue Strukturen und Prozesse schaffen können (Frank, 2005b), die sich signifikant von der analogen Welt unterscheiden. Denn wir haben im digitalen Raum ganz andere Möglichkeiten. Was bedeutet das? Ich erinnere ich mich daran, dass meine Nachbarin einmal sagte: „Ich war in Amerika!" Davon war sie fest überzeugt. Aber sie hatte im Fernsehen nur einen Film über Amerika gesehen. Damals dachte ich: Immer will ich Klarheit darüber schaffen, wenn ich ein digitales Werkzeug schaffe. Ich will sagen, dass wir in meinem virtuellen Raum eben nicht erwarten können, was wir im realen Raum brauchen. So haben wir Formen, Farben, Musik und Prozesse im Computer generiert und haben Schritte realitätsnaher Simulation für unsere Lösungs-Ideen eingebaut. Aber immer war es unser Ziel, klar erlebbar zu machen, dass es hier nicht um physische Realität geht, auch wenn Menschen manchmal sagten, dass sie sich in unseren virtuellen Räumen tief berührt fühlten, und wenn sie bisweilen von begeisternden Erlebnissen berichteten. Die sanfte Berührung, wenn wir einen anderen Menschen an die Hand nehmen, ein wohlwollendes Streicheln, eine begrüßende Umarmung, all das untersucht die Hirnforschung gerade jetzt in der Zeit der Covid-Abstandsregeln, in der wir verstärkt online arbeiten, mit besonderer Intensität. Und sie liefert wissenschaftliche Nachweise dafür, dass menschliche physische Berührungen lebenswichtig und nicht ersetzbar für den Menschen sind (Arte, 2021).

Manchmal hatten wir den Eindruck, unsere NutzerInnen könnten das vergessen, so begeistert waren sie, wenn sie sich durch unsere „digitalen Welten" bewegten. Das wollten wir so nicht stehen lassen. Mitten in diesen bewegten und bewegenden Computer-Raum haben wir dann eine Wanderführerin hinein-programmiert – nicht realitätsnah, kein naturgetreues Video einer tatsächlichen Person. Nein, wir wollten unseren NutzerInnen eindringlich zeigen, dass sie sich nicht einer Illusion hingeben sollten. Wir wollten sie klar darauf hinweisen, dass sie hier in diesem virtuellen Raum vieles von dem nie erreichen werden, was sie aus der analogen Welt kannten, auch wenn es sich manchmal so anfühlen könnte. Das brachte unsere Wanderführerin zum Ausdruck. Deshalb war sie eine animierte Zeichentrick-Figur, ein Konstrukt, keine Realität. Sie hatte keine Augen, nur ein animiertes Fenster, das von Zeit zu Zeit ein gezeichnetes bewegtes Auge zeigte. Gleichzeitig tauchte immer wieder ein gezeichneter Mund bei ihr auf, wenn sie sprach. Damit bewies sie: Hier geht es nicht um eine reale Welt. So war sie weit genug entfernt vom Analogen. Trotzdem machte sie klare Aussagen. Und sie hat dabei spürbar gemacht, dass in dieser Virtualität ein sehr reales, ehrliches Anliegen hinter ihr stand – aber eben keine körperliche Berührung. Wichtig ist hier noch festzuhalten, dass es bei unseren Erfahrungen nicht um virtuelle Konferenztools geht, sondern um digitale Problemlöse-Werkzeuge, die jeweils zu einem bestimmten Aufgabenfeld im Dialog mit komplexen Inhalts-Zusammenhängen gefüllt wurden. Unsere Erfahrungen aber zeigen, dass ganz neue Formen und Prozesse im Virtuellen möglich sind. Deshalb ist es uns wichtig, uns vom Gewohnten aus der analogen Welt zu trennen und ganz neuartige Lösungen für das Virtuelle zu entwickeln. Gerade das kann uns klarmachen, wo und wie wir die analoge Welt brauchen. Künstlerische Prozesse machen dies alles leichter möglich.

3   Das menschliche und das künstlerische Handeln

Gerhard Hüther sagt etwas über die Entwicklung von Kindern – und ich glaube, dass das auch für Erwachsene zutrifft (Hüther, 1): Wir brauchen eine Gemeinschaft, zu der wir uns zugehörig und in der wir uns aufgehoben fühlen, in der wir gebraucht werden. Bei jedem Schritt, den wir tun, haben wir die Hoffnung, eine Aufgabe zu finden, an der wir wachsen können. Als Begleiter müssen wir Freude daran haben, unsere GesprächspartnerInnen einzuladen, zu ermutigen und dazu zu inspirieren, gemeinsam neue Gestaltungswege zu finden. In der künstlerischen Zusammenarbeit haben wir immer wieder solche Erlebnisse mit unseren KundInnen teilen können. Ich denke, der Schlüssel dafür ist die Präsenz der Beteiligten, das intensive Zuhören und das grenzenlose wohlwollende Eingehen auf die GesprächspartnerInnen. Dies gilt gleichermaßen für die Arbeit Face-to-Face wie für virtuelle Meetings und ist die besondere Haltung, die wir gerade in Prozessen der künstlerischen Zusammenarbeit realisieren können und müssen.

In der erfolgreichen Gestaltungs- und Problemlöse-Arbeit erleben unsere KundInnen und Stakeholder mit uns, dass wir auch in komplexen aktuellen Herausforderungen gemeinschaftsverantwortlich relevant mitgestalten können. Dieses Erlebnis kann uns helfen, uns als Teil eines großen Gesamtsystems zu fühlen, in dem es sich lohnt, unsere persönliche Aufgabe in der Welt zu suchen und mit Energie zu verfolgen. Dieses Bewusstsein bringt uns die Sicherheit, dass unsere Gestaltungsarbeit, unabhängig davon, wie klein ihr Aktionsradius auch sein mag, immer über die menschliche Gesellschaft hinaus auch die Natur einbezieht und gleichzeitig Kontinente und Generationen verbindet, also über Raum und Zeit hinweg wirkt.

In diesem Sinne konnten wir immer wieder die Erfahrung machen, dass durch Vorgehensweisen, wie sie Künstler nutzen, in Unternehmen, Organisationen und Gesellschaft ganz neuartige Lösungen entwickelt werden können, gerade auch für Aufgabenstellungen, bei denen bisher erfolgreiche Denkmodelle, Methoden und Werkzeuge nicht mehr greifen, bei denen neue Wege gegangen und unbekanntes unsicheres Terrain betreten werden muss (Frank, 2005b).

Dabei haben wir erkannt, dass es nicht um eine Entscheidung des Entweder-oder für oder gegen analog oder digital geht. Vielmehr brauchen wir beides in einem sich gegenseitig bereichernden Zusammenspiel. Dies bringt die Aufgabe mit sich, dass digitale Arbeitsphasen und analoge Schritte durchgängig auf einer gemeinsamen Arbeitsoberfläche zu einer bereichernden Synergie zusammengeführt werden – und gleichzeitig eine Bereicherung des Digitalen durch das Analoge gelingt und umgekehrt (Frank, 2007). Hier liegt eine aktuelle Herausforderung.

> Die wichtigste „Klammer" zwischen analog und digital, die eine erfolgreiche Arbeit und einen wirkungsvollen Dialog erst möglich macht, kommt zurück auf Hüthers Worte. Wir brauchen die uneingeschränkte Wertschätzung, die bedingungslose Offenheit und die wohlwollende Präsenz, die wir den Beteiligten entgegenbringen und die wir in einer gemeinschaftlichen Gestaltungs-Arbeit zulassen. Berührende Erlebnisse sind geradezu ein „Messinstrument", das uns zeigt, ob wir in der Lage sind, die oben beschriebene „Klammer" wirkungsvoll zu nutzen.

Darum geht es in den folgenden Abschnitten. Um diese richtig einordnen zu können, will ich kurz die verschiedenen Tätigkeitsfelder nennen, in denen ich gearbeitet habe und aus denen die anschließenden Beobachtungen und Erlebnisse kommen: Bildende Kunst, Architektur, wissenschaftliche Entwurfs- und Problemlösungsforschung, Human-Ökologie, Film- und Fernsehproduktion und schließlich seit mehr als 20 Jahren die Begleitung von Unternehmen, internationalen Organisationen und Regierungen in Projekten und Veränderungs-Prozessen.

4 KunstPROZESS, nicht KunstWERK

Bei der künstlerischen Arbeit, über die wir hier sprechen, geht es nicht darum, KunstWERKE zu produzieren, sondern analoge und digitale Projektarbeit durch Arbeitsschritte und Qualitäten von KunstPROZESSEN so anzureichern, dass verstärkt menschliche, co-creative und künstlerische Fähigkeiten bei den TeilnehmerInnen geweckt und eingebracht werden (Frank, 2005a). Schließlich steckt in jedem Menschen etwas von den Fähigkeiten eines Künstlers. Diese können aktiviert und in unterschiedlichen Situationen zur Wirkung gebracht werden, die aus der Sicht von Außenstehenden nichts mit Kunst zu tun haben und in der „normalen" Welt in der Regel weit von künstlerischen Ansätzen entfernt sind.

Künstlerische Qualitäten können wir z. B. erleben beim Malen und Zeichnen, in der Bildhauerei, beim plastischen Arbeiten mit verschiedenen Materialien und beim Filmemachen, bei Tanz und Schauspiel, Musik und Gesang sowie bei der Entwicklung von Computer-Animationen und der Gestaltung von IT-gestützten Räumen etc. Auch wenn wir von diesen künstlerischen Mitteln in der künstlerischen Bearbeitung von Aufgabenstellungen z. B. in Unternehmen nichts erkennen, so können die Prozess-Qualitäten künstlerischen Handelns dennoch die Zusammenarbeit in der Lösungs-Entwicklung grundlegend prägen. Wir wollen den schöpferischen Prozess, den wir durchleben, wenn wir künstlerische Mittel nutzen, auf die Lösung einer sonst nicht mit künstlerischen Mitteln bearbeiteten Aufgabenstellung anwenden. Dadurch führen wir den Lösungsprozess in anderer Weise durch, als wenn wir die sonst in Unternehmen und Gesellschaft üblichen Methoden, Denkmodelle und Werkzeuge anwenden würden.

Vielleicht wird das noch deutlicher, wenn wir an die Idee der sozialen Plastik von Joseph Beuys denken. Zusammenfassend würde ich sagen, es geht dabei nicht darum, eine Skulptur im herkömmlichen Sinne zu schaffen, sondern darum, das Erlebnis, das beim Machen einer Skulptur entsteht, in einem Prozess zu durchlaufen, in dem eine Gruppe von Menschen in einem gemeinsamen sozialen Gestaltungsvorgang eben das erlebt und verwirklicht, was beim Schaffen einer Skulptur passiert.

In diesem Sinne möchte ich beispielhaft einen künstlerischen Arbeitsprozess einführen, der vor allem das Live-Zeichnen von Inhalten im Gespräch nutzt und anschließend die dargestellten visualisierten Aussagen und Erfahrungen in einer räumlichen Inszenierung in der analogen Welt an den Wänden oder in einem virtuellen Raum zusammenführt. Auch können die daraus entstandenen analogen Bilder-Dialog-Räume digital weitergebaut werden.

Bei der hier vorgestellten Art des Zeichnens geht es nicht darum, schöne Bilder, Illustrationen oder Dokumentationen herzustellen. Vielmehr bietet dieser Zeichen-Prozess eine Erfahrungsquelle, die es erlaubt, Qualitäten künstlerischer Zusammenarbeit in die Problembearbeitung und in die Lösung von Aufgabenstellungen und Herausforderungen von Unternehmen und Gesellschaft einzubringen.

Wir wollen in der Folge genauer betrachten, wie sich künstlerische Qualitäten hier auswirken – einerseits in realen Prozessen, andererseits in digitalen Situationen.

5 Die Qualitäten der künstlerischen Zusammenarbeit

5.1 Realitätsnahe Simulation von Lösungs-Ideen: vom Storyboard zum Rapid Prototyping

Als ich in der Film- und Fernseh-Produktion arbeitete, habe ich im Storyboard eine spezifische Art des Zeichnens kennengelernt, die später in Unternehmens- und Gesellschaftsprojekte eingeflossen ist. Zu meinen Tätigkeitsfeldern gehörte damals das Szenenbild, d. h. das Bühnenbild für Fernsehen und Film. Öfter hatte ich erlebt, dass von meinen Bauten nur ein Teil im Film zu sehen war. So begann ich vor dem Entwurf meiner Szenenbilder, zusammen mit dem Regisseur Storyboards zu zeichnen. Das sind Skizzen, die zeigen, wie die Filmbilder später aussehen sollen. Dies erlaubte es mir, die Bauten viel präziser und passender zu den Anforderungen des Films zu konzipieren und umzusetzen.

Später wurde mir klar, dass das viel mit Organisations-Problemen in Unternehmen zu tun hatte: Wie manche Regisseure, so trafen auch Unternehmens-Chefs ihre Entscheidungen bisweilen viel zu spät. Manche wollten sich die kreative Freiheit erhalten, spontan ad hoc zu entscheiden. Andere verschoben

Entscheidungen aus Angst und Unsicherheit. Sie wollten sich viele Optionen offenhalten, um nicht wirklich entscheiden zu müssen. Dadurch wurde vieles umsonst produziert, Fehlleistungen und unnötige Kosten entstanden. Enorme Frustration bei den betroffenen MitarbeiterInnen war die Folge. Hitchcock, Kurosawa und andere Meister des Films dagegen sind Vorbilder, die uns zeigen, wie Führungspersonen möglichst frühzeitig Entscheidungen treffen und dadurch die Freiheit gewinnen, immer für die aktuellen, oft neu entstehenden Aufgaben und unvorhergesehenen Herausforderungen präsent zu sein. Dies ist gerade in Zeiten schneller Veränderung besonders wichtig. Diese frühzeitige Entscheidungsfindung erreichten FilmemacherInnen in besonderer Weise dadurch, dass sie mit Storyboards arbeiteten: So konnten sie die spätere Abfolge der Filmbilder vor den Dreharbeiten als gezeichnete Simulation sehen. Neben den Skizzen stand der Text, den die Schauspieler zu sprechen hatten, oft gab es auch Hinweise zu Regie und Kamerabewegung, Requisiten und sonstigen Organisations-Details. Diese Zeichnungen wurden vor den Dreharbeiten im Team konkret und anschaulich besprochen, die verschiedenen Teammitglieder – Regie, Kamera, Ton, Licht, Szenenbild, Requisite etc. – konnten ihre Anregungen frühzeitig einbringen. Gemeinsam konnten Entscheidungen zu unterschiedlichen Fragen aus den beteiligten Berufsfeldern getroffen werden. Die Zeichnungen wurden so lange geändert, bis jeder Beteiligte seine Anregungen und Ideen eingebracht hatte und im Team Übereinstimmung erzielt war. Häufig wurde in diese Skizzen hineingezeichnet, durchgestrichen, etwas geändert. Das zeigt die intensive Zusammenarbeit im Team auf dieser gemeinschaftlichen Arbeits-Oberfläche. So konnte ein intensiver Beteiligungsprozess entstehen, durch den einerseits die Qualität des künstlerischen Ergebnisses, andererseits die Motivation der Teammitglieder stark gesteigert wurde. Das Handeln jedes Teammitglieds bekam einen Sinn für die anderen Beteiligten. Alles fügte sich spielerisch leicht zu einer Gesamtheit zusammen. Im Studio sparten wir durch diese Arbeitsweise oft bis zu 30 % der Drehzeit ein. Der Regisseur aber konnte, bereichert durch das Gespräch mit seinem Team, bereits vor den Dreharbeiten für alle Beteiligten nachvollziehbar darüber entscheiden, wie die Realisierung des Films durch die verschiedenen Fachleute umgesetzt werden sollte. Nachdem jeder beim Dreh genau wusste, was er zu tun hatte, konnte sich der Regisseur um seine wirkliche Aufgabe, nämlich das Zusammenspiel mit den Schauspielern, kümmern. Hier liegt wohl auch eine besondere Qualität von Alfred Hitchcocks Filmen: diese vollkommene Präsenz für die Schauspieler, mit denen er gleichsam in diesem Moment zusammenlebte. In die Kamera musste Hitchcock nie sehen. Sein Kameramann wusste genau, was zu tun war.

5.2 Präsenz, Beobachten, Hinhören: Lernen vom Zeichnen im Skizzenblock des Künstlers

Das genaue Beobachten, Hinschauen und Hinhören sind wesentlich für die Tätigkeit bildender KünstlerInnen. Die Intensität dieses Prozesses der Beobachtung wird häufig im Skizzenblock des Künstlers konkret nachvollziehbar. Auch Visionen, Geschehnisse, Erlebnisse und Erfahrungen in Natur und Gesellschaft werden von KünstlerInnen intensiv erkundet und lösen künstlerisches Handeln aus. Dies kann uns als hilfreiches Vorbild für die Präsenz dienen, die wir in KunstPROZESSEN brauchen und erleben.

> **Hierzu eine Beobachtung aus meinem Studium der Bildenden Kunst**
>
> Im letzten Studienjahr an der Kunstakademie München habe ich es mir zur Gewohnheit gemacht regelmäßig zu einem Spielplatz im Englischen Garten in München zu gehen. Dort zeichnete ich spielende Kinder. Ich skizzierte sie mit einer Feder und Tusche. Das war ein „abenteuerliches" Erlebnis für mich. Ich musste genau hinsehen und mich ganz präsent auf die Kinder konzentrieren. Manchmal war das so intensiv, dass ich eine tiefe Zusammengehörigkeit mit diesen Kindern spürte. Und dann musste ich mit der Tuschefeder den „richtigen" Strich machen. Er musste „sitzen". Radieren oder Korrektur war ja nicht möglich. Das Kind aber bewegte sich weiter, hatte im nächsten Moment schon die Position gewechselt: eine perfekte Übung für das intensive Hinsehen und Beobachten. Das forderte meine volle Präsenz. Und wenn diese nicht die notwendige Qualität erreichte, so erhielt ich auch sofort die „Rechnung" dafür: Das gezeichnete Kind war nicht erkennbar. So wurde meine Zeichnung gleichsam zum Maßstab für meine Präsenz. Das war unerbittlich und gleichzeitig Anlass, es im nächsten Moment wieder neu zu versuchen. Jeder Moment ist eine Chance für einen Neubeginn, dachte ich damals sehr oft. Diese Chance empfand ich als ein unermessliches Privileg. Den Wechsel zwischen tiefer Ruhe und schonungsloser Unruhe, den ich hier erlebte habe, konnte ich später in Skizzenbüchern von KünstlerInnen immer wieder nachfühlen. Erstaunlich war dabei auch der Widerspruch zwischen der Schnelligkeit der Kinderbewegung und des dazu gehörenden Tusche-Striches und der Langsamkeit, mit der dieser Tusche-Strich trocknete und nicht verwischt werden wollte.

Präsenz üben im visuellen Zweier-Gespräch
Beim Zeichnen im visuellen Dialog werden Aussagen sofort in einer Zeichnung festgehalten (Frank, 2009). Das Zeichnen im Kinderspielplatz war dafür wohl die beste Übung.

Oft habe ich erlebt, dass dieses Live-Zeichnen im Gespräch zu zweit große Begeisterung bei den Beteiligten erzeugen kann. Der Zeichen-Prozess „moderiert" gleichsam einen ganz persönlichen Austausch zwischen zwei

Personen, in dem das Bild in Echtzeit gemeinsam entwickelt wird. Das weiße, leere Blatt oder das Computer-Werkzeug, in das wir zeichnen, hat dabei die Funktion einer gemeinsamen Arbeitsoberfläche, auf der einer der beiden zeichnet, was der andere sagt. Alternativ dazu können auch beide gemeinsam auf das Blatt zeichnen.

Ich möchte genauer beschreiben, wie dieses Zusammenspiel abläuft. Wichtig ist, dass die zeichnende Person sofort zu zeichnen beginnt. Sie wartet also nicht, bis eine Gedankeneinheit abgeschlossen ist, sondern bringt sofort das erste wichtige Stichwort auf das Blatt. Dabei bleibt keine Zeit, lange zu überlegen. So entsteht ein spontanes intuitives Handeln (Frank, 2014).

Auch wenn dieser Prozess nicht immer einfach ist und Übung sowie Präsenz braucht, so können wir doch entspannt sein, denn oft haben wir erlebt, dass gerade wichtige Aspekte, die nicht den passenden Platz auf dem Zeichenblatt gefunden haben, die verloren gegangen waren oder nicht richtig verstanden wurden, entweder später noch mal vorkamen oder durch ihr Fehlen und ihre Fehlerhaftigkeit überaus hilfreich sein konnten. Sie boten im Laufe des Gesprächs oder im Anschluss daran Anlass für Rückfragen und Klärung. Bei all dem entsteht ein überaus intensiver Dialog. Wir müssen wirklich genau hinhören und beobachten, wenn wir zeichnen wollen, was der andere sagt. Oft haben wir erlebt, wie wohltuend es von GesprächspartnerInnen empfunden wird, dass wir ihnen so intensiv zuhören. Sie fühlen, dass wir wirklich genau verstehen wollen, was sie meinen. Wertschätzung wird hier konkret für den anderen erlebbar, denn wir müssen uns auf ihn und seine Gedanken ganz einlassen.

Besonders bemerkenswert finde ich, dass wir gerade in digitalen Treffen durch diese Art des Zeichnens eine große Intensität und Gestaltungskraft erreichen konnten. Interaktivität und Eingriffsmöglichkeiten sind in der Arbeit im virtuellen Raum tatsächlich in eindrucksvoller Weise möglich. Die Beteiligten erleben hautnah, dass hier etwas Gemeinsames geschaffen wird.

In den vielen Zeichenseminaren, die ich für Führungskräfte gegeben habe, waren die meisten meiner TeilnehmerInnen in der Lage, einen hohen Grad an Präsenz zu erreichen und einen echten visuellen Dialog zu führen.

Ärzte berichteten, dass es ihnen gelang, sehr stark auf ihre PatientInnen einzugehen, wenn sie dabei zeichneten. Wenn sie das aufzeichnen wollten, was der Patient oder die Patientin sagte, brauchten sie tiefe Präsenz, mussten nachfragen, bis sie alles genau verstanden und daraus eine Skizze auf das Papier bringen konnten. Dies führte zu einem sehr intensiven Dialog, in dem sie trotz der Kürze der Zeit auch noch Aspekte der Diagnose und

Maßnahmen in diesem visuellen Zusammenhang von Faktoren besser verständlich machen konnten.

Gerade auch in virtuellen Konsultationen, so glauben wir, nach unseren Erfahrungen, kann dies überaus hilfreich sein, weil die Beziehung zwischen Arzt und PatientInnen verstärkt werden kann.

> **Hier noch ein Beispiel, wie sich diese Art des Zeichnens in virtuellen Konferenzen als gemeinschaftliche Arbeitsoberfläche auswirkt**
>
> Hier noch ein Beispiel zur Intensität und Präsenz, die durch das virtuelle Zeichnen im Dialog zwischen Beteiligten in Europa, den USA, Indien und Afrika erlebbar wurden. Wir führten ein Gespräch zur Entwicklung eines gemeinsamen Webinars. Trotz Technik und räumlicher Distanz, trotz der Verschiedenheit der Kulturen und Fachbereiche, trotz aller Unterschiede in Aussagen, Anliegen, Werten und Sichtweisen wurde die Präsenz des Zuhörens für die anderen erlebbar. Das ehrliche Bemühen, das richtige Schlüsselwort des anderen passend im Kontext in der Zeichnung zu treffen, war das einzig Wichtige in dieser digitalen Konferenz, auf das sich alles und alle konzentrierten, unabhängig davon, wie weit es von der eigenen Vorstellung entfernt sein konnte.
>
> Vielleicht ist es einfach die bedingungslos dienende Haltung des Zeichnenden dem anderen gegenüber, der die Zeichnung wachsen sieht – seine Zeichnung –, als hätte er sie selbst gemacht. Wesentlich dabei ist die geduldige Hingabe gegenüber der anderen Person, das permanente Rückfragen und Verändern der Zeichnung, bis sie für die andere Person stimmt.

Sich offenen Fragen stellen

Beim Live-Zeichnen von Inhalten im Gespräch stellt uns das Zeichenpapier zahlreiche Fragen: Soll etwas oben, unten oder in der Mitte stehen? Welche Farbe, Größe, Form braucht eine Aussage? Wird durch das gehörte Schlüsselwort ein Ziel beschrieben, das z. B. rechts oben im Blatt stehen muss, weil alle anderen Faktoren von unten kommend darauf abzielen werden? Oder hört es sich an, als würde es um einen Basis-Faktor gehen, den wir unten platzieren und auf dem dann weitere Aussagen aufgebaut werden könnten? In diesem Moment ist aber nicht Zeit, diese Fragen zu überlegen. Vielmehr müssen die Aussagen schnell und intuitiv auf das Blatt kommen. Dadurch fließt das Zeichen synchron mit dem Dialog-Fluss zusammen.

Hier zeigt sich eine Perspektive, die nicht nur beim Zeichnen entsteht, sondern auch bei der Arbeit mit anderen künstlerischen Mitteln zu beobachten ist. Ich denke an Erfahrungen, in denen wir Führungskräften in Unternehmens-Projekten Situationen ihrer Arbeit aus Ton formen ließen. So entstanden Skulptur-Räume, die dann mit unterschiedlichen Fragen aus verschiedenen Perspektiven betrachtet wurden. Das Besondere dabei ist auch hier, dass wir mit dem Formen beginnen, bevor wir eine fertige Vorstellung haben. Es ist ein haptisches Zusammenspiel, in dem uns das Material und das, was wir bereits geformt haben, mit der Frage herausfordert, was wir in der entstandenen Form erkennen können, ob es das trifft, was wir empfinden. Was müssen wir ändern oder dazubauen, um unsere gerade entstehende Vorstellung z. B. eines abstrakten Begriffs oder Zustandes (wie Hierarchie, Netzwerk, Zusammenarbeit in unserer Firma …) genau darzustellen?

Dieser Klärungsprozess wird nicht alleine durch das Denken bestimmt, sondern bezieht haptische, emotionale, künstlerische und intuitive Perspektiven mit ein.

Das „Visuelle Unternehmensgedächtnis", eine analoge und digitale „Dialogarchitektur"

Die Zeichnungen aus Gesprächen und Workshops können in einem Raum an den Wänden aufgehängt werden. So entsteht eine Übersicht über alle bisher gesammelten Aussagen und Erfahrungen.

Diese gemeinschaftliche visuelle Arbeitsoberfläche kann z. B. als „Visuelles begehbares Unternehmens- oder Projektgedächtnis", als „Strategischer Entscheidungsraum" (Frank und Lehnemann, 2014) oder als „Produktentwicklungs-Raum" aufgebaut werden (Frank et al., 2021).

Als „Räumliches Storyboard" kann es für Dialog und Zusammenarbeit genutzt werden, in dem die Arbeit mit der Beschreibung der Anforderung für eine Aufgabe beginnt und dann die Entwicklung bis hin zur Lösungsfindung gegangen werden kann. Hier wird schließlich die Lösung möglichst realitätsnah simuliert und so wirkungsvoll auf den Weg der Umsetzung gebracht.

Ähnlich wie in einem Film-Storyboard die Gedanken, Ideen, Lösungs-Konzepte für den Film in einer Skizze sichtbar werden, so schaffen wir im „Räumlichen Storyboard" zu unserem Projekt eine Simulation, die sich mit jedem Arbeitsschritt mehr und mehr der Lösung nähert. Die räumliche Situation erlaubt es dabei, auch komplexe Strukturen übersichtlich im Überblick und Zusammenhang handhabbar zu machen. Die verschiedenen Arbeitsphasen bauen dabei so aufeinander auf, dass jeder Entwicklungsstand eine für alle Beteiligten sichtbare Realitäts-Ebene zeigt. Immer konkreter wird das Pattern für die Lösung in diesem visuellen Raum erlebbar, noch bevor die Lösung selbst formuliert ist (Pattern: Bild-Muster, Zusammenstellung wichtiger Bilder zu einem Thema). Schrittweise „entpuppt" sich in diesem Entwicklungsprozess das Neue. In jedem Stadium dieser Arbeit werden die Beteiligten in die Lage versetzt, den „Roten Faden" selbst zu erkennen und eigenverantwortlich zu erarbeiten sowie in passenden Themen-Spuren zur Entwicklung der Lösung beizutragen.

Dazu gehört schließlich auch in verschiedenen Arbeits-Stadien ein Rapid Prototyping, in dem das Lösungs-Ergebnis, z. B. der reale konkrete Nutzungs-Prozess eines neu entwickelten Produkts, im Dialog mit AuftraggeberInnen, KundInnen und NutzerInnen getestet wird. Die Erfahrungen und Anregungen werden dann sofort wieder im visuellen Gesamtgedächtnis situiert. Alles ist darauf angelegt, andere für die Mitarbeit zu gewinnen und den Prozess durch Dialog und Mitgestaltung in die Breite zu bringen. So durchläuft die künstlerische Arbeit alle Etappen auf der gemeinsamen visuellen Arbeitsoberfläche, die realitätsnäher ist als jede Textbeschreibung oder jede verbale Erklärung. Sie bezieht über das Denken hinaus auch andere menschliche Fähigkeiten und Sinne mit ein. Die Darstellung durch Bilder ist dabei der Schlüssel, der die Zusammenarbeit mit allen Beteiligten ermöglicht und beschleunigt.

Der Anstoß für die Entwicklung solcher Räume kommt aus Beobachtungen des menschlichen Gedächtnisses. Im Gegensatz zu diesem ist ein „Unternehmensgedächtnis" oder ein „Projektgedächtnis" aber nicht im Kopf einer einzelnen Person alleine präsent. Es ist vielmehr ein gemeinsamer künstlerischer Dialograum, dessen Inhalt für alle Beteiligten verfügbar ist. Hier wird gezeigt, was sonst oft in den Köpfen verborgen bleibt. So stellt das „Unternehmensgedächtnis" eine gemeinschaftliche Informations- und Erfahrungsbasis dar, die von mehreren Personen geteilt, durchwandert und bearbeitet werden kann (Abb. 1).

In einer „Dialog-Wanderung" entsteht ein Überblick über zahlreiche Aussagen, die sich gegenseitig verstärken können oder unterschiedliche Meinungen und gegensätzliche Standpunkte zum Ausdruck bringen. Anregungen, Erfahrungen, Ergänzungen und Änderungswünsche können auf diesem Spaziergang auch in komplexen Situationen mit „spielerischer Leichtigkeit" eingebracht werden.

Die gesamten Erfahrungen des Unternehmens zu einem Projekt werden hier versammelt und für alle Beteiligten zugänglich. Oft sind in diesem Raum auch die Best Practices und die Erfolge der Unternehmensgeschichte zusammengestellt, werden aktuellen Herausforderungen gegenübergestellt und dienen als Ausgangspunkt für die Entwicklung neuer Produkte oder für die Veränderung der Organisationsstruktur. Hier finden visuelle Workshops, Gespräche und Erfahrungs-Austausch während des Projekts statt. Dabei wächst die Wissens-Struktur kontinuierlich weiter und gewinnt mit jedem

Abb. 1 „Projektgedächtnis", hier roter Faden zur Entwicklung einer neuen Software. (©Hans-Jürgen Frank, Dialogarchitekt®)

Input an Wert für die Entwicklung des Projekts und die persönliche Weiterentwicklung der Beteiligten (siehe „Schutzraum" weiter unten).

Intensives wohlwollendes Beobachten und proaktives Zuhören spielen nicht nur bei der Erstellung der Zeichnungen eine wichtige Rolle, sondern auch bei der gemeinsamen Arbeit in diesem Raum.

Schnell wird in diesem Gesamtzusammenhang sichtbar, wenn es „schwarze Löcher" gibt, also Stellen, wo Fragen keine Antwort finden, Wichtiges nicht angesprochen wird oder Erfahrungen fehlen. Hier wird deutlich, wo nachgefragt werden muss, wo „Hausaufgaben" zu machen sind oder gezielt Expertenwissen gebraucht wird. Dieses kann dann sehr gezielt und ökonomisch sofort an der richtigen Stelle im Kontext eingefügt werden.

Wie im realen, so ist auch im digitalen Raum das Herstellen von Gesamtzusammenhängen (Lotter, 2020) wesentlich. In unterschiedlichen Projekten ist es gelungen, Strukturen für die beschriebenen Aufgaben auch virtuell aufzubauen. Dabei können ganz neue Formen von Wissensstrukturen gefunden werden, die in realen Räumen so nicht möglich wären. Wie in realen Räumen gelingt es auch hier, immer den Überblick zu behalten. Der Kontext bleibt präsent. Auch wenn es die menschliche Wahrnehmung erlaubt, nur wenige Punkte in einem Moment zu betrachten, so bleiben der Gesamtkontext und das Zusammenhangs-Verständnis doch immer erhalten.

An diesem Raum wird im Projekt kontinuierlich weitergearbeitet. Inputs und Dialogbeiträge von allen Beteiligten können hier im richtigen Moment an der richtigen Stelle so eingebracht werden, dass sie für alle sichtbar sind und bleiben. Alle Beteiligten können sich hier mit ihrer Erfahrung am passenden Ort zeigen. Nicht nur die Akteure, die Wissen einbringen, sondern auch andere Personen (z. B. neue MitarbeiterInnen, BesucherInnen, Stakeholder etc.) und breitere Kreise von Beteiligten werden aktiviert, hier ihre Meinung beizutragen. Im Zwischenraum zwischen den visualisierten Wissens-Elementen entstehen Fragen, Ideen und Analogien, die helfen, Neues zu entwickeln.

Diese Entwicklungsarbeit beginnt meist im physischen Raum und braucht oft eine Erweiterung in einer computergenerierten Struktur, die eine durchgängige Weiterarbeit über die Distanz erlaubt. Dabei sind Prototypen entstanden, die mit digitalen Mitteln genau passend auf die jeweilige Aufgabenstellung und den spezifischen Unternehmens-Kontext maßgeschneidert werden können. Sie erlauben es gleichzeitig, den analog begonnenen visuellen Arbeitsprozess auf einer gemeinsamen Oberfläche durchgängig weiterzuführen. Dies gelingt nicht zuletzt dadurch, dass visuelle Strukturen ohne Medienbruch weitergetragen werden.

Wollen wir gängige virtuelle Meetingtools nutzen, so müssen wir im Augenblick noch auf einfachere manuelle Verfahren zurückgreifen, bis die neuen Werkzeuge weiter verbreitet sind. Im virtuellen Treffen können wir manuell unter der Kamera gezeichnete Bilder im Hintergrund aufhängen und uns dann mit einer Kamerafahrt über die reale Bilderwand mit mehreren TeilnehmerInnen virtuell austauschen und dabei einen „Roten Faden" oder eine „Themen-Spur" entwickeln, indem wir nach Anregung von TeilnehmerInnen auf der Bilderwand manuell Markierungen und Bewertungen anbringen. Wenn wir gleich elektronisch auf dem Tablet live zeichnen, so können wir über Bildschirm-Teilen direkt mit den Bildern arbeiten.

Manuell gezeichnete Bilder können wir vor die Kamera halten und mit anderen über die Zeichnungen sprechen. Überrascht hat uns die Rückmeldung von TeilnehmerInnen, die uns berichteten, dass das ungenaue Zeigen der Bilder in der Kamera den Dialog eher positiv beeinflusst hat. Es wurde mehr nachgefragt. Das Bild wurde auf Wunsch hin- und hergeschoben. Oft war das Gesicht der zeigenden Person z. T. sichtbar, je nachdem, wie es im Gespräch von TeilnehmerInnen gewünscht wurde. Dies ändert aber nichts daran, dass die Gesamtsicht und der Überblick über die Zeichnungen zusätzliche Mittel brauchen. Manchmal haben wir auch Fotos mit der Gesamtsicht der Zeichnungen per E-Mail verteilt, offline zwischen zwei virtuellen Sitzungen bewerten lassen und für das Einsammeln von Anregungen und zur Abstimmung genutzt.

In vielen Projekten hat sich gezeigt, dass die Lösungs-Entwicklung oft nicht an technischen, finanziellen oder organisatorischen Hürden scheitert, sondern dass der Grund in persönlichen Problemen, Rivalitäten, Ängsten oder Unsicherheiten liegt. Immer wieder haben wir deshalb parallel zum Lösungsweg „Schutzräume" im Rahmen des Projekts aufgebaut, um neues Verhalten und neue Haltungen im Zusammenspiel mit anderen Beteiligten zu testen und auszuprobieren. Das ist nicht nur für das Projekt wichtig, sondern auch eine wertvolle Chance für die persönliche Entwicklung der Beteiligten. Der Aufbau eines solchen „Schutzraumes" ist, wenn wir in erster Linie Gespräche nutzen, auch in virtuellen Meetings möglich, wenn sich die Beteiligten gut kennen. Oft geht es aber um Themen, die eine persönliche Interaktion erfordern oder an das reale Umfeld im Unternehmen gebunden sind, z. B. die Arbeit an einer Maschine oder in einer Fertigungsstraße. In diesem Fall ist es meist notwendig, dass sich die Beteiligten an ihrem tatsächlichen Arbeitsplatz treffen und hier in der konkreten Situation neue Haltungen in der Zusammenarbeit mit ihren Kollegen erproben. Das Zusammenspiel zwischen solchen analogen „Schutzräumen" und digitalen Treffen ist ein wichtiges Entwicklungsfeld und zeigt, wie analoges und digitales Arbeiten im künstlerischen Handeln wirkungsvoll ineinandergreifen können.

Im Sinne eines ganzheitlichen künstlerischen Verständnisses sollte der Prozess nicht bei der Entwicklung von Lösungen stehen bleiben, sondern die Realisierung bis zur „Entsorgung" nach der Nutzung mit einschließen. Die Beobachtung des Lebenszyklus einer erarbeiteten und umgesetzten Lösung ist wesentlich für den kontinuierlichen Lernprozess für unser Team genauso wie für unsere Kundin/unseren Kunden und die Stakeholder. Auch dies gehört zum Thema einer ganzheitlichen intensiven Beobachtung. Deshalb wollen wir die Kundin/den Kunden auch dabei unterstützen, die Lösung auf den Umsetzungsweg zu bringen und ihn auf diesem Weg zu begleiten – und zwar mit Mitteln, die über das oft übliche metrische und betriebswirtschaftliche Monitoring hinausgehen. Gerade bei dieser kontinuierlichen Begleitung sind digitale Konferenzen ein sinnvolles und fast unverzichtbares Mittel. Hierfür ein kontinuierliches Ritual zusammen mit der Kundin/dem Kunden zu entwickeln, hat zu wertvollen Erfahrungen geführt. Die bis dahin erstellten visuellen Bilder-Räume können dabei als eine „Monitoring-Architektur" genutzt werden.

5.3 Der Wechsel zwischen analytischen & intuitiven Phasen

Ein weiteres Merkmal, das ich in künstlerischen Prozessen beobachtet habe, ist der Wechsel zwischen intuitiven und analytischen Arbeitsphasen. Auch diese Perspektive können wir unter dem Aspekt analog–digital betrachten. In der Folge ein Beispiel dazu.

> Die folgenden Zeilen machen anschaulich, wie viel Text es braucht, um etwas verbal zum Ausdruck zu bringen, das in einem Bild ganz kurz und leicht zu zeigen ist. Dies weist nebenbei darauf hin, welche Bedeutung und Leichtigkeit Bilder und Bildräume für die Verarbeitung komplexer Wissens-Strukturen und für den Dialog darüber im Vergleich zu Textstrukturen haben.

Für ein Projekt hatten wir mehrere Workshops als Präsenzveranstaltungen durchgeführt. Alle wichtigen Aussagen wurden in Live-Zeichnungen festgehalten und in einem großen Raum aufgehängt. Die Beteiligten gaben uns mit großer Zufriedenheit zu verstehen, dass hier wirklich ein beeindruckender Überblick über alles Wichtige zum Projekt gelungen war, dass nichts Wichtiges fehlte und das Projekt auf dieser Basis bestens aufgebaut werden konnte. Die Zusammenhänge und Inhalts-Pattern wurden deutlich sichtbar. (Pattern verstehe ich hier als Cluster und Zusammenstellung besonders wichtiger Gesichtspunkte und ihrer Zusammenhänge.) Um die Gesamtstruktur des so entstandenen Wissens-Netzwerks zu überprüfen, bauten wir eine digitale 3-D-Struktur, die wir mit einer virtuellen Kamera von verschiedenen Seiten aus betrachten konnten. Wir programmierten eine animierte Kamerafahrt so, dass die Raumstruktur von allen Seiten und mit all ihren Besonderheiten gut sichtbar war. Spontan fügten wir zu diesem Raum eine Musik dazu, von der wir das Gefühl hatten, sie könnte hier passen und eine emotionale Qualität beitragen.

Folgendes war in diesem Raum zu sehen: Das wichtigste Thema des Projekts mit einer großen Zahl von visualisierten Workshop-Aussagen war durch eine große blaue durchsichtige Halbkugel symbolisiert. Drei weitere Themen wurden durch drei gelbe transparente röhrenförmige Gebilde dargestellt. Dort, wo Workshop-Aussagen zu mehreren Themen zugeordnet werden konnten, wollten wir Überschneidungen sichtbar machen. Aus diesem Grund hatten die drei röhrenförmigen Gebilde, die parallel zueinander platziert waren, Überschneidungen miteinander und ragten zum Teil in die blaue Halbkugel hinein. Außerdem gab es ein rotes ovales Thema, das aus einem Teil der Workshop-Aussagen innerhalb der blauen Halbkugel gebildet wurde und sich im Zentrum des hellblauen Raumes situierte (Abb. 2).

Eine Kamerafahrt um diesen Raum herum haben wir dann im nächsten Workshop den TeilnehmerInnen gezeigt. Dazu fragten wir, ob die Darstellung der verschiedenen Themenbereiche als richtig empfunden wurde.

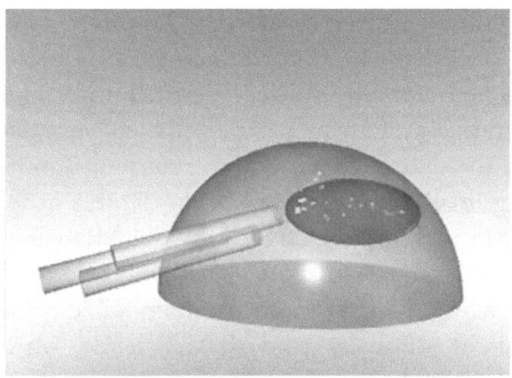

Abb. 2 Einfaches, schnelles 3-D-Computermodell als Werkzeug zur Überprüfung einer Wissens-Struktur und ihrer Zusammenhänge. (©Hans-Jürgen Frank, Dialogarchitekt®)

Folgende Reaktionen haben wir erlebt: Eine Teilnehmerin rief: „Das sieht ja scheußlich aus!" Eine andere Teilnehmerin setzte hinzu: „Das ist ja, als würden die gelben Rohre wie Kanonen direkt in unser rotes ovales Herz schießen! So kann das nicht bleiben!" Wir zeigten die Kamerafahrt ein zweites Mal. Es gab eine Kameraperspektive, in der es so aussah, als würden im Zentrum der Struktur alle Raumelemente miteinander zur Überschneidung kommen. Plötzlich rief ein Teilnehmer: „Stopp, so müsste es aussehen! So muss es sein! Da gibt es im Zentrum doch einen wesentlichen gemeinsamen Kern, um den sich alles in unserem Projekt dreht, in dem alles zusammenkommt!" Wir fragten die TeilnehmerInnen: „Und wie heißt dieses Gemeinsame, in dem sich alles überschneidet? Welchen Titel würden Sie diesem gemeinsamen Thema geben?" Schweigen! Was war passiert? Mehrere Präsenz-Workshops hatten wir durchgeführt. Alle Beteiligten hatten so viel nachgedacht. Alles war doch überlegt! Und jetzt zeigte sich, dass das Wesentliche fehlte.

Ein intensives Gespräch folgte, und schließlich kam heraus, welchen Titel dieser zentrale Kern tragen musste: Er hieß „Zusammenarbeit – Wohlwollende Zusammenarbeit mit allen Beteiligten und einem breiten Kreis von Stakeholdern". Das war das eigentliche Ziel des Projekts, in dem es um die umfassende Programmierung einer Software ging, in der alle Geschäftsprozesse der Organisation auf einer gemeinsamen Oberfläche durchgängig umgesetzt werden sollten. In den Workshops sprachen die TeilnehmerInnen aber in erster Linie darüber, wie Prozesse effizienter und effektiver gemacht, Arbeitsschritte vereinfacht, Organisations-Strukturen verbessert, Finanzmittel eingespart werden konnten. Das zentrale Thema der breiten wohlwollenden Zusammenarbeit war bis dahin aber nie in dieser Klarheit angesprochen worden und fehlte in der Informations-Struktur zur Anforderung des Projekts. Erst in der räumlichen farbigen Struktur, in der die großen Zusammenhänge klar sichtbar wurden, durch die Kamerafahrt und die Bewegung im Raum, mit der Musik, die uns gefiel, schien uns eine andere Ebene angesprochen. Gleichsam aus dem Bauch heraus schien uns der Ausruf zu kommen, dass diese Struktur nicht stimmte. Nicht analysiert und nachgedacht wurde hier, sondern spontan war das Gefühl entstanden, dass hier etwas nicht stimmte. Und dieses Gefühl wurde von mehreren TeilnehmerInnen geteilt. Es war, als wäre hier bei den Beteiligten eine ganz neue, andere, künstlerisch-emotionale Seite angesprochen worden. Nach diesem Erlebnis, dieser Initialzündung war es dann möglich, darüber nachzudenken und dann das zentrale Thema gemeinsam zu formulieren.

Interessant war für mich, dass gerade durch einen virtuellen Raum das erlebt werden konnte, was in den Präsenz-Workshops, im persönlichen Gespräch nicht erkannt wurde und verborgen blieb.

In dem gerade beschriebenen Beispiel wird der Wechsel zwischen intuitiven und analytischen Phasen deutlich sichtbar. Nach vorwiegend gedanklicher Arbeit erlaubte die virtuelle Raumskizze eine vorwiegend intuitive und emotionale Phase, die zum Kern des Projekts kommt. Daran schließt sich dann wieder eine eher durch das Denken geprägte analytische Phase an, in der der gefundene Kern als Thema und Inhalt entwickelt und formuliert wird.

Die Freiheit, ohne Gebrauchsanweisung selbst etwas kreieren zu dürfen
Welche Bedeutung hat die Wahrnehmung in der Natur, und was können wir daraus für virtuelle Formate lernen?

Bei dieser Frage denke ich zuerst an Erlebnisse mit unseren Kindern. Oft machten wir Wanderungen in der Bergwelt. In Gebieten, wo es noch keine Erlebnis-Spielplätze gab. Aber es war abenteuerlich: Es gab winzige Tierchen in jeder Pfütze, eine Blindschleiche, die unerwartet davonglitt, einen Specht, den wir klopfen hörten. Die Kinder hatten die Idee zu wetten, wer von uns den Vogel am schnellsten sehen konnte. Da gab es Pflanzen, die sich im Wind bewegten, Insekten, die Blüten bestäubten und dabei mit ihrem ganzen Körper verschwanden. Manchmal stellten die Kinder Fragen. Manchmal tollten sie herum. Manchmal blieben sie einfach stehen und waren ganz still und lauschten: Irgendetwas war hinter einem Rascheln zu entdecken. Manchmal genossen sie die kühle Dusche eines Wasserfalls, der unerwartet über einen Felsen herunterschoss, und dann eine unheimliche

Höhle. Sie brauchten kein Schild, das etwas erklärte, kein aufgehängtes Netz, an dem man hochsteigen konnte, kein Seil, über das man in einer bestimmten Weise hinüberbalancieren musste, um Punkte zu gewinnen. Sie kletterten über Äste, erfanden Schaukel-Bäume und Steinschleudern, suchten flache Steine, die über die Oberfläche eines Sees huschen konnten. Sie sammelten Tannenzapfen, Blätter, Steine und Stöcke und bauten kuriose Dinge daraus, die fliegen, schwimmen oder bemalt und verschenkt werden konnten. All das war einfach da. Nichts Besonderes. Es gab keinen gut organisierten Abenteuer-Spielplatz, keinen Übungs-Parcours, der eine Anweisung gebraucht hätte. Alles haben unsere Kinder selbst erfunden, ohne Instruktion. Das ist ein Geschenk. Das geht in der Natur. Manchmal erzählen meine Kinder nach Jahren heute noch mit leuchtenden Augen davon, wenn sie jemand nach einem Abenteuer in ihrer Kindheit fragt.

Geht das auch in der virtuellen Welt? Sicher ist da vieles anders. Vielleicht sind die Möglichkeiten nicht so vielfältig, aber zu entdecken gibt es auch hier einiges – vielleicht mehr als wir denken. Es geht wohl nicht um ein Entweder-oder. Heute brauchen wir wohl beides – Analoges und Digitales – das Üben und das freie Entdecken – und sicher dürfen wir nach einer virtuellen Sitzung losrennen in die Natur und dort die Vielfalt genießen, tief durchatmen und weiter das Beobachten üben, damit wir nicht übersehen, was wir da alles entdecken können. Diese Übung ist auch für virtuelle Meetings hilfreich, dafür, dass wir nicht müde werden zu erkunden, wie es unserem Gegenüber im Bildschirm und wie es uns selbst geht. Erkunden, was wir brauchen, was uns Spaß macht und was wir im Zwischenraum zwischen uns gemeinsam entwickeln können, das ist auch in einer Online-Konferenz wichtig. Diese Momente des Entdeckens lohnen sich. Es lohnt sich, dass wir uns dafür Zeit nehmen und Präsenz üben.

Wir dürfen nicht meinen, dass wir alles vordenken, organisieren und planen können. Das gilt für die virtuelle Welt genauso wie für die analoge. Vieles ist da, wie ein Geschenk, und wir müssen es nur sehen und zulassen. Dafür müssen wir genau beobachten und intensiv hinhören. Das heißt nicht, dass wir nicht auch gut planen und vor allem uns gut und intensiv vorbereiten müssen. Für manche tief berührenden Treffen – das habe ich gelernt – müssen wir aber all das Vorbereitete im richtigen Augenblick einfach loslassen (Senge et al., 2004) – gerade in der virtuellen Welt.

Offen sein für Unerwartetes, das entstehen will
Ich erinnere mich an 9/11. Wegen des Verbots interkontinentaler Flüge durch den Auftraggeber nach dem Anschlag auf das World Trade Center mussten wir einen Workshop mit 20 Führungskräften eines internationalen

Kunden aus verschiedenen Ländern absagen. Schließlich haben wir ihn aber dann doch abgehalten – zwischen drei Konferenz-Studios in drei Kontinenten.

Ein Teilnehmer aus Indien erzählte eine Geschichte, die er in unserem Leadership-Development-Programm erlebt hatte, eine Geschichte von Straßenkindern in Afrika. Alle hörten mit extremer Spannung zu. Stille! Nur der Erzähler war zu hören. Etwas berührte und bewegte uns. Auf unserem Bildschirm sahen wir, wie sich Tränen auf immer mehr Gesichtern zeigten. Es war, als würden wir alle diese Geschichte selbst erleben. Nie hätte ich damals gedacht, dass das in dieser Intensität über Kontinente hinweg möglich sein konnte.

In einer virtuellen Konferenz mit Südafrika hörten wir plötzlich unerwartet traditionelle südafrikanische Klänge. Ganz nahe waren uns diese Menschen, die da plötzlich begannen, ihre Musik zu spielen. Nichts musste erklärt werden und doch verstanden wir plötzlich alles, was wir jetzt brauchten. Danach konnten wir anders miteinander reden. Tausende von Kilometern zwischen uns zählten nicht mehr. Gemeinsam konnten wir die gestellte Aufgabe angehen.

Das geht im Virtuellen. Nichts haben wir dafür organisieren müssen. Nur, dass wir zusammen losgehen wollen – auf eine gemeinsame Wanderung, das schon! Aber alles andere war unerwartet, erstaunlich! … und wir mussten es nur zulassen und unsere vorbereitete Agenda loslassen. Nur eine ganz einfache Konferenz war angesetzt und doch wurde sie berührend und für uns etwas Besonderes. Immer wieder erzähle ich gerne davon, wenn mich jemand nach einer abenteuerlichen Situation fragt, und manchmal hat man mir dann gesagt: „Das muss Dich ja wirklich bewegt haben. Du hast ja ganz leuchtende Augen." Natürlich ist das ganz anders als die Wanderung mit Kindern durch die Natur im Gebirge. Gibt es da etwas Gemeinsames? Ich glaube, die Gemeinsamkeit ist, dass in beiden Situationen, in der virtuellen Konferenz wie in der realen Natur, Menschen selbst aus der Situation heraus etwas geschaffen haben – ohne Anweisung: die Kinder den Schaukel-Baum und das Gleiten des flachen Steines auf der Oberfläche des Sees. Der Erzähler des Erlebnisses mit den Straßenkindern ließ seine Geschichte zu, genau in dem Moment, den diese Geschichte brauchte, um den richtigen Rhythmus der Worte zu finden, nicht nur den Inhalt. Das Spiel der Musik aus Südafrika erklärte uns, was nicht mit Worten erklärbar war und was wir doch für die Zusammenarbeit so notwendig brauchten. Oft ist es ein Zusammenspiel kleiner Erlebnisse, an denen wir erkennen, dass da gerade etwas passiert, das etwas Berührendes möglich macht: ein Schweigen, das wir in einem Gespräch zulassen, ein

Lachen, das uns erfreut, eine Musik, weil etwas nicht mit Worten zu erklären ist, jemand, der uns sagt: „Das hast Du gut gemacht, so etwas habe ich noch nie in dieser Klarheit gehört!" Das gibt es auch in einem virtuellen Treffen.

Ähnlich Intensives, Berührendes, Erstaunliches und Unerwartetes haben wir auch beim einfachen gemeinsamen Live-Zeichnen in ganz persönlichen Gesprächen in virtuellen Konferenzen erlebt:

eigentlich nichts Besonderes und doch etwas, das uns berührt und bewegt hat und diesen Moment zu etwas Besonderem gemacht hat. Es ist wohl das Gefühl, dass uns jemand wirklich zuhört, uns wohlwollend ernst nimmt, mit ehrlicher Wertschätzung verstehen will, was wir meinen. Das ist ein Geschenk – und ich glaube, dass die ganz reale Natur eine unerschöpfliche Quelle ist, die uns für das berührende virtuelle Erlebnis aufgeschlossen macht.

Diese Quelle erlaubt es uns sogar im virtuellen Raum, menschlich Bewegendes und künstlerisch Emotionales zu schaffen und sogar dort gemeinsam erstaunliche Lösungen zu entwickeln, von denen wir nicht geglaubt hatten, dass es sie geben könnte.

Jedenfalls geht es nicht um die Entscheidung zwischen zwei Polen, sondern um das Zusammenspiel zwischen beiden und darum, immer wieder ein dynamisches Gleichgewicht zu finden.

Wir müssen beides können, Analog und Digital. Jedes an seinem Platz und trotzdem in einem kreativen Zusammenspiel, auch wenn das zusätzliche Komplexität mit sich bringt.

Sinngemeinschaft aufbauen

Gerade in einem Projekt, in dem wir künstlerische Vorgehensweisen verfolgen wollen, ist es wichtig zu klären, ob die Voraussetzungen dafür gegeben sind. Gleich im ersten Gespräch mit den AuftraggeberInnen wollen wir erkunden, ob wir einen gemeinsamen Sinn in der Aufgabenstellung erkennen. Mit der Zeit haben wir gelernt, dass die Übereinstimmung dazu wichtig ist für den Projekterfolg. Dabei schwingt immer die Hoffnung mit, über das Projekt hinaus sinnstiftende Wirkung zu erreichen und durch künstlerische Prozesse in konkreten Aufgabenstellungen für Wirtschaft und Gesellschaft gemeinschaftsverantwortlich wirksam zu werden.

Ist die Frage nach der Sinngemeinschaft mit den Entscheidungsträgern positiv beantwortet, so muss diese ausgeweitet werden auf einen möglichst breiten Kreis in dem Setting der Beteiligten. Dies ist Ziel des Projekt-Starts, zu dem alle Beteiligten eingeladen werden.

Eine positive Atmosphäre und eine wohlwollende Haltung für das Projekt sind uns hier wichtig. Die Botschaft heißt: Unser Projekt ist bedeutungsvoll! Dafür nutzen wir das Commitment der Geschäftsführung zu unserer Arbeit, das wir für alle sichtbar machen. Die engagierte Teilnahme des Vorstands oder der Firmenleitung ist hier wesentlich. Jetzt ist es wichtig, alle Beteiligten für eine offene Zusammenarbeit zu gewinnen und sicherzustellen, dass wir auch zusammen mit den Führungskräften und MitarbeiterInnen einen gemeinsamen Sinn verfolgen können. Durch unsere eigene Einstellung machen wir dabei erlebbar, dass in diesem Projekt eine wirkliche Möglichkeit steckt, etwas zu entdecken und Neues zu gestalten.

Wir zeigen unsere Überzeugung, dass in dieser Aufgabenstellung eine echte Chance für die Beteiligung aller GesprächspartnerInnen gegeben ist. Dies ist natürlich nur dann möglich, wenn wir auch selbst davon überzeugt sind, dass in diesem Projekt die Voraussetzungen für Neugierde, Entdeckerfreude und Gestaltungswillen erfüllt sind.

In einem Unternehmens-Projekt realisieren wir gerne gleich nach dem Projektstart eine Arbeitsphase mit einer Serie von visuellen Zweiergesprächen (mit Live-Zeichnungen, siehe oben).

Wir besprechen hier nicht nur den Bedarf des Projekts, der Beteiligten und der Stakeholder, sondern zu Beginn auch die Ziele und die Vision für das Unternehmen. Anschließend folgen die Gespräche mit den DialogpartnerInnen aus verschiedenen Unternehmensbereichen, Hierarchieebenen und Fachgebieten, die möglichst unterschiedliche Sichtweisen auf die Aufgabenstellung und die Firma haben und die wichtigsten Erfahrungsgebiete und Fachbereiche der Organisation abdecken. Das Anhören von gegensätzlichen Sichtweisen, konkurrierenden Interessen und verschiedenen Positionen ist dabei wichtig. Allen hören wir genau zu und machen ihr Anliegen in den live erstellten Skizzen sichtbar.

Durch die Aussagen wird ein Überblick geschaffen über Erfahrungen, Anforderungen, Erwartungen, Hoffnungen, aber auch Sorgen und Ängste zu dem Projekt.

Solche Gespräche können wir auch virtuell sehr gut mit großer Intensität führen.

6 Virtuelle Möglichkeiten und analoge Voraussetzungen

Nicht nur für die Reduzierung der geschäftlichen Reisetätigkeit ist es hilfreich, digitale Werkzeuge zu nutzen. Virtuelle Mittel bieten darüber hinaus zahlreiche Möglichkeiten, die in der analogen Welt nicht denkbar wären

(Frank, 2007). Dazu gehört der Aufbau komplexer sichtbarer Wissens-Netzwerke (Abb. 3). In ihnen können die Zusammenhänge zwischen Informationen und mehrere Wissens-Ebenen und -Bereiche durch unterschiedliche inhaltliche Nähe und verschiedene thematische Abstände voneinander anschaulich und passend dargestellt werden.

So können Informationen, Aussagen, Wissens- und Erfahrungs-Elemente in verschiedenen Kontexten live während virtuellen Arbeitsphasen sichtbar gemacht werden: z. B. im Zeitverlauf, mit Ortskoordinaten, nach Inhaltskriterien, nach Autoren, mit sozialen Medien etc. verknüpft und in Echtzeit dynamisch in diese Perspektiven eingefüllt werden.

Das breite Spektrum der hier nur angedeuteten Möglichkeiten digitaler Wissens- und Dialog-Entwicklung lässt erahnen, welche Potenziale sich auch im Zusammenwirken mit weiteren technischen Mitteln für die künstlerische Zusammenarbeit ergeben. Basis aber bleibt dabei das, womit dieser Beitrag begonnen hat und was immer in diesem Beitrag präsent war:

> Wichtiger als die Dualität von ANALOG und DIGITAL erscheint uns die Beschäftigung mit der Intensität der Wertschätzung, mit der wir auf andere TeilnehmerInnen eingehen, wie viel Raum wir ihnen geben und wie viel Offenheit uns in der Gruppe gelingt, um neue Ideen zu würdigen, zu teilen und durch andere weiterbearbeiten zu lassen.

Hierzu ein Beispiel: Eine Fernsehsendung zeigte ein Konzert mit Placido Domingo in Salzburg: Ricardo Muti dirigiert, das Orchester spielt voller Energie, ist im Fluss. Da lässt der Dirigent plötzlich die Hände fallen: Stille!!! In diesem Augenblick schmettert Placido Domingo los. Es ist, als

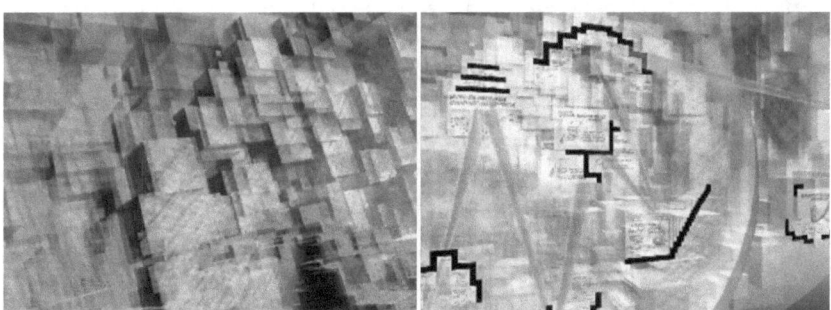

Abb. 3 Wissens-Elemente sind in farbig gekennzeichneten Themen-Gruppen sortiert. In Fahrten durch den Raum können diese Wissens-Elemente, Themen-Cluster (links), oder Spuren (rechts) erschlossen werden. (©Hans-Jürgen Frank, Dialogarchitekt®)

hätte Ricardo Muti für Placido Domingo den optimalen Raum bereitet, in dem der Sänger seine Qualität jetzt voll entfalten kann. Das braucht Präsenz, Achtsamkeit und die innere Mitte, die es erlaubt, dem anderen den Weg zu bereiten, dem anderen einen privilegierten Raum zu schaffen für dessen grandiose Entfaltung – nicht für die eigene „Show" – und es braucht tiefe liebevolle Wertschätzung gegenüber dem anderen.

Hier wird die Haltung deutlich, die den gemeinschaftlichen künstlerischen Prozess zu einem besonders bewegenden und berührenden Erlebnis macht. Hier liegt ein Schlüssel auch für das bewegende, berührende, gemeinschaftliche Meistern aktueller Herausforderungen, unabhängig, ob analog, digital oder hybrid.

> **Lernen aus der analogen Welt: Anforderungen für bewegende Erlebnisse in einer virtuellen künstlerischen Problemlöse-Arbeit**
>
> Berührende und bewegende Erlebnisse entstehen besonders leicht, wenn unsere TeilnehmerInnen und wir selbst stark gestaltend am virtuellen wie im realen Geschehen beteiligt sind (siehe Bürgerbeteiligung).
> Im Kontext unserer Arbeit kommen wir dafür zu folgenden Anforderungen:
>
> - Anderen Beteiligten wird die Möglichkeit gegeben selbst die eigenen Erfahrungen in das visuelle Netzwerk des Wissens einzubringen. Dies führt zu einer intensiven breiten Beteiligung der Stakeholder im Sinne des „Responsible Leadership".
> - Ein großer Reichtum an Erfahrung, Wissen und die Sehnsucht nach grundsätzlichen Lösungen wird erlebbar.
> - Wissen ist und bleibt für alle verfügbar. Das Erlebnis „Macht" über Wissen zu haben verhindert das Gefühl der Ohnmacht, das entsteht, wenn wir von einer unübersichtlichen Masse von Daten und Informationen überschwemmt werden.
> - In visuellen Räumen, die Zusammenhänge zwischen unterschiedlichen Erfahrungen erlebbar machen, wird erkennbar welche Informationen bereits im Raum eingebracht sind, und welche Informationen noch fehlen. Die so erkannten „Schwarzen Löcher" bleiben ohne visuelle Zusammenhänge oft unbemerkt, werden aber im Gesamtzusammenhang leichter erkennbar. Sichtbar sind die Stellen, wo etwas nicht ausgesprochen wurde. Oft eröffnen sich gerade hier Möglichkeiten für neue Lösungsansätze.
> - Gegensätzliche Meinungen dürfen ausgesprochen werden. Sie haben Bestand auch neben anderen Erfahrungen, selbst wenn dadurch Widersprüche entstehen. Diese dürfen zugelassen werden und können positive Impulse auslösen.
> - Mit Abstand können verschiedene Ansichten im Zusammenhang vieler Aussagen und Anliegen wohlwollend betrachtet werden, denn jeder Beteiligte hat hier seine Bühne für „seine Show", kann sich und sein Anliegen wirkungsvoll zeigen.

- Im Zwischenraum zwischen den Bildern bilden sich Assoziationen und Ideen, die es erlauben neue Lösungen und unerwartete Sichtweisen zu initiieren.
- Selbst im Zwischenraum zwischen Widersprüchen können sich Lösungen zeigen – sowie die Erkenntnis, dass durch das Zusammenspiel zwischen Gegensätzen ganz neue Synergien möglich sind.
- Im visuellen Raum wird die Wirkung der eigenen Erfahrung, des eigenen Anliegens und der eigenen Lebensaufgabe im Zusammenhang mit der Gesamtaufgabe einer Organisation, eines Staatsgebildes, einer internationalen Zusammenarbeit etc. erlebbar. Dies kommt der Sehnsucht nach einer sinnstiftenden Arbeit und nach dem „Purpose" im eigenen Leben entgegen. Oft berichten die Beteiligten von einer sehr emotional erlebten Erfahrung und dem Gefühl, dass sie „zu einem großen Ganzen gehören".

Literatur

Arte, Fernsehsendung am 3.3.2021. Die Macht der sanften Berührung. Neueste wissenschaftliche Forschungen zur menschlichen Berührung im Kontext der Corona-Kontaktbeschränkungen.

Frank, H.-J. (2005a). Gemeinschaftliche Identitätsbildung zwischen kognitiven Fähigkeiten und künstlerischer Gestaltung. In C. Scholz (Hrsg.), *Identitätsbildung: Implikationen für globale Unternehmen und Regionen* (S. 131–135). Hampp.

Frank, H.-J. (2005b). Designing the future – Process visualisation (ProVis) in companies, international organisations and society. In E. Banissi et al. (Hrsg.), *IV05 information visualisation. (9th international conference on information visualisation, 6–8 July 2005, London, University of Greenwich. Proceedings.)*. IEEE Computer Society.

Frank, H.-J. (2007). "Virtual real communities" and cooperative visualisation. In Y. Luo (Hrsg.), *Cooperative design, visualization, and engineering. 4th international conference, CDVE 2007, Shanghai, China, September 2007, proceedings. LNCS 4674* (S. 250–256). Springer.

Frank, H.-J. (2009). Visualisierungen professioneller einsetzen. In I. Sachsenmeier (Hrsg.), *Ergebnisorientiert moderieren* (S. 93–129). Beltz.

Frank, H.-J. (2014). Von der visualisierten Moderation zum künstlerischen Co-Creations-Prozess. In J. Freimuth & T. Barth (Hrsg.), *Handbuch Moderation in der Reihe Innovatives Management* (S. 171–194). Hogrefe.

Frank, H.-J., & Drosdol, J. (2005). Information and knowledge visualization in development and use of a management information system (MIS) for DaimlerChrysler. In S.-O. Tergan & T. Keller (Hrsg.), *Knowledge and information visualization: Searching for synergies* (S. 364–384). Springer.

Frank, H.-J., & Lehnemann, M. (2014). Strategische Entscheidungsräume – Wie Moderation Schlüsselprozesse der Unternehmensführung transformiert. In J. Freimuth & T. Barth (Hrsg.), *Handbuch Moderation in der Reihe Innovatives Management* (S. 269–292). Hogrefe.

Frank, H.-J., Pless, N. M., & Maak, T. (2021). Dialogarchitecture: An artistic co-creation process to enable responsible leadership learning and implementation. In T. Maak & N. M. Pless (Hrsg.), *Responsible leadership* (2. rev. und extended Aufl.). Routledge (im Erscheinen).

Hüther, G. 1. https://www.youtube.com/watch?v=T5zbk7FmY_0. Zugegriffen: 24. Jan. 2021.

Hüther, G. 2. https://youtu.be/fBIKBgFfhBg. Zugegriffen: 3. März 2021.

Lotter, W. (2020). *Zusammenhänge*. Körber

Lüpke, G., & v. (2009). *Zukunft entsteht aus Krise* (S. 9–17). Riemann.

Senge, P., Scharmer, C. O., Jaworski, J., & Flowers, B. S. (2004). *Presence*. Sol.

Hans-Jürgen Frank ist „thought leader" auf dem Gebiet des co-creativen Problem-lösens und dem Dialog mit einer großen Zahl von unterschiedlichen Stakeholdern. Er nutzt dabei gemeinschaftliche visuelle Arbeitsoberflächen und künstlerische Prozesse. Seit ca. 25 Jahren begleitet er Unternehmen, internationale Organisationen und Regierungen in Veränderungsprozessen, Projekten und Dialogprozessen in Europa, Asien, den USA, Kanada, Lateinamerika und Afrika. Er hat auf der Grundlage dieser Erfahrungen das neue Berufsfeld des Dialogarchitekten® entwickelt. Hier hat er sein multidisziplinäres Know-how als Künstler, Architekt, Experte in Humanökologie, als Autor und „business facilitator" sowie seine Expertise aus der Fernsehproduktion und der Entwicklung von digitalen Räumen vereint. Hans-Jürgen Frank lehrte ca. zehn Jahre an mehreren Hochschulen und Universitäten. Mit seinen Kunden nutzt er Strategien von Künstlern, Erfindern und Filmemachern, um neuartige Lösungen in Industrie, Politik und Gesellschaft zu entwickeln.

E-Mail: frank@dialogarchitect.com

Zwangs-virtualisierte Events – Erfahrungen aus der Praxis

Claudia Nielsen

Inhaltsverzeichnis

1	Einleitung	76
2	Praxisbeispiel 1 – Kurzfristige Zwangs-Virtualisierung einer internationalen Konferenz	78
3	Praxisbeispiel 2 – Hybride Management-Konferenz	81
4	Learnings	84
5	Fazit/Ausblick	86
	Literatur	87

Zusammenfassung Der Begriff Zwangs-Virtualisierung könnte unterstellen, dass es sich bei virtuellen (oder auch digitalen) Veranstaltungen um ein neues Format handelt. Dem ist aber nicht so, virtuelle und hybride Veranstaltungen sind schon seit mehreren Jahren ein fester Bestandteil der Eventbranche. Allerdings konnte sich der Veranstalter bisher frei entscheiden, ob er seine Veranstaltung mit Vor-Ort-Präsenz (Onsite), als Online-Veranstaltung oder in einem hybriden Format stattfinden lässt. Die aktuelle Situation aufgrund der Corona-Pandemie schränkt diese Freiheit dramatisch ein. Veranstalter und deren Dienstleister müssen verstärkt mit digitalen Event-Formaten planen, wenn sie weiterhin ihre Botschaften

C. Nielsen (✉)
Claudia Nielsen Eventmarketing, Oestrich-Winkel, Deutschland
E-Mail: claudia@nielsen-event.de

© Der/die Autor(en), exklusiv lizenziert durch Springer Fachmedien Wiesbaden GmbH, ein Teil von Springer Nature 2021
S. Luppold et al. (Hrsg.), *Berührende Online-Veranstaltungen*,
https://doi.org/10.1007/978-3-658-33918-0_5

direkt und persönlich an ihre Zielgruppen kommunizieren möchten. Im folgenden Beitrag werden persönliche Erfahrungen und natürlich auch Learnings aus zwei zwangs-virtualisierten Veranstaltungen geteilt. Die erste Veranstaltung, eine internationale Konferenz, wurde innerhalb einer Woche zu einer virtuellen Veranstaltung umgeplant. Die zweite Veranstaltung, eine Managementkonferenz, nach Verschieben und Hoffen auf Veranstaltung mit Vor-Ort-Präsenz dann digital geplant. Die Fragestellung, was virtuelle Veranstaltungen berührend macht, fließt in die Betrachtung ein.

1 Einleitung

Das Jahr 2020 bringt eine Veränderung in der Eventbranche, wie ich sie in meiner mehr als 20-jährigen Event-Erfahrung noch nicht erlebt habe. 9/11, diverse Wirtschaftskrisen oder die zunehmende Bedeutung von Nachhaltigkeit haben die Eventbranche stark beeinflusst, aber nicht in einem so großen Maße wie die Corona-Pandemie.

Im Folgenden wird meine subjektive Einschätzung zu virtuellen Veranstaltungen geteilt. Diese basiert auf Beobachtungen, Gesprächen mit Branchen-Kollegen und Veranstaltern sowie auf der langjährigen Erfahrung in der Eventbranche und Mitarbeit an der Konzeption und Durchführung von zahlreichen Veranstaltungen.

Die Begriffe Onsite-Veranstaltung, Online-Veranstaltung und hybride Veranstaltung werden im Folgenden genutzt, daher werden diese kurz erläutert. Die Onsite-Veranstaltung zeichnet sich dadurch aus, dass sowohl die Redner als auch die Teilnehmer zusammen vor Ort sind. Bei der Online-Veranstaltung nehmen die Teilnehmer ausschließlich über ein digitales Device (Computer, Tablet, Smartphone) an der Veranstaltung teil. Die Begriffe virtuelle und digitale Veranstaltung werden im Folgenden im gleichen Sinne benutzt. Bei der hybriden Veranstaltung mischen sich beide Formate, d. h., die Veranstaltung wird gestreamt, sodass Teilnehmer diese am digitalen Device verfolgen können, aber ein Teil der Teilnehmer befindet sich ggf. am Veranstaltungsort oder sammelt sich an verschiedenen Orten, um von dort aus gemeinsam, in kleineren Gruppen an der Veranstaltung teilzunehmen.

Als die Pandemie im Winter 2019/2020 in China begann, befand ich mich mitten in der Planung für eine Veranstaltung, die Mitte März 2020 stattfinden sollte. Das gesamte Team hatte die Entwicklungen der Corona-Pandemie mit größter Aufmerksamkeit verfolgt. Mit Verwunderung schauten alle auf die stark reglementierenden Maßnahmen in China mit der Gewissheit, dass so etwas in Deutschland nicht möglich sei.

Am 22. März 2020 einigten sich Bund und Länder auf strenge Ausgangs- und Kontaktbeschränkungen, mit starken Einschränkungen in Bezug auf Veranstaltungen. Zudem wurden weltweit Reisewarnungen und -verbote ausgesprochen, die es vielen Menschen nicht möglich machten, ihr Heimatland zu verlassen.

Für die Eventbranche sind die weltweiten Schutzmaßnahmen mit einer „Zwangs-Schließung" ihres Arbeitsfeldes gleichzusetzen. Bereits geplante Veranstaltungen wurden abgesagt oder auf unbekanntes Datum verschoben. Eine Branche, die ihre Tätigkeit auch gerne mit dem Begriff Live-Marketing oder Live-Kommunikation bezeichnet, war gezwungen, sich neu aufzustellen und alternative Formate anzubieten, die in Zeiten der Pandemie „persönliche Begegnung und aktives Erlebnis" (Kirchgeorg, 2018) möglich machen, nur eben ohne reale Begegnung, ohne Präsenz vor Ort.

Virtuelle und hybride Veranstaltungen sind keine neuen Formate, wurden in der Vergangenheit aber eher untergeordnet behandelt. Im Jahr 2012 habe ich mein erstes hybrides Event organisiert und erfahren, wie schwierig es ist, Teilnehmer mit unterschiedlichen „Erlebnis-Ebenen" aufeinander abzustimmen. Die digitalen Teilnehmer mussten sich den Teilnehmern vor Ort „unterordnen", da der Schwerpunkt auf der Onsite-Veranstaltung lag.

Im Folgenden werden zwei Beispiele von zwangs-virtualisierten Events, an deren Organisation ich beteiligt war, aus meiner Perspektive beleuchtet. Der Kunde und die Namen der beteiligten Dienstleister werden nicht genannt, um eine neutrale Auseinandersetzung mit den Formaten zuzulassen.

Die Fragestellung, was die beiden Veranstaltungen berührend gemacht hat, hat mich sehr beschäftigt. Wie erkennt man als Außenstehender, was dazu führt, jemanden emotional anzusprechen, zu Gefühlen anzuregen? Bei Gefühlen denkt man zunächst häufig an die „großen" Gefühle wie Liebe, Freude, Trauer, Hass, die eindeutig zu erkennen sind. Es hat sich gezeigt, dass nicht unbedingt die „großen" Gefühle notwendig sind, um zu berühren. Vielmehr sind es häufig die weniger offensichtlichen Gefühle wie Dankbarkeit, Anerkennung, Motivation, Verbundenheit, Gemeinschaftsgefühl, Zuneigung, Neugierde etc., die angesprochen werden.

2 Praxisbeispiel 1 – Kurzfristige Zwangs-Virtualisierung einer internationalen Konferenz

Die internationale Konferenz war für Mitte März 2020 geplant, eine zweitägige Veranstaltung mit ca. 400 Teilnehmern aus der ganzen Welt mit einem abwechslungsreichen, interaktiven Programm, interessanten Rednern und Workshops zum „Anfassen" und „Mitmachen". Aufgrund der Bekanntheit der Veranstaltung und der außerordentlichen Relevanz für die Zielgruppe gibt es jedes Jahr wesentlich mehr Anfragen zur Teilnahme als freie Plätze. Die Teilnehmer mussten sich daher für die Veranstaltung bewerben und wurden sorgfältig unter Berücksichtigung diverser Kriterien wie berufliches Umfeld, Geschlecht, Nationalität, Alter etc. für die Veranstaltung kuratiert.

Ende Januar musste die erste schwere Entscheidung aufgrund der Corona-Pandemie getroffen werden. Die chinesischen Teilnehmer wurden zum Schutz der anderen Teilnehmer ausgeladen. Anfang März und somit kurz vor Veranstaltung fiel dann die Entscheidung, die Veranstaltung rein digital stattfinden zu lassen. Es blieben eine Woche und ein Tag für die Neugestaltung des Konzepts und die Durchführung eines neuen Event-Formats.

Kurze Beschreibung der Veranstaltung
Das Konzept der Onsite-Veranstaltung sah einen großen Anteil an interaktiven, kreativen Bestandteilen in Form von Workshops und gemeinsamen Aktionen vor. Das Konzept der Online-Veranstaltung sollte dies widerspiegeln. Aufgrund der Kürze der Planungszeit wurde das neue Konzept zweigeteilt in die Konferenz und das Nebenprogramm. Die Konferenz beinhaltete ein eher klassischeres Veranstaltungsformat mit Beiträgen von Experten sowie interaktiven Elementen. Das Nebenprogramm gestaltete sich in Form eines unkonventionellen kreativen Mitmach-Formats. Dessen Vorteil war, dass man sich bei der technischen Umsetzung und Programmierung der Event-Plattform auf die Konferenz konzentrieren konnte, da die Zeit für die Programmierung einer professionellen Event-Plattform mit einer durchdachten Customer Journey sehr kurz war.

Beim Nebenprogramm wurde der Anspruch an die technische Umsetzung reduziert und in Kauf genommen, dass die Teilnehmer keine „geführte Reise" durch das Nebenprogramm erfahren, sondern sich eigenständig durch das Programm bewegen. Hierbei wurde auf bestehende webbasierte Tools zurückgegriffen. Es durfte improvisiert werden, kurze Pausen und kleinere technische „Schwächen" wurden vom Veranstalter hingenommen und akzeptiert.

Die ursprünglich zweitägig geplante Onsite-Veranstaltung wurde in eine vierstündige Konferenz und ein 24-stündiges Nebenprogramm gewandelt. Die Konferenz wurde an zwei Tagen zu unterschiedlichen Zeiten gestreamt, um den unterschiedlichen Zeitzonen gerecht zu werden. Die Teilnehmer kamen aus der ganzen Welt, dementsprechend war es nicht möglich, einen Zeitrahmen zu finden, der für alle Teilnehmer passen würde. Beide Veranstaltungen wurden live gesendet, am zweiten Tag wurden einige wenige Beiträge vom Vortag wiederholt.

Was hat die Veranstaltung ausgemacht?
Die Idee der digitalen Konferenz war: Die Teilnehmer können nicht zusammenkommen, aber die Ideen können es. Alle wesentlichen Inhalte, die das Thema von unterschiedlichen Seiten beleuchtet haben, wurden in der Konferenz zusammengefasst. Die Themen, die eher einen Workshop-Charakter hatten, wurden im Nebenprogramm erarbeitet.

Die Komprimierung der Veranstaltung war eine wesentliche Entscheidung und musste von den Akteuren umgesetzt werden. Alle Redner wurden angehalten, sich kurz zu fassen und ihre Beiträge auf das Wesentliche zu reduzieren.

Die für die Onsite-Veranstaltung gebuchte Moderatorin stand auch für das digitale Format zur Verfügung. Da sie schwerpunktmäßig im Fernsehen moderiert, konnte sie sehr gut mit dem neuen Format umgehen. Die kurzfristige Umwandlung zur Online-Veranstaltung wurde humorvoll aufgenommen und in einem Intro-Film umgesetzt. Der Geschäftsführer des Unternehmens führte als Co-Moderator durch das Programm. Dieser zeigte sich offen und humorvoll, es ergaben sich witzige Gespräche und Überleitungen zwischen der Moderatorin und ihm.

Die Veranstaltung wurde sehr abwechslungsreich gestaltet mit kurzen Beiträgen, wechselnden Medien und Formaten: vorab produzierte Filme, Reden von branchen-bekannten Rednern, Live-Diskussionsrunden per Skype, Interviews, interaktive Workshops, Live-Preisverleihung, wechselnde Umgebungen. Einige Akteure waren live im Studio vor Ort, die meisten wurden per Skype oder mit kurz vorher produzierten Filmbeiträgen dazugeschaltet.

Die Online-Event-Plattform bot den Teilnehmern einen unkomplizierten Zugang zur Veranstaltung. Alle Beiträge und Interaktionen waren über die Plattform erreichbar: das Live-Streaming und die Möglichkeit, Fragen und Kommentare zu platzieren. Bei Bedarf wurden Umfragen und andere Interaktionen eingeblendet, um zum richtigen Zeitpunkt daran teilzunehmen. Die Führung durch das Programm war selbsterklärend.

Das Setting des Filmstudios war eher einfach gehalten. Aber die Location, in der das Filmstudio aufgebaut wurde, bot zahlreiche spannende, kreative Kulissen und Hintergründe für die unterschiedlichen Beiträge, die perfekt zum Thema passten. So wurden sehr abwechslungsreiche Bilder produziert.

Als interaktives Element gab es die Möglichkeit, Fragen zu stellen, auf die im Laufe der Veranstaltung eingegangen wurde. Die Teilnehmer konnten Kommentare hinterlassen, die ihre Meinung oder Stimmung wiedergaben. Sie wurden aufgefordert, Bilder von sich oder von ihren Arbeitsergebnissen auf die Plattform hochzuladen, die sofort veröffentlicht und besprochen wurden. Ein neues digitales Kreativ-Tool des Veranstalters wurde zum ersten Mal live geschaltet und konnte von den Teilnehmern ausprobiert werden. Es gab Workshops, bei denen die Teilnehmer die Möglichkeit hatten, Dinge, die sie zu Hause vorfinden, kreativ einzusetzen. Die Ergebnisse wurden über die Plattform oder über einen Twitter-Hashtag veröffentlicht.

Was hat die Veranstaltung berührend gemacht?
Die Veranstaltung wurde von den Teilnehmern sehr positiv aufgenommen und bewertet, aber was war es, was die Veranstaltung „berührend" gemacht hat?

Wie anfangs beschrieben, wurde jeder Teilnehmer mithilfe eines Bewerbungsprozesses für die Veranstaltung ausgewählt. Die Identifikation mit der Veranstaltung und dem Thema war dementsprechend groß und die Enttäuschung, dass diese vor Ort nicht stattfinden konnte, ebenso, obwohl jedem die Gründe plausibel waren. Die Tatsache, dass die Veranstaltung digital stattgefunden hat, mit einer so kurzen Vorbereitungszeit, wurde von den Teilnehmern extrem positiv aufgenommen. Sie wurden mit ihrer Enttäuschung nicht alleingelassen und die Auseinandersetzung mit dem Thema konnte trotzdem stattfinden. Die positive Energie, die durch die kurzfristige Umwandlung in das digitale Format entstanden ist, hat sich auf die Teilnehmer übertragen.

Alle Akteure waren zudem für weitere Gespräche nach der Konferenz bereit. Das ursprüngliche Ziel, einen fachlichen Austausch zu den Themen zu initiieren, wurde erreicht.

Für viele Teilnehmer war diese Veranstaltung die erste digitale Konferenz, an der sie teilgenommen haben. Die Neugierde, ob und wie so ein Format funktionieren kann, war dementsprechend groß. Einige Teilnehmer fragten nach der Veranstaltung nach einem Leitfaden für die Organisation einer digitalen Veranstaltung, um so etwas selbst umzusetzen. Die Veranstaltung hat eine grundsätzliche Begeisterung für digitale Veranstaltungsformate geweckt.

Die sehr offene Art des Geschäftsführers und die persönliche Identifikation mit dem Thema haben der Veranstaltung eine sehr persönliche Note gegeben.

Und nicht zuletzt die humorvolle Auseinandersetzung mit der kurzfristigen Absage der Veranstaltung hat eine positive Energie bei den Teilnehmern erzeugt.

3 Praxisbeispiel 2 – Hybride Management-Konferenz

Ein Kunde eines internationalen Konzerns veranstaltet einmal im Jahr eine Management-Konferenz für die weltweit verteilten Führungskräfte des obersten Managementlevels. In der Vergangenheit wurde diese als zweitägige Onsite-Veranstaltung mit Konferenz und Abendveranstaltung durchgeführt. Die Veranstaltung war ursprünglich für Juni 2020 geplant. Aufgrund der Entwicklung der Corona-Pandemie wurde Ende März die Veranstaltung auf Herbst 2020 verschoben in der Hoffnung, diese dann als Onsite-Veranstaltung durchführen zu können. Eine Durchführung der Veranstaltung als digitales Format konnte sich der Veranstalter zu dem Zeitpunkt nicht vorstellen. Zum einen werden in dieser Zielgruppe sensible Themen besprochen, die nicht für die Öffentlichkeit bestimmt sind, und zum anderen ist das Networking ein wichtiger Bestandteil des Zusammentreffens. Im Sommer 2020, als abzusehen war, dass auch im Herbst keine Onsite-Veranstaltung möglich sein wird, fiel die Entscheidung, die Management-Konferenz als Hybrid-Veranstaltung stattfinden zu lassen.

Kurze Beschreibung der Veranstaltung
Die Teilnehmer konnten sich entscheiden, ob sie an der Veranstaltung allein vom eigenen Computer im Homeoffice/Büro oder aber in kleinen Gruppen, in sogenannten Hubs, mit weiteren Kollegen gemäß den lokalen Corona-Richtlinien teilnehmen möchten. Es wurden mehrere Hubs mit zwei bis acht Teilnehmern gebildet. Diese haben sich in einem Meetingraum getroffen und gemeinsam an einem Screen die Veranstaltung verfolgt. Die übrigen Teilnehmer haben einen persönlichen Zugang zur Online-Event-Plattform erhalten, über die sie an der Veranstaltung teilnehmen konnten.

Die Veranstaltung wurde live vom Firmenstandort gesendet. Dafür wurde auf dem Firmengelände ein Filmstudio installiert, wo die Veranstaltung aufgenommen und gestreamt wurde.

Die Veranstaltung unterlag einer hohen Sicherheitsstufe in Bezug auf die Geheimhaltung der Informationen. Dementsprechend unterlagen alle Plattformen und Webtools hohen Auflagen und mussten einer Sicherheitsprüfung unterzogen werden, was die Auswahl an möglichen Tools sehr reduziert hat.

Die Veranstaltung dauerte ca. fünf Stunden mit einer 45-min Pause.

Was hat die Veranstaltung ausgemacht?

Die Veranstaltung war ein gelungener Mix aus Kommunikation strategischer Themen, Austausch und Diskussion mit den Kollegen zu aktuellen Unternehmens-Fragestellungen und Inspiration für die zukünftige Arbeit. Schon in der Vorkommunikation wurden die zentralen Themen der Veranstaltung in kurzen Filmen an die Teilnehmer übermittelt. In Zusammenarbeit mit den jeweiligen Fachbereichen bzw. Verantwortlichen wurden die Kernbotschaften informativ, aber auch kurzweilig präsentiert. Bei der Vielzahl der Themen war es entscheidend, diese zu komprimieren und die wesentlichen Aspekte herauszuarbeiten. Die Redner wurden entsprechend gebrieft und die Inhalte abgestimmt.

Das Studio zeichnete sich durch ein sehr hohes technisches Niveau aus, das viele Möglichkeiten der Präsentation und ein äußerst professionelles Umfeld passend zur Zielgruppe und zu den Themen der Veranstaltung bot.

Die Themen wurden abwechslungsreich, auf den Punkt gebracht präsentiert: direkte Live-Ansprachen begleitet von Animationen, Filmeinspielungen, Live-Schaltungen in mehrere Hubs, moderierte Diskussionsrunde, Workshops, Produkt-Präsentationen und Live-DJ zur musikalischen Untermalung.

Ein wesentlicher Aspekt der Veranstaltung war und ist der Austausch der Manager auf Augenhöhe. Dementsprechend hatte man sich gegen eine externe Moderation, sondern für eine Moderation aus den eigenen Reihen entschieden. Die Moderation der Veranstaltung wurde von einer Teilnehmerin, die auch verantwortlich für die Organisation der Veranstaltung ist, übernommen. Die Moderation einer Diskussionsrunde wurde von einem weiteren Teilnehmer geleitet. Die Tatsache, dass die beiden Teil des Management-Kreises sind, spiegelte sich in der Ansprache an die Redner und Teilnehmer wider. Man spürte die Fachkompetenz, das kollegiale Miteinander und das ehrliche Interesse bei Fragen. Die Teilnehmer blieben so

„unter sich", konnten offen sprechen und waren Teil einer geschlossenen Gemeinschaft, eines geschützten Raums.

Zu Beginn der Veranstaltung wurde in einige Hubs aus unterschiedlichen Regionen live geschaltet und ein Stimmungsbild eingeholt (für die Amerikaner war es zu Beginn der Veranstaltung sehr früher Morgen, für die Asiaten früher Abend).

Ein herausragender prominenter Manager eines anderen Unternehmens konnte für einen Austausch mit dem CEO gewonnen werden – ein klarer Vorteil des digitalen Formats. Ob er für eine Reise zu einer solchen Veranstaltung bereit gewesen wäre, ist eher unwahrscheinlich.

Workshops mit kleinen Teilnehmergruppen wurden gebildet. Mehrere Fragestellungen wurden angeboten. Die Gruppen konnten selbst entscheiden, welche Fragen sie diskutieren wollten. Die Ergebnisse wurden am Ende mit den anderen Teilnehmern geteilt. Die Gruppen bestanden aus den Teilnehmern der Hubs, bzw. die Teilnehmer, die vom eigenen Rechner aus teilgenommen haben, wurden per Zufallsprinzip kleinen Gruppen zugeordnet. Zum Teilen der Ergebnisse wurde die Event-Plattform genutzt. Diese wurden dann später im Plenum mit allen geteilt und diskutiert. Zudem erfolgten Live-Schalten in einige der Hubs, um deren Ergebnisse persönlich abzufragen. Nach den Diskussions-Phasen begab sich der CEO physisch in zwei nahe gelegene Hubs und diskutierte dort – mit Abstand natürlich – mit einigen Teilnehmern, was live an alle gesendet wurde.

Selbstverständlich war es jederzeit möglich, in der Event-Plattform Fragen an die Akteure zu richten und so aktiv in die Diskussion/Themen einzugreifen.

Was hat die Veranstaltung berührend gemacht?
Schon während der Veranstaltung gab es positives Feedback von den Teilnehmern und auch von den Rednern. Die Bedeutung der Themen, das dynamische Format, die Authentizität der Akteure und vor allem des CEO haben die Erwartung übertroffen und die Gemeinschaft sowie das „Wir-Gefühl" gestärkt. Trotz des ungewohnten Formats und trotz der räumlichen Distanz kam eine offene Auseinandersetzung zwischen den Managern untereinander und zum CEO auf. Aktuelle, spannende Themen wurden auf Augenhöhe kommuniziert und diskutiert.

Das Portfolio der Inhalte, insbesondere die Präsentation der aktuellen Technologie-Themen, sowie das persönliche Engagement, mit dem die Verantwortlichen ihre Arbeitsfelder präsentiert haben, motiviert die Teilnehmer, die eigenen Themen weiterzuentwickeln, man kann sogar sagen bewirkt einen Stolz auf die Leistung des Unternehmens.

Die berührendsten Momente gab es meiner Meinung nach in der direkten Auseinandersetzung des CEO mit seinen Managern, sowohl in den Video-Schalten als auch in der Diskussion, die live in den Hubs geführt wurde. Das ehrliche Interesse des CEO und das Engagement der Teilnehmer zeigte eine motivierte „Mannschaft".

4 Learnings

Nach Analyse der oben beschriebenen, aber auch anderer digitalen und hybriden Veranstaltungen in der Vergangenheit ergeben sich für mich folgende Erkenntnisse:

Konzept, Konzept, Konzept!
Eigentlich kein neues Learning, eine erfolgreiche Veranstaltung benötigt ein gutes Konzept, das durch die Veranstaltung führt, eine Geschichte erzählt. Im Zuge der neuen Digitalisierung und privater Zoom-Meetings scheinen manche der Meinung zu sein, dass es ausreicht, ein Webmeeting einzurichten und Teilnehmer einzuladen. Ein Meeting bleibt ein Meeting und eine Veranstaltung ist eine Veranstaltung und die benötigt ein auf die Zielgruppe abgestimmtes Konzept! Da Konzepte nicht deckungsgleich von Onsite-Veranstaltung auf Online übertragbar sind, müssen diese neu durchdacht werden.

Auf den Punkt gebracht!
Digitale und hybride Veranstaltungen sind in den meisten Fällen zeitlich kürzer als Onsite-Veranstaltungen. Da die zu kommunizierenden Inhalte nicht unbedingt weniger sind, ist es umso wichtiger, sich auf das Wesentliche zu konzentrieren.

Abwechslung schaffen!
Der Einsatz von kurzen, knackigen Beiträgen, unterschiedlichen Settings, Medien, Interaktion, Formaten und Tools schafft Abwechslung. Die visuelle Wahrnehmung gewinnt digital noch mal an Bedeutung. Seien Sie kreativ! Wer sich langweilt, schaltet ab oder beschäftigt sich nebenbei mit anderen Dingen.

Interaktion!
Teilnehmer aktiv einbinden, miteinander reden, Themen diskutieren, an Fragestellungen gemeinsam arbeiten, Sachverhalte bewerten etc., all das

schafft Begeisterung. Das kann auf einer sachlichen Ebene stattfinden, aber auch kreativ, spielerisch. Sich beteiligen heißt, involviert zu sein.

Authentizität!
Bei einer Onsite-Veranstaltung schweift der Blick, man schaut auf die Bühne, man sieht den Redner im Umfeld des Settings, man schaut ins Publikum, vielleicht gibt es einen zusätzlichen Screen, auf dem man den Redner in Nahaufnahme sieht. Eine Veranstaltung am Bildschirm zu verfolgen, bewirkt eine größere Konzentration auf das gesendete Bild. Redner und Akteure, die sich verstellen, die „schauspielern", werden schneller entlarvt. Nähe zeigen und zulassen lässt Menschen symphatisch wirken. Authentizität schafft Vertrauen bei den Teilnehmern und somit auch Vertrauen in die Botschaften.

Eine gute Moderation schafft Verbindung!
Ein Moderator, der den roten Faden hält und die Teilnehmer durch die Veranstaltung führt, kann emotional verbinden, berühren. Gut heißt nicht, dass es ein professioneller Moderator sein muss, sondern ein zielgruppengerechter! Im Fall von Beispiel 1 war es die Mischung aus einer sehr fröhlichen, sympathischen, zu dem Thema passenden professionellen Moderatorin zusammen mit dem Geschäftsführer, der sich sehr offen, privat, authentisch und humorvoll gezeigt hat. Im Fall von Beispiel 2 eine Moderatorin aus den eigenen Reihen kommend, was eine besondere Nähe zu den Themen und Teilnehmern signalisiert hat, im Sinne von „Wir sind unter uns, auf Augenhöhe".

Schaffe ein spannendes Setting!
Bei einer Onsite-Veranstaltung werden häufig viel Zeit und Geld in die Suche und Ausstattung der passenden Location gesteckt. Warum sollte man das nicht auch bei einer digitalen Veranstaltung tun? Ob es die LED-Wand ist, ein Greenscreen-Studio, eine Rückprojektion, ein aufgestellter Screen mit Rückwand oder ein eher analog anmutendes Studio ist, muss jeder Veranstalter für sich entscheiden. Wichtig ist, dass jedes Setting mit Leben gefüllt wird. Ein Greenscreen-Studio nützt wenig, wenn man die technischen Möglichkeiten nicht nutzt, und eine LED-Wand ist zu teuer, wenn man nicht die passenden Medien dazu produziert. Auch ein einfaches Set-up kann zum Konzept passen, solange es individualisiert und zum Konzept passend kreiert wird. Schön sind auch wechselnde Settings während der Veranstaltungen.

Hybride Events sind die Königsklasse!
Die Bedürfnisse der digitalen und der hybriden Teilnehmer sind unterschiedlich und müssen smart in Einklang gebracht werden. Ein frühzeitiges Hineindenken in beide Zielgruppen ist notwendig.

5 Fazit/Ausblick

Die Menschen benötigen Begegnungen, Austausch, emotionale Berührungen, Inspiration und Anerkennung, wenn möglich auf einer persönlichen, direkten Ebene. Aber die digitale Begegnung ist eine gut funktionierende Alternative. Das eine ersetzt das andere nicht unbedingt, aber ergänzt die Möglichkeiten der Begegnung. Onsite-, Online- und hybride Veranstaltungen werden nebeneinander existieren können. Sobald persönliche Treffen wieder unbeschwert möglich sind, werden diese mit Sicherheit wieder stattfinden. Online-Begegnungen können wunderbar ergänzend eingesetzt werden. Im Hinblick auf Nachhaltigkeit und aus Effizienz-Gründen wächst die Erkenntnis, auf unnötige Reisen verzichten zu können, und digitale Begegnungen werden in der Zukunft zunehmen.

Ein Umdenken auf allen Ebenen ist daher unverzichtbar, sowohl beim Kunden, bei der planenden Agentur als auch bei den Teilnehmern.

Die Eventbranche hat aufgrund der Zwangs-Virtualisierung von Veranstaltungen einen riesigen Entwicklungssprung gemacht, neue Konzepte entwickelt, Technik-Kompetenz erweitert und neue Tools angewendet. Jetzt ist es notwendig, dass auch die Kunden mitziehen und sich trauen, digitale Veranstaltungen umzusetzen. Seien Sie offen für Neues, probieren Sie verschiedene Formate aus! Mut wird in der Regel von den Teilnehmern honoriert. Auch von den Teilnehmern wünsche ich mir eine Offenheit für die neuen Formate. Wer bereit ist, sich darauf einzulassen und mitzumachen, wird leichter emotional angesprochen. Ehrliches, sachliches Feedback hilft den Veranstaltern, ihre Konzepte zu verbessern und besser auf die Zielgruppe abzustimmen.

> Eines hat sich daher nicht geändert, Konzepte müssen individuell auf den Kunden, die Zielgruppe, die Teilnehmer und die Themen angepasst werden, um diese für die Veranstaltung zu begeistern. Hierbei gilt: Nichts muss, alles kann!

Literatur

Kirchgeorg, M. (2018). *Live communication*. Gabler Wirtschaftslexikon. https://wirtschaftslexikon.gabler.de/definition/live-communication-38996/version-262416. Zugegriffen: 4. Jan. 2021.

Claudia Nielsen absolvierte ihren Magister Artium Angewandte Kulturwissenschaften mit Schwerpunkt Tourismusmanagement an der Leuphana Universität Lüneburg. Seit 24 Jahren ist Claudia Nielsen in der Eventbranche tätig mit Stationen bei diversen Event-Agenturen, seit 2012 selbstständig als Eventberaterin. Sie arbeitet für diverse Event-Agenturen und Unternehmens-Kunden. Ihre Schwerpunkte sind Corporate Events, Live-Kommunikation, analoge und digitale Veranstaltungen, Projektmanagement, Veranstaltungsplanung, -organisation sowie -konzeption.

E-Mail: claudia@nielsen-event.de

Never host alone – Erfahrungen aus berührenden Online-Meetings

Christian Kemper

Inhaltsverzeichnis

1	Die Grundannahmen	90
2	Zur Vorbereitung	92
3	Wie der Prozess eines virtuellen Meetings gelingt	95
4	Gelerntes	100
	Literatur	101

Zusammenfassung Es ist eine Kunst, berührende virtuelle Meetings zu schaffen. Und da wir alle Künstler:innen sind, kann es uns allen gelingen. Damit sie leicht entstehen können, gibt es eine Reihe von Gelingensbedingungen, die in diesem Beitrag genannt werden in chronologischer Reihenfolge eines Prozesses: Grundannahmen, Vorbereitungen, Verlauf über Ankommen und Einstieg, dialogischer Prozess und Check-out.

C. Kemper (✉)
Inbetweener, Bonn, Deutschland
E-Mail: ck@inbetweener.eu

Ein Novembervormittag 2020, 35 Menschen aus Kommunen und freien sowie kommunalen Einrichtungen eines Landkreises kommen für drei Stunden über eine Online-Plattform zusammen, um zu gemeinsamen Aktivitäten im Handlungsfeld „Demokratie in Zeiten von Corona" zu gelangen. Die Veranstaltung läuft gut an, ist produktiv und konstruktiv, die Menschen nutzen den Austausch ganz intensiv und kommen zu individuellen und gemeinsamen Verabredungen – ein richtig gutes Meeting also. Doch berührend wird es erst so richtig, als auf dieser Basis, in diesem Kreis ein Mensch von seinen persönlichen nächsten Schritten berichtet, dabei seine Ängste und Hoffnungen in der Arbeit mit Geflüchteten äußert und eine andere Person mit einem ganz anderen Hintergrund und zufällig der persischen Sprache mächtig, spontan ihre Hilfe zusagt – und ein Moment der Stille, des Innehaltens eintritt. Vielleicht, von außen betrachtet, nur ein kleiner Schritt, der für diese beiden Menschen und einige weitere jedoch einen großen Unterschied macht. Wie kann solch eine Berührung auf Distanz gelingen?

1 Die Grundannahmen

Vieles, was wir über Lernen und Arbeit wissen, ändert sich: Wo es passiert, wer es tut, wie es gelingt. Was wir erfahren haben ist, dass Menschen dann gut lernen und arbeiten, wenn alle Ebenen des Menschseins einbezogen sind: der Körper, der Geist, die Emotionen und Intuitionen (vgl. Williams, 2014). Wenn ich authentisch und gut in Kontakt mit mir bin, kann ich in Kontakt mit anderen gehen. Und wir haben Meetings als energetische Tankstelle, Zeit für gemeinsame Kreation, Verabredungen und Entscheidungen, als „Inseln der Lebendigkeit" (vgl. zur Bonsen, 2010) erfahren, die mit größtmöglicher Transparenz, maximaler Partizipation und einem hohen Energieniveau locken. Dann können wir ganz lebendig in einer

- **VUCA-Welt** (V:olatil – schwankend, U:ncertain – unvorhersagbar, C:omplex – viele Einflussfaktoren in gegenseitiger Abhängigkeit, A:mbiguous – mehrdeutig) und
- **BANI-Umgebung** (B:rittle – porös, A:nxious – ängstlich, besorgt, N:onlinear – nicht-linear, I:ncomprehensible – unbegreiflich) sein – nämlich wieder auf
- **VUCA-Art** (V:ision – mit kraftvollem Zukunftsbild, U:nderstanding – mit Gespür für zukünftige Herausforderungen und Gelegenheiten, C:larity – mit Einheit von Fühlen, Denken und Handeln, A:gility – flink in kleinen Schritten, iterierend).

Konkret für Online-Meetings bedeutet dies, dass wir eben nicht versuchen sollten, das Analoge (das noch viel mehr als bloße Anwesenheit impliziert, ein im besten Sinne aufdringliches Miteinander) ins Digitale zu übersetzen, sondern ausgehend vom virtuellen Raum und dessen Optionen und Grenzen (eingeschränkte nonverbale Kommunikation ohne direkten Augenkontakt, andere Nutzung der gemeinsamen Zeit, kürzere und konkretere Diskussionen, immer Aufmerksamkeit für die Technik hinter dem Bildschirm und für den Raum um den Bildschirm, es muss deutlich mehr explizit gemacht werden u. v. m.) das Mögliche erfahrbar machen. Und dabei nicht einfach zu einem „new normal" übergehen, sondern eine für alle lebenswerte, urenkeltaugliche Welt kreieren.

Remote Facilitation (das Begleiten von Online-Meetings, welches hier beschrieben wird) macht Kollaboration unter Menschen, die sich nicht in einem Raum befinden, einfacher und manchmal auch leichter. Obwohl es professionelle Facilitator:innen gibt und im Ideal bei jedem Meeting den Raum halten, können alle Menschen im virtuellen Raum facilitativ wirken und dies bedeutet, Menschen zu ermutigen, sich zu bewegen (und sie eben nicht „abzuholen"). Diese Präsenz braucht die Bereitschaft der Begleitenden, allen, die kommen, zu ermöglichen, dass sie sich ganz zeigen können. Vier Dinge helfen bei all dem: radikal interaktiv zu arbeiten, radikal ehrlich, radikal vertrauensvoll und radikal hoffnungsvoll zu sein.

Und schließlich: Alles hier Beschriebene kann auch ganz anders sein. Wird im Folgenden der eine oder andere Weg besonders empfohlen, so kann möglicherweise das genaue Gegenteil passender oder auch berührender sein. Wenn zum Beispiel die Aussage getroffen wird, dass Vorträge nicht während einer Online-Veranstaltung, sondern vorher asynchron angeboten werden sollten, so kann gerade das gemeinsame, synchrone Hören und Spüren von Impulsen für nächste Schritte hilfreich sein. Wenn wir ein humorvolles Meeting planen und alle können Witze erzählen, heißt das noch nicht, dass es auch lustig wird. Was wir tun können ist, einen Rahmen zu schaffen, Bedingungen zu schaffen, die dazu führen können, dass Menschen sich berühren lassen. Körperliche Nähe ist nur eine von mehreren möglichen Voraussetzungen für Berührung, auch mit geschlossenen Augen in einem virtuellen Meeting ist wahrhaftiger Kontakt spürbar.

2 Zur Vorbereitung

Das Gelingen einer Veranstaltung, ihre Effizienz und Effektivität, der Grad der Kreativität entscheiden sich schon mit der Vorbereitung und Konzeption. Passen diese, ist die Durchführung nur noch die „Kür". Der Aufwand für virtuelle Meetings scheint eigentlich geringer als für analoge Veranstaltungen zu sein, weil beispielsweise keine Anreisen, Flipcharts und Pinnwände organisiert werden müssen. Tatsächlich braucht die Detail- und vor allem die technische Planung mehr Zeit als im Analogen. Um folgende zentrale Fragen geht's vorab:

Was ist der Sinn & Zweck der Veranstaltung (oder der Reihe)?
Je eindeutiger dies und die daraus resultierenden Ziele geklärt, formuliert und kommuniziert sind, desto leichter fällt später die Durchführung (und dann auch die Umsetzung der Ergebnisse, vgl. Williams; Laloux, 2015). Wofür also braucht die Welt dieses Meeting? Was wäre günstigenfalls durch das Meeting möglich? Was genau ist der Schmerzpunkt (bspw. für die Organisation, das Feld), der geheilt oder gelöst werden soll?

Wer soll dabei sein?
Wir brauchen für Online-Veranstaltungen nur jene Menschen, die etwas lernen oder beitragen können, und jene, welche notwendige Autorität und Autonomie für Entscheidungen und ihre Umsetzung haben. Also helfen all jene, die berührt sind vom Sinn und Zweck. Zu beantworten ist, wer relevant oder eine kritische Rolle hat, um die Ziele zu erfüllen, und wie viele Menschen aus welchen Zeitzonen und aus welchen Settings etc. eingeladen werden sollten.

Welchen Verlauf planen wir?
Was asynchron getan werden kann, sollte asynchron erledigt werden – das Teilen von Informationen, Präsentationen oder Vorträge beispielsweise braucht es nicht oder wenig in Meetings. Die gemeinsame Zeit darin sollte für konstruktive Zusammenarbeit genutzt werden. Hier ist also zu entscheiden, was der rote Faden ist, welche Methoden genutzt werden, welche Aktivität mit welcher Intention geschieht, wie die Abfolge von Einzel-, Kleingruppen- und Plenumsarbeit aussieht und wann großzügig pausiert wird. Die konkrete Agenda wird dann den Teilnehmenden vorab zur Verfügung gestellt, damit diese sich einen Überblick verschaffen können, orientieren und vielleicht auch vorbereiten können – oder sie entwickelt

sich erst während eines Treffens von den dann tatsächlich Anwesenden, um die dann drängenden Fragen zu beantworten. Häufig, beispielsweise bei offiziellen oder (unternehmens-)politischen Anlässen, sind die Inhalte bereits vorab entschieden und zur Einstimmung auch schon kommuniziert.

Welche technischen Tools nutzen wir?
Nicht eingegangen wird hier auf die Hardware: ein gutes Mikro für den Ton, eine gute Kamera und viel Licht für das Bild und eine gute Internet-Verbindung am besten per LAN-Kabel. Für das Gelingen einer virtuellen Zusammenkunft gibt es drei technische Schlüsselfunktionen: kommunizieren, organisieren und visualisieren. Mittel der Umsetzung werden im Folgenden genannt; bei Erscheinen dieses Buches Mitte 2021 wird es wohl schon viel bessere und andere Möglichkeiten der virtuellen Begegnung geben, Wonder, Gather oder Kumospace zeigen bereits ansatzweise, was möglich sein wird.

Beim Kommunizieren unterscheiden wir das Synchrone und das Asynchrone. Bei der Gleichzeitigkeit geht es darum, jede:n sehen, hören und spüren zu können. Dafür bieten sich bspw. Zoom, Ecosero, Bigbluebutton, MS Teams oder Webex an oder für einfachere Zusammenkünfte Wonder oder Kumospace. Bei der Ungleichzeitigkeit geht es darum, eine Gemeinschaft zu bilden und vor- und nachher in Kontakt zu sein, bspw. mit Slack, SMS oder gängigen Chat-Apps oder über eine Veranstaltungshomepage mit Interaktionsmöglichkeiten wie bspw. Howspace. Damit das Organisieren und Inhalteteilen rund läuft, also Aufgaben, Ressourcen und Daten bearbeitet werden können, helfen Tools wie Wechange oder Trello. Um Videos, PDFs, PPTs und Keys zu speichern und auszutauschen, bieten sich bspw. Google Drive oder Dropbox an. Werkzeuge für das Visualisieren, für das Kollaborieren, Thoughtshowern und Dokumentieren können bspw. Miro, Conceptboard oder Mural sein.

Wichtig dabei: Die Facilitator:innen müssen die Tools perfekt kennen und nutzen können. Weniger ist mehr – während einer Veranstaltung maximal zwei Plattformen nutzen (bspw. Zoom + Miro). So einfach wie möglich halten – auch wenn digital so vieles toll anmutet, geht Einfachheit vor. Und am besten vorab testen mit Menschen, die eine oder beide Plattformen noch nicht kennen, um mögliche Hürden oder Schwierigkeiten identifizieren zu können. Schließlich muss vorab geklärt sein, ob die Teilnehmendenschaft auch komplett Zugriff auf die Tools hat; teils spielen IT-Abteilungen, die DSGVO oder individuelle Ausstattungen eine wichtige, teils einschränkende Rolle. Und gleichsam: Eine Gemeinschaft wird immer

Wege finden, miteinander zu kommunizieren, ganz egal, welche Tools genutzt werden.

Wer kümmert sich um die Organisation?
Idealerweise gibt es Menschen, die sich um eine wirklich einladende Einladung, alle wichtigen Informationen für die Teilnehmenden, das Teilnehmendenmanagement, eigentlich immer notwendige Technik-Sprechstunden und weitere Dinge vorab kümmern. Bei Prozessen, also mehreren Veranstaltungen, die aufeinander aufbauen, oder auch bei besonderen Anlässen kann es hilfreich sein, Material zu verschicken, um auch haptisch gemeinsam aktiv zu werden. Ein Notizbuch unterstützt bei individuellen Notizen. Ein Tee oder Bio-Schokoriegel hilft der Physis. Eine gemeinsame Weinprobe, gemeinsames Kochen oder Basteln kann je nach Anlass eine wunderbare Ergänzung sein und das Berührtsein und Berührenlassen von Menschen erleichtern.

Wer übernimmt welche Rolle?
Zentral für das Gelingen virtueller Meetings ist das Besetzen und Wahrnehmen verschiedener Rollen: Veranstaltende, Teilnehmende, vier Rollen im Hosting-Team: (Co-)Facilitator:in (Begleitende), Scribe (Person, die dokumentiert), Tech-Host (Technische Begleitung), Guardian (Hüter des Prozesses).

Die Veranstaltenden laden ein, begrüßen und verabschieden. Die Teilnehmenden haben die Verantwortung für sich selbst, die Inhalte und Qualitäten, für das Einanderzuhören und Aufeinandereingehen. Sie sind entweder ganz anwesend oder ganz weg. Ein oder die Facilitator:innen begleiten den gesamten Prozess und gestalten die einzelnen Bausteine, halten Raum für Selbstorganisation und Kreation (vgl. bspw. Weisbord & Janoff, 2007). Sie sorgen gut für sich, für einen freien Geist, ein offenes Herz, einen frischen Körper. Sie oder er oder im Idealfall ein gemischtgeschlechtliches Gespann ist in Kontakt mit allen Teilnehmenden, nimmt die Stimmungen wahr, reagiert auf Störungen, achtet auf einen guten Energiefluss. Ein:e Co-Facilitator:in unterstützt dabei, springt ergänzend ein, übernimmt Teile oder auch das Ganze, sollte die oder der Facilitator:in technische oder andere Probleme haben. Ein Scribe übernimmt das Dokumentieren von Ergebnissen, falls es ausgeschlossen ist (und das ist es eigentlich nie), dass die Teilnehmenden dies tun. Dies, live über eine Dokumentenkamera, kann wunderbar visualisieren, mit farbigen Bildern den Prozess in Echtzeit illustrieren und während und nach der Veranstaltung Anker für die gemeinsamen Entwicklungsschritte kreieren (vgl. Beitrag „KunstPROZESSE in Wirtschaft und Gesellschaft für die Lösungsfindung in aktuellen Herausforderungen"). Ein oder mehrere Tech-Hosts kümmern sich um die gesamte Technik, bieten die Sprechstunden vorab an, sind telefonisch vor und während der Veranstaltung zu erreichen, unterstützen per Chat und haben diesen auch immer im Blick, und sie helfen bei jeglichen Schritten, damit die Facilitator:innen sich ganz auf die Gruppe und diese sich aufeinander und die Inhalte einstellen können. Ein Guardian kann mit Fokus auf Energien, Prozess, Zeit, Dynamik, Wohlbefinden der Teilnehmenden unterstützen; diese Rolle kann auch von Teilnehmenden übernommen werden. „Never host alone" ist eine zentrale Erkenntnis aus vielen Jahren Online-Facilitation.

Und klar, manchmal passiert es doch, dass die einzelnen Rollen bei wenigen Menschen liegen, die dann zwischen den Tasks wechseln – perfekt für einen Gruppenprozess in einem Meeting sind jedoch immer zumindest ein:e Facilitator:in und ein Tech-Host. Wir Menschen lernen ja durch Imitation; gibt es eine funktionierende Zusammenarbeit zwischen den Facilitator:innen und Tech-Hosts bspw., orientieren wir uns als Teilnehmende auch daran.

3 Wie der Prozess eines virtuellen Meetings gelingt

Schritt für Schritt und mit konkreten Beispielen wird nun ein Prozess vorgestellt, wie digitale Sessions verlaufen können: Ankommen, Einstieg, das Verhandeln der Anliegen und Vorhaben in einem dialogischen Prozess, die Ernte, Check-out und ein kurzer Blick auf die Nachbereitung.

Das Ankommen und der Einstieg
Eine halbe Stunde vor dem offiziellen Beginn ist Zeit zum Ankommen, gemeinsamen Kaffee- oder Tee-Trinken, die Teilnehmenden werden begrüßt und zu einem kurzen Technik-Check von Mikro und Kamera aufgefordert. Gegebenenfalls kann kurzzeitig ein Begrüßungsbildschirm eingeblendet werden, bei kleineren Gruppen am besten mit einem Kreis und den Namen sowie Fotos aller Teilnehmenden.

Nun gibt es zwei Varianten: Die Begleitung begrüßt und übergibt an den Tech-Host, der kurz zur Technik informiert: Wo schalte ich meine Kamera ein, wie das Mikro an und aus, welche Bildschirmansichten gibt es, welche Chat-Möglichkeiten gibt es, Bitte um Angabe der Klarnamen der Teilnehmenden, eventuell mit Ortsangabe oder Funktion oder Institution – je nach Anlass des Treffens. Falls eine zweite technische Plattform verwendet wird, bietet sich hier auch ein Hinweis darauf und vielleicht ein Zeigen der Bedienung der zusätzlichen Arbeitsumgebung durch Bildschirmteilen an, neben der Bitte, am besten alle weiteren Anwendungen am Computer zu schließen und das Handy auf Flugmodus zu schalten, um sich ganz auf das Meeting einlassen zu können. Ansonsten sollte möglichst auf die Funktion Bildschirmteilen verzichtet werden, um immer visuellen Kontakt mit Teilnehmenden zu ermöglichen. Ebenfalls könnte hier noch ein alternativer Kommunikationskanal bei technischen Problemen angeboten werden.

Die Begrüßung der Veranstaltenden schließt sich an mit einer Wertschätzung aller Anwesenden, bevor die Facilitator:innen (die Begleitung) übernehmen und mit der Gruppe ganz langsam werden, um später dann im Hauptteil Tempo aufnehmen zu können. Zum Einstieg in die Veranstaltung kann eine Eingangsfrage genutzt werden, die auf das Thema hinleitet.

> **Praxisbeispiel**
>
> In einer Einrichtung mit 40 Mitarbeitenden wurde beispielsweise in einer Organisationsentwicklung zu Beginn der Corona-Pandemie gefragt: „Wie sind Sie gerade hier, auf den drei Ebenen, körperlich, geistig, emotional?" Obschon es eigentlich um Maßnahmenplanung und Projektorganisation gehen sollte, äußerten sich alle Menschen das erste Mal frei über ihre Sorgen, Schmerzen und Wünsche, was natürlich sehr berührend wurde. Zunächst in Duos, dann im Plenum stellten die Menschen ihre:n Gesprächspartner:in kurz vor und gaben Blitzlichter auf die besprochenen Themen. Momente der Stille und der Tiefe wechselten sich ab und gerade weil hier Raum für etwas ganz anderes war, mündete dies in eine überaus produktive Schaffensphase. Berührend war es, weil die Menschen eingeladen waren, aus dem Herzen zu sprechen und mit dem Herzen zuzuhören und dies auch nutzten.

Die Frage nach dem, was gerade wirklich bewegt, kann auch in hochoffiziellen oder förmlichen Veranstaltungen für eine persönliche Anknüpfung genutzt werden – und all dies kann in kurzer Zeit geschehen – je nach Gefühl der Begleitung, was gut für den geplanten Prozess ist. Der Möglichkeiten für Check-in-Fragen gibt es viele, ein gewählter Gegenstand aus der Umgebung kann Auskunft geben über das Tagungsthema, ein Blick aus dem Fenster mit dem inneren Klima verknüpft oder ganz konkret gefragt werden: „Warum bist Du jetzt gerade hier?" Weitere Ideen liefern Seiten wie tscheck.in (sowohl für den Transfer-in wie für den Transfer-out am Schluss), checkin.daresay.io (für sich neu findende Gruppen oder icebreaker.range.co (für Teams); insultor.de bietet mit einem Beleidig-O-Mat spaßige Alternativen.

Dann gibt die Begleitung Orientierung für das gesamte Meeting: über Intentionen und Ziele, Rollen, den Verlaufsplan. Arbeitsprinzipien, die zum Gelingen beitragen, können hier vereinbart werden.

Anliegen und Vorhaben in einem dialogischen Prozess

> **Praxisbeispiel**
>
> Erster Tag einer Lehrveranstaltung an einer Universität, ein viertägiges Blockseminar mit einer großen Gruppe angehender Lehrer:innen, lange nach Umstellung auf Online-Lehre: Nach dem Check-in werden teils provozierende (Bildungs-)Thesen in den Raum gestellt, die viele der Studierenden irritieren und verunsichern, manche gar aufbringen oder wütend machen. Wir schienen ganz weit weg vom Thema zu sein („Schule neu denken und anders gestalten") – tatsächlich drehte sich in den anschließenden Dialogen viel um Einladen, Ermutigen, Inspirieren, Hoffnungen und Ängste und die Frage, in welcher Gesellschaft wir eigentlich leben wollen, als junge oder ältere Menschen. Das Reizen der eigenen Wahrnehmung führte zu einer ehrlichen, tiefgehenden, fachlich fundierten Debatte über die eigene Rolle im System. All das war unvorhergesehen, ungeplant und das Beste, das in dieser Veranstaltung passieren konnte: ein Infragestellen eigener Überzeugungen und Glaubenssätze und ein offener Austausch darüber.

Was dieses Beispiel zeigen soll: Es kommt auf die Haltung der Begleitenden an – „tools are for fools" und Werkzeuge allein nützen nichts. Daher soll im Folgenden auch nicht auf detaillierte Darstellungen der digitalen Anwendung von Dialog (vgl. Bohm, 1998), Roundspeak Meetings (vgl. Rosenbrand, 2017), Open Space Technology (vgl. Owen, 2005), Circle Way (vgl. Baldwin & Linnea, 2010) bzw. Circles (vgl. Heiten & Kugel, 2020), Dynamic Facilitation (vgl. Zubizarreta & zur Bonsen, 2014), World Café (vgl. Brown & Isaacs, 2007), Liberating Structures (vgl. Lipmanowicz & McCandless, 2014) oder anderen Formaten eingegangen werden, die alle online eingesetzt werden können, in Teilen fast so gut, in Teilen gar noch besser als offline. Stattdessen werden einige Hinweise zu facilitativen Handlungen gegeben, die das Entstehen und Führen generativer Dialoge (vgl. Scharmer, 2009) unterstützen.

Redereihenfolge: Das Wort zu ergreifen oder zu übergeben, ist digital schwieriger als analog. Deshalb ist es besser, einzelne Menschen immer direkt anzusprechen oder Sprechende zu bitten, nach deren Beitrag direkt eine andere Person aufzurufen. Kurze, klare Redebeiträge können gut demonstriert und erbeten werden – Hintergrund: Jede Minute in einem Online-Meeting braucht grundsätzlich mehr Energie von uns Menschen als offline, weil wir versuchen, in den kleinen Kästchen der Videobilder qualitativ so viel von anderen Personen wahrzunehmen wie in einem physischen Raum. Da jedoch nur das Gesicht und maximal der Oberkörper zu sehen sind und nur die audiovisuellen Sinneskanäle zur Verfügung stehen, strengt uns das sehr an. Daher sollten virtuelle Meetings so kurz und mit so vielen Pausen wie möglich sein. Hinzu kommt, dass die Erfahrung zeigt, dass aufgrund der technischen Bedingungen die gleichen Schritte online überwiegend etwa 25 % mehr Zeit benötigen als offline – wobei Diskussionen und Entscheidungsfindungen meist deutlich effizienter und kürzer sind. Perfekt werden sie, wenn es gelingt, dass alle auf Augenhöhe miteinander sprechen (auch Expert:innen und Lernende), wenn somit alle in Führung gehen für das, worum es geht, und so eine geteilte Verantwortung entsteht.

Gerade im virtuellen Raum bietet es sich an, die Teilnehmenden immer wieder zu aktivieren (bspw. durch Energizer- oder Achtsamkeitsübungen) und gerade, wenn es große Gruppen sind, auch wiederkehrend anzusprechen. Rückmeldungen einzuladen ohne Sprache geht bspw. durch das Aus- bzw. Anschalten der eigenen Kamera, Abdecken von ihr mit farbigen Post-its, Daumen hoch oder andere Handzeichen erbitten, über das jeweilige Konferenz-Tool Icons oder Emoticons einzublenden (Hand heben, Applaus etc.). Umfragen oder Abfragen über zusätzliche Tools sind eher nicht ratsam, lediglich bei langen Veranstaltungen mit großen Gruppen (über mehrere Tage) und mehrfacher Nutzung (z. B. Mentimeter). Plattform-interne Umfrage-Tools sind jetzt, Anfang 2021, noch eher unpraktisch.

Empfehlenswert ist das Time-boxen (zeitlich stark Begrenzen) eines jeden Schrittes (nicht bei offenen Kreisgesprächen) und Unterteilen und in kleine Abschnitte, um die Fokussierung auf den Prozess zu erhalten und Abschweifungen zu minimieren.

Ein großer Vorteil der virtuellen Welten liegt in der einfachen Handhabung von Kleingruppen (hier meist Breakout- oder Teilgruppen genannt) – das geht auf Knopfdruck, technisch einwandfrei und schneller als das Hin- und Herlaufen in physischen Räumlichkeiten. Nach Breakouts unbedingt immer die Gruppen berichten lassen. Idealerweise und die meist gewünschte Selbstorganisation besser unterstützend ist die auf mehr und mehr Plattformen mögliche selbstständige Bewegung von Breakout-Raum zu Breakout-Raum durch die Teilnehmenden.

Ein besonderer Zauber, der auch immer wieder Berührung ermöglicht, ist die bewusste Nutzung von Stille. Die Verlangsamung von Gesprächen (im Rahmen einer Rhythmisierung) hilft den Menschen, persönliche Gefühle und Gedanken, den eigenen Körper und Intuitionen wahrzunehmen. Das gemeinsame Horchen in die Stille kann auch mit eher ungeübten Gruppen besondere Ergebnisse und produktive Überraschungen zeitigen.

Eminent wichtig ist natürlich auch im digitalen Raum die **Ernte** oder Zusammenfassung am Schluss von Arbeitsphasen, also die gemeinsame, bewusste Wahrnehmung der Ergebnisse, um nächste Schritte zu vereinbaren, zu priorisieren und Entscheidungen zu treffen. In unserer Praxis ist das immer ein Zeitpunkt, an dem sich die Menschen verwundert zeigen über die hohe Qualität und/oder Quantität des Erarbeiteten. Dies kann durch virtuelle Spaziergänge über die Arbeits- und Dokumentationsplattform (s. oben bspw. Miro, Mural, Pads etc.), durch Mini-Präsentationen oder mündliche Zeugnisse geschehen.

Im Umgang mit Pannen, die gerade in virtuellen Umgebungen immer passieren können – eine Verbindung bricht ab, Menschen sind nicht mehr zu hören, ihr Bild ist eingefroren oder: „Du bist noch gemutet." – das ist sicher der häufigste Satz in virtuellen Konferenzen – ist Humor gefragt.

Der **Check-out** schließt ein berührendes Online-Meeting.

Praxisbeispiel

Vertreter:innen einer Kommune treffen sich für eine Entwicklungsprojektplanung: Es war eine intensive Konferenz, teils flink und produktiv, teils zäh und langsam. Insgesamt wurde die Veranstaltung gerade wegen ihrer virtuellen Durchführung als sehr produktiv bezeichnet. In der Schlussrunde im Kreis, in der ganz ausdrücklich Zeit und Raum für freie Äußerungen war, mündlich und über den Chat, entluden sich dann all die Freude und vorherige Anspannung in wertschätzenden und teils sehr berührenden Aussagen zur Unbeschwertheit, Freiheit und Offenheit in der Kollaboration. Eine Kollegin, die kurz darauf in den Ruhestand ging, äußerte, wie leicht es heute gewesen sei und wie schwer ihr nun, nach dieser Erfahrung, der Schritt hinaus aus der Organisation doch plötzlich falle.

Auch hier im Abschluss gibt es ganz verschiedene Möglichkeiten, Begegnung, Ehrlichkeit und Transparenz zu erzeugen. Eine ist die beschriebene Schlussrunde: Nacheinander sprechen alle Teilnehmenden beispielsweise zur Frage „Wie war's heute?". Oder sie äußern sich zu einer Frage entgegen der beim Check-in verwendeten Reihenfolge der Sprechenden. Alternativ können Bewegungen, Zeichen oder auch Äußerungen zu

Reflexions- bzw. Evaluationsfragen erbeten werden. Schnell, wirklich alle zur Mitarbeit bewegend, geht ein sogenannter „Chatterfall". Die Begleitenden stellen Satzanfänge in den Chat, die von allen Teilnehmenden allein und in Stille ergänzt werden (vlg. Mad Tea nach Lipmanowicz & McCandless, 2014). Die Menschen schicken ihre Sätze jedoch erst auf Ansage ab und alle gleichzeitig. So gibt es eine plötzlich erscheinende lange Liste von Äußerungen, eine Art Wasserfall, der kurz und teils zitierend vorgelesen werden kann. Beispiele für Satzanfänge sind: Heute war ich … Die für mich wichtigste oder überraschendste Erkenntnis heute ist … Ein kleines, mikroskopisches Detail, das mir aufgefallen ist, war … Wenn ich ein:e Superheld:in wäre, würde ich jetzt … Ich bin dankbar für … Was ich jetzt unbedingt noch loswerden möchte …

Beim Abschluss ist neben der Verabschiedung durch die Veranstalter:innen ein Hinweis auf eine Dokumentation, ein Protokoll oder Verabredungen wichtig und darauf, wo die Teilnehmenden diese Informationen abrufen oder nachlesen können und auf welchem Kanal die weitere Kommunikation stattfindet. Außerdem gibt es im Idealfall auch bereits einen Termin für ein nächstes Treffen, ein Follow-up. Haben die Teilnehmenden selbst ihre Ergebnisse auf einer Plattform dokumentiert, bietet sich an, dass diese auch nach der Veranstaltung zur Nachlese und Weiterarbeit zur Verfügung steht. Es bietet sich an, dass auch die Konferenzplattform noch einige Zeit nach dem Schluss offen steht für Nachgespräche, gemeinsames Feiern, eine Auswertung unter den Veranstaltenden oder einfachen Small Talk – häufig nehmen die Menschen die Meetings als so besonders und lebendig wahr, dass sie noch für einige Zeit bleiben und die Atmosphäre der Gruppe noch etwas spüren möchten.

Eine **Nachbereitung** untereinander im Begleitteam und auch mit den Veranstaltenden ist eminent wichtig und rundet den Prozess dieses virtuellen Meetings ab: An welchen Stellen sind wir inwiefern vom Plan abgewichen? Was ist uns gelungen? Was können wir beim nächsten Mal verbessern?

4 Gelerntes

Wollen wir berührende Online-Meetings gestalten, geht es darum, Seins-Räume zu öffnen. Räume, die diese besondere Qualität besitzen oder entwickeln, zeichnen sich durch Wortpausen aus, durch geteilte Geschichten, die aus dem Herzen erzählt und mit dem Herzen gehört werden, durch eine Gleichwürdigkeit aller Menschen. Es sind Räume, in denen wahrhaftiger Kontakt zwischen Menschen entsteht, nicht nur eine Fassade gezeigt wird.

Dann können quasi durch Achtsamkeit digitale Leitungen ausgedehnt werden für wahrlich berührende Momente, die mit geschlossenen Augen wohl noch besser erlebt werden können.

Literatur

Baldwin, C., & Linnea, A. (2010). *The circle way. A leader in every chair* (1. Aufl.). Berett-Koehler.
Bohm, D. (1998). *Der Dialog: Das offene Gespräch am Ende der Diskussionen* (4. Aufl.). Klett-Cotta.
Brown, J., & Isaacs, D. (2007). *Das World Café: Kreative Zukunftsgestaltung in Organisationen und Gesellschaft* (1. Aufl.). Carl-Auer.
Heiten, H., & Kugel, T. (2020). *In Circles. Leitfaden für eine naturverbundene und ganzheitliche Prozessbegleitung* (2. Aufl.). BoD.
Laloux, F. (2015). *Reinventing Organizations. Ein Leitfaden zur Gestaltung sinnstiftender Formen der Zusammenarbeit* (1. Aufl.). Vahlen.
Lipmanowicz, H., & McCandless, K. (2014). *The surprising power of liberating structures: Simple rules to unleash a culture of innovation* (1. Aufl.). Liberating Structures Press.
Owen, H. (2005). *The practice of peace. Raum für den Frieden* (1. Aufl.). Westkreuz.
Rosenbrand, B. (2017). *Roundspeak meetings. Wie effektive Meetings gelingen. Ein Handbuch* (1. Aufl.). tologo.
Scharmer, C. O. (2009). *Theorie U. Von der Zukunft her führen* (1. Aufl.). Carl-Auer.
Weisbord, M., & Janoff, S. (2007). *Don't just do something, stand there! Ten principles for leading meetings that matter* (1. Aufl.). Berret-Koehler.
Williams, B. (2014). *The genuine contact way. Nourishing a culture of leadership* (2. Aufl.). Dalar International.
Zubizarreta, R., & zur Bonsen, M. (2014). *Dynamic Facilitation: Die erfolgreiche Moderationsmethode für schwierige und verfahrene Situationen* (1. Aufl.). Beltz.
zur Bonsen, M. (2010). *Leading with life. Lebendigkeit im Unternehmen freisetzen und nutzen* (2. Aufl.). Gabler.

Dr. Christian Kemper, M.A. wirkt an einer Eco- und Wir-zentrierten Wirtschaft und Gesellschaft mit und begleitet mit seinem inbetweener-Netzwerk und Herz und Verstand Gemeinsinn- und -wohl fördernde Teams, Projekte und Organisationen als inbetweener=Facilitator, Großgruppenmoderator und Prozessbegleiter. Er hat Lehraufträge in Organisationsentwicklung an der Bergischen Universität Wuppertal und der TH Köln. Christian Kemper ist Initiator der Facilitators for Future (facilitatorsforfuture.org). Sein Motto: Die Welt verändern Meeting für Meeting.

E-Mail: ck@inbetweener.eu

Mit Methode und Konzept die virtuelle Begegnung inszenieren

Christina Buttler

Inhaltsverzeichnis

1	Dialogräume schaffen – dialogisch orientierte Plattformen und virtuelle Meetingräume	104
2	Analoge Elemente für digitale Veranstaltungen – Haptik und Bewegung	106
3	Die Königsklasse der hybriden Inszenierung – die Begegnung virtueller und physischer Teilnehmer	108
4	D.I.V.E. by MCI	108
5	Die Herausforderung hybrid – zwei Reisewege	109
6	Touchpoints – mit zwei Reisewegen ein gemeinsames Erlebnis kreieren	111
7	Der digitale Anwalt als Stimme der virtuellen Teilnehmer	113
8	Die Teilnehmer-App und ihre Bedeutung für hybride Veranstaltungen	114
9	Fazit/Schlussbemerkung	115
Literatur		115

Zusammenfassung Die Basis, um Emotionen im digitalen Raum entstehen zu lassen, ist die Begegnung von Menschen. Der Raum dafür muss inszeniert werden – auch bei physischen Begegnungen, aber bei virtuellen eben noch detaillierter und zielgerichteter – und darf vor allem nicht von

---

C. Buttler (✉)
Director Strategy & Innovation bei MCI Deutschland GmbH, Berlin, Deutschland
E-Mail: christina.buttler@mci-group.com

den Produkteigenschaften der Plattformen und Tools definiert werden. Für die Begegnung von Menschen im virtuellen Raum müssen neue Wege und Anreize erdacht werden. Diese virtuelle Begegnung ist eine andere, die aber im Moment ihres Stattfindens den gleichen Wert für die beteiligten Menschen haben kann und sollte wie die physische Begegnung. Dieser Beitrag beleuchtet, wie man Räume für Begegnung und Dialog schaffen kann, dass manchmal die analoge Welt die Qualität der digitalen Begegnung unterstützen kann und wie man sich der Herausforderung der Begegnung virtueller und physischer Teilnehmer mit Methode stellen kann.

1 Dialogräume schaffen – dialogisch orientierte Plattformen und virtuelle Meetingräume

Eine menschliche und damit berührende Begegnung im Virtuellen ist möglich, wenn zunächst einmal grundsätzlich dafür ein virtueller Raum vorhanden ist. Das hört sich selbstverständlich an, ist es aber für viele digitale Veranstaltungsformate nicht. Vor allem dann nicht, wenn Konferenz-Plattformen genutzt werden, in deren Fokus die eindimensionale Vermittlung von Wissen steht und nicht der Diskurs miteinander. Dialogräume für kleinere Gruppen werden dann in der Regel nicht zur Verfügung gestellt und damit auch keine Möglichkeit, tatsächlich über das gesprochene Wort und zusätzlich ein Videobild miteinander zu kommunizieren. Viele Plattformen ermöglichen keine direkte Teilnehmer-Kommunikation und bilden gerade bei größeren Veranstaltungen innerhalb des Programms Interaktion ausschließlich über Chats oder Votings ab. Das ist sicher besser als nichts, aber wer als digitaler Teilnehmer schon einmal über eine solche Chat-Funktion „mitdiskutieren" wollte, kennt die Frustration, die dadurch unweigerlich entsteht.

Zentral für die menschlich befriedigende Begegnung ist aber vor allem der Dialog außerhalb des offiziellen Programms. Der Dialog, der bei einer physischen Veranstaltung durch die zufällige Begegnung auf dem Weg zum Kaffeeautomaten entstehen kann. Deshalb ist es sehr wichtig, dass Plattformen diese Dialogmöglichkeit außerhalb des Programms in Form von Call- und Video-Call-Funktionen anbieten. Das kann sehr einfach gehalten sein, indem z. B. jeder Name eines Teilnehmers, der DSGVO-konform zugestimmt hat und der gerade online ist, eine optische Markierung erhält und damit signalisiert, „ansprechbar" zu sein. Komfortabler wird es, wenn die Teilnehmer über einige Angaben in ihrem persönlichen Profil eine Gruppierung nach Interessen ermöglichen. Wird schließlich zusätzlich Künstliche Intelligenz eingesetzt, die Informationen aus dem Verhalten des Teilnehmers, also z. B. an welchen Sessions er teilgenommen oder welche Dokumente oder Videos er angesehen hat, in Echtzeit hinzuzieht, dann können digitale Treffen von Menschen ermöglicht werden, die durch eine ähnliche Interessenlage verbunden sind, die der zufälligen Begegnung an der Kaffeemaschine sogar weit überlegen sind.

Möchte ich also bei meiner digitalen Konferenz eine menschliche Begegnung inszenieren, dann sollte ich nach einer derartig dialogisch orientierten Plattform Ausschau halten bzw. diese Dialog-Funktionen zusätzlich programmieren lassen.

Gerade bei Veranstaltungen mit großen Teilnehmerzahlen kommt es sehr der virtuellen Begegnung von Menschen zugute, wenn man Räume und Zeitfenster für kleinere Gruppen einplant – wenn möglich gleichermaßen innerhalb und außerhalb des offiziellen Programms.

Innerhalb des Programms können das Räume für Arbeitsgruppen, Workshops und Ähnliches sein. Ausnahmsweise einmal gut übertragbar aus physischen Formaten in die virtuelle Welt sind auch Meet-the-Experts-Sessions, also ein Meeting-Format, bei dem im Anschluss an Vorträge deren Referenten für die Diskussion ihrer Inhalte in Kleingruppen zur Verfügung stehen. Hier traut sich der eine oder andere Teilnehmer, Fragen zu stellen und Diskussionen in Gang zu bringen, was er vor einer größeren Gruppe an Zuhörern direkt während des Vortrags oftmals nicht tun würde. In einem digitalen Raum mit Sprech- und Video-Funktion für alle Teilnehmer lässt sich das hervorragend abbilden. Bei hybriden Veranstaltungen kann man damit durchaus auch einen Zusatznutzen nur für die digitalen Teilnehmer anbieten, während die physischen ihre Fragen während des Vortrags stellen müssen. Hierbei sind die digitalen Teilnehmer ja gewöhnlich durch die Chat-Funktion in der Diskussion benachteiligt.

Außerhalb des Programms bieten digitale Räume für spontane Meetings von Teilnehmern eine wunderbare Gelegenheit für die menschliche Begegnung – und stellen damit sogar einen Raum für berührende Begegnungen dar, der sehr häufig bei physischen Veranstaltungen gar nicht vorhanden ist. Kongresse oder große Business-Events zeichnen sich meist durch straffe Programme und eine volle Belegung der räumlichen Kapazitäten der Location aus, was sehr schade ist, denn in der Regel begegnen sich ja bei diesen Veranstaltungen Menschen, die sich teils kennen und auf jeden Fall viele gleiche Interessen haben. Da liegt es eigentlich nahe – gerade wenn man den Reiseaufwand zu physischen Veranstaltungen berücksichtigt –, dieses Treffen für weitere Gespräche zu nutzen. Hier ist die virtuelle Veranstaltung klar im Vorteil. Erstens hat sie sozusagen unendlichen Raum für virtuelle Meetingräume und zweitens sollte sie, wenn sie gut designt ist, dem Teilnehmer auch keinen Programm-Marathon zumuten, das wäre digital unbekömmlich.

Die hier skizzierten infrastrukturellen Eigenschaften sind die Vorbedingung für eine berührende Begegnung im virtuellen Raum. Für den neugierigen und an seinen Mitmenschen interessierten Teilnehmer sollte eine gute Kommunikation zu den Interaktionsmöglichketen der Veranstaltung dann schon genügen, um in den Austausch zu gehen. Die gerade auch digital eher zögerlichen und abwartenden Teilnehmergruppen kann man in der Regel über verlockenden Content („Hier können Sie mit Frau Müller folgende Themen diskutieren …") oder digitale Gastgeber („Darf ich Ihnen Herrn Meyer vorstellen? Er interessiert sich genau wie Sie für …") in den aktiven Dialog einladen.

2 Analoge Elemente für digitale Veranstaltungen – Haptik und Bewegung

Neben dem Angebot interessanten Contents und interessanter Teilnehmer gibt es weitere Möglichkeiten, während eines digitalen Events Begegnung und Berührung zu inszenieren, die häufig nicht bedacht werden. Es sind dies analoge Elemente, die sich gut in virtuelle Veranstaltungen integrieren lassen und die neben der Einbindung des realen Menschen zusätzlich Momente der Unterbrechung und Lebendigkeit in die digitale Veranstaltungsteilnahme bringen.

Eine recht einfache Möglichkeit, solch analoge Elemente einzubinden, sind z. B. postalische Aussendungen, die den Termin vorankündigen, zur Veranstaltung einladen, mit einem Geschenk auf sie einstimmen und/oder eine auf die Veranstaltung vorbereitende bzw. diese begleitende Aufgabe stellen. Gerade Letzteres ermöglicht es dem Teilnehmer, seine Finger von Tastatur, Maus oder Touchpad zu nehmen und stattdessen mit seinen eigenen Händen ein Puzzle zu lösen, eine Figur aus Papier zu falten oder was auch immer im Rahmen der Veranstaltung Sinn macht. Diese kleinen haptischen Erlebnisse entspannen den digitalen Teilnehmer. Das Ergebnis seiner „Handarbeit" nun wiederum zu fotografieren oder zu filmen und in den digitalen Diskurs der Veranstaltung einzubringen, rundet das

Engagement für den Einzelnen ab und lässt Nähe zwischen den Teilnehmern entstehen.

Ähnliche Ergebnisse erzielt man auch durch die Inszenierung einer bewussten Wechselbeziehung zwischen dem physischen Raum, in dem der virtuelle Teilnehmer sich aufhält, und dem virtuellen Raum, in dem er sich mit allen anderen Teilnehmern trifft. Die einfachste Art und Weise, dies zu tun, wird häufig praktiziert. Es ist das beliebte Foto des Homeoffice-Arbeitsplatzes, fein abgestimmt mit einigen persönlichen Details zwischen Teetasse mit Spruch und Katze auf der Tastatur, geteilt in Videomeetings mit den anderen Teilnehmern. Unweigerlich entsteht hier Nähe und ein Hauch von Persönlichkeit wird spürbar. Dieses Prinzip lässt sich aber natürlich noch ausweiten bzw. im Business-Kontext professioneller inszenieren.

Das kann eine digitale Session mit Wohnungs- oder Umgebungs-Fotos oder -Filmen sein, gemeinsam zu kochen (mit vorheriger Zusendung von Rezepten, Einkaufslisten oder ganzen Kochboxen mit allen Zutaten), backen, Drinks zu mixen, Wein zu verkosten, Musik zu machen und/ oder zu hören (besonders gern live gespielte und gestreamte), nach Motto zu verkleiden, ja letztlich gemeinsam zu feiern. Viele virtuelle geschäftliche Weihnachtsfeiern und virtuelle private Silvester-Feiern haben im Winter 2020/2021 bewiesen, dass diese Elemente Erfolg versprechend eingesetzt werden können, wenn es gilt, Nähe und Dialog zu gestalten.

Und um wieder auf dem Boden der nicht ganz so genussorientierten Veranstaltungsformate anzukommen und ein weiteres Element der Inszenierung von Begegnung und Berührung zu benennen, jetzt noch ein paar Worte über Bewegung. Mit Bewegung ist hier nicht zwingend die sportliche Bewegung gemeint, wobei auch das z. B. in Form von gemeinsamen Lockerungs- und Dehnübungen sehr viel Sinn machen kann, um sich zu begegnen und gleichermaßen zu entspannen und zu erfrischen. Auch leichtere Bewegungen können diesen doppelten Effekt erzielen, einerseits Nähe herzustellen und den Menschen in den Mittelpunkt zu rücken und andererseits vom „in den Bildschirm gucken" zu entspannen und abzuschalten und ggf. auch Pause zu machen. Das können kleine, leicht abgewandelte Spiele sein, wie man sie gewöhnlich in physischen Workshop-Situationen einsetzt, z. B. Zuordnungen zu bestimmten Gruppen oder Meinungen (jetzt nicht in den Raumecken, sondern vielleicht durch Aufstehen oder Setzen) oder kleine Exkursionen ins häusliche Umfeld mit diversen Aufgabenstellungen.

3 Die Königsklasse der hybriden Inszenierung – die Begegnung virtueller und physischer Teilnehmer

Virtuelle Dialog-Räume zu schaffen und digitale Veranstaltungen mit analogen Elementen zu bereichern, sind Voraussetzungen bzw. gute Möglichkeiten, um eine menschliche Begegnung zu gestalten. Um zielgerichtet ein erfolgreiches virtuelles oder hybrides Event zu designen, braucht es aber natürlich sehr viel mehr als den geübten Griff in die Kiste der Plattformen, Tools und Funktionalitäten oder die Inspiration aus der analogen Welt.

Vor dem eigentlichen Design kommt die Frage nach Zielen und Absichten, die mit dem Event oder der Kommunikationsmaßnahme erreicht werden sollen. Das trifft selbstverständlich auf physische Events genauso zu, aber im virtuellen und hybriden Raum ist jeder Konzeptionsfehler, jede Unterlassung, an dieser Stelle genau hinzusehen, sehr viel folgenschwerer. Wir bei MCI arbeiten deshalb mit einer eigenen, speziell von uns für die Konzeption und das Design von virtuellen und hybriden Veranstaltungen entwickelten Methode namens D.I.V.E (MCI Headquarters, 2020).

4 D.I.V.E. by MCI

D.I.V.E. steht für divine, ideate, visualise und engage. Gerade „engage" ist dabei ein wichtiges Wort, da es im Zentrum dessen steht, was wir mit einer Veranstaltung erreichen wollen. „Engage" möchte ich dabei bewusst nicht ins Deutsche übersetzen, da das englische Wort tatsächlich sehr viel mehr umfasst als die Übersetzung „engagieren". Da schwingt auch immer aktivieren, in Bewegung setzen, animieren und motivieren mit.

Allgemeine Erkenntnisse aus der Lerntheorie und Erfahrungen gerade im Hinblick auf digitales Lernen fließen in die Methode mit ein. Monotone Strukturen zu unterbrechen, Inhalte als Häppchen zu vermitteln oder selbst erarbeiten zu lassen, gehören beispielhaft dazu.

Sehr wichtig und dem eigentlichen Designen vorgelagert ist ein Analyse-Prozess in Form eines doppelten Assessments, das die Problemfelder und Bedürfnisse sowohl des Veranstalters als auch der Zielgruppe genau betrachtet. Hierbei muss zwischen Veranstalter und Teilnehmer differenziert werden. Sie unterscheiden sich häufig viel gravierender, als man im ersten Moment denkt. Oftmals wird man an dieser Stelle auch feststellen, dass die Zielgruppe des Events oder des Kongresses gar nicht homogen ist hinsichtlich ihrer Probleme, Bedürfnisse und Erwartungen. Dann bietet es sich an, mit Personas (Nutzermodelle, die Personen einer Zielgruppe in ihren Merkmalen charakterisieren) zu arbeiten, also Stellvertreter für bestimmte Teil-Zielgruppen zu entwerfen, für die man das Event konzeptioniert.

In diesem Moment gilt es auch, das Eingangs- und Ausgangsverhalten für die Teilnehmer oder Teilnehmergruppen in den Fokus zu nehmen, also sich damit zu beschäftigen, mit welchen Erwartungen und Verhaltensweisen der Teilnehmer in die Veranstaltung oder in die Kommunikationsmaßnahme einsteigt und in welcher Weise er durch die Veranstaltung oder Maßnahme geändert wieder daraus hervorkommen könnte oder sollte. Eine weitere Frage, deren Antwort in diesem Zusammenhang beantwortet gehört, ist die nach der Definition des Erfolges der Veranstaltung, wiederum in den Augen des Veranstalters und des Teilnehmers.

Hat man diese Themen und Fragen beantwortet, geht es an die Gestaltung der sogenannten „participant journey", der konkreten Reise des Teilnehmers, die er vor, während und nach der Veranstaltung durchläuft. Hierbei wird detailliert für die einzelnen Schritte geplant, mit welcher Zielsetzung, in welchem Format, also z. B. in Form einer Wissen vermittelnden Präsentation oder einer partizipativen Gruppenarbeit, und über welche Plattform-Funktion oder welches Tool der Teilnehmer seinen Reiseweg nehmen kann.

Der Reiseweg mit seinen einzelnen virtuellen und/oder physischen Erlebnissen sollte dabei immer fokussiert auf das Engagement des Teilnehmers einzahlen.

5 Die Herausforderung hybrid – zwei Reisewege

Teil der D.I.V.E.-Methode ist ein konkretes Engagement-Spektrum (MCI Headquarters 2020), dessen wir uns bei der Gestaltung bedienen können. Engagement wird dabei grundlegend in soziales, formelles und informelles Engagement unterteilt und jeweils auf das physische und das virtuelle Erlebnis bezogen. Das virtuelle Erlebnis ist im Idealfall ein personalisiertes, während das physische Erlebnis ein persönliches ist. Zum virtuellen Erlebnis kann auch die Zeitlosigkeit gehören, während das physische eine Momentaufnahme bleibt. In diesem Engagement-Spektrum kann man sich als Veranstaltungs-Designer sicher bewegen und es mit konkreten, auf die Zielsetzung der Veranstaltung abgestimmten Engagements füllen, wie in Abb. 1 beispielhaft dargestellt.

Das Engagement-Spektrum hilft sehr dabei, virtuelle Events zu designen, weil man nicht so leicht den Fehler macht, nach digitalen Entsprechungen für physische Erlebnisse zu suchen, sondern klare eigene, spezifisch virtuelle Wege geht.

Besonders wichtig ist es aber beim Design hybrider Veranstaltungen. Hier haben wir zwei völlig unabhängig von ihren persönlichen Erwartungen und Bedürfnissen allein durch die Art ihrer Teilhabe, also physisch als Person vor Ort oder virtuell im digitalen Raum, sehr unterschiedliche Zielgruppen, denen wir einen passgenauen Reiseweg anbieten sollten, um für alle Teilnehmer ein erfolgreiches Event zu realisieren. Die Bedürfnisse beider Gruppen gehen allerdings oftmals weit auseinander, sodass es hier häufig darum geht, Kompromisse zu finden.

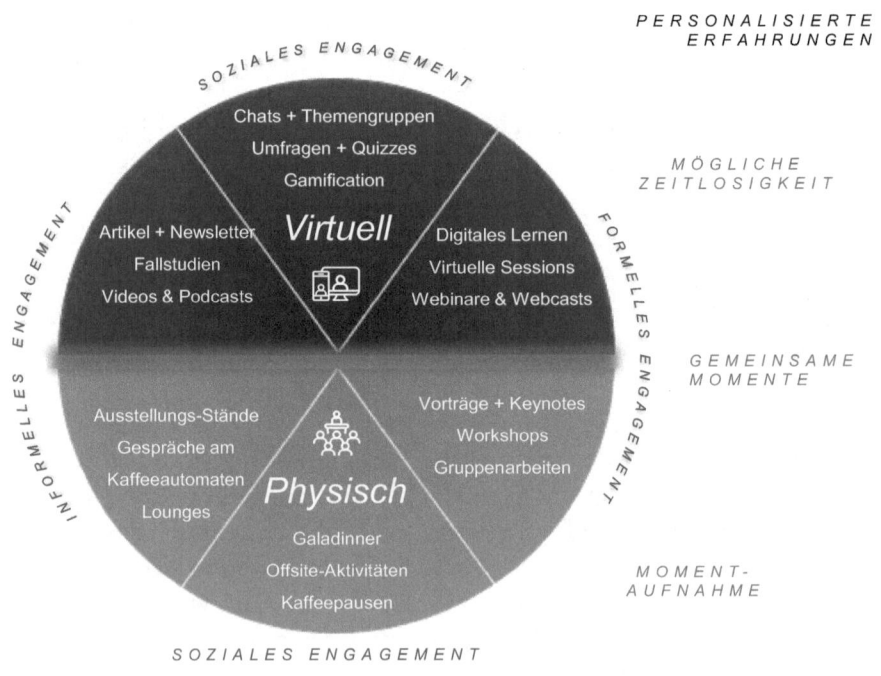

Abb. 1 Engagement-Spektrum. (Quelle: MCI Deutschland, 2020)

> **Dazu ein Beispiel aus der Welt der Kongresse**
>
> Ein bestimmter Kongress findet normalerweise physisch an drei Tagen im Jahr statt. Wandelt man ihn nun in eine reine virtuelle Veranstaltung, kann es eine gute Lösung sein, die live gestreamten Sitzungen und Diskussionen auf drei bis vier Wochen zu verteilen und täglich nur zwei bis drei Stunden Programm anzubieten. Dem virtuellen Teilnehmer kommt das sehr entgegen, weil es einfach sehr unkomfortabel ist, ihm zuzumuten, drei komplette Tage am Stück vor dem Laptop zu sitzen. Möchte ich jetzt diesen Kongress in ein hybrides Format umwandeln, kann ich den virtuell so sinnvollen Ablauf unmöglich beibehalten. Kein physischer Teilnehmer wird für drei oder vier Wochen an einen Ort reisen, um dort nur wenige Stunden täglich einen Kongress zu besuchen. Hier gilt es also, einen Kompromiss zu finden, der sich z. B. über das zeit- und ortsunabhängige Angebot von On-Demand-Inhalten gestalten lässt.

Das Design hybrider Veranstaltungen ist noch aus einem zweiten Grund eine Herausforderung. Es droht nämlich die Gefahr, dass bei der Konzeption des virtuellen und des physischen Reisewegs zwar der jeweilige Teilnehmer gut abgeholt wird, ich aber am Ende damit zwei Veranstaltungen in einer designt habe und das gemeinsame Erlebnis ausbleibt, weil die „besuchte" Veranstaltung gar nicht als eine gemeinsame wahrgenommen wird.

6 Touchpoints – mit zwei Reisewegen ein gemeinsames Erlebnis kreieren

Grundlage für eine von beiden Teilnehmergruppen, der virtuellen und der physischen, als erfolgreich bewertete Veranstaltung ist ein als gleichwertig wahrgenommener Reiseweg durch die Veranstaltung bzw. während der ganzen Kommunikationsmaßnahme. Beide Gruppen erleben also nicht genau das Gleiche, aber was sie erleben, hat den gleichen Wert. Diese beiden unterschiedlichen Reisewege gestaltet man über Touchpoints, also über Berührungspunkte, an denen sich Teilnehmer begegnen. Das sind häufig, eben wegen der verschiedenen Ansprüche von virtuellen und physischen Teilnehmern, Berührungspunkte, an denen sich nur die eine oder eben die andere Teilnehmergruppe „trifft". Um die Veranstaltung aber als eine gemeinsame wahrnehmbar zu machen, braucht es auch gemeinsame Berührungspunkte für alle Teilnehmer.

Touchpoints sind immer dort besonders sinnvoll zu gestalten, wo der inhaltliche Fokus des Programms auf Dialog und Erfahrungsaustausch, auf Begegnung und Partizipation liegt. Im Folgenden dazu drei Beispiele für die

Gestaltung derartiger Berührungspunkte für drei völlig unterschiedliche Veranstaltungsarten.

> **Beispiel klassische, dem wissenschaftlichen Diskurs gewidmete Kongresse**
>
> Als erstes Beispiel schauen wir uns klassische, dem wissenschaftlichen Diskurs gewidmete Kongresse an. Ein Ort des Dialogs und des Erfahrungsaustauschs ist dort u. a. die Posterausstellung. Hier stellen sich Wissenschaftler mit ihren aktuellen Erkenntnissen dem Dialog mit den Fachkollegen. Meist sind sie noch jünger bzw. neuer in dem Forschungsgebiet und nicht so arriviert wie die älteren Kollegen, die Vorträge halten. Vielleicht ist hier auch deshalb oft die Diskussion nach einer Postervorstellung offener und kontroverser. Manche Kongresse arbeiten bereits mit digitalen Postern, die auf Screens präsentiert durch diverse Suchfunktionen und Vergrößerungsmöglichkeiten ein komfortableres Nutzer-Erlebnis anbieten als herkömmlich gedruckte Poster. Spätestens mit der Hybridisierung von Kongressen ist der Schritt in die digitale Posterpräsentation dringend erforderlich bzw. stellt eine große Chance dar, weil sich hier tatsächlich für den virtuellen Teilnehmer ein gleichwertiges Angebot ergibt. Eine identische Funktionalität der E-Poster-Anwendungen an aufgestellten Screens und auf Laptops und anderen Devices ermöglicht dem virtuellen wie dem physischen Teilnehmer eine komfortable zeitlich und örtlich unabhängige persönliche Auseinandersetzung mit den Posterinhalten. Der Dialog zu den Postern kann als tatsächlich gemeinsamer Touchpoint für alle Teilnehmer gleichzeitig inszeniert werden.

> **Beispiel Gestaltung eines hybriden Teilnehmer-Dialogs während einer medizinischen Fortbildungsveranstaltung**
>
> Als zweites Beispiel dient die Gestaltung eines hybriden Teilnehmer-Dialogs während einer medizinischen Fortbildungsveranstaltung. Im Zentrum stehen hier sogenannte Kasuistiken, also anonymisierte Patientenfälle. Sie sind in der ärztlichen Fortbildung sehr beliebt, weil sie Praxisrelevanz über theoretische Lehrbuchbeispiele setzen. Eine ganz besondere Praxisrelevanz erhalten sie, wenn die Teilnehmer selbst Kasuistiken aus ihrem eigenen Praxis- oder Klinikumfeld vorstellen. Wie kann dies nun hybrid erfolgen und dabei gleichzeitig einen für alle Teilnehmer funktionierenden, möglichst auch gemeinsamen Touchpoint darstellen? Zunächst gehen beide Teilnehmergruppen getrennte Wege. Die physischen Teilnehmer wählen aus einigen Fällen denjenigen, der sie am meisten interessiert. In Kleingruppen diskutieren dann die jeweiligen Autoren mit den Teilnehmern ihren Fall. Die physischen Teilnehmer können also intensiv in der Kleingruppe diskutieren, allerdings nur einen Fall. Währenddessen haben die virtuellen Teilnehmer die Gelegenheit, sich selbst interaktiv durch die vorbereiteten Fälle zu arbeiten. Mit Einbindung eines Voting-Tools erleben sie das gleiche Lernerlebnis wie die physischen Teilnehmer, müssen zwar auf die Gruppen-Diskussion verzichten, können allerdings die dadurch gesparte Zeit für die Bearbeitung weiterer Fälle nutzen,

was den physischen Teilnehmern verwehrt bleibt. Beide Gruppen haben ihren besonderen Eigenschaften angemessen und praxisnah gelernt. Im Anschluss an diesen Programmteil findet gemeinsam vor allen Teilnehmern die live gestreamte Vorstellung der Highlights aus der Diskussion der Fälle statt. Hier begegnen sich beide Teilnehmergruppen. Die Beschränkung der virtuellen Teilnehmer durch die digitale Teilnahme wird durch ihre inhaltlich intensivere Teilhabe im Vorfeld ausgeglichen. Und für beide Gruppen wird in dem Moment klar, dass sie an gemeinsamen Kasuistiken gearbeitet haben.

Beispiel Verwendung von Live-Musik bei Events

Ein drittes Beispiel für gemeinsame Berührungspunkte bei hybriden Veranstaltungen ist die Verwendung von Live-Musik bei Events. An sich ist natürlich bereits jedes live gestreamte Ereignis, ob nun ein künstlerisches oder ein inhaltliches, ein gemeinsamer Touchpoint für hybride Veranstaltungen. Ohne Zweifel erleben beide Teilnehmergruppen das Ereignis gemeinsam live mit. Die Einsamkeit vor dem Rechner macht aber den virtuellen Teilnehmer im Gegensatz zu dem, der das gleiche Ereignis von Angesicht zu Angesicht und unter anderen Menschen erlebt, zu einem Teilnehmer zweiter Klasse, gerade wenn das Erlebnis an sich auch noch ein eher emotionales ist. Hier kann man relativ gut gegensteuern, indem man dem virtuellen Teilnehmer gewisse Privilegien zubilligt, die der physische nicht erhält. Man kann seinen Partizipationsanteil vergrößern und damit seine Teilhabe aufwerten, z. B. über eine digitale Jukebox, die den virtuellen Teilnehmern ermöglicht, die Musikauswahl zu bestimmen, auch für die physischen Teilnehmer. Oder über alle anderen Partizipations- und Gamification-Angebote, die entweder nur den virtuellen Teilnehmern gemacht werden oder bei denen virtuelle Teilnehmer mehr Raum oder mehr Stimmrechte erhalten.

7 Der digitale Anwalt als Stimme der virtuellen Teilnehmer

Es gibt noch eine weitere, bei vielen Veranstaltungsformaten sehr gut einsatzbare Möglichkeit, der virtuellen Teilhabe mehr Gewicht zu geben und darüber Berührungspunkte für physische und virtuelle Teilnehmer anzubieten. Es ist dies der Einsatz eines Sprechers oder Anwalts für die Interessen und Bedürfnisse der virtuellen Teilnehmer in Form einer bei der physischen Veranstaltung vor Ort anwesenden Person, gerade bei größeren Veranstaltungen, bei denen die hauptsächliche Möglichkeit zur Meinungsäußerung oder zum Fragenstellen für die virtuellen Teilnehmer in der Äußerung über eine Chat-Funktion besteht. Der digitale Anwalt ist physisch vor Ort und kann zu jeder Zeit seine Stimme erheben und in das Programm eingreifen. Er beobachtet den Chat, bringt Fragen und

Meinungen der virtuellen Teilnehmer ein und interpretiert die Meinungs- und Stimmungslage der digitalen Teilnehmer bzw. setzt Votings ein.

Der digitale Anwalt sollte sich mit dem Thema der Veranstaltung inhaltlich gut auskennen und Lust an der Interpretation und Diskussion haben. Seine Aufgabe ist es, so lange nachzufragen, bis die virtuellen Teilnehmer alle Antworten bekommen haben bzw. bis ihre Beiträge so weit einbezogen worden sind, wie sich der physische Teilnehmer durch den Griff zum Mikrofon selbst einbringen kann. Der digitale Anwalt ist zwingend eine eigenständige Rolle. Sie kann nicht in Personalunion von dem Moderator der Veranstaltung wahrgenommen werden.

Der digitale Anwalt funktioniert bei nahezu jedem Veranstaltungsformat – bei einem wissenschaftlichen Kongress genauso wie bei einer Mitarbeiter- oder Kunden-Veranstaltung oder einem Public-Event.

8 Die Teilnehmer-App und ihre Bedeutung für hybride Veranstaltungen

Plante man in den vergangenen Jahren eine zumeist ja physische oder auch virtuelle Veranstaltung, stellte sich irgendwann die Frage: Brauchen wir eine App, macht sie Sinn? Das Angebot an Produkten und Werbeversprechen der Anbieter wurde immer schwieriger zu überblicken und nicht jede App erfüllte ihren angedachten Zweck wirklich. Die Erfahrungen mit Apps waren so vielschichtig wie die Produkte und die Absichten ihrer Einsätze. Gerade beim Einsatz auf Kongressen, wo Apps klare Vorteile haben, z. B. die Vermeidung von Unmengen gedruckten Materials, war die Teilnehmer-Resonanz nicht immer positiv. Oft blieb die erwartete bessere Orientierung durch von vielen parallelen Strängen gekennzeichnete Programme aus. Bei Tagungen und Mitarbeiter-Events ergab sich oftmals durch die App-Nutzung eine gar nicht unbedingt erwartete Intensivierung der Interaktion. Viel mehr Fragen wurden gestellt, viel mehr Anmerkungen gemacht, als wenn der Teilnehmer dazu aufstehen und zum Mikrofon hätte gehen müssen. Beim Einsatz von Apps gilt also genau das, was den ganzen Design-Prozess einer Veranstaltung auszeichnen sollte: genau hinzusehen und zu planen, was ich mit der Verwendung welcher Funktionalitäten zu welchem Zeitpunkt erreichen oder eben nicht erreichen will.

Das gilt selbstverständlich auch beim Einsatz von Apps bei hybriden Veranstaltungen. Allerdings kommt ihnen hier eine sehr viel größere Rolle zu. Eine Teilnehmer-App mit Voting-, Kommentar-, Gaming- und Networking- bzw. Matchmaking-Funktionen ist sozusagen der einzige geradezu

„natürliche", gemeinsame Touchpoint physischer und virtueller Teilnehmer. Die App ist der Ort, an dem alle Teilnehmer die gleichen Rechte und die gleichen Möglichkeiten haben und an dem alle Teilnehmer zusammenkommen. Hier ist der virtuelle Teilnehmer nicht per se benachteiligt und der physische Teilnehmer genießt keinerlei aus seiner physischen Präsenz resultierenden Vorteile. Alle sind gleich und gleichwertig. Jede Stimme zählt so viel wie die andere. Jede Meinung kann diskutiert oder nicht diskutiert werden. Jeder Preis kann von jedem gewonnen werden. In der App begegnen sich die Teilnehmer, sie ist damit eben auch der Raum für Berührung.

Noch deutlicher wird die Bedeutung von Apps für die Gestaltung eines erfolgreichen und gleichberechtigten Dialogs physischer und virtueller Teilnehmer, wenn man den Blick vom eigentlichen Event löst bzw. ihn in eine nachhaltige Kommunikationsmaßnahme integriert. Eine App kann vom Save-the-Date über den Registrierungs- und Programmfindungs-Prozess für den partizipativen Teilnehmer-Dialog genutzt werden und kann diesen weit über das Event selbst hinaus fortführen und die Grundlage für eine Teilnehmer-Community legen.

9 Fazit/Schlussbemerkung

Mit Methode und Konzept und unter absichtsvoller und nachgeordneter Nutzung digitaler Plattformen und Tools ist die Inszenierung von menschlicher Begegnung und Berührung auch im virtuellen Raum durchaus und sogar sehr gut möglich. Wir sollten dabei vermeiden, physische Veranstaltungen digital abbilden zu wollen, und wir sollten vermeiden, uns an Funktionalitäten von Plattformen und Tools anzulehnen. Wir – die Gestalter von Veranstaltungen – sollten unsere Fach-Expertise nutzen, virtuelle und hybride Events zu designen genauso wie physische. In allen drei Fällen geht es im Kern um unsere ureigenste Fähigkeit: die Begegnung von Menschen zu inszenieren. Geändert hat sich nur der Raum.

Literatur

Erläuterungen zur D.I.V.E.-Methode nach MCI Headquarters und MCI Deutschland GmbH, Genf und Berlin, 2020
Engagement-Spektrum nach MCI Headquarters und MCI Deutschland GmbH, Genf und Berlin, 2020

Christina Buttler arbeitet seit 25 Jahren in der Veranstaltungsbranche, seit sechs Jahren bei MCI. In dieser Zeit war sie in verschiedenen Bereichen tätig: Veranstaltungsplanung und -organisation, Leitung von Veranstaltungsabteilungen, Marketing und Kommunikation, Business Development und Account Management, Event- und Kongress-Konzeption und -Design, Strategie und Innovation. Nach dem Studium der Mittleren und Neueren Geschichte, Europäischen Ethnologie und Politikwissenschaft erfolgte die Promotion zum Dr. phil. Ihre aktuellen Arbeits-Schwerpunkte sind: zukünftige Formate für Events, Kongresse und die medizinische Fortbildung, Verbandspositionierung und -kommunikation und Digitalisierung von Live-Kommunikation.

E-Mail: christina.buttler@mci-group.com.

Immersive Technologien als Transformationsbegleiter

Philipp Kahl

Inhaltsverzeichnis

Literatur 125

Zusammenfassung Im Laufe der Entstehungsgeschichte neuer Technologien nahm die Entwicklungsgeschwindigkeit stetig zu. Diese wird sich zukünftig exponentiell entwickeln. Aus einer Betrachtung der Vergangenheit heraus lassen sich kommende technologische Entwicklungen nicht mehr ableiten. Dem menschlichen Gehirn ist es nicht möglich, exponentielle Vorhersagen zu treffen. Neue immersive Technologien bieten bereits zum aktuellen Zeitpunkt die Möglichkeit, orts- und zeitunabhängige Veranstaltungen wie Marketing-Events, Konferenzen und Messen zu ermöglichen. Die künftige Weiterentwicklung dieser Technologien bietet enorme Chancen, Kommunikation und Austausch auf einer ganz neuen Ebene zu erleben und zu erfahren – wenn man sich dieser annimmt.

P. Kahl (✉)
Digitales Zukunftszentrum Allgäu, Leutkirch, Deutschland
E-Mail: philippkahl@digitales-zukunftszentrum.de

„Alles, was digitalisiert werden kann, wird digitalisiert." Diese bekannten Worte der ehemaligen Chefin von Hewlett-Packard, Carly Fiorina, wurden tausendfach in verschiedensten Präsentationen, Vorträgen und Sonntagsreden inflationär verwendet. Dennoch ist die Wirkung dieses Zitats weiterhin hochaktuell. Schlussendlich sagt es aus, dass Unternehmen und Menschen vor zahlreiche neue Herausforderungen gestellt werden und bewährte Muster und Vorgehen nicht mehr funktionieren bzw. wegbrechen. Insbesondere neue technologische Entwicklungen sorgen dafür, dass bestehende Geschäftsmodelle und Denkweisen nicht mehr wie in der Vergangenheit funktionieren. Grundsätzlich sind neue technologische Entwicklungen allerdings weder gut noch schlecht – es kommt immer darauf an, was Politik, Unternehmen und Zivilgesellschaft daraus machen. Sie können darüber entscheiden, welche Form der Technologie wie genutzt werden kann.

Blickt man in die Vergangenheit, wurde der jeweilige Schritt zu einer neuen (Produktions-)Technologie, die sich komplett von der vorhergehenden unterscheidet, als industrielle Revolution bezeichnet. Betrachtet man den Verlauf der vier verschiedenen industriellen Revolutionen, führten technologische Entwicklungen stets dazu, dass Menschen durch Automation und Maschinen schwere Arbeiten abgenommen wurden. Der technische Fortschritt veränderte die Art und Weise, wie der Mensch Dinge herstellte. Es mussten immer weniger serielle oder stumpfsinnige Arbeiten übernommen werden – durch neue Produktionstechnologien änderten sich Arbeitsbedingungen und Lebensweise der Menschen grundlegend. Die erste industrielle Revolution begann im 18. Jahrhundert mit der Nutzung der Dampfkraft in der Mechanisierung der Produktion für industrielle Zwecke. Hierdurch erfolgten enorme Produktivitätssteigerungen. Weitere Entwicklungen wie Dampfschiffe oder später dampfbetriebene Lokomotiven brachten weitere große Veränderungen, weil Menschen und Waren innerhalb weniger Stunden große Strecken zurücklegen konnten. Die zweite industrielle Revolution begann im 19. Jahrhundert durch die Entdeckung von Elektrizität und Fließbandfertigung, durch welche wesentlich schneller und kostengünstiger produziert werden konnte und in die Massenproduktion eingestiegen wurde. Die dritte industrielle Revolution begann in den 1970er Jahren des 20. Jahrhunderts. Durch die (Teil-)Automatisierung mithilfe der Nutzung von speicherprogrammierbaren Steuerungen und Computern konnten u. a. Roboter und Maschinen, die programmierte Abläufe durchführen und Produkte herstellen, ohne dass ein Mensch eingreifen muss, entwickelt werden. Aktuell befinden wir uns in der Umsetzung der vierten industriellen Revolution. Diese charakterisiert sich durch die

Anwendung von Informations- und Kommunikationstechnologien in der Industrie und wird auch als „Industrie 4.0" bezeichnet. Produktionsanlagen, die bereits über Computertechnologie verfügen, werden durch eine Netzwerkverbindung erweitert und haben einen digitalen Zwilling im Internet. Über diesen sind sie in der Lage, mit anderen Anlagen zu kommunizieren und Informationen über sich auszugeben. Die Vernetzung aller Anlagen führt zu intelligenten Fabriken, in denen Produktionssysteme, Bauteile und Menschen über ein Netzwerk kommunizieren und die Produktion sich nahezu selbst steuert.

Blick in die Geschichte
Blickt man unabhängig von den industriellen Revolutionen in die Geschichte der Entwicklung menschlicher „Innovationen" zurück, stellt man fest, dass die Entwicklungsgeschwindigkeit von Neuerungen enorm zugenommen hat. Von der Erfindung des Geldes und der Schrift bis zum Buchdruck vergingen mehrere Jahrtausende. Betrachtet man den Entwicklungszeitraum vom Buchdruck bis zur Dampfmaschine, dauerte diese mehrere Jahrhunderte. Der Schritt von der Dampfmaschine bis hin zur Schreibmaschine dauerte lediglich etwas mehr als 150 Jahre. Die Entwicklung von der Schreibmaschine über den PC zum Handy und Smartphone dauerte wiederum nur wenige Jahre. Insbesondere in den 1990er und 2000er Jahren starteten die sogenannten GAFAM (Google, Amazon, Facebook, Apple, Microsoft) mit der Entwicklung ihrer Produkte durch, die heute allgegenwärtig, nicht mehr wegzudenken und starke Treiber aktueller Entwicklungen sind.

Insbesondere das Smartphone als unser täglicher Begleiter gab der technologischen Entwicklung einen großen Schub. Zu Beginn war es lediglich ein mobiles Telefon, entwickelte sich schnell weiter und diente nicht nur mehr der bilateralen Kommunikation. Durch die Nutzung von mobilem Internet, die Aufnahme von hochwertigen Fotos und die Abstimmung von Terminen und Kalendereinträgen ersetzt es CDs oder DVDs, den Wecker, das Diktiergerät, dient als Zeitung und Ticket im öffentlichen Nahverkehr, ermöglicht Bankgeschäfte und Bezahlvorgänge, navigiert durch fremde Städte und bestellt so gut wie alles aus dem Internet, was zum täglichen Leben gebraucht wird. Inzwischen ist das Smartphone unser engster und wichtigster Begleiter. Via Text, Bild, Video und Emoticons verbindet es uns mit Freunden. Zusätzlich erweitern Millionen kreative Entwickler mit ihren Apps täglich die Anwendungsgebiete. Durch verschiedene Betriebssysteme wurden Smartphones immer günstiger und in der Breite verfügbar. Aufgrund des Wettbewerbs neuer Anbieter erfolgte eine immer schneller werdende Hard- und Softwareentwicklung. Die neu entwickelten Anwendungen ließen Prozessoren und Teile günstiger werden, welche auch in anderen Technologien Einsatz finden und so die Entwicklung von Technologien rund um IoT, 3-D-Druck, Virtual und Augmented Reality etc. mit höherer Geschwindigkeit vorantreiben.

Betrachtet man die beschriebenen technologischen Entwicklungssprünge über einen Zeitraum von mehreren Jahrzehnten, lässt sich erkennen, dass die Entwicklungsgeschwindigkeit stetig an Fahrt aufnimmt.

Der technische Fortschritt der letzten Jahrzehnte war allerdings noch sehr stark geprägt von linearen Entwicklungszyklen. Die Vorhersagen der weiteren technologischen Trends orientieren sich derzeit an einer Fortschreibung der Entwicklung, welche in der Vergangenheit stattgefunden hat. Der Großteil der Menschen unterschätzt bei Betrachtung der künftigen technologischen Entwicklungen allerdings, dass die Geschwindigkeit um ein Vielfaches zunehmen wird – diese verlaufen nicht linear, sondern exponentiell. Nach Phasen eines scheinbaren Stillstandes kommt es zu explosionsartigen Entwicklungsschüben – exponentielles Wachstum entzieht sich schlicht unserem Erfahrungswissen.

Die Pandemie-Situation ließ die Menschheit erleben, was exponentielles Wachstum bedeuten kann. Hierbei diente ein oft angebrachtes Beispiel der Veranschaulichung, um exponentielles Wachstum zu verstehen – die alte persische Reiskornlegende: Man stelle sich ein Schachbrett vor. Auf das erste Feld wird ein Reiskorn gelegt. Die Aufgabe ist es, auf jedes der weiteren verbleibenden 63 Felder jeweils doppelt so viele Reiskörner zu legen wie auf das vorherige. Auf das zweite Schachfeld werden also zwei Reiskörner gelegt, auf das dritte Feld vier Reiskörner usw. Schließlich werden auf das letzte Feld des Schachbretts mehr Reiskörner gelegt, als in einem Jahr Reis auf der Erde geerntet werden kann. Dieses Beispiel zeigt das Ausmaß exponentiellen Wachstums anschaulich auf und zählt für die Entwicklung der Ausbreitung eines Virus gleich wie für die technologische Entwicklung.

Gordon Moore (Gründe von IBM) hat diese Gesetzmäßigkeit aus technologischer Sicht im Jahr 1965 wie folgt in einer neuen Gesetzmäßigkeit (Moorsches Gesetz) beschrieben: Mit jeder Komponente in einem integrierten Schaltkreis verdoppelt sich die Komplexität. Alle 18 Monate verdoppelt sich die Anzahl von Transistoren auf einem Prozessor, die Leistungsfähigkeit der Prozessoren nimmt also über die Zeit exponentiell zu. Dieses Gesetz hatte 50 Jahre Bestand, Computer wurden so immer besser und schneller, die Prozessorleistung wurde immer bezahlbarer.

Das menschliche Gehirn neigt dazu, den technologischen Fortschritt auf lineare Weise zu betrachten, und vergisst, dass der technologische Wandel einer Exponentialfunktion folgt. Oftmals bleiben die Entwicklungen in den ersten Jahren hinter den Erwartungen zurück. Mit fortschreitender Zeit beschleunigt sich das Tempo der technologischen Entwicklung und neue Technologien verbessern sich exponentiell und kommen aus Richtungen, die man nicht bedacht hatte. Hintergrund ist, dass neue Technologien immer auf neuen Technologien aufbauen und so auf einen riesigen Fundus an Wissen zurückgegriffen werden kann. Diese technologisch exponentielle Entwicklung folgt also einer enorm hohen Dynamik und Schnelligkeit, die es zuvor in der menschlichen Geschichte noch nicht gegeben hat. Diese Verdopplungseffekte übersteigen hierdurch das menschliche Vorstellungsvermögen, weshalb eine Prophezeiung des technologischen Fortschritts nicht möglich ist – die Handlungsalternativen der Gegenwart werden überschätzt, die Entwicklungen der Zukunft werden unterschätzt.

Mit immersiven Technologien in die Zukunft der Kommunikation
Viele Menschen haben schon von Virtual und Augmented Reality gehört, da diese Technologien in vielerlei Hinsicht Einzug in unseren Alltag genommen haben. Den meisten dürfte eine Virtual-Reality-Achterbahnfahrt, die Pokémon go-App, die App von Ikea, mit der es möglich ist, Möbel und Gegenstände über das Smartphone ins eigene Wohnzimmer zu stellen, oder auch diverse Snapchat-Filter bekannt sein. Doch was steckt hinter diesen Technologien? Virtual Reality (VR) ermöglicht, mithilfe der passenden Hardware (VR-Brille) eindrucksvolle Erlebnisse in einer komplett virtuell gestalteten Umgebung zu erfahren. Bis vor Kurzem war die Hardware mit einem Kabel an einen leistungsstarken Gaming PC gebunden. Inzwischen besteht die Möglichkeit, sich ohne Kabel frei in virtuellen Welten zu bewegen und mit Controllern oder diversen Gegenständen und Anwendungen zu interagieren. Während bei der virtuellen Realität komplett in eine andere Welt eingetaucht wird, verschmelzen bei Augmented Reality (AR) Realität und digitale Information.

Bei Augmented Reality wird die physische Welt mit digitalen Informationen angereichert und erweitert („erweiterte Realität"). Neben speziellen AR-Brillen können auch mobile Endgeräte, wie das Smartphone oder ein Tablet, für AR-Anwendungen genutzt werden. Die digitalen Inhalte, die mit AR in der physischen Welt sichtbar gemacht werden können, sind z. B. Textbausteine, aber auch 3-D-Modelle von Objekten und Animationen.

Diese Technologien werden als sogenannte „immersive Technologien" bezeichnet. Immersion bedeutet „eintauchen in eine andere Welt". Betrachtet man die Technologie aus der Theorie heraus, steht an dem einen Ende die reale und physische Welt, am anderen Ende die komplett virtuelle Realität (VR). Alles zwischen diesen beiden Welten, der rein physischen und der rein virtuellen, wird Mixed Reality (MR) genannt. In der Mixed Reality besteht die Möglichkeit, interaktiv einzugreifen, über Controller zu steuern und zu gestalten. Ein anderer Begriff für Mixed Reality ist auch XR. XR hat sich als Überbegriff für Augmented Reality, Virtual Reality und Mixed Reality etabliert. Das X steht stellvertretend für alle Formen immersiver Technologien.

Durch Snapchat und Facebook gewöhnen sich die Menschen sehr niederschwellig mehr und mehr daran, dass sich mittels Augmented Reality das Reale mit dem Digitalen nahtlos mischt. Sei es durch das Aufsetzen von virtuellen Hasenohren, das virtuelle Schminken seines eigenen Gesichtes in Snapchat oder durch die Möglichkeit, bei Marken wie Gucci und Dior seinen Fuß in die Kamera zu halten, um einen digitalen Sneaker virtuell anzuprobieren und ihn dann direkt aus der Anwendung heraus zu kaufen. Viele dieser Anwendungen gehen viral, weshalb die Aufmerksamkeit auf diese weiter steigt.

Erfahrungen aus der Zukunft
Bereits jetzt können mit den beschriebenen Technologien Produkte oder einzelne Produkteigenschaften auf interaktive und unterhaltsame Art und Weise präsentiert werden. Dabei können VR- und AR-Produkte viel stärker erlebbar machen als herkömmliche Methoden, wie die Präsentation mithilfe von Fotos oder Produktbeschreibungen. Im Bereich der Messe, Event- und Veranstaltungsbranche, aber auch im Bereich des persönlichen Coachings, sind schon jetzt Begegnungen, Treffen und Meetings in virtuellen Räumen möglich, sowohl in Virtual als auch in Augmented Reality. Es können Konzerte aller Art erlebt werden, sich durch virtuelle Messestände bewegt und mit dem dortigen Personal interagiert und direkte Kommunikation in virtuellen Räumen gestaltet werden – dies alles auf überwiegend gutem produktionstechnischen Niveau. Facebook Spaces hat beispielsweise bereits vor einiger Zeit eine Testversion für virtuelle Meetings veröffentlicht. Hier können Präsentationsfolien hochgeladen und im virtuellen Raum mit Kollegen diskutiert werden. Andere Anwendungen wie RUUMI ermöglichen es, sein Gegenüber als Avatar zu betrachten, sich über eingebaute Lautsprecher und Kopfhörer zu unterhalten und auch Mimik, Gestik und Handbewegungen auszutauschen. Mittlerweile leisten mehrere Anwendungen, die jeweils anderen Personen als Avatare, mehr oder weniger realitätsnah, zu sehen und mit diesen in Kommunikation und Interaktion zu treten. Zum aktuellen Zeitpunkt sind viele der virtuellen Räume allerdings sehr comichaft und wenig realitätsnah gestaltet.

Aus der Arbeit mit verschiedensten Gruppen, die im Rahmen von Veranstaltungen und Workshops das Digitale Zukunftszentrum Allgäu-Oberschwaben besuchten und mit den neuen Technologien rund um VR und AR arbeiteten, lassen sich folgende Erfahrungen berichten:

Bei der Nutzung neuer Technologien lassen sich Nutzungsparallelen zu den ersten Handys und Smartphones erkennen. Viele Nutzer reagieren bei der Ersterkundung und Entdeckung der neuen Technologie in Sachen Steuerung und Funktionen oft sehr unbeholfen, lernen jedoch schnell den Umgang mit Hard- und Software. Dies ist zu vergleichen mit den ersten Handys, mit welchen SMS verschickt werden konnten. Es bereitete damals vielen Menschen Freude, nach Beginn der Möglichkeit einer SMS-Flatrate massenhaft mehr oder weniger sinnvolle Textnachrichten an Freunde und Bekannte zu versenden, auf Antworten zu warten und wieder zu schreiben – gleich wie das Spielen einfacher Anwendungen wie Snake. Überträgt man diese Analogie auf VR, bewegen sich die Nutzer spielerisch als Avatare in virtuellen Räumen, testen die Controller in ihren Händen, die im virtuellen Raum als virtuelle Hände dienen, bewegen diese wie wild hin und her und freuen sich, andere Avatare zu begrüßen und in Interaktion mit diesen zu treten. Über integrierte Mikrofone und Lautsprecher unterhalten sich die Nutzer intuitiv mit den anderen Avataren/Menschen. Die Fortschritte in virtuellen Räumen zeigen sich, indem sich die Nutzer in hoher Geschwindigkeit mit allen virtuellen Funktionen vertraut machen und z. B. eigenständig Präsentationen auf virtuelle Leinwände laden und mit Zeigestöcken darauf deuten. Bei einer erhöhten Anwendungsdauer (>20 min) machen sich bei vielen Nutzern allerdings nach Absetzen der VR-Brille kurze Schwindelphasen bemerkbar – das menschliche Gehirn ist noch nicht an die Nutzung dieser Endgeräte gewöhnt. Bei einer von zehn Personen kommt es zu einer sogenannten „Motion Sickness", ein Phänomen, welches zu Schwindel, Schweißausbruch, Kopfschmerzen und Übelkeit führt. Das Unwohlsein entsteht durch eine Abweichung der gefühlten Umwelt von der visuellen. Dies bedeutet, dass eine Bewegung wahrgenommen wird, man allerdings ruhig an Ort und Stelle stehen bleibt. Das Gehirn wird von den unterschiedlichen Eindrücken, die sich nicht miteinander vereinen lassen, verwirrt – es kommt zu Übelkeit. Vergleichbare Effekte kennen viele durch das Schaukeln eines Schiffes auf See oder beim Lesen während einer Autofahrt.

Bei Augmented Reality lernen die Nutzer im Digitalen Zukunftszentrum erfahrungsgemäß enorm schnell, wie einfach sich virtuelle Objekte im realen Raum platzieren lassen, wie diese vergrößert oder verkleinert werden können oder aber wie deren Farbe gewechselt werden kann. Die schnell gelernten Fortschritte in den nutzerzentriert designten Anwendungen erinnern analog an die Erfahrungen, die Menschen aller Altersklassen in Apps wie z. B. WhatsApp machen: Texte schreiben, Fotos aufnehmen und diese verschicken, erhaltene Videos weiterleiten oder mit Emojis kommunizieren. Innerhalb kürzester Zeit wird erlernt, wie Kommunikation in WhatsApp funktioniert.

Erfahrungen für die Zukunft
Die Hardware um VR und AR ist aktuell noch relativ kostspielig, wird künftig aber deutlich günstiger werden. Auch hier lassen sich Parallelen zur Smartphone-Entwicklung der 2010er Jahre erkennen. Betrachtet man die Entwicklung des Smartphones und die Dauer der Marktdurchdringung, lässt sich erkennen, dass es einige Jahre gebraucht hat, bis eine größere Zahl von Besitzern dieses mobilen Endgerätes erreicht war. Heutzutage ist das Smartphone aus dem Leben der Menschen nicht mehr wegzudenken und gehört zur Normalität. Auch die neuen Technologien um VR und AR, die derzeit noch eine durchaus zähe Marktdurchdringung vorweisen, werden künftig zum Alltag gehören. Hintergrund ist, dass immer mehr Unternehmen diese Technologien entwickeln und anbieten, sodass die Marktpreise für den Erwerb der Endprodukte sinken. In wenigen Jahren werden handelsübliche Brillen VR- und AR-Funktionen integriert haben und so der breiten Masse Anwendungen aller Art ermöglichen.

Ist man sich der Entwicklung des Smartphones und auch der exponentiellen technologischen Entwicklung bewusst, wird schnell klar, dass sich die Veranstaltungsbranche intensiver mit diesen Technologien auseinandersetzen sollte. In der Vergangenheit wurden die Technologien wahrgenommen und getestet, mit nicht immer durchschlagenden Ergebnissen und gewünschten Erfolgen. Oft haben die Anwendungen nicht ruckelfrei funktioniert, zu schwach waren die Bandbreiten, zu teuer die Anschaffung, zu aufwendig die Handhabung. Viele dieser Argumente sind aus der Entwicklungszeit der ersten Smartphones bekannt, ebenso wie die Entwicklungsgeschichte und -geschwindigkeit, die dann folgte.

Ein intensiver Austausch mit Akteuren und Netzwerken, die sich intensiv mit diesen Technologien auseinandersetzen und bereits neue Anwendungsszenarien entwickelt haben, ist erforderlich. Um auf neue Ideen zu kommen und eingefahrene Denkmuster in einer immer schneller werdenden (exponentiellen) Entwicklungsgeschwindigkeit zu hinterfragen, ist es daher zielführend, nicht nur innerhalb der eigenen Branche starke Netzwerke zu pflegen, sondern auch branchenübergreifende Netzwerke zu etablieren.

Zu einem Gesamtverständnis tragen auch drei Publikationen bei, die am Ende dieses Beitrags als Literatur aufgeführt sind und deren Lektüre zur Gewinnung weiterer Erkenntnisse empfohlen wird.

> Als eindrücklicher Appell sei gesagt, dass die Auseinandersetzung mit neuen Technologien und auch das Experimentieren als deutliche Empfehlung aus diesem Beitrag hervorgehen. Was in Vergangenheit noch als Spielerei angesehen wurde, sollte in Zukunft von der Branche ernsthaft geprüft und eruiert werden. Technologie an sich ist weder gut noch schlecht – sie lässt sich aber gut nutzen!

Literatur

Heynkes, J. (2018). Zukunft 4.1: Warum wir die Welt nur digital retten – Oder gar nicht. Eigenverlag.

Puscher, F. (2020). Marketing-Technology: Augmented Reality ist omnipresent. https://t3n.de/news/marketing-technology-augmented-1346501/. Zugegriffen: 2. Jan. 2021.

Thelen, F., & Schorn, M. (2020). 10xDNA: Das Mindset der Zukunft. Bonn.

Philipp Kahl ist Geschäftsführer des Digitalen Zukunftszentrums Allgäu-Oberschwaben. In seinem Themenschwerpunkt „digital und regional" entwickelt er Projekte, berät Unternehmen und Kommunen in Sachen Digitale Transformation und ist in vielen transdisziplinären Netzwerken zu finden. Er beschäftigt sich seit seiner Jugendzeit mit Themen rund um „nachhaltige Entwicklung" als auch „Digitalisierung". Nach seinem Studium der Forstwissenschaften an der Albert-Ludwigs-Universität Freiburg und der Universität für Bodenkultur Wien (B.Sc.) absolvierte Philipp Kahl ein berufsbegleitendes Masterstudium „Regionalmanagement" an der Hochschule Weihenstephan-Triesdorf (MBA).

E-Mail: philippkahl@digitales-zukunftszentrum.de

Angewandte Improvisation – online echten Kontakt erzeugen

Roberto Hirche

Inhaltsverzeichnis

1 Menschliche Kommunikation 128
2 Psychologische Sicherheit nach Amy Edmondson. 129
3 Unterschied Energizer und Aktivierende Methoden 130
4 Kreative Interventionen der Angewandten Improvisation. 130
5 Beispiele aus Arbeit und Lehre 133
Literatur. 137

Zusammenfassung Wer Seminare, Lehre oder einfach nur Meetings durchführt/moderiert, sah sich seit März 2020 gezwungen, auf Online-Meetings umzusteigen. Schnell fand man sich in einem, teilweise ganztägig laufenden, Video-Konferenz-Marathon wieder, der oft zäh, anstrengend und mit dem Gefühl des Getrennt-Seins von anderen verbunden war. Wem das nicht so gegangen ist, der kann diesen Beitrag einfach überspringen, für alle anderen möchte ich hier Inspirationen geben, wie man Online-Trainings, -Lehre, – Konferenzen lebendiger gestalten kann und Menschen auch im Online-Raum in einen echten Kontakt bringt. Kurz zusammengefasst kann

R. Hirche (✉)
Improtheater Konstanz UG, Konstanz, Deutschland
E-Mail: info@impro-konstanz.de

man sagen, dass psychologische Sicherheit genau dafür sorgt. Und warum Angewandte Improvisation dazu beiträgt, ist, weil der elementare Kern der Angewandten Improvisation, der spielerische Ansatz, psychologische Sicherheit schafft, egal ob im Off- oder Online-Raum.

1 Menschliche Kommunikation

Mithilfe der Prinzipien und Übungen aus der Angewandten Improvisation, im Folgenden auch kreative Interventionen genannt, kann gezeigt werden, wie man Menschen spielerisch körperlich und geistig energetisiert und/oder aktiviert. Dazu vorab einige Ergänzungen, mit denen die vorgestellten Übungen und Ansätze methodisch und didaktisch besser eingeordnet werden können.

Menschliche Kommunikation läuft immer auf mehreren Ebenen gleichzeitig ab. Es gibt

- die verbale Ebene (inhaltlich),
- die paraverbale Ebene (wie wird etwas betont/intoniert),
- die nonverbale Ebene (körpersprachlich) und
- die energetische Ebene (wie viel Raum nimmt jemand mit dessen Präsenz ein, d. h. wie dominant = raumnehmend oder wie ergeben = raumgebend ist jemand), auch bekannt als Proxemik[1] (Stangl, 2019), die in der Kommunikationstheorie auch der nonverbalen Ebene subsumiert wird.

Aus allen diesen Ebenen erhalten wir (un)bewusst Informationen über unsere Interaktionspartner. Bewusst ist meist die Sachebene: Was sagt eine Person und was meint sie inhaltlich? Unbewusst schwingt oft noch die Beziehungsebene mit: Finde ich die Person kompetent oder nicht? Wie steht die Person zu mir? Wie stehe ich zu dieser Person? In einer Live-Situation schätzen wir schnell ein, ob z. B. eine vortragende Person kompetent ist, weil wir hören, was (verbal) und wie (paraverbal) sie etwas sagt, wir sehen, ob sie selbstbewusst steht und geht (nonverbal und energetisch) und wie sie mit den Menschen im Raum interagiert (nonverbal und energetisch). Aus der Summe dieser Informationen bilden wir uns (un)bewusst das Urteil, ob

---

[1]Proxemik ist das bedeutungsvolle Gestalten des Raumes in der Kommunikationssituation und insbesondere von Nähe und Distanz zum Kommunikationspartner. Sie bemisst sich einerseits als physikalische Entfernung, andererseits aber auch durch den Winkel, den die Gesprächspartner zueinander einnehmen.

wir das Gesagte sinnvoll finden, ob wir der Person Kompetenz zuschreiben, wie wir persönlich zu dieser Person stehen und ob wir uns sicher fühlen, uns gegenüber dieser Person zu öffnen.

Im Online-Raum gehen zwei dieser Ebenen zum Teil verloren, nämlich die nonverbale und die energetische Ebene. Der eingeschränkte Radius eines Laptops oder eines Smart Devices (Tablet oder Handy) lässt nicht die komplette Person erkennen, und wie die vortragende Person mit anderen Teilnehmenden umgeht oder wie sie sich den Raum nimmt, den sie sich nehmen muss, ist ebenfalls eingeschränkt. Dies verstärkt sich, wenn die Technik nicht mitspielt und man Schwierigkeiten hat, die vortragende Person oder die anderen Teilnehmenden zu verstehen. In diesem Fall werden auch noch die letzten zwei Ebenen betroffen, die verbale und paraverbale. Das ist anstrengend für uns Menschen, weil eines unserer Grundbedürfnisse, Sicherheit, nicht komplett erfüllt ist. Wir können weder die vortragende Person noch die anderen Teilnehmenden komplett erfassen und uns nicht ganz sicher sein, wie wir zu dieser Person stehen können. Damit wird dieser Raum psychologisch unsicher. Auf diesen Begriff gehe ich später noch etwas näher ein. Kreative Interventionen ermöglichen es, dass alle kommunikativen Ebenen wieder erkennbar werden und man die Menschen wieder einschätzen kann. Weil durch spielerische Elemente der Körper und das Verhalten der Person sichtbar werden. Damit kann der Raum wieder psychologisch sicher werden.

2 Psychologische Sicherheit nach Amy Edmondson

Amy Edmondson, Professorin an der Havard Business School, definiert „psychologische Sicherheit" als eine vertrauensvolle Atmosphäre, in der alle Teammitglieder sich offen äußern können, ohne beschämt, abgewiesen oder auf eine andere Art negativ sanktioniert zu werden (Edmondson, 2020). In einer Atmosphäre der psychologischen Sicherheit ist es möglich, Fragen zu stellen, neugierig zu sein, Fehler zuzugeben, Informationen zu teilen oder Position gegen einen Vorschlag zu beziehen. Es ist möglich, zu experimentieren und Dinge auszuprobieren. Es wird akzeptiert, dass manche Experimente scheitern können; das wird nicht als Versagen eines Menschen gesehen, sondern als ein Lernfortschritt. Verletzlichkeit wird dadurch möglich, ohne dass negative Konsequenzen wie Kritik, Abwertung oder Schlechterstellung befürchtet werden müssen. Das schafft eine gemeinsame Vertrauensbasis. Eine Frage kann damit Austausch und Nachdenken anregen. Ein Fehler kann zum Lernen beitragen und dessen Aufdecken weitere Fehler verhindern helfen. Alle werden gehört. Übertragen auf ein Training, ein Meeting oder eine Lehrveranstaltung wird der Mehrwert schnell klar, warum es sinnvoll ist, auch in diesen Settings für psychologische Sicherheit zu sorgen.

3 Unterschied Energizer und Aktivierende Methoden

Im weiteren Verlauf werden Energizer und Aktivierende Methoden vorgestellt und es soll hier eine Unterscheidung dieser beiden Formen vorgenommen werden. Energizer dienen dazu, die Teilnehmenden zu energetisieren, entweder körperlich oder geistig. Der Crazyness-Faktor kann bei Energizern sehr hoch sein, da sie als reine Wachmacher fungieren. Aktivierende Methoden sind zweck- bzw. themengebunden und dienen dazu, auf ein bestimmtes Thema hinzuarbeiten. Es gibt auch hybride Formen, bei denen Energizer und Aktivierer zusammenfallen. Diese Beispiele finden sich weiter unten im Text.

4 Kreative Interventionen der Angewandten Improvisation

Die Prinzipien und Übungen der Angewandten Improvisation kommen aus dem Improvisationstheater (kurz: Improtheater) und helfen, einen genau solch psychologisch sicheren Raum zu schaffen, weil das Improtheater eine Fülle an Energizern und Aktivierenden Methoden bereitstellt. Improtheater ist eine Form des Theaters, bei dem die Akteure ohne Skript auf die Bühne gehen und die Szenen oder sogar ganze Stücke erst in diesem Moment entwickeln. Bei den Prinzipien des Improtheaters handelt es sich um Grundhaltungen, die individuell eingenommen werden können. Es bedarf keinerlei besonderen Talents oder Könnens, sie sind deshalb auch universell nutzbar. Der Unterschied des Improtheaters zur Angewandten Improvisation ist, dass der Fokus des Improtheaters darauf liegt, ein künstlerisches Werk zu erschaffen. Das Ziel der Angewandten Improvisation ist es, Prinzipien und Übungen aus dem Improtheater in einem nicht-künstlerischen Setting einzusetzen, um einem nicht-künstlerischen Zweck zu dienen. Nachfolgend werden nur ein paar der Prinzipien vorgestellt, die Improtheater Spielenden helfen, auf der Bühne zu agieren, und die man in der Angewandten Improvisation ebenso nutzen kann.

Prinzip „Scheiter Heiter"
Da Improtheater per Definition kein Skript oder Regiebuch hat, kann es sein, dass das, was im Moment erzeugt wird, nicht immer funktioniert, die Geschichte vorantreibt, besonders intelligent, witzig, tiefsinnig etc. ist. Damit die Improvisateure ihr maximales kreatives Potenzial entfalten können, lernen sie, Bewertungen keine Aufmerksamkeit zu schenken und zu akzeptieren, dass Scheitern ein Teil des Prozesses ist. Sie trainieren einen positiv-konstruktiven Weg, damit umzugehen, und fragen sich nicht „Warum ist das schiefgegangen?" oder „Wer ist dafür verantwortlich?", sie setzen den Fokus darauf, was sie aus der aktuellen Situation jetzt machen können. Entweder machen sie einen Neustart, sie integrieren den Fehlschlag als „happy mistake" oder sie machen ein Spiel daraus. Es passieren häufig Fehler auf der Improbühne beim Benennen von Charakteren. Wenn z. B. ein Charakter zu Beginn Karl genannt wird und plötzlich mit Frank angesprochen wird, kann dieser Charakter fortan Karl-Frank genannt werden (Integration). Oder einer der Spielenden verwechselt mehrmals die Namen, dann wird diese Verwechslung Teil des gespielten Charakters, d. h., der Charakter des Spielenden ist ein Charakter, der ständig Namen verwechselt (aus dem Fehler wird ein Spiel). Im angewandten Kontext übertragen heißt dieses Prinzip, dass man als ersten Impuls nicht nach dem Fehler sucht oder ihn bewertet, sondern sich darauf fokussiert, was man in der jeweiligen Situation nun machen kann. Wenn z. B. im Arbeitskontext jemand einen Fehler macht, fragt das Prinzip „Scheiter heiter": „Wo stehen wir jetzt und was können wir aus dieser Situation machen?" Man könnte dieses Prinzip auch den radikalen Fokus auf die Lösung nennen bzw. die radikal-humorvolle Lösungsorientierung. „Scheiter heiter" klingt nur humorvoller. Bewertung wird obsolet und man schafft damit Raum für psychologische Sicherheit.

Prinzip „Let your partner shine"
Wenn ein Spielender auf der Bühne eine Idee einbringt, ist es das Ziel aller, diese Idee klarer, bedeutsamer und interessanter zu machen. Es sollte optimalerweise keine Konkurrenz von Ideen geben. Damit wird das Ego, also das Festhalten an der eigenen Idee, nicht mehr wichtig. Wichtiger wird, was man gemeinsam für das große Ganze schafft, und dafür lässt man seine Partner gut aussehen. Man hilft sich gegenseitig, dass die Ideen der anderen

zur gemeinsamen Geschichte beitragen. Wenn jeder jeden gut aussehen lässt, sehen alle gut aus und die Geschichte funktioniert. Außerhalb der Bühne kann dieses Prinzip am Beispiel einer Lehrsituation beschrieben werden. Wenn in einem Lehrkontext ein Studierender eine falsche Aussage macht, kann die Lehrperson schauen, was an der Aussage richtig ist, diesen Teil wertschätzen und dann den korrekten Teil selbst hinzufügen bzw. andere Studierende dazu bringen, hier zu unterstützen. Der Fokus liegt hier nicht auf dem, was ist korrekt ist, sondern darauf, dass alle Lernenden und die Lehrperson Teil des Wissensgenerierungsprozesses werden. Dies trägt direkt dazu bei, psychologische Sicherheit zu schaffen.

Prinzip „Mut zum Risiko"
Improspielende begeben sich in eine Situation, die von vielen Menschen als sehr unsicher wahrgenommen wird. Sie stellen sich vor eine Gruppe von Menschen, die dafür oft auch noch bezahlen, und wissen noch nicht, was sie als Nächstes tun, sagen oder spielen sollen. So eine Situation kann Angst auslösen und Menschen blockieren. Improspielende treffen persönlich die Entscheidung, sich dieser Situation auszusetzen. Da die anderen Prinzipien („Scheiter heiter", „Let your partner shine" etc.) gleichzeitig gelten, ist ein Rahmen geschaffen, in dem die Spielenden sich sicher genug fühlen, mutige Entscheidungen zu treffen, und souverän in solchen Situationen agieren. Im Arbeitskontext ist dies 1:1 übertragbar. Je psychologisch sicherer ich mich fühle, desto eher bin ich bereit, ein Risiko einzugehen.

Prinzip „Vertraue deinem Partner"
Dies ist eine Entscheidung, kann aber auch durch den Rahmen gefördert werden. Wenn ein Team aus Improspielenden die Bühne betritt, entscheiden die Teammitglieder, dass sie einander vertrauen. Sie vertrauen darauf, dass sich alle gegenseitig unterstützen werden (Prinzip „Let your partner shine") und jeder konstruktiv (Prinzip „Scheiter heiter") ist. Sie wissen auch, dass sie selbst aktiv dazu beitragen müssen, dieses Vertrauen zu rechtfertigen, und aktiv diese Prinzipien leben müssen. Im Arbeitskontext findet man verschiedene Ansätze, dies zu fördern, indem z. B. Leitbilder gemeinsam mit allen im Unternehmen entwickelt werden, in denen oft schriftlich definiert wird, wertschätzend miteinander umzugehen. Für die Online-Lehre bedeutet dies z. B., dass ich als Lehrperson darauf vertraue, dass alle Lernenden sich aktiv einbringen wollen, und ich „nur" den Rahmen schaffe, dass sie sich psychologisch so sicher fühlen, dass sie dies auch tun.

Prinzip „Bring Humor ins Spiel"
„Lachen ist die beste Medizin" sagt schon der Volksmund. Wenn man lacht, ist das immer ein Anzeichen von Entspannung. Der komplette Körper kontrahiert und entspannt sich. Eine angespannte Situation kann dadurch im wahrsten Sinne des Wortes entspannt werden. Man kann alle obigen Prinzipien aus einer ernsten Haltung heraus leben oder mit Humor und damit mit Leichtigkeit. Wichtig ist, dass mit Humor nicht Witzigkeit gemeint ist. Werden die obigen Prinzipien gelebt und schafft man einen Rahmen, in dem Menschen lachen können, hat man Humor im Spiel und schafft eine gute Basis für psychologische Sicherheit.

5 Beispiele aus Arbeit und Lehre

Anhand von drei Beispielen soll die Anwendung der Prinzipien, die Schaffung von psychologischer Sicherheit und die Wirkung auf eine Gruppe von Menschen gezeigt werden. Das erste Beispiel ist aus einer Live-Begleitung, das zweite und dritte Beispiel waren Online-Begleitungen.

Beispiel 1 – Live mit einem New Work Task Team

In einem großen deutschen Unternehmen wurde ein firmeninternes Task Team gegründet, um neue Arbeitsmodelle zu testen und diese direkt zu erleben. Das Ziel war, dass dieses Task Team das Unternehmen neu denken sollte. Sie wurden von einer externen Beratungsfirma begleitet und mit viel neuem Wissen zu neuen Arbeitsmethoden und digitalen Prozessmöglichkeiten versorgt. Es gab in diesem Task Team keine Führungskräfte, es gab keine Arbeitszeiterfassung und jeder konnte sich die Aufgaben selbst aussuchen. Da das Mutterunternehmen aber stark hierarchisch strukturiert war, war die Versorgung mit Prozesswissen nur ein Teil der Arbeit der Externen mit diesem Task Team. Der andere Teil war, die arbeitskulturellen Veränderungen zu begleiten, die mit dieser komplett anderen Form der Zusammenarbeit einhergingen und ein anderes Mindset brauchten. Was in diesem Unternehmen bisher nicht oder nur sehr bedingt gelebt wurde, ist z. B. offenes und ehrliches Feedback. Um die Gruppe in einen ernsthaften Austausch über Spannungen innerhalb des Teams zu bringen, die das Set-up mit sich brachte, wurden im Rahmen eines zweitägigen Workshops verschiedene Energizer und Aktivierer genutzt, u. a. die kreative Intervention „Wie bei mir". Dazu saßen alle im Kreis und eine Person stand in der Mitte. Die Aufgabe war, eine ehrliche Aussage über sich selbst zu machen. Wenn diese Aussage auch auf andere zutraf, sollten alle Betroffenen aufstehen, sich einen neuen Platz suchen und die Person in der Mitte konnte in dieser Zeit auch einen Platz suchen. Die „langsamste" Person war die neue Person in der Mitte und machte eine Aussage über sich selbst.

Beispiel: A sagt über sich selbst „Ich mag Schokolade" und wer ebenfalls Schokolade mag, steht auf, muss einen neuen Platz finden und darf für diese Runde nicht mehr auf den alten Platz zurück.

Alle fanden das Spiel witzig und ließen sich darauf ein (Humor im Spiel). Die Aussagen konnten zu Beginn frei gewählt werden, sodass der Selbstoffenbarungsgrad selbst zu steuern war. Z. B. ist die Aussage „Ich mag Schokolade" psychologisch sehr sicher und offenbart noch nicht viel über die Person, die Aussage „Ich habe Angst, meine Arbeit und das Ansehen meiner Familie zu verlieren" erfordert ein hohes Maß an psychologischer Sicherheit, denn man offenbart hier viel über sein eigenes Innenleben und seine Werte. Bei dem genannten Task Team wurde diese Übung erst mit allgemeinen Aussagen gestartet und später sollten Aussagen zur aktuellen Arbeitssituation gemacht werden. Es kamen dann Aussagen wie „Ich wünsche mir, dass wir heute mal ehrlich miteinander sind", zu der alle Teilnehmenden aufstanden. Damit war das Eis gebrochen und alle trauten sich, auf diese spielerische Weise ernsthafte Aussagen über ihre aktuelle Arbeitssituation zu machen. Mithilfe dieses und weiterer Energizer und Aktivierer wurde eine größere Offenheit in der Kommunikationskultur geschaffen, die sich nachhaltig nach dem Workshop in der Arbeitskultur des Task Teams niederschlug.

Wichtig beim Einsatz solch kreativer Interventionen ist, dass die eingesetzten Methoden ein gutes Mischungsverhältnis aus bekannt und unbekannt haben. Zuerst sollte das Verhältnis viel bekannt, wenig unbekannt betragen. Mit zunehmendem Vertrauen kann das Verhältnis umgekehrt werden, wenig bekannt, viel unbekannt. Bei der Methode „Wie bei mir" ist z. B. der Anteil bekannt höher als der Anteil unbekannt. Bekannt ist, dass die Teilnehmenden im Kreis sitzen und Aussagen über sich machen können. Unbekannt dabei ist, dass man nach einer Aussage den Platz wechselt.

Beispiel 2 – Leadership Workshop mit Studierenden zum Thema Umgang mit nicht erfüllten Erwartungen

Im Rahmen eines Hochschulseminars wurde das Thema Leadership bearbeitet. Die Gruppe hätte eigentlich mit zwei Gruppen anderer Hochschulen im Ausland an einem Austausch teilnehmen und im Herbst 2020 nach New York fliegen sollen. Da aufgrund der Corona-Pandemie nichts davon möglich war und die beiden ausländischen Gruppen sich bereits aufgelöst hatten, blieb der deutschen Gruppe nur, das Seminar für gescheitert zu erklären oder eine Lehre zum Thema Leadership daraus zu ziehen. Der Workshop fand aufgrund der Umstände als Online-Version statt. Die meisten Studierenden kannten sich nicht und die Dauer des Workshops belief sich auf zwei Stunden von 19 bis 21 Uhr am Ende eines Tages voller Vorlesungen. Aus diesem Grund wurden u. a. der Energizer „Numbers" und als Aktivierer „Wie bei mir" eingesetzt. Beim Energizer „Numbers" stehen alle Teilnehmenden außerhalb des Kamerabereichs und die Moderation ruft eine Zahl im Bereich der Teilnehmendenzahl (z. B. bei 16 Teilnehmenden 1–16). Sofort springt die genannte Anzahl an Personen, z. B. vier, vor die Kamera und wenn die Zahl nicht sofort stimmt, müssen alle wieder aus dem Bild springen und es müssen nochmals vier

Personen vor die Kamera. Aufgrund des sehr spielerischen Konzepts des Workshops hatten alle Freude an der Bewegung und dem Spiel miteinander, an dem spielerischen Kennenlernen der anderen Kommilitonen und so fassten die Studierenden schnell Vertrauen zueinander. Sie konnten Verbindungen zum Umgang mit nicht erfüllten Erwartungen in Bezug auf das Thema Leadership ziehen. Es wurden sehr persönliche Themen besprochen, z. B. wie sie bisher mit Misserfolgen und enttäuschten Erwartungen umgegangen sind und was davon für gutes Leadership hilfreich und was weniger hilfreich war. Der Workshop endete um 21:20 Uhr mit dem O-Ton eines Teilnehmenden: „Das hätte ich jetzt glatt noch drei Stunden weitermachen können."

Beispiel 3 – Teamworkshop mit Mitarbeitenden einer Organisation

Im Rahmen eines Mitarbeitendentages wurde das Thema „Positive Fehlerkultur" bearbeitet. Die Teilnehmenden kannten sich z. T. noch nicht und der Zeitrahmen betrug vier Stunden. Am Ende sollten alle mit einer positiven Grundhaltung und möglichen Ansätzen zum besseren Umgang mit Fehlern aus dem Workshop gehen. Auch hier kamen verschiedene Energizer und auch Aktivierer wie „Wie bei mir" zum Einsatz. Erst mit allgemeinen Aussagen (viel Bekanntes, geringer Grad der Selbstoffenbarung) wurden die Teilnehmenden angewiesen, Aussagen zu arbeitsspezifischen Themen zu machen. Die Online-Variante von „Wie bei mir" funktioniert dabei ähnlich wie „Numbers". Nur eine Person A steht vor der Kamera, alle anderen stehen außerhalb des eigenen Kamerabereichs. Sobald die Person A etwas gesagt hat, springen alle Personen vor die eigene Kamera, auf die die getätigte Aussage zutrifft. Die langsamste Person macht die neue Aussage. Da durch das spielerische Element schnell Einigkeit oder auch Uneinigkeit in bestimmten Themengebieten erkennbar wurde, fühlten sich alle schnell vertraut miteinander und tauschten sich im Verlauf des Workshops immer intensiver und persönlicher miteinander zu Themen der Arbeit, Momenten des Scheiterns und dem eigenen Umgang damit aus. Sie vertrauten sich Situationen an, in denen sie gescheitert waren, und unterstützen sich dabei, wie sie zukünftig solche Situationen besser meistern könnten.

Erkenntnisse aus den Beispielen

In allen drei Settings war es wichtig, dass die Menschen sich öffnen, miteinander lachen konnten, sich verletzlich zeigen konnten und miteinander über Themen sprachen, die für sie bedeutsam waren. Dazu wurden sie spielerisch dazu gebracht, sich körperlich zu bewegen, Aussagen über sich zu machen und zu einem bestimmten Themengebiet. Das Nähe nicht nur in einem Live-Setting möglich ist, konnte am Beispiel der beiden Online-Workshops gezeigt werden, denn auch in diesen Workshops waren sich öffnen und „berühren" im Online-Raum möglich. Essenziell war, dass alle Teilnehmenden sich psychologisch sicher genug fühlten, um sich über persönliche Themen auszutauschen. Miteinander zu lachen, sich Fehler zu erlauben, Mut zum Risiko zu zeigen und mit Freude spielerisch „zu scheitern" waren wichtig zum Kreieren eines psychologisch sicheren Raums. Dabei spielte es im Verlauf der Workshops keine größere Rolle mehr, dass der gemeinsame Raum gar nicht physisch vorhanden war. Mithilfe kreativer Interventionen wurden die Teilnehmenden auf spielerische Weise dazu gebracht, sich vor der Kamera sowohl körperlich als auch auf emotionaler und kognitiver Eben zu bewegen. Die spielerische Auseinandersetzung mit einem bestimmten Thema ermöglichte in jedem Setting die echten und berührenden Momente, welche die Workshops so erfolgreich machten.

Tipps und Hinweise
Beim Einsatz von kreativen Interventionen im Online-Raum sollte man darauf achten,

- dass man nur Interventionen einsetzt, mit denen man sich selbst wohlfühlt.
- dass man optimalerweise die einzusetzen Übung vorher online mit einer Testgruppe ausprobiert hat.
- dass die Technik IMMER im Hintergrund arbeiten muss. Wenn die Technik zu viel Fokus zieht, ist es sinnvoll, einen technischen Host einzusetzen und die Moderation zu entlasten, um den spielerischen Flow nicht zu verlieren.
- dass man eine Technik-Session vor der eigentlichen Arbeits-Session anbietet, 15 bis 30 min sind dafür oft ausreichend.
- dass Online-Trainings, -Lehre, -Meetings einen größeren Vorbereitungsaufwand haben als ihre Live-Pendants.

Man muss nicht selbst Improtheater spielen, um diese Methoden, Prinzipien und Übungen nutzen und einsetzen zu können. Es gibt mittlerweile eine recht große Bandbreite an verschiedenen Anbietern auf dem deutschen und ausländischen Markt, die helfen, diese Methoden selbst einzusetzen oder die Experten stellen, die im Einsatz dieser Methoden geschult und versiert sind. Ergänzend sollte noch erwähnt werden, dass die hier vorgestellten Methoden „Wie bei mir" und „Numbers" auch anderen Namen haben können und nicht die einzigen Methoden waren, die zum Einsatz kamen. Es wurde hier nur am Beispiel dieser beiden Methoden dargestellt, wie echte und berührende Momente im Online-Raum ermöglicht werden konnten.

Literatur

Edmondson, A. C. (2020). *Die angstfreie Organisation: Wie Sie psychologische Sicherheit am Arbeitsplatz für mehr Entwicklung*. Vahlen.

Stangl, W. (2019). Lexikon für Psychologie und Pädagogik. Link: https://lexikon.stangl.eu/428/proxemik. Online Lexikon für Psychologie und Pädagogik. Zugegriffen: 8. März 2021.

Roberto Hirche ist Dipl. Wirtschaftspädagoge & Master of Science of Business Education mit den Schwerpunkten Betriebliche Weiterbildung und Psychologie und Absolvent der Exzellenz Universität Konstanz (2008). Er war Mitarbeiter im Rechenzentrum der Exzellenz Universität Konstanz mit Schwerpunkt auf E-Learning und E-Tools-gestützte Lehre; Improtheater-Spieler (2000); Gründer (2005) und Geschäftsführer des Improtheaters Konstanz; Geschäftsführer der PentaBALANCE GmbH (2020); Lehrbeauftragter und Honorardozent an deutschen und Schweizer Hochschulen; Systemischer Coach und Prozessberater (anerk. DBVC, 2010); Applied Improv Certified Practitioner (2015).

E-Mail: info@impro-konstanz.de

Berührende Elemente bei der Online-Teamentwicklung

Lars Pohl

Inhaltsverzeichnis

Literatur 146

Zusammenfassung Tauchen Sie ein in eine Geschichte, in der ein Team dabei unterstützt wird, teaminterne Prozesse zu identifizieren und zu reflektieren. In diesem Fallbeispiel wird aufgezeigt, wie Teamentwicklung auch online funktioniert. Es werden konkrete Methoden und Übungen vorgestellt, die Online-Seminare kurzweilig und interaktiv machen. Diese können in die eigene Veranstaltung integriert werden. Der Beitrag sensibilisiert dafür, dass Online-Veranstaltungen nicht nur vor dem Bildschirm stattfinden müssen und auch die Pausen für das Gelingen digitaler Veranstaltungen genutzt werden können.

Als Teammitglied eines zehnköpfigen Firmenteams wissen Sie, dass heute um 8:30 Uhr der erste Teil des Online-Teamentwicklungsseminars stattfinden wird. Das Seminar wird als Planspiel einen hohen Grad an Handlungsorientierung haben und die Übungen sind in einen fiktiven

---

L. Pohl (✉)
Trainer für Teamentwicklung, Konstanz, Deutschland

dramaturgischen Handlungsbogen eingebettet. Insgesamt sind vier Module geplant. Schwerpunkte des heutigen Seminars sind: Wir-Gefühl stärken, Kommunikation untereinander verbessern und Entwicklung eines teamspezifischen Wertekanons. Sie und Ihre Kollegen haben am Vortag ein Paket in Ihr Homeoffice erhalten. Verschickt wurde es von Ihrem heutigen Teamtrainer. Es ist 8:32 Uhr. Sie öffnen das Paket, finden einen Brief und lesen:

„Guten Morgen! Schön, dass Sie mit dabei sind und Verantwortung für die Zukunft unseres Planeten übernehmen. Sie haben sich bereit erklärt, unsere Gesellschaft vor einem Virus zu retten. Wie Sie bereits mitbekommen haben, ist uns der Kontakt zu anderen Menschen im Moment strengstens untersagt. Bitte starten Sie Ihren Computer. Wir treffen uns pünktlich um 9:00 Uhr im Online-Raum 348448488. In Ihrem Paket finden Sie genügend Lebensmittel, Wasser und die benötigten Arbeitsmaterialien. Es ist gerade so viel, dass unsere Drohne es Ihnen liefern konnte. Seien Sie kreativ und arbeiten Sie nur mit dem, was Sie haben. Sie sollten zur Erhaltung Ihrer Energiereserven regelmäßig etwas zu sich nehmen. Wie Sie wissen, ist unser Gehirn auf 20 Prozent unseres Energiebedarfs angewiesen. Diese brauchen Sie, denn die aktuelle Lage erfordert Ihre volle Aufmerksamkeit. Sie wurden ausgewählt, weil wir bei Ihnen spezifische Kompetenzen vermuten, welche im Team besonders gebraucht werden. Bitte nutzen Sie bitte Ihr Potenzial, sonst werden wir es diesmal wohl leider nicht schaffen!

Bevor wir loslegen können, müssen wir noch sehen, wer alles dabei ist, damit jeder Teilnehmer optimal eingesetzt werden kann. Ich werde Ihnen möglichst jederzeit bei Fragen zur Seite stehen. Trauen Sie sich, mich anzusprechen. Viel Erfolg!"

Wenn Sie jetzt Lust hätten mitzuarbeiten, dann hat die Geschichte etwas bei Ihnen ausgelöst. Wenn es Sie interessiert, warum Teamentwicklung sinnvoll ist und welche Methoden bei der Online-Teamentwicklung genutzt werden, sind Sie herzlich eingeladen, diesen Beitrag weiterzulesen. Die erste Methode haben Sie bereits eben erfahren, das Storytelling.

Wann immer Menschen im Team zusammenarbeiten, entstehen Kräfte zwischen ihnen, die über Erfolg und Misserfolg bzw. die Qualität des Teamergebnisses mitentscheiden. Teamentwicklungsmaßnahmen zielen darauf ab, teaminterne Prozesse zu optimieren und Probleme zu reduzieren. Die zentrale Idee von Teamentwicklung liegt darin, den Teilnehmer durch moderierte Reflexion der Erlebnisse zu befähigen, eigene Gedanken, Gefühle und Verhaltensweisen an häufiger auftretenden kritischen Punkten in Arbeit, Sport etc. zu hinterfragen und mit seinen Team-Kollegen in den Austausch zu treten. Während der Übungen und Reflexionen können Konflikte im Team zutage treten. Diese Meinungsverschiedenheiten im Team sind nach Chidambaram und Bostrom (1997, S. 179 ff.) zwingend notwendig, um sich als Team zu entwickeln. Zusätzlich bewahren sie Teams vor dem sogenannten „Gruppendenken" (Janis, 1972, S. 217 ff.) und somit vor weitreichenden Fehlern. Der Umgang mit den Konflikten bringt das Team in seiner Entwicklung weiter. Hoch entwickelte Team streiten mehr auf der Sachebene und vermeiden beim Streit die persönliche Ebene. Die während der Teamentwicklung geweckten Emotionen und erlebten Gefühle helfen den Teilnehmern beim Transfer in den Alltag. Nach Hascher und Brandenberger (2018, S. 106) sind lernende Menschen nur durch emotionale Prozesse in der Lage, das erworbene Wissen und die Kompetenzen in neuen und unbekannten Situationen anzuwenden.

„Online-Teamentwicklung, während jeder Teilnehmer vor seinem Bildschirm sitzt, ist nicht möglich", hieß es vor der Corona-Pandemie. Vieles, was vorher unmöglich erschien, wurde 2020 möglich. Im Folgenden werden Übungen dargestellt, die zur Online-Teamentwicklung sinnvoll eingesetzt werden können. Die Ziele der Übungen sind per Hashtag gekennzeichnet. Die Story ist zur besseren Lesbarkeit gekürzt dargestellt und wird im Seminar vom Trainer erzählt und evtl. an den aktuellen Teamprozess angepasst. Die nach den Übungen stattfindenden moderierten Reflexionen und Transfers sind nicht im Detail ausgeführt.

9:00 Uhr, der gemeinsame Teil beginnt. Die Teilnehmer haben sich alle erfolgreich eingeloggt und werden vom Trainer begrüßt. Er stellt sich kurz vor und klärt die organisatorischen Punkte. Dann nimmt er Bezug auf den Brief im Paket und fragt die Ziele und Erwartungen der Teilnehmer ab. Gesammelt werden sie auf einem Online-Whiteboard.

Dann erzählt der Trainer die Geschichte weiter und die erste Übung beginnt.

Netz der Gemeinsamkeiten (20 bis 30 min, 4 bis 30 Personen)
#Kennenlernen #Teamzusammenhalt #Vertrauen
Erforderliche Technik: Videokonferenz-Tool mit Breakout-Räumen, Online-Whiteboard, halb so viele Breakout-Räume wie Teilnehmer

„Leider sind da draußen nicht alle an einer Verbesserung der Lage interessiert. Unsere Operation ist streng geheim. Dennoch versuchen zwielichtige Organisationen uns zu sabotieren. Mittlerweile ist die digitale Technik schon so weit, dass Avatare als Spione genutzt werden können. Wir müssen jedoch sicherstellen, dass unsere Informationen geheim bleiben. Daher werden wir unsere eigenen Codewörter entwickeln, mit denen wir die Echtheit unseres Gegenübers bestätigen können. Die Codewörter sollen, damit Sie sich diese auch besser merken können, echte Gemeinsamkeiten zwischen Ihnen sein, die jedoch nicht offensichtlich sind. Jeder von Ihnen schreibt nun bitte seinen Namen auf das online geteilte Whiteboard. Sie haben insgesamt 20 Minuten

Zeit, sich mit drei anderen Teammitgliedern auszutauschen. Ist eine Gemeinsamkeit zwischen zwei Personen gefunden, werden die beiden Namen mit einer Linie verbunden und die Gemeinsamkeit auf die Verbindungslinie geschrieben. Danach suchen Sie sich jeweils einen neuen Gesprächspartner, um auch mit ihm ein gemeinsames Codewort zu finden."

Anmerkungen: Alternativ kann auch eine Landkarte als Whiteboard hinterlegt werden, um die Verortung der Teilnehmer zu visualisieren. Die Anzahl der Gemeinsamkeiten pro Paar und die Anzahl der Gesprächsrunden können je nach Bedarf angepasst werden.

Blind leiten (20 bis 25 min, ab 2 Personen)
#Vertrauen #Teamzusammenhalt #Kommunikation
Erforderliche Technik: Videokonferenz-Tool mit Breakout-Räumen, halb so viele Breakout-Räume wie Teilnehmer, Augenbinden (oder Augen schließen)

„Falls wir doch mal nach draußen müssen, sollten wir gerüstet sein! Unser Versorgungsteam hat zum Glück noch FFP2-Masken für alle besorgen können. Eine dringend benötigte Schutzbrille ist jedoch leider im Moment nicht lieferbar. Daher müssen wir uns für allfällige Spezialaufträge draußen wappnen. Die einzige sichere Möglichkeit wird sein, dass Sie sich mit einer Augenbinde, die Ihre Augen schützt, fortbewegen. Draußen werden Sie daher von einer Videodrohne begleitet und erhalten akustische Anweisungen von Ihrem Partner über das Headset. Klar ist das nicht einfach, sich im Gelände zurechtzufinden. Daher müssen wir das hier nun üben. Bitte finden Sie sich in Tandems zusammen. In einem eigenen Breakout-Raum können Sie das ,Blind leiten' und ,Blind geleitet werden' üben. Bitte richten Sie Ihre Kamera so aus, dass der Raum für Ihren Partner sichtbar wird, und lassen Sie sich mithilfe der akustischen Anweisungen Ihres Partners durch den Raum führen. Wenn Sie sich sicher im Raum bewegen können, können Sie gerne versuchen, Gegenstände mit Ihren Händen zu bewegen oder zu benutzen. Sie haben insgesamt 15 Minuten Zeit. Bitte wechseln Sie nach der Hälfte der Zeit selbstständig. Noch ein Sicherheitshinweis: Bewegen Sie sich nur, wenn Sie eine konkrete akustische Anweisung erhalten, damit Sie auch sicher sind, falls die Verbindung mal hakt."

In der Auswertung sollen die Teilnehmer von ihren Erfahrungen aus der Sicht des Leitenden und des Begleitenden berichten. Um eine Bild von der Gruppe zu bekommen, wird eine Skalenabfrage gestellt: Wie sicher haben Sie sich als blinde Person gefühlt? Je nach Antworten der Teilnehmer, hakt der Trainer nach: Wie erging es Ihnen zu leiten? Wie war es, blind geführt zu werden. Was hat Ihnen geholfen, damit Sie sich sicher fühlten? Was hätten Sie von Ihrem Partner mehr gebraucht? Was hat Sie gehindert, dies Ihrem Partner mitzuteilen? Was nehmen Sie persönlich aus der Übung mit?

Nägel-Architekten (30 bis 60 min, 4 bis 15 Personen)
#Teamzusammenhalt #Rollenfindung #Problemlösung
Erforderliche Technik: pro Teilnehmer 11 Nägel, Holzstück mit Loch in der Mitte für einen Nagel

> „Nun kommen wir zum Virus. Wir müssen dringend wissen, wie es genau aussieht, um es bekämpfen zu können. Unsere Bioingenieure haben schon ganze Arbeit geleistet und konnten das Baumaterial exakt benennen. Leider ist die genaue Anordnung und somit das Aussehen noch unbekannt. Das Baumaterial haben wir Ihnen im Umschlag ‚Baumaterial Virus' bereitgestellt. Das einzig bisher Bekannte ist, dass nur ein Teil des Virus den Boden berührt. Richtig zusammengebaut müssen alle Teile aus dem Umschlag ohne zusätzliche Hilfsmittel zusammenhalten. Wir setzen auf Ihre Kreativität im Team. Sie haben 30 Minuten Zeit."

In der Praxis wird jeder Teilnehmer das Material sofort in die Hand nehmen und versuchen loszulegen. Manche Teilnehmer werden nach kurzer Zeit aufgeben, andere sind unermüdlich. Die ersten werden vielleicht anfangen, Späße zu machen oder versuchen, den Trainer um Hilfe zu bitten. Oder die Teilnehmer schließen sich zusammen und vereinbaren, dass die Aufgabe nicht lösbar sei. All das ist erlaubt und bereichert den Prozess. In der anschließenden Reflexion gleicht der Trainer seine Beobachtungen mit den Erinnerungen der Teilnehmer ab. Skalenabfragen visualisieren ein Stimmungsbild des Teams, durch das die Teilnehmer und der Trainer den Stand des Teams einordnen können. Durch offene Fragen geben die Teilnehmer Einsicht in ihre Gefühlswelt.

Bildbeschreibung (30 min, ab 8 Personen)
#Kommunikation #Informationssicherung

> „Wir gehen davon aus, dass in naher Zukunft das komplette Internet zusammenfallen oder nur unverschlüsselt nutzbar sein könnte. Dank Ihnen wissen wir jetzt, wie genau das Virus aussieht. Das ist großartig! Diese Information darf jedoch nicht verloren gehen. Daher setzen Sie sich bitte mit folgender Aufgabe auseinander: Fünf Freiwillige verbleiben bitte hier in der Hauptsitzung. Die anderen Teilnehmer gehen gemeinsam in einen Breakout-Raum. Nacheinander wird ein Freiwilliger in den Breakout-Raum hineingelassen. Dort bekommt er von einem weiteren Teilnehmer ein Bild mit einer Strichzeichnung und einem kurzen Satz darunter gezeigt. Das Bild wird dann weggenommen. Der erste Freiwillige beschreibt es dem nächsten Freiwilligen usw. Jeder, der das Bild beschrieben hat, darf es dann selbst aus der Erinnerung

zeichnen und zunächst für sich behalten. Alle anderen Teilnehmer beobachten bitte genau, wie die Kommunikation zwischen den Akteuren abläuft."

Wenn alle Bilder gezeichnet sind, werden die Bilder vom Trainer nebeneinander gezeigt und gemeinsam betrachtet! Auf den Bildern wird erfahrungsgemäß von Bild zu Bild immer weniger zu sehen sein. Sogar der kurze Satz verändert sich meist mehrfach. Wenn die Teilnehmer von sich aus Rückfragen bei der Beschreibung stellen, sind die Ergebnisse näher am Ausgangsbild. Bei der Reflexion werden als Erstes die Freiwilligen gefragt: Wie ist es Ihnen ergangen? Was hätte Ihnen geholfen? Welche Gedanken kamen bei den Beobachtern auf? Wenn Sie die Übung noch mal machen sollten, was würden Sie anders machen? Welche Erfahrungen haben Sie im Alltag gemacht, bei denen Sie ähnliche Effekte beobachtet haben? Was können Sie im Alltag tun, damit Informationen fehlerfrei im Team ausgetauscht werden? Die Fragen sind abhängig vom Ergebnis des Teams. Beispiel: Ist der Ton rau oder werden Vorwürfe gemacht, kann der Trainer auch in diese Richtung fragen.

„Wir wissen nun dank Ihrer großartigen Teamleistung, wie das Virus aufgebaut ist. Zusätzlich können Sie sich blind in Ihrer Umgebung bewegen, wenn Sie von einem Teammitglied genaue akustische Anweisungen erhalten. Sie können mit Ihren Gemeinsamkeiten Teammitglieder von Spion-Avataren unterscheiden. Des Weiteren wissen Sie, was zu beachten ist, damit Informationen vollständig und korrekt weitergegeben werden können. Da wir mit unserer Produktionsfirma keine sichere Internetverbindung mehr herstellen können, bringen Sie mit Ihren erworbenen Fähigkeiten als Team die Bauanleitung an unsere Produktionsfirma, damit dort ein neutralisierendes Gegenmittel hergestellt werden kann. Ich denke, wir haben es geschafft! Die Zeit der Isolation wird bald vorbei sein.

Sie haben unglaublich schnell Fortschritte gemacht, das hat mich sehr begeistert. Wir möchten Sie für weitere Spezialaufträge einsetzen, wenn Sie damit einverstanden sind. (Pause)

Toll, dass Sie einverstanden sind! Als Grundlage für die weitere Entwicklung möchte ich Sie bitten, dass Sie aus den heute miteinander gemachten Erfahrungen Ihre drei größten Lernerfolge auf dem Whiteboard festhalten."

Empfehlungen für virtuelle Teamentwicklung
Präzise vorausschauende Vorbereitung notwendig: Übungsmaterialien werden vorab an die Teilnehmer verschickt. Die Pakete müssen komplett sein und die nötige Improvisation zulassen. Die Beschreibungen für die Übungen müssen sehr präzise sein.

Im **Gesichtsausdruck** treten Gefühle zutage, ohne dass sich diese willentlich beeinflussen lassen. Die Basisemotionen Trauer, Wut, Ekel, Überraschung, Angst und Freude äußern sich quer durch alle Kulturen im Wesentlichen auf die gleiche Weise. Nutzen Sie einen großen Bildschirm, damit Sie die Emotionen der anderen „lesen" können.

Technik-Support: Wie fit sind Ihre Teilnehmer mit den genutzten Online-Tools? Prüfen Sie dies vorab und bieten Sie evtl. vorher eine technische Einweisung und einen Technik-Check an. Richten Sie auf jeden Fall auch einen Telefonkonferenzraum als Back-up ein und teilen Sie die entsprechende Einwahlnummer in der Einladung mit, um auch bei Internetausfall alle Teilnehmer zu erreichen.

Sicherer Rahmen: Genauso wie bei Präsenzveranstaltungen muss auch bei Online-Veranstaltungen sichergestellt sein, dass die Arbeitsatmosphäre von Sicherheit, Vertraulichkeit und Vertrauen geprägt ist. Jeder Teilnehmer muss sich in einem Raum befinden, in dem er ungestört ist. Der Teilnehmer darf sich nicht von anderen Personen, die nicht an der Veranstaltung teilnehmen, beobachtet fühlen. Der Trainer muss dies selbstständig immer wieder überprüfen und auf die Bedürfnisse der Teilnehmer eingehen.

Visualisierung: Ergebnisse von digitalen Veranstaltungen können in Echtzeit jedem Teilnehmer zur Verfügung stehen. Keep it simple! Bei den gängigen Videokonferenz-Anbietern können Sie Ihren eigenen Bildschirm teilen und z. B. den Teilnehmern eine Zielscheibe anzeigen. Mit der Kommentarfunktion können die Teilnehmer eine passende Fragestellung direkt darauf bewerten. Stellen Sie sicher, dass die Teilnehmerkennung beim Kommentieren, wenn nötig, ausgeschaltet ist, und machen sie dies transparent. Auf diese Weise trauen sich Teilnehmer eher, ihre ehrliche Meinung anzugeben. Die Teilnehmer müssen sich nur einmal mit der Kommentarfunktion vertraut machen. Auf diese Weise können Sie klassische Elemente der Moderation nutzen. Kartenabfrage, Brainstorming, Feedback-Methoden, Koordinatensysteme, Mehr-Punkt-Antwort etc. Die Ergebnisse werden in der digitalen Dokumentation gespeichert und im Anschluss den Teilnehmern geschickt.

Chat-Funktion und Themenspeicher: Bieten Sie den Chat an, wenn die Teilnehmer sich untereinander Fragen stellen möchten. Zusätzlich bietet sich der Chat als Themenspeicher an, damit keine wichtigen Anliegen der Teilnehmer verloren gehen. Die Teilnehmer können ihre nicht drängenden Themen jederzeit mit #Themenspeicher in den Chat schreiben, z. B. [#Themenspeicher: Umgang mit Konflikten]. Den Chat können Sie in ein Dokument kopieren und über die Suchfunktion nach #Themenspeicher suchen.

Ich hoffe, Sie konnten einen Einblick gewinnen, wie digitale Teamentwicklung funktionieren kann, und hatten eine schöne Zeit beim Lesen. Sollten Sie keine Online-Teamentwicklungsseminare anbieten, können folgende Ideen anregen, wenn Sie den Teilnehmern Ihrer Online-Veranstaltungen mal eine Pause vom Bildschirm geben möchten.

> **Ideen für eine produktive Bildschirm-Auszeit**
>
> 1. „Walk and Talk" oder „Geh-Spräche" eignen sich hervorragend, um das Erlebte im Tandem zu reflektieren oder sich auch über eine Thematik auszutauschen. Bei längeren Einheiten bietet sich an, dass sich die Tandems per Mobiltelefon verbinden und einen Spaziergang draußen machen.
> 2. Bauprojekte oder Bastelprojekte, bei denen die Teilnehmer nur per Audio verbunden sind.
> 3. Energizer, Warm-ups etc. für Bewegung, Spaß, Lockerheit und Aufwachen in den Pausen (siehe Beitrag „Angewandte Improvisation – online echten Kontakt erzeugen").
> 4. Auch eine Kaffee- und Teepause kann zum ungezwungenen Austausch unter den Teilnehmern genutzt werden. Die Teilnehmer treffen sich virtuell in einem Breakout-Raum und gehen dann mit ihrem Headset ausgestattet in ihre eigene Küche. Ohne konkrete Aufgabe vom Trainer und auch nur als Angebot für alle, die die Pause nicht alleine verbringen möchten.

Literatur

Chidambaram, L., & Bostrom, R. (1997). Group development (I): A review and synthesis of development models. Group Decision and Negotiation 6, 159–187.

Hascher, T., & Brandenberger, C. (2018). Emotionen und Lernen im Unterricht. In M. Huber & S. Krause (Hrsg.), *Bildung und Emotion* (S. 289–310). Springer.

Janis, I. (1972). *Victims of groupthink. A psycholgcial study of foreign-policy decisions and fiascoes.* Houghton Mifflin.

Lars Pohl ist Trainer für Teamentwicklung für Unternehmen und Verwaltungen, Sportwissenschaftler (M.A.) mit Schwerpunkt Sportphysiologie und einer Zusatzausbildung zum Systemischen Business & Management Coach (CTAS/ISO/ICI). Er ist Lehrbeauftragter an der Universität Konstanz. Als Spielertrainer trainierte Lars Pohl die Floorball-Mannschaft PSTV United Lakers Konstanz und schaffte mit ihnen den Aufstieg in die 2. Bundesliga.

Denken im Kollektiv – wie echte Begegnung auf Augenhöhe gelingt, ohne sich zu sehen

Andreas Greve und Frank Schomburg

Inhaltsverzeichnis

1	Digital vernetzt auf Augenhöhe zu kollektiver Intelligenz	148
2	Einbindung der Teilnehmenden mit Methode	149
3	Präsent vor Ort, hybrid oder rein digital	152
4	Gedanken und Ausblick	154

Zusammenfassung Wir von nextpractice nutzen seit über 20 Jahren eine eigene Software, mit der wir viele Menschen vernetzen und in gemeinsame Denk- und Austauschprozesse einbeziehen. Ob in einem vor Ort installierten Netzwerk, hybrid oder rein virtuell, eine konsequente Trennung von Person und Information ermöglicht eine echte Begegnung auf Augenhöhe, trotz oder gerade dank der Digitalisierung. Im rein inhaltsbezogenen Austausch entfalten sich Co-Kreativität und kollektive Intelligenz von Gruppen für Lösungen, die begeistern.

A. Greve · F. Schomburg(✉)
nextpractice GmbH, Bremen, Deutschland
E-Mail: f.schomburg@nextpractice.de

A. Greve
E-Mail: a.greve@nextpractice.de

1 Digital vernetzt auf Augenhöhe zu kollektiver Intelligenz

Menschen sollen gehört und eingebunden werden. Denn sie wollen sich beteiligen, mitdenken, mitgestalten. Das ist das neue Credo in der Veranstaltungsbranche, in Unternehmen und auch in gesellschaftlichen Zusammenhängen. Teilhabe, Interaktion, Partizipation, Kollaboration – das sind Anforderungen, die auf keiner Veranstaltung mehr fehlen dürfen. Und die Begegnung dort soll natürlich möglichst gleichberechtigt auf Augenhöhe stattfinden. Es sollen zur Einbindung der Teilnehmenden mindestens gemeinsam Fragen oder Ideen gesammelt, Meinungen ausgetauscht und Bewertungen abgegeben werden. Je nach Zielstellung soll am Ende einer Zusammenkunft ein bedeutungsvolles Ergebnis dastehen, das klug und fundiert ist und das von möglichst vielen Teilnehmenden auch wirklich getragen und weiterverfolgt wird. Und natürlich soll das Ganze auch noch Spaß machen und darf auf keinen Fall die Teilnehmenden zu stark fordern oder gar überfordern. So oder so ähnlich lassen sich die Anforderungen zusammenfassen, die seit Jahren an uns herangetragen werden.

Wir von nextpractice glauben daran und unsere Erfahrungen bestätigen es immer wieder, dass sich Co-Kreativität und kollektive Intelligenz in kleinen und auch in großen Gruppen entfalten lassen. Sehr schnell, sehr dynamisch, mit Überraschungseffekt und Begeisterungspotenzial. Und ja, damit das passiert, müssen sich die Menschen auf Augenhöhe begegnen und sich mit einer geeigneten Methode austauschen. Die digitale Vernetzung – entweder vor Ort oder virtuell im Netz – ermöglicht es, dass sich nahezu unbegrenzt viele Menschen schnell und aufeinander Bezug nehmend austauschen können. Intelligent wird der Austausch dann, wenn die Eingaben von allen kommentiert, gewichtet und bewertet werden können. Denn Intelligenz entfaltet sich schließlich erst durch eine Bewertung. Anonymität sorgt in diesem Fall dafür, dass der Fokus des Austausches konsequent auf den Inhalten liegt und nicht auf den Absendern. Gleichberechtigte Begegnung auf Augenhöhe ist im realen oder virtuellen Raum ohne Appelle und ohne großen vorherigen kulturellen Wandel einfach umzusetzen. Sind die Fragen dann noch wohlüberlegt gestellt und auf Lösungen statt auf Probleme ausgerichtet, dann entsteht etwas, das mehr ist als die Summe von Einzelmeinungen.

2 Einbindung der Teilnehmenden mit Methode

Als systemisches Beratungsunternehmen für Organisationsentwicklung und Change Management haben wir bereits vor über 20 Jahren begonnen, unter dem Namen „nextmoderator" eine Software zu entwickeln, über die wir viele Menschen im Unternehmen in Entwicklungsprozesse einbeziehen können. Uns war klar, dass ohne eine Einbindung der Menschen innerhalb einer Organisation Entwicklungen zu langsam verlaufen, um der zunehmenden Veränderungsdynamik in unserer vernetzten Welt standzuhalten. Intelligenter sind die methodisch erarbeiteten Lösungen oft auch, denn die Mitarbeitenden haben meist die guten Ideen und das Wissen für konkrete Problemlösungen oder die Weiterentwicklung ihres Unternehmens. Diese werden jedoch oft in den üblichen Prozessen und aufgrund von kulturellen Gegebenheiten mit den gängigen Methoden nicht genutzt. Konsequenterweise folgt das Konzept unserer Methode dieser Idee, die üblichen Hürden und Hemmnisse für echte Beteiligung auszuhebeln, damit sich Co-Kreativität und kollektive Intelligenz entfalten können.

Eine Anwendung von nextmoderator ermöglicht es, dass nahezu unbegrenzt viele Teilnehmende ihre Sichtweisen digital vernetzt einbringen können (Abb. 1). Zu jeder Zeit können transparent und nachvollziehbar über mehrere, aufeinander aufbauende Arbeitsschritte bestmögliche Ergeb-

Abb. 1 Nahezu unbegrenzt viele Teilnehmende können ihre Sichtweise digital einbringen. (Foto: nextpractice GmbH)

nisse für ihr Unternehmen oder ihre Organisation gemeinsam erarbeitet werden. Die iterativen Schritte, die einer eigenen systemisch-methodischen Logik folgen, werden auf die jeweilige Aufgabenstellung individuell zugeschnitten. Darüber wird unabhängig von der Größe der Gruppe eine hohe Diskursqualität geschaffen. Das eröffnet für Unternehmen und Organisationen die Chance, dass die ungenutzt schlummernden Potenziale für Verbesserungen, Veränderungen oder sogar Inventionen und Innovationen aus dem Unternehmen heraus von den Mitarbeitenden selbst gehoben werden.

Der mehrfache Wechsel zwischen einem dynamischen gemeinsamen Sammeln und Gewichten in der Gesamtgruppe, einer vertiefenden Erarbeitung und Überarbeitung in Kleingruppen und einer abschließenden Bewertung wieder in der Gesamtgruppe führt schließlich zu einer überzeugenden Ergebnisqualität. Deshalb hat der Einsatz von nextmoderator überwiegend in Führungskräfte- oder Mitarbeiterveranstaltungen Entfaltungskraft, denn bei unternehmensinternen Zusammenkünften ist die Erwartung an Ergebnisse besonders hoch. Um dem Versprechen einer außerordentlichen Diskurs- und schließlich Ergebnisqualität gerecht zu werden, installieren wir in einem Raum ein autonomes Netzwerk aus Laptops und Servern, auf denen die Moderationssoftware für die gemeinsame vernetzte Arbeit läuft. Der Raum sollte ausreichend groß sein, damit die gesamte Gruppe Platz findet und, wenn im Prozess sinnvoll, durch Umsetzen neue Gruppenkonstellationen gebildet werden können. Die Anzahl der Laptops orientiert sich an der Gesamtteilnehmerzahl. Jeweils eine Kleingruppe von drei bis maximal fünf Personen nutzt für ihre Eingaben ein Laptop. Je nach Aufgabenstellung erfolgt zunächst oder ausschließlich eine Eingabe von Fragen an die Referenten oder eine Art „kollektives Brainstorming", in dem die verschiedenen Kleingruppen Ideen in einer gemeinsamen Ideenliste zeitgleich sammeln. Eine Besonderheit von nextmoderator ist, dass Eingaben in die Ideenliste anonym sind, damit ausschließlich die Inhalte in den Fokus rücken und nicht die Absender. Mit der Konzentration auf Inhalte werden so die wirklich wichtigen Fragen und Ideen erkennbar. Konsequenterweise ist es bei nextmoderator bereits in der Sammlungsphase möglich und erwünscht, dass die eingehenden Fragen oder Ideen anderer Teilnehmender bereits während des Eingangs kommentiert oder mit Zustimmung oder Ablehnung versehen werden. Das sorgt für eine Inhaltsdynamik, die zutage fördert, was oft unterschwellig vorhanden ist und was sich auf die Stimmung oder die Ergebnisqualität im alltäglichen Miteinander niederschlägt. So liegt erst mal alles auf dem Tisch, was wirklich bewegt: ob wichtige Fragen, Lob, Kritik oder die richtig guten Ideen, die weiterbringen.

So oder so, es ist immer ein reichhaltiger Fundus, aus dem man schöpfen kann. Und eine Steilvorlage für die Kleingruppen an den Laptops, die üblicherweise auf den Brainstorming-Listen aufsetzen und Lösungsansätze, Maßnahmen oder Umsetzungspläne erarbeiten. Jede Kleingruppe erfasst ihre Arbeitsergebnisse eigenständig am Laptop in einer speziellen Eingabemaske entlang im Vorfeld hinterlegter Leitfragen. Am Ende der Kleingruppenarbeit veröffentlicht jede Gruppe ihre Ergebnisse im Netzwerk. So ist es möglich, dass sich jede Kleingruppe nach einer zufälligen Verteilung mehrere andere Gruppenergebnisse durchlesen und Kommentare oder Verbesserungsvorschläge abgeben kann. Auch in dieser Phase wird anonymisiert, denn es soll um unverfälschte Meinung und ausschließlich um die Inhalte gehen. So geht es ohne mögliche persönliche Abwertungsgefühle weiter, indem jede Kleingruppe die Anmerkungen aus den anderen Gruppen liest, reflektiert und gegebenenfalls in ihr Arbeitsergebnis einfließen lässt. Erst nach diesem Überarbeitungsprozess gibt jede Teilnehmerin und jeder Teilnehmer abschließende Bewertungen auf vorgegebenen Skalen zu allen Arbeitsergebnissen ab.

Besonders das Wechselspiel zwischen der konsequenten Trennung von Inhalt und Person in den Sammlungs- und Bewertungsphasen und dem intensiven persönlichen Austausch in den Arbeitsphasen der Kleingruppen hat sich in Bezug auf die Dynamik sowie für die Diskurs- und Ergebnisqualität bewährt. Die Hemmschwelle, sich mit eigenen Ideen und Bewertungen zu beteiligen, ist wegen der gezielt eingesetzten Absenderneutralität in der Gesamtgruppe sehr gering. Das erhöht die Chance, dass sich tatsächlich neue Lösungsansätze oder Innovationen herauskristallisieren – eben genau die, die intelligenter und bedeutungsvoller sind als die, die im eher linearen Austausch von Fachexperten entstehen.

Die kontinuierliche Transparenz und niederschwellige Möglichkeit, sich jederzeit zu beteiligen und die eigenen Ideen einzubringen, haben zusätzlich aber auch eine meist nachhaltig wirkende, Orientierung gebende, motivatorische und energiespendende Komponente. Das zeigt sich meist am Ende der Veranstaltung, wenn die Teilnehmenden aufgefordert werden, sich den gemeinsamen Arbeitsergebnissen zuzuordnen, um sie auch nach den Veranstaltungen weiterzuverfolgen und umzusetzen. Die Bereitschaft dazu ist erfahrungsgemäß außerordentlich hoch. Oft tragen über 90 % der Teilnehmenden ihren Namen ein und bekennen sich damit dazu, an den gemeinsam entwickelten Themen weiterzuarbeiten.

3 Präsent vor Ort, hybrid oder rein digital

Die Software und das Netzwerk sind so konfiguriert, dass diese besondere Form der iterativen Zusammenarbeit im Prinzip auf beliebig große Gruppen skalierbar ist. Den bisher größten Workshop haben wir im Jahr 2019 mit 2800 Teilnehmenden an 600 vernetzten Laptops in einer großen Halle realisiert. (Abb. 2).

Im Zuge der einsetzenden Corona-Pandemie und den Kontaktbeschränkungen haben wir eine digitale Event-Plattform entwickelt, die verschiedene interaktive Methoden zu einem integralen Konzept vereint. So lassen sich die Vorzüge von nextmoderator, das den intelligenten Kern der Plattform bildet, auch virtuell in verschiedenen Umfeldern und unterschiedlichen Aufgabenstellungen entfalten.

Abb. 2 Setting mit vernetzten Kleingruppen vor Ort. (Foto: nextpractice GmbH)

> **Die Event-Plattform bietet im Überblick folgende Möglichkeiten**
>
> **Live-Streamings:** Informationen, Impulse, Podiumsdiskussionen über Videostream.
> **Reflexionen:** Anonym Fragen sammeln, Inhalte vertiefen und Bedeutungen gewichten.
> **Marktplätze:** Informationen zum Kommentieren und Bewerten anschaulich darstellen.
> **Großgruppenarbeit:** Vernetzt mit intelligenten Methoden co-kreativ neue Ideen entwickeln.
> **Kleingruppenarbeit:** Im Austausch in virtuellen Kleingruppen systematisch Lösungen erarbeiten.
> **Vernetzung:** Projekte auf Kollaborationsplattform mit bewährten Methoden weiter umsetzen.
> **Webinare:** Wissen multimedial vermitteln und in Gruppen gemeinsam lernen.
> **Teilnehmermanagement:** Virtueller Anmeldeprozess, Einladungstracking und Zugangsverwaltung.

Unabhängig vom Setting können alle Teilnehmenden über die besondere systemisch-methodische Logik, die nextmoderator im Kern bietet, einbezogen werden. Aktuell finden die Veranstaltungen überwiegend in rein digitaler Form auf der Event-Plattform statt oder als hybride Veranstaltung, in der die Bühnenakteure von einem Ort aus übertragen werden. Einen beispielhaften Erfahrungsbericht von solch einer virtuellen Veranstaltung finden Sie im Beitrag 1. Zusätzlich können sich in dem hybriden Format auch Teilnehmende vor Ort einfinden. Diese folgen dem Bühnenprogramm live und beteiligen sich vor Ort über bereitgestellte Laptops – vernetzt mit

Abb. 3 Virtuell zugeschaltete Teilnehmende. (Foto: nextpractice GmbH)

den virtuell zugeschalteten Teilnehmenden – in den interaktiven Phasen am Geschehen (Abb. 3).

Sowohl in dem rein digitalen Veranstaltungsformat als auch in dem hybriden kann eine Diskursqualität geschaffen werden, die trotz der Einschränkungen durch den mangelnden persönlichen Austausch Ergebnisse auf hohem Qualitätsniveau ermöglicht. Zurzeit sind auf diese Weise Austauschformate mit 5000 Teilnehmenden und mehr möglich.

4 Gedanken und Ausblick

Es bleibt abzuwarten, wie sich die Gewohnheiten der Zusammenkünfte in Zeiten der Corona-Pandemie und durch die Erfahrungen in der Pandemie verändern werden. Jedenfalls scheinen zumindest die alten Gewohnheitsmuster ins Wanken geraten zu sein. Viele Fragen stehen momentan im Raum, für die es noch keine abschließenden Antworten gibt. Relativ klar scheint allerdings zu sein, dass die Herausforderungen, mit denen wir als Arbeitsgesellschaft und als Gesellschaft insgesamt konfrontiert sind, eher größer als kleiner werden. Vor dem Hintergrund werden Aufwand und Nutzen von Veranstaltungen zukünftig noch konsequenter auf dem Prüfstand stehen. Insofern mag es Sinn machen, jede Zusammenkunft, ob real, hybrid oder virtuell, als potenzielle Gelegenheit zu betrachten, dass sich die Teilnehmenden intensiv zu den Herausforderungen austauschen, sich eine gemeinsame Orientierung verschaffen und zusammen nach Lösungen suchen. Dafür ist nextmoderator ausgelegt: niederschwellige Teilnahmemöglichkeit, echte Partizipation auf Augenhöhe, absenderneutraler und ehrlicher Austausch, hohe Diskursqualität, eine hohe Ergebnisqualität durch die gemeinsamen Bewertungen, und insgesamt ist es für die Teilnehmenden ein inspirierendes Ereignis. nextmoderator versteht sich nicht als Antwort auf alle interaktiven Anliegen. Aber nextmoderator ist seit nunmehr 20 Jahren erprobt, wenn es darum geht, die Co-Kreativität und kollektive Intelligenz von Gruppen zur Lösungsfindung und Potenzialentfaltung zu nutzen. Und dieser Nutzen würde uns in ganz vielen Kontexten wohl ganz gut tun. Denn schließlich sind es die gemeinsam handelnden Menschen, die die Zukunft meistern – oder auch nicht.

Andreas Greve Diplom-Psychologe, ist Mitbegründer und Geschäftsführer des Methoden- und Beratungsunternehmens nextpractice GmbH mit Sitz in Bremen. nextpractice ist seit 25 Jahren darauf spezialisiert, Menschen in Wirtschaft und Gesellschaft in Entwicklungsprozesse einzubeziehen und sie zu befähigen, notwendige Verbesserungen oder Veränderungen selbst erfolgreich zu gestalten. Für diesen Zweck hat nextpractice digitale Methoden entwickelt, die in partizipativen Prozessen die Co-Kreativität und kollektive Intelligenz von Gruppen für tragfähige Lösungen entfalten. Eine dieser Methoden ist das Moderationstool nextmoderator, das in dem Beitrag in Co-Autorenschaft mit Frank Schomburg näher beschrieben wird.

E-Mail: a.greve@nextpractice.de

Frank Schomburg Diplom-Informatiker, ist Mitbegründer und Geschäftsführer des Methoden- und Beratungsunternehmens nextpractice GmbH mit Sitz in Bremen. nextpractice ist seit 25 Jahren darauf spezialisiert, Menschen in Wirtschaft und Gesellschaft in Entwicklungsprozesse einzubeziehen und sie zu befähigen, notwendige Verbesserungen oder Veränderungen selbst erfolgreich zu gestalten. Für diesen Zweck hat nextpractice digitale Methoden entwickelt, die in partizipativen Prozessen die Co-Kreativität und kollektive Intelligenz von Gruppen für tragfähige Lösungen entfalten. Eine dieser Methoden ist das Moderationstool nextmoderator, das in dem Beitrag in Co-Autorenschaft mit Andreas Greve näher beschrieben wird.

E-Mail: f.schomburg@nextpractice.de

Das Empfinden der Teilnehmenden – ein Dialog über die Evaluation von Online-Partizipation

Frank Brettschneider und Wolfgang Himmel

Zusammenfassung Der in diesem Beitrag interviewte Prof. Dr. Frank Brettschneider begleitet und evaluiert Bürgerbeteiligungsprozesse. Er stellt fest, dass die Teilnehmenden an Bürgerbeteiligungsveranstaltungen den Wechsel von Präsenz- auf Online-Formate meist positiv bewerten. Zudem hat sich die Zusammensetzung bei Bürgerbeteiligungsveranstaltungen erkennbar verändert. Online-Formate sprechen eine breitere Teilnehmerschaft an, haben geringere Zugangsschwellen und werden als demokratischer empfunden. Es kommt zukünftig ein größeres und ausgewogeneres Meinungsspektrum zu Wort. Beim digitalen Raum gibt es kein „hinten" und kein „vorne", alle können gleichermaßen gut hören. Für Präsentationen empfiehlt er veränderte Darstellungsweisen. Digitale Formate ermöglichen auch zeitversetzte Meetings und lassen damit, verbunden mit den Möglichkeiten der Künstlichen Intelligenz, für die Zukunft interessante Innovationen erwarten.

F. Brettschneider
Universität Hohenheim, Stuttgart, Deutschland
E-Mail: frank.brettschneider@uni-hohenheim.de

W. Himmel (✉)
 Konstanz, Deutschland
E-Mail: dialog@wolfgang-himmel.de

© Der/die Autor(en), exklusiv lizenziert durch Springer Fachmedien Wiesbaden GmbH, ein
Teil von Springer Nature 2021
S. Luppold et al. (Hrsg.), *Berührende Online-Veranstaltungen*,
https://doi.org/10.1007/978-3-658-33918-0_12

Im Folgenden wird der Dialog zwischen Prof. Dr. Frank Brettschneider (FB) und Wolfgang Himmel (WH) dokumentiert.

WH: Die meisten Beiträge in unserer Publikation sind aus dem Blick der Veranstalter geschrieben. Du hast an der Universität Hohenheim mit Deinen Masterstudierenden untersucht, wie die Teilnehmenden Online-Konferenzen empfinden. Welche neuen Erkenntnisse konntet ihr gewinnen?
FB: Das kommt auf zwei Aspekte an. Erstens: Welches Ziel verfolgt die Online-Veranstaltung? Geht es in erster Linie um Informationsvermittlung oder um Kooperation, Dialog, das gemeinsame Entwickeln von Ideen und Arbeiten an Themen? Zweitens: Wer sind die Teilnehmenden? Sind es Expertinnen und Experten, die aus der Politik, der Verwaltung oder aus Bürgerinitiativen kommen, oder sind das „einfache Bürgerinnen und Bürger", zufällig oder durch Selbstselektion ausgewählt. Je nachdem, mit welcher Kombination man es zu tun hat, gibt es unterschiedliche Empfindungen. Bei der Informationsvermittlung sowohl an Expertinnen und Experten als auch an Laien funktionieren Videokonferenzen sehr gut. Die einzige Hürde, die da immer noch besteht, sind technische Probleme. Es gibt immer noch einige Menschen, die sich nicht so gut mit Videokonferenzsystemen auskennen oder vielleicht sogar keinen Zugang haben.

Aber Zugangsbarrieren gibt es bei Präsenzveranstaltungen auch. Deshalb muss man überlegen, wie man diese bei Online-Veranstaltungen abbauen kann. Zumindest sollte man im Vorfeld einer Online-Veranstaltung die Gelegenheit bieten, die Technik zu prüfen, und nicht gleich mit dem ersten Sekundenzeiger loslegen.

Einige Teilnehmende nehmen die Möglichkeit, an der Veranstaltung über Videokonferenz beizuwohnen, sogar sehr positiv wahr. Weil sie nicht hinfahren müssen; sie können von zu Hause aus in ihrer gewohnten Umgebung mitmachen. Manche trauen sich auch über das Mikrofon oder über den Chat eher zu, sich mal zu Wort zu melden, als sie das in einer Stadthalle mit 200 bis 300 Anwesenden vielleicht machen würden. Einige von ihnen empfinden es auch als demokratischer, wenn sie eine Wortmeldung in den Chat schreiben und dann in der Reihenfolge der Wortmeldung tatsächlich aufgerufen werden und sie nicht durch wildes Gestikulieren versuchen müssen, in der Halle auf sich aufmerksam zu machen und dann vielleicht doch zu denken, der andere da hat sich doch viel später gemeldet und warum ist er jetzt als Erster dran. Also da haben Online-Veranstaltungen sehr positive Aspekte. Das sieht man ja auch an den Teilnehmendenzahlen, die bei den Online-gestützten Informationsveranstaltungen deutlich höher sind.

Skeptisch war ich bislang immer bei den Veranstaltungen, die eher Dialog und Konsultation als Ziel hatten. Weil wir alle miteinander angenommen haben, dass es dazu Vertrauen braucht und das Vertrauen im persönlichen Miteinander und eben nicht online entstehen würde. Die Erfahrungen zeigen jetzt aber im Großen und Ganzen etwas anderes, nämlich dass man es auch in Online-Formaten schaffen kann, eine Atmosphäre herzustellen, in der sich Vertrauen ebenfalls entwickeln kann. Das geschieht jedoch nicht von alleine, sondern die Moderatorinnen und Moderatoren müssen daran mitwirken.

Ich habe den Eindruck, dass es die Teilnehmenden bei Konsultationen sehr schätzen, wenn die Online-Situation sehr ähnlich ist wie in der Präsenzsituation. Man hat also Räume, in denen man miteinander reden kann, man wechselt häufiger mal die Zusammensetzung und die Aufgaben.

Für eine Masterarbeit wurden Teilnehmende einer Quartiersentwicklung, die sowohl Präsenzveranstaltungen als auch Online-Veranstaltungen kannten, befragt, was sie denn jeweils davon halten. Fairerweise muss man sagen, dass sich alle schon vor der Online-Veranstaltung in Präsenzveranstaltungen kennengelernt hatten. Sie hatten damit kein Problem, haben aber gesagt, dass sie die Präsenzveranstaltungen bevorzugen würden, wenn es darum geht, zusammenzuarbeiten, zu Empfehlungen zu kommen oder den gemeinsamen Abschlussbericht zu besprechen.

Dagegen sei ein Austausch zwischen den Präsenzveranstaltungen, um sich vergewissern zu können, woran andere gerade arbeiten, auch in Online-Formaten sehr gut möglich.

WH: Ist es denn immer notwendig, dass sich alle dabei über Kamera und Bildschirm sehen?
FB: Ja, wir haben das erlebt, als Teilnehmende ein Problem hatten, über Video reinzukommen, und sich dann notgedrungen telefonisch eingeklinkt haben. Die waren auf jeden Fall im Nachteil gegenüber denjenigen, die per Video teilgenommen haben. Und zwar in beiden Richtungen: Sie wurden weniger angesprochen von den anderen und sie haben sich selbst auch eher zurückgehalten. Die Vorstellung zu haben, nur die Argumente werden ausgetauscht, reicht aus meiner Sicht nicht. Den Teilnehmenden fehlt dann ein wichtiger Feedbackkanal. Sie wollen die Mimik sehen: „Dann sehe ich gar nicht, ob meine Botschaft beim Gegenüber angekommen ist." Das Sich-Sehen ist wirklich ein ganz wichtiger Teil der persönlichen Interaktion.

WH: Was mich beschäftigt ist, dass wir durch die Videokonferenzen ein traditionelles Format verfestigen: die Bühne vorne und die Teilnehmenden in Reihenbestuhlung gegenüber. Über Videokonferenzsysteme ist es bei großen Gruppen schwierig, dass sich alle sehen, gar das Gefühl haben, im Kreis zu sitzen, geschweige sich im Raum bewegen zu können. Empfindest Du das auch als Rückfall in alte Zeiten?
FB: Ja, teilweise. Deswegen funktionieren die Videokonferenzen auch in erster Linie bei den Informationsformaten ganz gut. Da ist es sogar ein Fortschritt, weil wenigstens alle Teilnehmenden auf der gleichen Ebene sind und es kein „hinten" und kein „vorne" gibt und sich niemand in den Vordergrund drängen kann. Und alle haben auch die gleiche Chance, gut zuzuhören. Bei Infoveranstaltungen in Präsenz gibt es ja oft ein Akustikproblem: Verstehe ich, was die anderen sagen, wirklich gut, wenn ich ganz hinten sitze? Oder sehe ich die Präsentation gut?

Zumindest diejenigen, die einen größeren Bildschirm, einen Kopfhörer oder einen guten Lautsprecher haben, können die Informationsveranstaltungen besser verfolgen.

Dass man keine Reihenbestuhlung hat, ist hingegen erst bei den Formaten wichtig, die Du ja auch pflegst: nämlich wenn es um Dialoge und Kooperationen geht. Da bin ich mal auf die Erfahrung gespannt. Ich kann es mir noch nicht so richtig vorstellen, wie man über eine Technik dieses „sich bewegen", diese Geh-Sprache oder auch im Raum mal herumzugehen ersetzen kann.

Da weiß ich nicht, ob nicht einige sagen werden, das ist mir zu kompliziert. Ich will jetzt hier loslegen und nicht erst mir noch angucken, wie die Technik funktioniert, die räumliches Bewegen simuliert.

WH: Ja, das sehe ich auch so. Eine Abkehr vom erwarteten Setting, gar Bewegung durch den digitalen Raum oder eine Sitzordnung im Kreis bieten weniger Schutz, sie ermöglichen aber auch Transparenz, Zugehörigkeit und Nähe. Eine ungewohnte Raumarchitektur kann auch abschrecken. Inwieweit können und dürfen wir als Moderatoren den Teilnehmenden etwas zumuten?
FB: Ja, auch da bin ich gespannt. Mein Eindruck ist, dass gerade auch die Breakout-Sessions für die Unsicheren ein Anlass sein können, sich einfach auszuklicken, um zu verschwinden.

WH: Ist der Teilnehmerschwund bei Breakout-Sessions signifikant zu beobachten?
FB: Ja, es ist sichtbar, dass einige, die auch vorher eher beobachtet haben, lieber verschwinden, wenn es wirklich ans Mitmachen geht. Da kann man sich ja auch in einer kleinen Gruppe noch schlechter verstecken.

WH: Welche Erkenntnisse aus eurer Forschung sind noch bemerkenswert?
FB: Eine große Veränderung können wir bei der Zusammensetzung der Teilnehmenden beobachten. Bei offen zugänglichen Veranstaltungen haben wir online eine andere Zusammensetzung als bei den Präsenzveranstaltungen. An den Präsenzveranstaltungen nehmen überdurchschnittlich oft die älteren, höher gebildeten Männer teil. Bei den Online-Veranstaltungen findet man einen breiteren Querschnitt durch die Bevölkerung. Manchmal sitzen mehr als eine Person vor der Kamera. Wir haben es zusätzlich mit anderen Menschen zu tun. Aus Sicht der Teilnehmenden sind also die Hürden für die Teilnahme viel niedriger. Das hat damit zu tun, ob ich das Hinfahren, das Warten und das Zurückfahren auf mich nehmen muss oder mich für die 90-min-Variante entscheiden kann: Einschalten, Zuschauen, vielleicht eine Frage stellen. Das passt auch besser in den Tagesablauf von Familien und gilt ganz besonders für den ländlichen Raum – wenn denn dort das Internet funktioniert.

Aus der Perspektive der Vorhabenträger können jetzt auch häufiger kleinere Veranstaltungen angeboten und durchgeführt werden. Denken wir mal an Informationsveranstaltungen zu liniengebundener Infrastruktur, etwa zu einer Trasse in einem Stromübertragungs- oder Stromverteilnetz. Hier können nun auf einzelne Streckenabschnitte einer Trasse zugeschnittene Veranstaltungen besser organisiert werden. Und sie brauchen insgesamt weniger Personalressourcen. Diese Veranstaltungen können ohne Reisezeiten vom Büro aus durchgeführt werden. Da wird es seitens der Anbieter, zumindest im Informationsbereich, eine Verbreiterung des Angebots geben. Die Frage ist, wie sich das im Konsultationsbereich entwickeln wird, den eher Du betreust.

WH: Viele besuchen eine Informationsveranstaltung, um sich zu informieren und eine Meinung zu bilden. Manche möchten aber auch die Stimmung „zwischen den Zeilen" erleben. Ist das auch in der Videokonferenz machbar?
FB: Die Schwingungen, die Stimmung, die Atmosphäre sind wohl in der Präsenzveranstaltung unmittelbarer aufzunehmen. Das fehlt bei den Online-Veranstaltungen ein Stück weit. Aber hat das nur Nachteile? Vielleicht ist

die Stimmung im Saal mit vielen Teilnehmenden für oder gegen ein Projekt auch etwas, das in die Irre führen kann. Da kann in der Online-Variante das Argument eher in den Mittelpunkt gerückt werden – und nicht so sehr die Stimmung. Auch ist der soziale Druck niedriger und damit steigt die Bereitschaft, sich selbst zu äußern.

Das müssten wir mal untersuchen: Kommt in Videoveranstaltungen ein größeres und ausgewogeneres Meinungsspektrum zu Wort als in den Präsenzveranstaltungen, bei denen eine Gruppe dominieren kann, erst recht, wenn sie lautstark ist? Wäre interessant …

WH: Ist Dir noch etwas aufgefallen?
FB: Häufig kommen Vorhabenträger immer noch mit den gleichen Präsentationen an, die sie vorne im Saal auf einer großen Leinwand zeigen würden. Das funktioniert nicht wirklich gut: zu viele Details, die für Menschen mit einem iPad nicht mehr gut erkennbar sind.
Diese Hürde kann abgebaut werden durch: Inhalte reduzieren, das Wesentliche hervorheben. Einige Vorhabenträger stellen sich darauf ein, um keine Teilnehmenden zu verlieren, die sagen: „Nun redet da wieder nur einer, aber ich sehe da nichts."

Spannend wird werden, inwiefern es Kombinationen von Technik geben wird. Das muss nicht nur PowerPoint sein, das kann auch eine Darstellung von Trassen sein, bei der man online seine Pinns stecken kann, so wie ihr das schon gemacht habt (https://www.mobipakt-wa-wi.de/beteiligung). Das kann man auch in einer Live-Veranstaltung machen. Da können alle mal ihre Pinns stecken und dann können Einzelne erläutern, was sie sich dabei gedacht haben. So kann die Weiterentwicklung von Technik zu einer größeren Methodenvielfalt führen. Es darf nur nicht zu kompliziert sein.

WH: Ja, eine gute Idee. Dann kann man während der Veranstaltung auch jemanden bitten, genau am markierten Streckenabschnitt einen aktuellen Videoschwenk für alle zu zeigen. Wird Video als Präsentationsmedium immer wichtiger?
FB: Ja, unbedingt.

WH: Glaubst Du, dass das Interesse an Videokonferenzen nach dem Abklingen der Corona-Pandemie nachlassen wird?
FB: Diese Sorge teile ich nicht. Videokonferenzen haben sich an vielen Stellen bewährt. Das wird ganz bestimmt beibehalten. Spannend werden eher das Mischungsverhältnis und die Kombination von Online- und

Präsenzveranstaltungen, vor allem, wenn Menschen über mehrere Monate hinweg an etwas gemeinsam arbeiten. Ich kann mir auch vorstellen, dass ganz neue Ideen entstehen. Und so etwas wie das Bürgerdialogforum, bei dem Zufallsbürger aus allen Landesteilen beteiligt sind, lässt sich viel besser online organisieren.

WH: Wir hatten ja bei Präsenzveranstaltungen, bei denen man kommen konnte, wann man wollte, und bleiben konnte, wie lange man will, hohe Teilnehmendenzahlen. Wir könnten auch online Menschen beteiligen, die zu unterschiedlichen Zeiten dabei sein können. Das würde bedingen, dass immer eine Person – oder ein Chatbot – anwesend ist, mit der man sich unterhalten kann, dass es digitale Pinnwände gibt, an denen Notizen oder Bewertungen hinterlassen werden können. Und nach einiger Zeit könnte man das gemeinsam auswerten.

Ich kann mir vorstellen, dass die Führungen durch eine virtuelle interaktive Ausstellung für Einzelpersonen oder kleine Gruppen leicht organisiert werden können.
FB: Das war auch gerade mein Gedanke. Das kennt man von Sehenswürdigkeiten. Da sammelt man sich an einem gekennzeichneten Punkt, und wenn genügend Personen beieinanderstehen, dann wird losgelaufen. Da kann ein Überblick geboten werden und danach kann jeder das vertiefen, was er will. Das aber auch noch mit Chatbots zu technisieren und das Persönliche zu ersetzen, wäre aus meiner Sicht nicht gut.

WH: Wie beurteilst Du, ob zukünftig bei Beteiligungsprozessen Künstliche Intelligenz eingesetzt werden wird?
FB: Künstliche Intelligenz ist im Vorfeld unter Umständen schon nützlich. Durch Clustern beim Bearbeiten von großen Mengen von Ideen und Argumenten dafür zu sorgen, dass nichts verloren geht. Wenn Tausende von Argumenten kämen, so könnte sich jeder darauf verlassen, dass alle Ideen und Argumente auf die gleiche Art und Weise berücksichtigt werden. Künstliche Intelligenz ist durchaus geeignet, viele Informationen aufzunehmen und diese zu sortieren. Und dann eine übersichtlichere Basis zu schaffen, auf der wir weiter diskutieren können. Das kann das persönliche Miteinander natürlich nicht ersetzen, aber KI kann es vorbereiten.

WH: Beim „Grand Debat National" von Staatspräsident Macron wurde auch Künstliche Intelligenz eingesetzt, um die große Zahl von Beiträgen der Bürgerinnen und Bürger zu verarbeiten. Ist Dir das Verfahren bekannt?

FB: Ich weiß nicht, ob das tatsächlich Künstliche Intelligenz war oder ob die Aussagen in der Grand Debat einfach nur einer Schlagwortliste zugeordnet wurden. Wurden Kontexte und Bewertungen auch erfasst? Viel schöner als nur das Verschlagworten ist natürlich ein selbstlernendes System, das man mit Texten „füttert" und in die Lage versetzt, selbst Texte zuordnen zu können. Dessen Entwicklung ist nicht mehr eine Frage von Jahren, denn da stecken wir schon mittendrin. Die Frage ist, ob das „Frontend" so leicht zu bedienen ist, dass es für eine größere Anwendungsbreite attraktiv wird, nicht nur an der einen oder anderen Universität oder in der Marktforschung.

WH: Zurück zur Frage, warum sich Bürgerinnen und Bürger angesprochen fühlen können …
FB: Ja, das Eingeladenwerden als Zufallsbürger ist sehr spannend. Wir haben evaluiert, warum Zufallsbürger an Beteiligungsveranstaltungen teilnehmen. Dazu hatten wir in der Befragung einige Möglichkeiten vorgegeben und dazu noch ein offenes Feld angeboten. Einige haben geschrieben „Weil ich eingeladen wurde" oder „Weil mich der Oberbürgermeister eingeladen hatte". Wenn das die Leute schon eigens hinschreiben, dann muss das wirklich ein starker Motivator für die Teilnahme sein.

Erstaunlich war, dass es vor allem jüngere Menschen waren, die dies angemerkt hatten. Menschen, die wir bei Beteiligungsveranstaltungen weniger erreichen, es sei denn, dass es ein Thema ist, das sie ganz stark betrifft. Ansonsten fühlen sie sich häufig nicht angesprochen und durch so eine Einladung dann doch. Dass es so wichtig ist, und dadurch andere kommen, als normalerweise kommen würden, das habe ich jetzt zum ersten Mal so deutlich gesehen.

WH: Wir kennen das, wenn die Mitglieder der Spurgruppe (siehe Beitrag 3) durch den Bürgermeister persönlich angesprochen wurden, sagen über 80 % zu. Die theoretische Begründung habe ich vor Jahren in einem Vortrag von Harald Welzer gehört. Er hatte im Kulturwissenschaftlichen Institut in Essen zusammen mit Klaus Leggewie untersucht, welche spezifischen Eigenschaften jenen Menschen, die in der Zeit des Nationalsozialismus den verfolgten Juden geholfen haben, zugeschrieben werden können. Es wurde untersucht, ob es am unterschiedlichen Bildungsstand oder an den religiösen oder politischen Einstellungen lag oder an etwas ganz anderem. Die Forschung erbrachte keine Ergebnisse, außer dass diese Menschen in einer bestimmten Vier-Augen-Situation mit der Hilfebedürftigkeit eines anderen Menschen direkt unter vier Augen konfrontiert waren. Und wenn sie mit einer empathischen Reaktion reagiert haben, dann haben sie dies immer wieder wiederholt. Vor diesem Hintergrund verstehe ich seitdem die Ansätze aus dem Community-Organizing, wo man als Person ein Commitment gegenüber einer anderen Person abgibt. Es ist ein großer Motivator, wenn ich mein persönliches Versprechen einlösen will.

FB: Ja, das kann ich mir gut vorstellen, dass das eigene Selbstwertgefühl steigt, weil ich vom Oberbürgermeister wahrgenommen werde. Da liegt jemandem daran, dass ich an etwas teilnehme, wo es auf mich ankommt. Die Vorarlberger haben untersucht, wie die Teilnehmenden an den dortigen Bürgerräten ihre Mitwirkung erlebt haben. Eine Reaktion war, dass das politische System als responsiver wahrgenommen wird. Die andere war, dass das eigene Selbstwertgefühl gesteigert wurde: „Ich habe in meiner Gruppe auch dazu beigetragen, die haben mir zugehört und vielleicht wurde sogar etwas davon gemacht, was ich vorgeschlagen habe."

WH: Mir fällt das Beispiel mit dem Überfall in der U-Bahn ein. Wenn man angegriffen wird, soll man nicht einfach HILFE schreien, sondern eine Person gezielt ansprechen, mir zu helfen. Das bedeutet umgekehrt: Ich kümmere mich um etwas, was mich zunächst gar nichts angeht, weil ich direkt darum gebeten wurde.

FB: Wir sehen das im Kleinen sehr deutlich, wenn wir Anschreiben für Umfragen formulieren. Früher war klassisch: „Wir führen eine Umfrage durch und wir freuen uns, wenn Sie teilnehmen." Das mache ich schon längere Zeit nicht mehr. Ich fange immer damit an: „Wir brauchen Ihre Hilfe! … Sie können uns dabei unterstützen!" Seitdem ist die Teilnehmer-Rate deutlich höher. Vielleicht ist das Verhalten auch ganz natürlich. Wenn das Verhalten sogar in einer gefährlichen Situation wie bei einem Überfall in der U-Bahn funktioniert … es ist dieses „Direkt-Angesprochen-Werden" und auf einmal für irgendetwas einen Unterschied zu machen und eine Bedeutung zu haben.

WH: Wunderbar. Jetzt sind wir wieder bei der Perspektive der Teilnehmer angelangt. Von den Moderatoren fordern wir ja eine Haltung der Wertschätzung usw. Das ist aber auch durchaus egoistisch. Wenn ich von jemandem etwas will, dann muss ich auf ihn zugehen können, dann muss ich ihn auch brauchen, ich muss auf ihn angewiesen sein. Dann kann ich auch direkt sagen „Wir brauchen Deine Hilfe" und dann werde ich mich bedanken. Das sind doch ganz normale Umgangsformen.

FB: Ja, auch da wieder ein Aspekt bei unseren Umfragen: Wir hatten den Teilnehmenden auch versprochen, dass sie die Ergebnisse der Befragung bekommen, wenn sie das wollen. Die Ergebnisse haben wir dann auch tatsächlich sehr schnell verschickt. Ich war erstaunt über die vielen E-Mails, die ich daraufhin erhalten hatte. Der Tenor war immer der gleiche: „Vielen Dank für die Ergebnisse. Sehr interessant! Ich habe gar nicht damit gerechnet, dass wir die Ergebnisse tatsächlich bekommen." Was für negative Erfahrungen müssen diese Menschen vorher in anderen Situationen gemacht haben! Es sind doch ganz normale Umgangsformen, dass man sich daran hält, wenn man etwas verspricht.

WH: Das ist doch ein wichtiger Kommunikationstipp, den man Verwaltungen geben kann: Halte deine Versprechen, sag ‚Bitte und Danke' und entschuldige dich, wenn mal etwas nicht so läuft, wie es laufen sollte. Also in diesem Sinne bedanke ich mich bei Dir sehr für das anregende Gespräch.

Das Interview-Team

Prof. Dr. Frank Brettschneider ist seit 2006 Professor für Kommunikationswissenschaft an der Universität Hohenheim. Zuvor war er an den Universitäten Augsburg, Jena, Stuttgart und Mainz tätig. Zu seinen Forschungsschwerpunkten zählen neben der politischen Kommunikation und der Verständlichkeitsforschung die Kommunikation und die Bürgerbeteiligung bei Bau- und Infrastrukturprojekten. Zusammen mit Studierenden des Master-Studiengangs Kommunikationsmanagement analysiert Frank Brettschneider seit Jahren die Kommunikation und die Beteiligung bei überwiegend kommunalen Bau- und Infrastrukturprojekten (https://komm.uni-hohenheim.de/case_studies).

E-Mail: frank.brettschneider@uni-hohenheim.de

Wolfgang Himmel begleitet gerne außergewöhnliche Expeditionen in eine gute Zukunft. Wo es keine Landkarte gibt, braucht es die Vielfalt der Erfahrungen und Wahrnehmungen, um gemeinsam co-kreativ die Wege zu erforschen, wenn nötig umzudrehen und neu zu starten. Als Erwachsenenbildner, Moderator, Koordinator und Prozessbegleiter für Verwaltungen, Verbände, Hochschulen und Unternehmen bringt er langjährige praktische Erfahrungen und methodische Zugänge für transnationale, transdisziplinäre und cross-sektorale Innovations-, Kooperations- und Beteiligungsprozesse ein.

E-Mail: dialog@wolfgang-himmel.de

Berührende Momente in virtuellen Räumen
Ästhetische Erfahrungen aus der digitalen Lehre im Fachbereich BWL

Susanne Blazejewski

Inhaltsverzeichnis

1	Einleitung	170
2	Methodik	171
3	Berührende Momente in der digitalen Lehre	172
4	Unterstützende Prozesse	174
5	Diskussion und Fazit	178
	Literatur	179

Zusammenfassung Bei der Corona-bedingten Vervielfältigung von Online-Lehrveranstaltungen stand vielfach zunächst die Funktionalität im Vordergrund: Wie können Formate und Inhalte aus den gewohnten ko-präsenten Lehrveranstaltungen im Hörsaal in den digitalen Raum übertragen werden? Die ästhetische Dimension digitaler Lehre blieb dabei vielfach zunächst untergeordnet. Auf Basis von Erfahrungen im Masterstudium BWL an der Alanus Hochschule identifiziert dieser Beitrag ästhetisch berührende Momente in der digitalen Lehre und stellt die Prozesse und Ansätze dar, die solche Momente und damit eine umfassendere Lernerfahrung ermöglichen. Eine sorgsamere Beachtung der ästhetischen Dimension von digitaler Lehre

S. Blazejewski (✉)
Alanus Hochschule für Kunst und Gesellschaft, Alfter, Deutschland
E-Mail: susanne.blazejewski@alanus.edu

© Der/die Autor(en), exklusiv lizenziert durch Springer Fachmedien Wiesbaden GmbH, ein Teil von Springer Nature 2021
S. Luppold et al. (Hrsg.), *Berührende Online-Veranstaltungen*,
https://doi.org/10.1007/978-3-658-33918-0_13

kann nach Ansicht der Autorin auch dazu beitragen, die verbreitete „Zoom-Müdigkeit" zu reduzieren.

1 Einleitung

In einer ersten Phase der Auseinandersetzung mit und der Anwendung von digitalen Medien in der Lehre steht oft eine instrumentelle Sicht im Vordergrund: Funktioniert die Kommunikation über ungewohnte Kanäle? Wie lassen sich Inhalte auf neue Plattformen übertragen? Kommen die Teilnehmenden mit der digitalen Lehre zurecht? Dabei rückt die ästhetische Dimension digitaler Lehre leicht in den Hintergrund, obwohl wir aus der Pädagogik wissen, dass Lernen nur dann gelingen kann, wenn es „emotional imprägniert" (Erpenbeck & Sauter, 2017) wird, den Lernenden also auf einer nicht-kognitiven Ebene subjektiv betrifft. Gerade das ist der Raum des Ästhetischen: Es berührt den Betrachtenden oder Lernenden unmittelbar sinnlich (Eagleton, 1991) und ist verbunden mit einer positiv strukturierten Affektivität (Reckwitz, 2008). Gleichzeitig ist das Ästhetische auch das nicht unmittelbar Nützliche – Reckwitz betont beispielsweise den Aspekt des Freien, des Spiels im Ästhetischen (Reckwitz, 2008; Reckwitz et al., 2015). Wenn wir also im Folgenden berührende Momente in der digitalen Lehre identifizieren und die ihr zugrunde liegenden Prozesse beschreiben, geht es nicht in erster Linie um ihre Nutzbarmachung für eine funktionierende digitale Lehre. Vielmehr bieten diese Momente den Teilnehmenden zuallererst eine subjektive Erfahrung von Wohlbefinden oder Unbehagen, sich selbst und die anderen wahrnehmen, spürbarer Inspiration, körperlicher Aktivierung und/oder Entspannung. Über diese berührenden Momente kann im digitalen Raum Energie entstehen – nach Erfahrung der Befragten in unserer Studie sogar teilweise „intensiver als in ko-präsenten Situationen". Diese energetisierende Erfahrung digitaler Lehre soll in diesem Beitrag neben die weitverbreitete Erfahrung der „Zoom-fatigue" (Morris, 2020) gestellt werden.

Wir betrachten dabei digitale Lehrveranstaltungen als sozialen Raum, der dadurch konstituiert wird, wie Lernende und Dozierende darin agieren. Basis unserer Perspektive ist dabei das Konzept von Raum nach Lefebvre (Barth & Blazejewski, 2020; Lefebvre & Nicholson-Smith, 1991), der zwischen dem geplanten Raum (z. B. Design der virtuellen Plattform), dem praktizierten Raum (wie wir die Plattform konkret nutzen) und dem lebendigen Raum (subjektive Bedeutungen des Virtuellen) unterscheidet und insbesondere die Spannungsfelder zwischen den verschiedenen Ebenen des Raums untersucht. Raum ist in Lefebvres Blickwinkel immer ein sozialer, durch Praxis konstruierter Raum, und somit auch als aktiv zu gestaltender und gestaltbarer Raum aufzufassen, auch wenn kulturelle Normen der Bewegung oder etablierte Rollenmuster in der Raumpraxis (z. B. Dozierende beanspruchen mehr Raum in einer Lehrveranstaltung als Studierende) oft unbewusst die Freiheit sozialer Praxis einschränken. An uns ergeht mit Lefebvres Theorie jedenfalls die Aufforderung, auch virtuelle Lehrveranstaltungen als sozialen Raum zu begreifen, der nicht einseitig durch technische Vorgaben bestimmt wird, sondern durch unsere Praxis der sozialen Prozesse, Beziehungen und Bewegungen. Auch das Virtuelle in der Lehre ermöglicht eine ästhetisch intensive Erfahrung, wenn auch von anderer Qualität als die analoge Präsenz. Uns fehlt gegebenenfalls nur die Übung, virtuelle Räume als sozial-ästhetische Räume zu betrachten und aktiv zu gestalten. Im Folgenden wollen wir dazu konkrete Einsichten aus unserer Lehrpraxis weitergeben.

2   Methodik

Die im Folgenden dargestellte Erkundung berührender Momente in der digitalen Lehre basiert auf den Erfahrungen von Dozierenden und Teilnehmenden im Master-Programm Betriebswirtschaftslehre an der Alanus Hochschule für Kunst und Gesellschaft, das 2020 online stattfinden musste. Die Module in diesem Studiengang leben in der Regel sehr stark vom persönlichen Austausch in Kleingruppen (sechs bis 15 Teilnehmende) und dem besonderen ästhetischen Raum, der in Ko-Präsenz auf dem Campus der Kunst-Hochschule entsteht. Es lag daher bei Studierenden und Dozierenden von Beginn der Lehrveranstaltung im Frühjahr und Herbst 2020 ein besonderes Augenmerk auf den Möglichkeiten, eine persönliche und ko-präsente Atmosphäre auch in der digitalen Lernumgebung (vor allem Zoom, Moodle, YouTube) zu ermöglichen. Hinzu kommt, dass viele der Lehrmodule in diesem Masterstudiengang ohnehin ästhetische Fragen und Perspektiven gezielt in betriebswirtschaftliche Lehrinhalte einbringen (z. B. das Modul „Ästhetische Unternehmensgestaltung"). Das Thema Organisationsentwicklung beispielsweise erarbeiten wir mit den in BWL-Studiengängen gewohnten verbalen, kognitiv-analytischen Formaten wie Präsentation, Gruppenarbeiten, Fallstudienaufgaben, aber auch intensiv über non-lineare, künstlerische Herangehensweisen. Es ist daher davon auszugehen, dass bei den Studierenden und Dozierenden, die für diesen Beitrag befragt wurden, eine hohe Sensibilität für ästhetische Fragen besteht.

Im Nachgang zu unterschiedlichen Lehrveranstaltungen haben wir im Dezember 2020 und Januar 2021 insgesamt drei Fokusgruppen mit je vier bis fünf Teilnehmenden durchgeführt, die zwischen 90 und 120 min dauerten. Zentrale Fragestellung war die ungestützte Identifikation und Beschreibung von „berührenden Momenten" in digitalen Master-Modulen, an denen man selbst beteiligt war – entweder als Studierender oder als Dozierende. Aus der Ausgangsfrage ergab sich dann jeweils eine intensive gemeinsame Erkundung von Situationen, ästhetischen Qualitäten und den Voraussetzungen und Einflussfaktoren darauf, die wir in den beiden folgenden Abschnitten strukturiert wiedergeben. Theoretisch leitend für unsere Herangehensweise in der Datenerhebung ist die Idee der „memories with momentum" (Sutherland, 2012), das heißt ästhetisch berührender Erfahrungen, die sich an bestimmte Artefakte oder benennbare Kontexte und Situationen knüpfen und darüber erinnert werden (Taylor & Hansen, 2005). Die ästhetische Verknüpfung, die dabei zwischen den Beteiligten und dem Gegenstand der Lehre bzw. der Diskussion entsteht, ermöglicht die Erschließung und Vertiefung von „sensory knowledge" (Strati, 2007) und „aesthetic sensemaking" (Cunliffe & Coupland, 2012; Sutherland & Jelinek, 2015). Berührende Momente ermöglichen einerseits den Zugang zu Einsichten und Wissensbasen, die nur ästhetisch erschlossen werden können, und andererseits die bessere Verankerung des Gelernten durch subjektivierende, emotionale Verknüpfungen sowie eine ästhetische Form der Sinnkonstruktion und damit von Erkenntnis.

3 Berührende Momente in der digitalen Lehre

Wir stellen vier der in den Fokusgruppen erinnerten, besonders berührenden Momente und Situationen im Folgenden kurz dar. Alle nicht anderen Quellen zugeordneten Zitate entstammen den Fokusgruppen-Gesprächen.

Der persönliche Arbeitsraum
Eine digitale Lehrveranstaltung wurde mit der Aufforderung eröffnet, dass jeder Teilnehmende in der Zoom-Konferenz sich zunächst in seiner aktuellen Arbeitsumgebung vorstellt. Einzelne Teilnehmende taten dies

durch den Schwenk der Kamera durch ihren Raum, andere durch eine verbale Schilderung ihrer Arbeitsumgebung und wieder andere durch kurze (fotografische) Aufnahmen von einzelnen Gegenständen (Kaffeetasse, Schreibgeräte, Pflanzen) oder von fokussierten Ausschnitten (z. B. Blick aus dem Fenster) aus ihrer Arbeitsumgebung, die auf der digitalen Plattform geteilt wurden. Die Teilnehmenden erlebten diese Momente als berührend, weil in jedem Einblick etwas Persönliches aufscheinen konnte und sie dadurch mit dem jeweils Sprechenden in einen besseren Kontakt kommen konnten. Während einige Teilnehmende ihre Arbeitsräume vor dem Hintergrund anderer Zoom-Erfahrungen bewusst gestaltet hatten, z. B. durch Aufräumen, hatten andere das Gefühl, einen ungeordneten und unsteuerbaren Blick auf sich zu erlauben („Man macht sich ja schon ein wenig nackig"). Teilweise nahmen Beobachtende am Bildschirm Objekte im Hintergrund des gezeigten Arbeitsraums wahr (z. B. ein Plakat an der hinteren Wand), die die Studierende selbst gar nicht mehr sah oder erinnerte. Das waren dann Momente, „die einen rausholten aus dem Künstlichen der Zoom-Sitzung" und die Begegnung auf einer persönlichen Ebene ermöglichten. Für die Präsentierenden war die Aufgabe auch oft damit verbunden, dass man sich selbst wieder „gespürt hat im Raum", also sich in der physischen Realität des Körpers wahrnehmen konnte statt in der Zweidimensionalität des Brustbildes in der Zoom-Ansicht. Das hat die Teilnehmenden neu konkret verortet und dadurch „frei gemacht" – offen für einen echten Dialog.

Riechen und Hören
In die Lehrveranstaltung „Ästhetische Unternehmensgestaltung" wurde eine kurze Übung eingebaut, in der die Teilnehmenden bei ausgeschalteter Kamera und Mikrofon für fünf Minuten in aufrecht sitzender Haltung erst nur hören, dann nur riechen sollten. Wer wollte, konnte danach seine Eindrücke dazu teilen. Die Teilnehmenden erlebten diese Übung teilweise als sehr berührend und beruhigend und als „erdend": Man spürt wieder den eigenen Körper, der durch die Fokussierung auf den Bildschirm oft unbewusst in der Wahrnehmung undeutlich wird. Der Moment von Unverfügbarkeit – Kamera und Ton waren ausgeschaltet – bei gleichzeitig wahrgenommener Anwesenheit der anderen – der Zoom-Raum war weiter offen – ermöglichte eine Erfahrung von Für-sich-sein in der Gemeinschaft, die als wohltuend erlebt wurde.

Arbeit am Material
In einer digitalen Lehrveranstaltung war es Teil der Aufgabe, zu einem Thema Skizzen zu erstellen. Dafür hatten die Teilnehmenden Papier und Stifte, und jeder arbeitete individuell an der eigenen Skizze. Zwischenstände wurden über Zoom geteilt, meist, indem Teilnehmende reihum ihre Zeichnungen in die Kamera hielten. Als berührend erlebt wurde dabei vor allem das Unperfekte: Teile der Skizzen waren unscharf, die Finger, die das Blatt hielten, ragten mit in den Bildausschnitt hinein, die Übertragung war fehleranfällig. Da die Skizzen oft vorläufig und unfertig waren und in der nächsten Runde die schrittweise Veränderung der Werke sichtbar werden konnte, entstand ein Gefühl für die Arbeit in einem mehrdimensionalen, materiellen Raum: „Der Fokus auf den Bildschirm, auf das Gesicht, war weg. Das war ein ganz anderes Arbeiten."

Abschlussdiskussion auf Augenhöhe
Dies war die Situation, die von den Teilnehmenden durchweg am intensivsten erlebt wurde. Dabei war das Setting einfach: In einer Abschlussrunde wollten alle Teilnehmenden noch mal auf die gemeinsame Veranstaltung, die über vier Tage gelaufen war, zurückblicken. Es entspann sich ein Gespräch, in dem Teilnehmende ihre Einsichten teilten oder aus Erfahrungen erzählten, wobei keinerlei Moderation etwa durch die Dozierenden erfolgte. Weil man sich wechselseitig intensiv zuhörte, ergab sich ein fließender, selbst organisierter Sprecherwechsel, bei dem die Redebeiträge aufeinander aufbauten. Dies wurde durch die Gruppengröße von acht Teilnehmenden begünstigt, da alle gleichzeitig in der Galerieansicht zu sehen waren. Die Atmosphäre wurde dabei so dicht, dass „man gar nicht mehr abschalten wollte". Die Teilnehmenden nahmen den Moment als „körperlich entspannend" war und als „Erweiterung". Diese abschließende Zoom-Sitzung wurde daher als „Energie-gebend, nicht Energie-nehmend" erlebt.

4 Unterstützende Prozesse

Wir beschreiben nun einige den berührenden Erfahrungen zugrunde liegenden Prozesse aus der Perspektive der Fokusgruppen-Teilnehmenden. Dies sind Prozesse, Haltungen und Ansätze, die in einer digitalen Lehrveranstaltung den einzelnen Teilnehmenden und der Gruppe insgesamt helfen können, trotz der physischen Distanz einen gemeinsamen Raum zu gestalten, in dem sie miteinander und mit dem Gegenstand der Sitzung gut verbunden sind, und dadurch die Veranstaltung als eine subjektive Erfahrung zu verarbeiten.

Innere Vorbereitung
Insbesondere die befragten Dozierenden beschreiben, dass die digitale Lernumgebung eine intensive innere Vorbereitung erfordert, damit man während der Veranstaltung in Kontakt mit sich und den Studierenden bleibt und damit ein gemeinsamer Raum entstehen kann. Die innere Vorbereitung ergänzt dabei die (äußere) Vorbereitung von Inhalten, Übungen, Fragen, die die Veranstaltung strukturieren. Sie kann z. B. darin bestehen, durch das Erlernen der Namen auf der Teilnehmerliste einer bevorstehenden Veranstaltung in der Vorstellung einen ersten Kontakt zu jedem Einzelnen aufzubauen. Durch Meditation oder Körperübungen kann außerdem eine innere Haltung von Aufmerksamkeit, Präsenz und Zuversicht im Hinblick auf die digitale Veranstaltung entstehen. Auf Basis der inneren Einstimmung und Verbundenheit hat eine Dozierende „im Inneren das vorbereitet, was ich im Äußeren nicht erreichen kann". Auch wenn echte, physische Ko-Präsenz durch den digitalen Raum nicht möglich ist, kann die innere Bezugnahme und Aufmerksamkeit auf die/den anderen ein Gefühl von Verbundenheit schaffen. Für eine Studierende wurden die anderen Teilnehmenden so zu „Verbündeten, Vertrauten". Wenn wir außerdem mit dem Gedanken in die digitale Lehre gehen, dass sie nur ein schwacher Ersatz für die gewohnte Ko-Präsenz darstellt, wird sich das unbewusst auch den Teilnehmenden vermitteln. Wenn wir uns hingegen mit Neugier auf das Ungewohnte und mit Offenheit für das, was sich dort entwickelt, auf die Situation einlassen, zeigt sich diese Haltung auch in unserem Handeln mit den Teilnehmenden. Alles, was dann in der Veranstaltung geschieht, „hat seine Berechtigung".

In Kontakt sein
Es erfordert aktive Arbeit, während einer digitalen Lehrveranstaltung den Kontakt zu sich selbst und zu den anderen zu finden und zu halten, damit die Veranstaltung als persönlich berührend wahrgenommen und damit für den eigenen Lernprozess wirksam werden kann. Ein Dozierender schildert, wie er während der digitalen Veranstaltung zu jedem der Teilnehmenden ein gedachtes, farbiges Band knüpft und so mit jedem Einzelnen in Verbindung bleibt. Die Vergegenwärtigung jedes einzelnen Teilnehmenden, ob in der Vorstellung einer Verknüpfung oder durch die bewusste Zuwendung zu jedem Einzelnen im Blick auf das jeweilige Kamerabild, stabilisiert und

re-aktualisiert die Wahrnehmung der Veranstaltung als sozialen, nicht bloß als digitalen Raum.

Persönlich werden
In der geschilderten kurzen virtuellen Führung durch den eigenen Arbeitsraum wird von den Teilnehmenden etwas Persönliches sichtbar. Sie geben von sich etwas preis und in die Gruppe/Beziehung hinein und das öffnet die Situation für sie und das Gegenüber. Sie werden als Subjekt und Individuum erkennbar für die anderen Teilnehmenden und damit auch ansprechbar auf einer persönlichen Ebene. Diese persönliche Öffnung kann über die individuelle Verortung im Arbeitsraum zu Beginn einer digitalen Lehrveranstaltung erfolgen, über eine Vorstellungs-/Check-in-Runde zu einem bestimmten Thema (z. B. „Was hast Du heute vor der Sitzung Schönes erlebt, das Du mit den anderen teilen möchtest"; „Wie bist Du heute aufgestanden?") oder in größeren Gruppen auch über einen kurzen Austausch zu zweit in Breakout-Sessions. Eine solche Übung ermöglicht es den Teilnehmenden, sich persönlich und individuell mit der Veranstaltung und der Gruppe zu verbinden. Persönlich bedeutet dabei nicht privat: Was Teilnehmende von sich zeigen wollen, ist für sie bewusst und von ihnen selbst gestaltet, passend zu der Rolle, die gerade aktuell ist (Dozierende, Studierende).

Fokussieren
Die digitale Lernsituation ermöglicht in besonderer Weise das Fokussieren und die Konzentration auf bestimmte Sinne und Objekte. Zunächst fokussiert die digitale Lernumgebung auf das zweidimensionale Bild und das Verbale, ohne dass das den Teilnehmenden so immer bewusst ist. Schon hier ist, anders als in einer ko-präsenten Lehrsituation, durch die Kameraeinstellungen (zumindest in kleinen Gruppen) jedes einzelne Gesicht gleichzeitig sichtbar, in einer visuellen Genauigkeit, die aufgrund der physischen Entfernung in einem Hörsaal nicht erreichen werden kann. Die Teilnehmenden auf hinteren Plätzen verschwimmen dort in der Wahrnehmung oft, ihre Mimik ist nur undeutlich erkennbar. Im digitalen Raum kann ich jedes einzelne Gesicht betrachten, ich bin jedem einzelnen Teilnehmenden visuell näher. Gleichzeitig betont der digitale Lernraum das Verbale. Dies zeigt sich auch darin, dass Hintergrundgeräusche durch das Stummschalten möglichst abgeschaltet werden sollen und der Sprecherwechsel klarer durchgehalten werden muss – andernfalls kann das Gesagte aufgrund der technischen Vorgaben nicht verstanden werden. Die Konzentration der Sinne auf diese erhöhte Sichtbarkeit und das gesprochene oder in den Chat

geschriebene Wort bedeutet gleichzeitig aber eine Begrenzung – in der Ko-Präsenz werden unbewusst auch Signale von Bewegung, Geruch, Haptik, Hintergrundgeräusche verarbeitet.

Wie stark wir uns auf diese beiden Aspekte beschränken, wird oft zuerst spürbar in der Erschöpfung, die schon nach ein bis zwei Stunden in einem digitalen Konferenzraum auftritt, oder dann, wenn wir gezielt den Modus wechseln (z. B. Wechsel zwischen Gruppendialog, Betrachtung Einzelarbeit, Körperübung etc.). Gerade dieses Wechseln von Modalitäten und die damit verbundene Konzentration auf einzelne Sinneswahrnehmungen kann in der digitalen Lehre gezielt und bewusst eingesetzt werden. Einerseits ermöglicht die digitale Plattform, dass die gesamte Gruppe sich zeitweise z. B. mit den Arbeiten eines einzelnen Teilnehmenden intensiv auseinandersetzt. Dabei kann die Teilnehmende ihre Arbeiten in die Kamera halten oder die Kamera auf ihren Arbeitsplatz richten und dann den Raum bekommen, um ihre Lösung oder ihr Werk vorzustellen. Dies schafft ein Gefühl von Wertigkeit: Jedes Werk erhält eine eigene fokussierte Sichtbarkeit. Andererseits können wir in die Lehrveranstaltung gezielt Elemente einbauen, die andere Sinne aktivieren. Wenn die Teilnehmenden für einen Moment die Augen schließen, die Mikros ausschalten und sich nur auf das konzentrieren, was sie riechen, ist oft eine intensive individuelle Erfahrung möglich. Sie verankert uns wieder in unserer körperlichen Präsenz, kann neue Energie geben und schafft gleichzeitig eine wichtige Reflexionsebene zum digitalen Geschehen.

Loslassen und Verantwortung teilen
Die zunächst oft ungewohnte Situation digitaler Lehre hat manche Dozierenden dazu veranlasst, Veranstaltungen extra gut und genau zu planen. Das nimmt sicher einerseits die Unsicherheit, mit einem neuen Medium zu arbeiten, verursacht aber manchmal auch ein monologes Abspulen des Vorbereiteten, bei dem die Studierenden schnell abschalten – und dann nicht nur die Kamera. Stattdessen ist nach unserer Beobachtung gerade in der digitalen Lehre wichtig, mit der Haltung zu arbeiten, dass die Veranstaltung von allen Teilnehmenden getragen wird und dadurch von allen aktiv und in einer gestaltenden Rolle erlebt werden kann. Dies kann erfordern, dass man von der eigenen Planung bewusst abweicht, indem man sich auf die Fragen und Ideen der Teilnehmenden einlässt und diese sich untereinander „den Ball zuwerfen". Die Rolle des Dozierenden wird dann eher die eines Moderierenden oder tritt durch Eigenarbeit und Selbstführung der Beteiligten als explizite Rolle in den Hintergrund. Nach den Erfahrungen der Befragten wird dieser Prozess dadurch begünstigt,

dass die Teilnehmenden und Dozierenden in der digitalen Lernumgebung auf einer Plattform zu sehen sind (Galerie-Ansicht). Dadurch entsteht die Wahrnehmung, dass man „auf Augenhöhe", in einer gemeinsamen Ebene, spricht. Dies lässt sich auch dadurch unterstreichen, dass die Rolle des Moderierenden des Gesprächs auf einen Studierenden übertragen wird.

5 Diskussion und Fazit

Die Literatur zu guter Online-Lehre konzentriert sich bisher weitgehend auf Möglichkeiten zur Gestaltung von äußeren Faktoren wie die Bereitstellung der Lerninhalte in unterschiedlichen Formaten und die Integration von interaktiven Übungen (Ngoyi et al., 2014). Die ästhetischen Erfahrungen, die die Teilnehmenden in digitalen Lehrveranstaltungen machen können, rücken erst in jüngster Zeit in den Mittelpunkt des Forschungsinteresses (Mack, 2019). Dabei ist von besonderer Relevanz, wie virtuelle Räume so gestaltet werden können, dass sich die Studierenden nicht nur persönlich angesprochen und wohlfühlen, sondern dass ästhetische Dimensionen des Wissens und der Sinnkonstitution (Cunliffe & Coupland, 2012; Mack, 2013; Strati, 2007) erschlossen werden können. Dieser Beitrag bietet erste Einsichten dazu, welche Momente in digitalen Lehrformaten in einem Master-Studienprogramm in BWL als berührend erlebt werden und welche Prozesse das Entstehen solcher Momente begünstigen können. Dabei stehen in unserer Studie drei Prozesse im Vordergrund: die innere Haltung, das Hineingeben von persönlichen Gesten und Einblicken sowie das Aufmerksamwerden für und Fokussieren auf einzelne Beiträge und Sinnesmodalitäten.

Das Gewähren von Einsichten in den eigenen Arbeitsraum, eine eigene Arbeit oder eine persönliche Erfahrung eröffnet die Möglichkeit einer persönlichen, ästhetischen Verbindung zwischen den Teilnehmenden (Mack, 2019), die in einer ko-präsenten Veranstaltung durch die wechselseitige physische Wahrnehmung z. B. des Sitznachbarn oft ganz unbewusst entsteht. Aus Sicht der Befragten in dieser Studie war diese Verbindung in einer virtuellen Sitzung oftmals sogar „intimer, intensiver" als in den gewohnten Präsenzveranstaltungen auf dem Campus. Dies mag auch mit der Konzentration und dem Einlassen auf Einzelbeiträge (z. B. Zeit für die Vorstellung der eigenen Zeichnung) und der Fokussierung auf und dem Wechsel zwischen spezifischen Sinneserfahrungen in bestimmten Situationen (Riechen, Hören) verbunden sein, durch die immer wieder die Aufmerksamkeit für die ästhetische Dimension der Veranstaltung geweckt wurde. Das Ästhetische wird dadurch bewusst, ansprechbar und damit auch relevanter für das eigene Erleben in der Veranstaltung. Teilnehmende spüren dann auch besser, ob sie noch präsent sind in der Veranstaltung oder zum Beispiel eine Pause brauchen.

Eine innere Haltung, die berührende Momente in der Online-Lehre ermöglicht, hat nach den Ergebnissen dieser Studie zwei Aspekte: die innere Verbundenheit mit den Teilnehmenden und die Bereitschaft, die Verantwortung für das Gelingen der Veranstaltung gemeinsam zu tragen. Die eigene Vorbereitung, in der ich bewusst einen Kontakt zu den Teilnehmenden aufbaue und pflege, z. B. durch die Vorstellung eines Bandes zwischen uns, wirkt auch dann fort, wenn das Kamerabild eines Teilnehmenden schwarz und der Ton auf stumm geschaltet ist. Wenn es gelingt, eine Wahrnehmung dazu zu entwickeln, dass die Verantwortung für die Veranstaltung nicht ausschließlich beim Host liegt, sondern von allen Teilnehmenden geteilt wird – etwa durch eine Geste des Loslassens von Vorgeplantem durch den Dozierenden oder die Selbstorganisation von Gesprächsrunden durch die Gruppe –, wird es ohnehin unwahrscheinlich, dass Teilnehmende sich vom Geschehen entkoppeln und die Kamera ausschalten. Nach den Ergebnissen dieser Studie ermöglichen digitale Plattformen wie z. B. Zoom aufgrund der visuellen Nähe zu jedem einzelnen Teilnehmenden diese Form der Verantwortungsteilung teilweise sogar besser als eine klassische Lehrveranstaltung im Hörsaal. Insofern unterscheiden sich unsere Ergebnisse teilweise deutlich von anderen Einsichten zu digitaler Lehre, in denen beispielsweise der selbstorganisierte Sprecherwechsel gegenüber den Veranstaltungen in Ko-Präsenz zurückging (Albert, 2021). Dies mag damit zusammenhängen, dass die geringe Größe der Seminare in unserem Setting und der besondere Kontext der Kunst-Hochschule spezifische Prozesse ermöglichen, die so an anderen Hochschulen nicht möglich sind.

Literatur

Albert, G. (2021). Zur Bedeutung von Körpern und Räumen für die universitäre Präsenzlehre. In M. Stanisavljevic & P. Tremp (Hrsg.), *(Digitale) Präsenz: Ein Rundumblick auf das soziale Phänomen Lehre* (S. 13–16). Pädagogische Hochschule.

Barth, A.-S., & Blazejewski, S. (2020). Space for tensions: A Lefebvrian perspective on New Ways of Working. In N. Mitev, J. Aroles, K. Stephenson & J. Malaurent

(Hrsg.), *New Ways of Working: Organizations and Organizing in the Digital Age*: Palgrave.

Cunliffe, A., & Coupland, C. (2012). From hero to villain to hero: Making experience sensible through embodied narrative sensemaking. *Human Relations, 65*(1), 63–88.

Eagleton, T. (1991). *The ideology of the aesthetic*. Verso.

Erpenbeck, J., & Sauter, W. (2017). *Handbuch Kompetenzentwicklung im Netz: Bausteine einer neuen Lernwelt*. Schäffer-Poeschel.

Lefebvre, H., & Nicholson-Smith, D. (1991). *The production of space, Bd. 142*. Blackwell.

Mack, K. (2013). Taking an aesthetic risk in management education: Reflections on an artistic-aesthetic approach. *Management Learning, 44*(3), 286–304.

Mack, K. (2019). An Aesthetic Approach to Online MBA Student Engagement. *Business Education Innovation Journal, 11*(1), 214–218.

Morris, B. (2020). Why does zoom exhaust you? Science has an answer. *Wall Street Journal*.

Ngoyi, L., Mpanga, S., Ngoyi, A., Sudhir, V., Murthy, A., Rani, D., & Vikram, P. (2014). The relationship between student engagement and social presence in online learning. *International Journal, 3*(4), 242–247.

Reckwitz, A. (2008). Elemente einer Soziologie des Ästhetischen. In A. Reckwitz (Ed.), *Unscharfe Grenzen. Perspektiven der Kultursoziologie* (S. 259–280). transcript.

Reckwitz, A., Prinz, S., & Schäfer, H. (2015). *Ästhetik und Gesellschaft: Grundlagentexte aus Soziologie und Kulturwissenschaften*. Suhrkamp.

Strati, A. (2007). Sensible knowledge and practice-based learning. *Management Learning, 38*(1), 61–77.

Sutherland, I. (2012). Arts-based methods in leadership development: Affording aesthetic workspaces, reflexivity and memories with momentum. *Management Learning, 44*(1), 25–43. https://doi.org/10.1177/1350507612465063

Sutherland, I., & Jelinek, J. (2015). From experiential learning to aesthetic knowing: The arts in leadership development. *Advances in Developing Human Resources, 17*(3), 289–306.

Taylor, S. S., & Hansen, H. (2005). Finding form: Looking at the field of organizational aesthetics. *Journal of Management Studies, 42*(6), 1211–1231.

Prof. Dr. Susanne Blazejewski ist Inhaberin des Lehrstuhls für Nachhaltige Organisations- und Arbeitsplatzgestaltung (NOA) an der Alanus Hochschule für Kunst und Gesellschaft in Alfter/Bonn. Ihre Forschung konzentriert sich auf die Themen Identitätsarbeit, Konflikte und Pfade in der nachhaltigen Organisationsentwicklung sowie Ästhetik in der Organisation. Nach einem Doppelstudium von BWL und Komparatistik an den Universitäten Saarbrücken, Dublin und Ann Arbor, USA, erfolgten Promotion und Habilitation an der Europa-Universität Viadrina, Frankfurt/Oder. Nach Stationen im Kultur- und Wissenschaftsmanagement und ihrer Tätigkeit am Lehrstuhl für Unternehmensführung und Organisation der Europa-Universität folgte Susanne Blazejewski 2010 dem Ruf an die Alanus Hochschule, wo sie neben der Lehrstuhltätigkeit auch das Amt der Prodekanin innehat.

E-Mail: susanne.blazejewski@alanus.edu

„Digital Responsible Leadership" – Dialogische Führungsverantwortung im Zeitalter der Digitalisierung

Hans-Jürgen Frank, Thomas Maak und Nicola M. Pless

Inhaltsverzeichnis

1	Veränderung in Unternehmen und Computer-Werkzeuge – Veränderung, Führung und berührende Erlebnisse..................	184
2	„Digital Responsible Leadership"?	186
3	Es passierte in Südafrika, als Nelson Mandela gerade die Regierungsgeschäfte übernommen hatte.......................	187
4	„Die Virtuellen Erlebnisräume" und „Responsible Leadership"	188
5	Dialogische Führungsverantwortung im Zeitalter der Digitalisierung....	189
6	Dialogische Führungsverantwortung, Sinngebung und die Entwicklung des Computer-Werkzeugs	191

H.-J. Frank (✉)
Dialogarchitekt®, München, Deutschland
E-Mail: frank@dialogarchitect.com

T. Maak
University of Melbourne, Melbourne, Australien
E-Mail: thomas.maak@unimelb.edu.au

N. M. Pless
University of South Australia, Adelaide SA, Australien
E-Mail: nicola.pless@unisa.edu.au

7 Beispiele zur Umsetzung der „Responsible Leadership"-Qualitäten
  im virtuellen Raum 197
8 Konklusion.. 213
Literatur.. 214

Zusammenfassung Dieser Beitrag schlägt die Brücke zwischen den Forschungserkenntnissen zum Thema verantwortlicher Führung und Erfahrungen bei der Arbeit im digitalen Raum. Beide Themenbereiche nehmen im Kontext gesellschaftlicher Herausforderungen und aktueller Veränderungsprozesse in Unternehmen und Gesellschaft eine herausragende Stellung ein, sind bis anhin aber noch nicht verbunden. Wir fassen zusammen, was „Responsible Leadership" bedeutet und welche Qualitäten verantwortliches Führen braucht. Wir beschreiben im Kontext eines konkreten, computergestützten Dialogprozesses für die Südafrikanische Regierung und an dem dafür entwickelten IT-Werkzeug, welche Qualitäten verantwortlicher Führung von besonderer Bedeutung für komplexe Veränderungsprozesse sind. Dadurch wird ein Weg skizziert hin zu „Digital Responsible Leadership" im Kontext aktueller Herausforderungen in Wirtschaft und Gesellschaft – zur dialogischen Führungsverantwortung im Zeitalter der Digitalisierung.

1 Veränderung in Unternehmen und Computer-Werkzeuge – Veränderung, Führung und berührende Erlebnisse

Die fortschreitende Digitalisierung und nachhaltige Globalisierung von Unternehmen haben Veränderungsprozesse zu einer Konstante werden lassen. Alle reden von Veränderung – gerade jetzt. MitarbeiterInnen bleibt dabei der Sinn und Zweck des nächsten Veränderungsprozesses oft verborgen, „Change" wird zur Konstanten und ist nicht zu hinterfragen. Auch wenn im Nachgang einer globalen Pandemie kaum jemand die Notwendigkeit von Anpassung und Veränderung infrage stellen wird – Letztere ist weder eine Naturgewalt, noch sollte diese einfach aufgezwungen werden. Veränderung muss von MitarbeiterInnen getragen und umgesetzt werden, und es ist eine Führungsaufgabe, den Sinn und Zweck von „Change" zu klären.

Bei der Begleitung von Organisationen in Veränderungsprozessen hat uns in unserer Arbeit begeistert, wie „Co-Creation" möglich wird und MitarbeiterInnen als Partner, nicht nur als „Opfer" oder passiv Teilnehmende in die Prozesse einbezogen werden. Diese Prozesse sind in unserem Fall durchzogen von virtuellen und realen Veranstaltungen, die darauf abzielen, kollektive und kollaborative Sinnfindung zu ermöglichen. Dabei hat uns in Politik und Wirtschaft immer wieder bewegt, wie grundlegend es gelingen kann, die Organisation in Unternehmen von einer hierarchischen Struktur in sinnstiftende Zusammenarbeit zu verwandeln, sodass selbstverantwortliches Handeln für jede Mitarbeiterin und jeden Mitarbeiter in allen Bereichen möglich wird.

Dies bedeutet keinesfalls, dass Führung bedeutungslos wird – im Gegenteil, *verantwortliches Führen* im Kontext immerwährenden Wandels und gemeinschaftlicher Sinnfindung hat sich zu einer zentralen Herausforderung für das Top-Management vieler Unternehmen entwickelt. Führung findet heute im Kontext umkämpfter Werte statt, Profit wird nicht länger als alleiniger Maßstab von Unternehmenserfolg akzeptiert. Der Druck von Anspruchsgruppen im Hinblick auf umfassende Wertschöpfung wird dabei zunehmend auch durch das Wachstum der sogenannten „Purpose Economy" verstärkt – von Organisationen und „Benefit Corporations" (B-Corps), die sich klar und umfassend zur gemeinschaftlichen Wertorientierung bekennen.

In unserer eigenen Arbeit mit Top-Management-Teams sind uns dabei vor allem zwei Perspektiven klar geworden:

Erstens, Veränderung beginnt in der Führungs-Etage, beim Chef und auf der Ebene des Senior Managements. Notwendig ist dort ein neues Verständnis von Führung – Führung mit einer gemeinschaftsverantwortlichen Haltung, die über den kurzfristigen Profit für das eigene Unternehmen hinausgeht. Wirtschaftlichkeit muss natürlich gelingen, aber in größeren Zusammenhängen gesehen werden. Gemeinschaftsverantwortliches Führen macht dies möglich. „Responsible Leadership" hat sich in diesem Zusammenhang fest als Forschungsfeld etabliert und unser Verständnis von den Herausforderungen verantwortlicher Führung geklärt. Diese Erkenntnisse sind zu einer festen Größe geworden und wurden schon 2006 auf dem World Economic Forum in Davos vorgestellt (Maak & Pless, 2006): Führung findet in Stakeholderbeziehungen statt und diese bedarf eines integrativen Verständnisses von strategischer Führung auf oberster Unternehmensebene, der Umsetzung von Prinzipien in Prozesse und einer ganzheitlich denkenden, dynamisch-prinzipienorientierten Führungskraft. Mit anderen Worten, Führung beschränkt sich nicht länger auf die lineare Einflussnahme auf MitarbeiterInnen, sondern muss in ihrem Gesamtkontext und somit im Hinblick auf komplexe gesellschaftliche und umweltrelevante Herausforderungen verstanden werden.

Zweitens, nachhaltige Veränderung braucht Werkzeuge, die den prozessualen und normativen Anforderungen verantwortlichen Führens entsprechen. Nur so lässt sich eine neue, dialogische Führungskultur in Organisationen verankern. Wir sprechen hier gerne von „Selbstähnlichkeit" zwischen den Werten eines Unternehmens, Formen der Zusammenarbeit, den Organisationsstrukturen des Unternehmens und den IT-Prozessen – und damit den Strukturen und der Navigation in Computer-Systemen. Mit „Selbstähnlichkeit" beziehen wir uns auf Beobachtungen in der Welt der Fraktale, in der wir in der makroskopischen Sicht die gleichen Formen finden wie auf der mikroskopischen Ebene. In ähnlicher Weise können sich auch Unternehmenskultur und IT-Werkzeuge entsprechen. Computer-Systeme, in denen die neuen, selbstverantwortlichen und sinnstiftenden Prozesse des Unternehmens und seine Organisationsstrukturen im Alltag stimmig umgesetzt werden und Kultur stützen und befördern, gewinnen daher an Bedeutung.

2 „Digital Responsible Leadership"?

Die Verschmelzung von multilateraler, verantwortlicher Führung und sinnstiftender Zusammenarbeit im digitalen Raum hat mit den Herausforderungen der globalen Covid-19-Pandemie eine neue Dringlichkeit erfahren. Homeoffice und Online-Konferenzen haben sich rasant verbreitet, „Remote Work" wird sich aller Voraussicht nach zumindest als Teilnormalität etablieren. Dies hat unsere Überzeugung verstärkt, dass „Digital Responsible Leadership" im Sinne der dialogischen Führungsverantwortung im digitalen Raum eine zentrale Herausforderung der Zukunft sein wird.

> Doch welche Qualitäten brauchen virtuelle Treffen und computergestützte Zusammenarbeit, um den Kriterien verantwortlicher Führung zu entsprechen? Was bedeutet dies für Online-Konferenzen und dafür, wie die Ergebnisse dieser virtuellen Veranstaltungen verarbeitet und zu Unternehmensprozessen zusammengefügt werden? Wie können MitarbeiterInnen als Menschen in diesen Prozessen motiviert oder gar begeistert werden? Wie lässt sich der zweidimensionale digitale *Werkraum* in einen dreidimensionalen, inspirierenden Werteraum übersetzen?

Die Antwort, die wir in diesem Beitrag anstreben, ist ein Plädoyer für dialogische, wertebasierte Führung im digitalen Raum, basierend auf den Erfahrungen, „Responsible Leadership" mithilfe von „Dialogarchitektur" (Frank, 2014) im konkreten Raum umzusetzen. Wir untersuchen dafür ein Projekt, das schon vor mehr als 25 Jahren umgesetzt wurde und das doch gerade jetzt in höchstem Maße aktuell ist. Wir sehen dieses Projekt als logischen Vorläufer für „Digital Responsible Leadership" – für die Gestaltung von Computer-Werkzeugen zur verantwortlichen Führung; und als Beispiel dafür, wie wir wirklich berührende Veranstaltungen und Prozesse der Zusammenarbeit umsetzen können.

3 Es passierte in Südafrika, als Nelson Mandela gerade die Regierungsgeschäfte übernommen hatte

Es war ein Wochenende in Pretoria im Jahre 1994. Nelson Mandela hatte gerade die Regierungsgeschäfte übernommen. Wir waren eingeladen zu einem Workshop mit Mandelas „Minister for Reform and Development" und seinem gesamten Team. Als wir ankamen, war überall eine überwältigende Stimmung des Aufbruchs zu spüren. Wir hatten das Gefühl, die Menschen warteten auf etwas Großes, Großartiges und Außergewöhnliches: Endlich hatte es Mandela geschafft!

Gegenüber dem „Regierungs-Hügel" aber, wo wir für diesen Workshop zusammenkamen, thronte und drohte auf der anderen Seite des Tales auf einer Anhöhe ein riesig erscheinendes Steinmonument, das die gewaltsame Landnahme und Unterdrückung der schwarzen Bevölkerung durch weiße Siedler „heroisch" in Stein gemeißelt widerspiegelte. Die Präsenz des alten Systems hat uns nicht nur berührt, sondern auch schockiert. Wir haben daraufhin zusammen mit südafrikanischen bildenden Künstlern in Workshops dazu Bilder gezeichnet und so unsere eigene Sinnstiftung dialogisch mithilfe von „Key Images" (Schlüssel-Zeichnungen, Abb. 1) mit dem südafrikanischen Kontext verbunden.

Abb. 1 In der Wahlschlange stehen Bürger mit unterschiedlichen Hautfarben zusammen und handeln gemeinsam

4 „Die Virtuellen Erlebnisräume" und „Responsible Leadership"

> Auf diesen frühen Erlebnissen basiert unsere heutige Entwicklungs-Arbeit, geleitet von folgenden Fragen: Können wir solche bewegenden und berührenden Erfahrungen in einem visuellen, und computergenerierten Raum erlebbar machen? Können wir die Intensität dieser Erlebnisse verknüpfen mit einer inspirierenden Vision wie der eines neuen Südafrika? Können wir die Ideen von Mandelas Weißbuch mit der Aufgabe eines konkreten Industrieprojekts in Unternehmen zusammenbringen, in dem unterschiedliche Kulturen, verschiedenartige Wünsche und gegensätzliche Interessen zusammenkommen? Wie schaffen wir eine solche Verbindung einer Vielzahl unterschiedlicher Elemente, Richtungen, Perspektiven im digitalen Raum?

In dieser Richtung bewegten sich damals unsere Ausgangsfragen. Dafür wollten wir virtuelle Situationen der Zusammenarbeit schaffen, die Ergebnisse nachvollziehbar verarbeiten und schließlich Wissenszusammenhänge für die Entscheidungsfindung entwickeln und sichtbar machen.

Die Klänge südafrikanischer Musik, Farbräume und Zeichnungen, die wir in diese „Virtuellen Erlebnisräume" eingebaut haben, waren dabei fester Bestandteil des Prozesses.

Wir haben diesen Prozess dann von 2000 bis 2007 im Kontext des Leadership Development Programms „Ulysses" mit PricewaterhouseCoopers zu einem neuen, nie da gewesenen Erfahrungsraum entwickeln können (Frank et al., 2021; Pless & Schneider, 2006; Pless et al., 2011). Wenn wir nun nach 25 Jahren und im Kontext der rasant wachsenden Bedeutung der Forschung zum Thema „Responsible Leadership" auf die „Virtuellen Erlebnisräume" von damals blicken, dann sehen wir im Kontext der Möglichkeiten des digitalen Raumes das Potenzial, in computergenerierten Räumen „Responsible Leadership" nicht nur anschaulich zu machen, sondern in Form von „Digital Responsible Leadership" für IT-Nutzungsprozesse, für Computer-Strukturen und für die Sinngebung in Unternehmen auf breiter Basis gezielt nutzbar zu machen.

Dazu möchten wir in der Folge dieses Beitrages einige konkrete Beispiele zeigen, sowie Hand in Hand mit den Erkenntnissen aus der Forschung „neue Wege des Sehens" aufzeigen. Der einflussreiche Kunstkritiker John Berger hat in seinen vor nunmehr bald 50 Jahren erschienenen Essays zu einer damaligen BBC-Produktion eindrucksvoll auf die Bedeutung der „Kunst des Sehens" hingewiesen (Berger, 1972/2008).

> „Dialogarchitektur" und künstlerisches Handeln im digitalen Raum ermöglichen neue Wege des Sehens, Verbindungen und visuelle Erfahrungsräume – und dadurch neue Wege der Sinngebung und Sinnfindung in Organisationen als Basis für die Lösungsentwicklung und Umsetzung.

5 Dialogische Führungsverantwortung im Zeitalter der Digitalisierung

Was bedeutet verantwortliche Führung im Zeitalter der Digitalisierung? Um diese Frage zu beantworten, ist zunächst erforderlich, die Idee von Führung im Kontext computergestützter Organisationen neu zu bestimmen. „Leadership", im traditionellen Sinne, wird oft als gezielte Einflussnahme von Führungskräften gegenüber MitarbeiterInnen beschrieben, die an diese Führungskraft berichten. Ein solches Verständnis von Führung greift zu kurz, weil es der Realität von Führung komplexer Organisationen nicht länger entspricht. Die Mehrzahl von Führungskräften agiert heute im Kontext von Stakeholderbeziehungen und damit in einem Umfeld, das von Wertekonflikten und relationalen Herausforderungen geprägt ist. „Responsible Leadership" im Kontext komplexen Organisierens und einer

Vielzahl von Beziehungen erfordert nachhaltige Beziehungsgestaltung mit Stakeholdern innerhalb und außerhalb der Organisation, den Umgang mit systemischer und moralischer Komplexität und damit ein erweitertes, umfassendes Rollenverständnis von Führung (Maak & Pless, 2006).

Die Forschung zu „Responsible Leadership" zielt darauf ab, bestehende Defizite in der Führungsforschung zu adressieren. Dies betrifft zum einen die relationale Struktur von Führung und damit die notwendige Erweiterung hin zu einem umfassenden Verständnis von Leader-Stakeholder-Beziehungen. Zum anderen gilt es, die normativen Defizite der Führungsforschung zu überwinden – und im Kontext komplexer Herausforderungen zu eruieren, wofür und für wen Führungskräfte Verantwortung tragen. So entsteht eine Perspektive, die wir folgendermaßen definiert haben: „Responsible Leadership" ist ein „relational and ethical phenomenon, which occurs in social processes of interaction with those who affect or are affected by leadership and have a stake in the purpose and vision of the leadership relationship" (Maak & Pless, 2006, S. 103). (Verantwortliches Führen ist ein Beziehungs- und Ethik-Phänomen, das in sozialen Prozessen der Interaktion vorkommt mit denen, die durch Führung einwirken, oder die durch Führung betroffen werden, und die ein Interesse und einen Anteil an Sinn und Vision der Führungsbeziehung haben.)

Führungskräfte, die heute effizient und mit nachhaltiger Legitimität führen wollen, müssen den Herausforderungen eines von Komplexität, Unsicherheit und von vielschichtigen Erwartungen geprägtes Unternehmensumfeld durch ein dazu passendes, ebenso komplexes wie adaptives Rollenverständnis gerecht werden. Der digitale Raum eröffnet dabei vielfältige Möglichkeiten und Herausforderungen zugleich. Um diese zu nutzen und zu meistern, wagt dieser Beitrag ein „mentales Stretching". Wir schlagen vor, das in aller Regel interpersonelle Führungsverständnis umfassender, im Sinne vielfältiger, auch systemischer Rollen zu denken (und werden fünf solcher Rollen weiter unten beschreiben). In einem weiteren Schritt wollen wir die Möglichkeiten „Virtueller Erlebnisräume" für die Führung erforschen.

Der Film „Invictus", der den Weg des südafrikanischen Rugby-Teams zur Weltmeisterschaft während der Präsidentschaft Mandelas beschreibt, hat eine Schlüsselszene, in der Nelson Mandela, gespielt von Morgan Freeman, den Kapitän des Rugby-Teams, gespielt von Matt Damon, in ein Gespräch über Führung verwickelt und in subtiler Form auf die herausragende Bedeutung von Inspiration verweist: „We need inspiration, Francois …" (Wir brauchen Inspiration, Francois). Nur so wurde der Gewinn des World Cups möglich.

Inspiration und Sinngebung sind die zentralen Aufgaben guter Führung – *Motivation und Sinnfindung* deren Resultat. „Virtuelle Erlebnisräume" können hier nicht nur unterstützend wirken, sondern helfen, systemische Zusammenhänge zu analysieren und Wertkonflikte zu adressieren – und somit „Responsible Leadership" möglich zu machen. Form, Aufbau und Nutzungsprozesse „Virtueller Erlebnisräume" können so zum Leadership-Tool werden. Bei der Bearbeitung dieser Themen betrachten wir einerseits den Entwicklungsprozess, durch den die „Virtuellen Erlebnisräume" entstehen, vor allem aber reflektieren wir, welche Qualitäten die „Virtuellen Erlebnisräume" selbst haben und wie diese im Nutzungsprozess umgesetzt werden. Schwerpunkt der Betrachtung ist das „selbstähnliche" Zusammenspiel der Inhalte mit der Computer-Struktur, den IT-Nutzungsprozessen und der Sinngebung durch Führungskräfte.

6 Dialogische Führungsverantwortung, Sinngebung und die Entwicklung des Computer-Werkzeugs

Zuhören und Beobachten stehen am Anfang der Entwicklung des virtuellen Raumes und damit jedes Computer-Werkzeugs. In unserem konkreten Inkubations-Projekt ging es darum, ein Computer-Werkzeug zu entwickeln, das die gemeinschaftliche, kreative Kooperation eines privatwirtschaftlichen Unternehmens aus Europa mit Regierungsstellen Südafrikas ermöglichte. Das Projekt war mithin sowohl von Intersektoralität als auch von Interkulturalität geprägt. Nach ersten persönlichen Gesprächen mit Stakeholdern versuchten wir herauszufinden, wie ein virtueller Raum aussehen könnte, in dem alle Inhalte passend dargestellt werden können. Ziel war eine IT-Struktur und ein computergestützter Prozess, der es erlaubte, gesammelte Erkenntnisse später durch einen größeren Personenkreis bearbeiten zu können und so Lösungen zu entwickeln für die Zusammenarbeit von Privatwirtschaft, Regierung und Zivilgesellschaft in einem anderen Kulturkreis. Die Anforderungen an das Computer-Werkzeug im Hinblick auf die Arbeit über Distanz waren dabei schon damals ein wichtiges Thema.

Das *Zuhören* war nicht nur geprägt vom Aufnehmen von Informationen auf der intellektuellen Ebene. Nicht nur „mit dem Kopf" formulierte Ziele, Bedarfe, Bedürfnisse, Erwartungen und Wünsche der unterschiedlichen Stakeholder wurden hier in Zeichnungen erfasst.

Auch Sorgen, Ängste und unterschiedliche Vorstellungen einzelner Beteiligter wurden gewissenhaft visuell festgehalten. Um über die kognitive Arbeit hinaus auch emotionale Qualitäten miteinzubeziehen, wurden alle Inhalte und Aussagen nicht nur in Textelementen, sondern darüber hinaus in Zeichnungen erfasst, die an den Wänden aufgehängt wurden. So entstand ein visueller Raum, in dem die Anforderungen im Überblick und Zusammenhang sichtbar und bearbeitbar wurden (Frank, 2014). Die räumliche Anordnung der visualisierten Wissenselemente erfolgte so zunächst in einem physischen Dialog-Raum. Die hier gemachten Erfahrungen flossen später in die Entwicklungsarbeit für den virtuellen Raum ein.

Darüber hinaus war südafrikanische *Musik* im Arbeitsprozess präsent und es entstand die Idee, dass die südafrikanischen Klänge mit einer europäischen, speziell dafür komponierten „Tonwelt" zusammenspielen sollten. Dies war später ein prägendes Element für Struktur, Prozesse und Navigation in den virtuellen Tools. Dieses musikalische Zusammenspiel passte auch zur Atmosphäre in den Gesprächen über die Anforderungen der Nutzer und Stakeholder und war gleichsam präsent, wenn wir Vertreter aus Südafrika und Personen aus der europäischen Privatwirtschaft befragten und dabei live Zeichnungen zu den Inhalten anfertigten.

Dieses Zeichnen im Dialog garantierte Präsenz beim *Zuhören* und intensivierte unsere Wahrnehmung: Nichts hätten wir auf das Blatt bringen können, wenn uns das Zeichnen nicht dazu gezwungen hätte, genau hinzuhören, nachzufragen und schließlich abzustimmen, ob wir die gemachten Aussagen wirklich im Sinne der GesprächspartnerInnen erfasst hatten. Dies galt gleichermaßen für unsere Gespräche mit den Vertretern des europäischen Unternehmens wie für den Dialog mit Personen aus Südafrika. Außerdem visualisierten wir die Inhalte für die Veränderung in Südafrika aus Mandelas Weißbuch. Diese Aussagen wurden nicht nur als Wissenselemente erfasst. Vielmehr wurden die Zusammenhänge zwischen den Aussagen genutzt, um passende digitale Wissensstrukturen aufzubauen.

Wesentlich für den Erfolg des Projekts war es, die *Selbstähnlichkeit zwischen* verantwortlichem Führungshandeln und den Inhalten und Strukturen zu verantwortlichem Führen abzubilden. Mit anderen Worten, die durch Nelson Mandela selbst verkörperten Ideale und Attribute galt es, im Zuge des visuellen Dialogforums mit abzubilden. Die Vorbildrolle von „Responsible Leadership" durch Mandela als eine dem Versöhnungs- und Demokratisierungsprozess dienende Führungspersönlichkeit wurde zu einer tragenden, virtuellen Säule des Prozesses. Ausgehend von den Grundbedürfnissen des friedlichen Übergangs vom Apartheid-Staat zu einer modernen Demokratie und in den gemeinschaftlichen Wohlstand wurde Mandelas

Leadership zur eigentlichen, treibenden Kraft. Auch weil er die lebende Brücke zwischen Unrechtsregime und dem neuen Südafrika abbildete – jahrzehntelange Haft hatten seinen Charakter und moralischen Kompass nur gestärkt; das Ethos der Versöhnung war in der Einzelhaft geboren. Und so wurde aus dem berühmtesten politischen Gefangenen der Welt beinahe über Nacht ein wegweisender Responsible Leader: Eine *Vision* von der Zukunft Südafrikas; ein *Grundethos der Fürsorglichkeit,* in dessen Mittelpunkt nicht die eigenen, sondern die Bedürfnisse anderer stehen; ein starker Sinn für Gemeinschaft und ein breiter Fokus auf ein umfassendes Netzwerk von Stakeholdern, die Umwelt und zukünftige Generationen waren präsent. Mit dem Fokus auf eine inklusive Wirtschaft für alle und damit auf sinnstiftende Arbeit, faire Bezahlung und ein gesundes und sicheres Arbeitsumfeld war es das Ziel, den ganzen Menschen, unabhängig von Herkunft und Hautfarbe, zu fördern.

Schon damals, in Südafrika, haben wir im Kontext komplexer Stakeholderdialoge konkrete Erfahrungen sammeln können, wie Computer-Werkzeuge zur Kultur der Anwender passen müssen, um die angestrebten Werte und Haltungen, Prozesse der Veränderung und Zusammenarbeit sowie den Umbau von Organisationsstrukturen durch passende Computer-Werkzeuge und -Strukturen zu unterstützen. „Fast forward" ein Vierteljahrhundert, so sind die Herausforderungen in vielen Gesellschaftsbereichen und Organisationen nicht unähnlich zu dem, was wir hier in groben Zügen skizziert haben: Komplexe Stakeholderbeziehungen und ein Umfeld von potenziellen Wertkonflikten; umfassender Veränderungsdruck und gestiegene Anforderungen an Anpassungsleistungen und Agilität; volatile Geschäftsmodelle und eine stetig beschleunigende Digitalisierung zeigen die gestiegenen Erwartungen an die Vorbildrolle von Führungskräften und ihre Rolle in der Sinngebung für Organisationen.

Voraussetzungen für die Umsetzung einer entsprechend dialogischen Führungsverantwortung angesichts fortschreitender Digitalisierung sind für uns daher

- die Präsenz und das Bewusstsein für ein Werte-Netzwerk und dessen Visualisierung und Bearbeitung in Zusammenhängen sowie das Schaffen und Bearbeiten von Wissens-Netzwerken und Überblicken in Zusammenarbeit mit den Beteiligten
- das von einer breiten Basis von Stakeholdern getragene Mandat, diese Zusammenhänge in computergestützte Prozesse sowie in IT-Strukturen zu implementieren und in die Tat umzusetzen

- Computer-Strukturen und Prozesse mit „selbstähnlicher" Entsprechung und Übereinstimmung von digitalen und analogen Prozessen und Strukturen im Sinne von „Responsible Leadership" und der Aufbau von Dramaturgien, in denen analoge und digitale Prozesse sich gegenseitig unterstützend ineinandergreifen
- die Vorbildrolle von Führungskräften im Dialog und in der Abbildung von Komplexität und Sinnorientierung über ein verändertes dynamisches Rollenmodell
- das gemeinschaftliche Kreieren neuer Lösungen für Herausforderungen, in denen bisher erfolgreiche Modelle und Arbeitsweisen nicht mehr greifen
- das gemeinschaftliche Auf-den-Weg-Bringen von Lösungen und deren Umsetzung durch das Motivieren und Begeistern eines breiten Netzwerks von Akteuren und Stakeholdern
- das Zulassen neuer Arbeitsweisen und das Fördern künstlerischen Handelns

Wir werden nachfolgend einige zentrale Leadership-Rollen diskutieren.

Der Leader als Servant – Führen heißt Dienen[1]

Führen kommt mit Verantwortung und Machtzuwachs. Die herausgehobene Stellung von Führungskräften wurde und wird oftmals dahin gehend missverstanden, dass diese aufgrund ihrer Funktion besondere Fähigkeiten haben, Attribute, die anderen nicht zu eigen sind. Dies hat den Fokus von Führung auf die Führungskraft gerichtet und zu einer Personalisierung von Führung geführt. Doch Führung ist ein soziales Phänomen und darauf gerichtet, andere dazu zu inspirieren, zweckgerichtet und selbstverantwortlich zu handeln. Nicht die Führungskraft, sondern die zu Führenden und die Erstrebenswertigkeit organisationaler Ziele stehen daher im Mittelpunkt von Führung.

Robert Greenleaf hat diese Idee des „Servant Leaders" nach der Lektüre der „Reise ins Morgenland" von Hermann Hesse zu einem einflussreichen Konzept entwickelt und klargestellt, dass es bei guter und verantwortungsvoller Führung nicht um die Großartigkeit der Führungsperson selbst geht, sondern um diejenigen, die geführt werden. Wenn aber das Dienen und die Unterstützung anderer im Mittelpunkt stehen, dann hat dies tief greifende Folgen für die Dynamik und die Verantwortung des Führens. Zuallererst erfordert dies Aufmerksamkeit für andere und die Kompetenz, sich um die Bedürfnisse von anderen zu kümmern. Mit anderen Worten, es bedarf einer Ethik der Fürsorglichkeit im Hinblick auf das Wohl anderer und damit auf sinnstiftende Arbeit, faire Bezahlung und ein gesundes, sicheres Arbeitsumfeld. Es braucht darüber hinaus die Fähigkeit zuzuhören (oft sind Führungskräfte gute Redner, aber eher

---

[1] Wir knüpfen hier an Maak und Pless (2006).

schlechte Zuhörer); es braucht Empathie und die Motivation, andere zu unterstützen, insbesondere in ihrer persönlichen Entwicklung. Wichtig ist auch die Idee, dass die Führungsperson als Dienende nicht auf MitarbeiterInnen oder interne Stakeholder beschränkt ist, sondern den Fokus auch auf das Wohlergehen anderer Stakeholder und des Umfeldes im Blick hat. Mit dieser Qualität geht ein Sinn für Gemeinschaft einher und ein ausgeprägtes Interesse an dem sozialen und umweltrelevanten Kontext.

Der Leader als Change Agent – „im Zwischenraum" Neues schaffen
Wir haben eingangs auf den fortwährenden Veränderungsdruck in Unternehmen hingewiesen. „Responsible Leadership" impliziert *Responsible Change*, d. h. den verantwortungsvollen Umgang mit Veränderung. Dies beinhaltet die Kommunikation einer wertebasierten Vision, die Menschen mobilisiert, das Aufrechterhalten von Commitment durch sinnstiftende Aktivitäten und ein klares Verständnis für den Impact von Komplexität, Unsicherheit und Orientierungslosigkeit. Verantwortliche Führungspersönlichkeiten brauchen Flexibilität sowie Toleranz und sollten in der Lage sein, Komplexität zu meistern, Unsicherheit und Angst zu reduzieren, indem sie ein Umfeld kreieren, das Halt bietet („holding environment"). Besonders wichtig dabei ist es, dass es gelingt, Menschen mit ganz verschiedenen Hintergründen und Vorgeschichten so in ein Gesamtgefüge zu integrieren und zu motivieren, dass sie sinnstiftend zusammenwirken können. Dafür sind Interaktion in der Zusammenarbeit, eine offene Kommunikation und die konstruktive, wohlwollende Lösung von Konflikten, die in Veränderungsprozessen zwangsläufig entstehen, notwendig. Feedback geben und offen annehmen gehören genauso dazu, wie Menschen dafür zu mobilisieren, dass sie „Selbstverantwortung" übernehmen.

Der Leader als Architekt – „Dialogarchitektur", Rapid Prototyping & moralischer Freiraum
Die Metapher der Führungskraft als Architekt bezieht sich auf die Herausforderung, eine inklusive Integritäts-Kultur aufzubauen. Führungskräfte müssen ein inspirierendes und unterstützendes Arbeitsumfeld schaffen und kultivieren, in dem die MitarbeiterInnen Sinn finden, in dem sie sich respektiert, anerkannt und beteiligt fühlen. Als Architekten sollten Führungskräfte ein wertebasiertes Personalwesen initiieren und pflegen. Sie sollten Managementprozesse und -strukturen genauso entwickeln wie eine moralische Infrastruktur (Geschäftsprinzipien, Strategien, Leitlinien, Werte-Architektur), um die Unternehmens-Systeme mit den Anforderungen für Aufbau und Unterstützung einer inklusiven integren Kultur zu verlinken.

In Anlehnung an Smircich and Morgan, (1982) können wir Führungspersonen als Schöpfer von Netzwerken sinnstiftender Systeme sehen. Sie führen interne wie externe Stakeholder in dauerhaften Partnerschaften durch Vision, Sinnstiftung und Dialog zu einer integrierten Sicht von wirtschaftlichem Erfolg und gemeinschaftsverantwortlichem Handeln.

Der Leader als Storyteller – Geschichten machen Führung erlebbar und Sinnfindung greifbar
Ein sehr nützliches Werkzeug, um die Entwicklung von Sinnstiftung zu unterstützen und Komplexität zu reduzieren, ist das Erzählen von Geschichten. Führungspersonen haben die Aufgabe, Ziele, Werte und Visionen mit Leben zu füllen. Hier können Geschichten helfen, abstrakte Sachverhalte in konkreten, verständlichen Bildern darzustellen. Anita Roddick, die Gründerin von „The Body Shop", hat Geschichten genutzt, um ihre Vision des sozialen, kulturellen und umweltverträglichen Wirtschaftens zu kommunizieren:

> „Die Menschen, mit denen ich arbeite … wollen auch lernen und Sinn in ihrem Leben finden. Sie sind offen für eine Geschäftsführung, die eine Vision hat. Aber diese Vision muss klar und überzeugend kommuniziert werden, und immer mit Begeisterung … Ich glaube daran, dass das Geschichtenerzählen eines der wirkungsvollsten Mittel der Kommunikation ist. … In ‚The Body Shop' (wenden) wir beides (an): Geschichten über unsere Produkte und Geschichten über unsere Organisation. Geschichten darüber, wie und wo wir unsere Inhaltsstoffe finden, bringen Sinn und Bedeutung in unsere eigentlich ursprünglich ‚bedeutungslosen' Produkte, während die Geschichten über unser Unternehmen unsere Geschichte und unseren Sinn eines gemeinschaftlichen Purpose am Leben halten" (Roddick, 2000, S. 79–80).

Der Leader als Steward – (Digital) Stewardship für eine bessere Zukunft
Die zentrale Frage für das Wirken des Steward Leaders ist: Was gebe ich an zukünftige Generationen weiter? Dies impliziert im Kern vor allem zweierlei: erstens, eine langfristige Perspektive auf die Organisation und deren Rolle in Wirtschaft und Gesellschaft; und zweitens, ein Selbstverständnis, das vom Treuhandethos getragen wird, und somit das Bewusstsein, die Organisation und deren Mitglieder in vorübergehender Verantwortung zu führen. Ersteres ist eng verknüpft mit der Idee von Nachhaltigkeit, Letzteres sollte Motivation sein, Menschen und Werte der Organisation *besser* an die nächste Generation weiterzugeben. Das Stewardship-Ethos ist mithin von

besonderer Bedeutung im Kontext komplexer Veränderungsprozesse wie auch für die Abwägung von Entscheidungen zugunsten von Langfristigkeit, Werterhaltung und eines positiven sozialen Impacts.

7 Beispiele zur Umsetzung der „Responsible Leadership"-Qualitäten im virtuellen Raum

Im Folgenden wird das Zusammenspiel zwischen „Responsible Leadership", „Dialogarchitektur" und der in diesem Projekt gestellten Aufgabe (Zusammenarbeit zwischen Südafrikanischer Regierung und europäischem Unternehmen) sowie die Einordnung des Projekts im Hinblick auf die Zusammenarbeit zwischen unterschiedlichen Kulturen im virtuellen Raum beschrieben.

> Zunächst gehen wir dabei der folgenden Frage nach: Welche Anforderungen stellen die bisher beschriebenen Kriterien und Qualitäten aus der „Responsible Leadership"-Forschung für Computer-Werkzeuge, IT-Prozesse, digitale Strukturen und für virtuelle Oberflächen, die berührende und bewegende Online-Begegnungen erlauben und nicht zuletzt dadurch besondere Möglichkeiten der erfolgreichen Zusammenarbeit über Distanz unterstützen?

Wichtig dabei ist, dass die verschiedenen Leadership-Qualitäten aus der „Responsible Leadership"-Forschung in einer synergetischen Einheit verstanden und durchgängig in digitalen Prozessen umgesetzt werden. Getragen von den Werten des Stewards und Servants und geleitet von den Ideen verantwortlicher Veränderung, kommt hier dem Architekten und Storyteller mit den Mitteln der Dialogarchitektur besondere Bedeutung zu.

Das hier beschriebene Projekt wurde auf zwei Ebenen realisiert: Einerseits sollte eine konkrete Aufgabenstellung (Zusammenarbeit zwischen Südafrikanischer Regierung und europäischem Unternehmen) bearbeitet werden. Gleichzeitig wurde dafür ein spezifisches Computer-Werkzeug entwickelt, mit dem diese Aufgabenstellung bearbeitet werden sollte. Dieser Weg wurde gewählt, weil für die Besonderheit der Aufgabenstellung kein adäquates Werkzeug für einen passenden Entwicklungsprozess gefunden wurde. Das hier beschriebene Werkzeug, die „Virtuellen Erlebnisräume", ist ein Beispiel aus dem Berufsfeld der „Dialogarchitektur", die Prozesse der Zusammenarbeit und des Dialogs zwischen unterschiedlichen Kulturen ermöglicht. Mit unterschiedlichen Kulturen sind hier nicht nur verschiedene nationale Kulturen gemeint, sondern auch verschiedene persönliche Geschichten, unterschiedliche Fachbereiche und Fachsprachen, unterschiedliche Hierarchie-Ebenen, verschiedene, oft gegensätzliche Sichtweisen und Interessen etc. Ein wirkungsvolles Zusammenspiel zwischen diesen unterschiedlichen Kulturen zu ermöglichen, ist das Ziel der „Dialogarchitektur". Deshalb eignet sich diese besonders für die Umsetzung von Erkenntnissen aus der „Responsible Leadership"-Forschung, bei der gerade auch hier ein Schwerpunkt liegt. Dialogische Führungsverantwortung ist hier ein wesentlicher Gesichtspunkt. Dabei ist es wichtig, dass die „Dialogarchitektur" auch zwischen manuellen und computergestützten Arbeitsweisen vermittelt und persönliche wie IT-gestützte Prozesse in einer gemeinsamen, durchgängigen Dramaturgie vereint. So greifen analoge und digitale Arbeits- und Dialogprozesse effektiv ohne Medienbruch im Zusammenspiel von Arbeitsphasen, Face to Face und remote, nahtlos ineinander. Die „Virtuellen Erlebnisräume" sind ein Prototyp, in dem mehrere Tools mit unterschiedlichem Entwicklungsstand vereint sind und die nachfolgend beispielhaft dargestellt werden.

Zur Arbeit mit Einsicht in Gesamtsysteme: Überblick, Zusammenhang, Roter Faden, Themenspuren, Pattern (Zusammenstellung von Inhalten zu einem Thema)
Je komplexer die Situation, desto größer ist die Gefahr, dass wir der Versuchung nicht widerstehen können, Herausforderungen, Sachverhalte und Anforderungen zu vereinfachen und zu simplifizieren. „Responsible Leadership" heißt aber, unterschiedliche Sichtweisen zuzulassen, verschiedene Kulturen und Interessen zu sehen und sich komplexen Aufgaben zu stellen. Führungskräften kommt hier die Aufgabe zu, Komplexität zuzulassen, nicht diese zu reduzieren.

Ein breites Spektrum von Stakeholdern ist dabei einzubeziehen. Dies alles bringt es mit sich, dass eine komplexe Menge von Informationen, Anliegen und Herausforderungen berücksichtigt werden muss. Dies trifft auch auf die Aufgabenstellung der „Virtuellen Erlebnisräume" zu. Folgende grundlegenden Maßnahmen haben es erlaubt, dass sich dieses virtuelle Werkzeug selbst durch seine Strukturen und Prozesse diesen Herausforderungen stellen kann und seine NutzerInnen dabei unterstützt, dass dies auch ihnen gelingt.

Visuelle Wissens-Module
Zuallererst stellt sich die Frage, wie es möglich ist, alle wichtigen Informationen zu sammeln sowie präsent und verfügbar zu halten. Wie gelingt es in jedem Arbeitsschritt, den Überblick über die Masse der zu

berücksichtigenden Wissenselemente zu behalten? Wie können auch Zusammenhänge und Beziehungen sichtbar werden, sodass sie leicht in die Arbeit einbezogen werden können?

Im Projekt der „Virtuellen Erlebnisräume" wurden alle Informationen in einfachen Piktogramm-Strukturen zusammen mit Schlüsselwörtern visualisiert – jede Inhaltseinheit jeweils auf einem Blatt (Abb. 2). So entstanden gezeichnete Module, die über die üblichen Textstrukturen hinaus auch Zusammenhänge miterfassten und emotionale Ebenen einbezogen. Auch komplexe Inhalte, die sonst lange Erklärungstexte gebraucht hätten, konnten so kompakt in einfacher Weise verfügbar gemacht werden. Farben wurden dabei genutzt, um bestimmte Aussagen hervorzuheben oder Gesichtspunkte voneinander zu unterscheiden. Diese Bilder wurden in Gesprächen und Workshops live gezeichnet. Die Visionen für Südafrika wurden nach Mandelas Weißbuch der Veränderung visualisiert.

Visuelle räumliche Strukturen
So entstand eine große Zahl von visuellen Aussage-Modulen, die im Computer zu einem Raum von Wissenselementen zusammengefügt wurden. In diesem Gesamtzusammenhang konnte sich jede(r) TeilnehmerIn an der richtigen Stelle mit seiner eigenen Erfahrung für alle Beteiligten sichtbar einbringen. Auf diese Weise wurden die Grundlagen für ein Netzwerk von

Abb. 2 Unterschiedliche Völker mit unterschiedlichen Kulturen, unterschiedlichen Werten und verschiedenen Zielen durchbrechen gemeinsam die „Schallmauer" und beginnen in einer Richtung zu handeln. Dabei behält jeder eine Spur mit einer gewissen flexiblen Bandbreite in seiner eigenen lokalen, persönlichen Färbung und Kultur

Wissenselementen genauso aufgebaut wie für ein Netzwerk von Personen mit ihren Erfahrungen. Dies ermöglichte ein Zusammenspiel zwischen dem Netzwerk der Wissenselemente und dem Netzwerk der Personen.

> Ein wesentliches Ziel der „Virtuellen Erlebnisräume" ist es, der menschlichen Natur und den natürlichen menschlichen Bedürfnissen der NutzerInnen, ihren Denk- und Arbeitsprozessen sowie ihrer natürlichen Wahrnehmung entgegenzukommen. Folgende ausgewählten Punkte sind dabei zu berücksichtigen:
> - *Menschliche Wahrnehmung:* mehrere Sinne ansprechen, Farb-, Raum-, Musik-Wahrnehmung, Rhythmen aus verschiedenen Kulturen, nicht nur Sprache
> - *Menschliche Denkprozesse:* Denken in 3-D, räumliche Orientierung, Denken in Netzwerken und Zusammenhängen, Überblick und Roter Faden, Themen-Spuren, Pattern; komplexe Kontexte immer präsent halten (auch wenn der Mensch nur weniges in einem Moment genauer betrachten kann)
> - *Interaktive Arbeitsprozesse:* Wissen räumlich strukturieren, bewerten, auswählen, reflektieren; in Räume eingreifen, Räume und unterschiedliche Raum-Strukturen eigenverantwortlich mitgestalten, aufbauen und einrichten können

Beobachten, proaktiv zuhören und reflektieren: Die Entwicklung der „Virtuellen Erlebnisräume"

In der Darstellung von Qualitäten des „Responsible Leaders" und ihrer Umsetzung im virtuellen Raum wurde die Bedeutung der Nutzerbeteiligung bei der Entwicklung des hier beschriebenen Computer-Tools bereits ausführlich erörtert. Dazu gehören nicht nur Fragen nach den Zielen des Projekts, den Anforderungen der Nutzer, der Stakeholder und der Aufgabenstellung, sondern auch ein Rapid Prototyping in unterschiedlichen Phasen des Entwicklungsprozesses gemeinsam mit den NutzerInnen. Dies bedeutet einen kontinuierlichen Anwendungstest des gerade entstehenden Computer-Werkzeugs, seiner Informations-Struktur, seiner Funktionen für den damit zu erfüllenden Arbeitsvorgang sowie der Navigation, in dem gerade entwickelten virtuellen Raum während der Entwicklungsarbeit. Hier werden also Funktionen und Wirkungen der Oberflächen, die Nutzungsprozesse und die Interaktion zwischen NutzerInnen und virtuellem Raum am jeweiligen konkreten Entwicklungsstand überprüft. Auch Workshops mit südafrikanischen KünstlerInnen und gemeinsame Bild-Entwicklung zusammen mit ihnen haben den Entstehungsprozess der virtuellen Räume mitgeprägt.

Bei einer Vielzahl von sich abwechselnden Entwicklungs- und Reflexions-Schritten während der Erarbeitung des Computer-Raumes haben es proaktives Zuhören und kontinuierliches Durchführen intensiver Beobachtungsphasen ermöglicht, unterschiedliche Kulturen, Wertvorstellungen und Arbeitsweisen aktiv einzubeziehen und zu einer Einheit zusammenzuführen.

Virtuelle Raumstrukturen: Aktionsfelder für den „Responsible Leader"
Die „Virtuellen Erlebnisräume" sind Räume für Dialog und Zusammenarbeit. Sie sind kein virtueller Nachbau der Architektur von Gebäuden, die Menschen in der physischen Welt nutzen. Sie existieren als computergenerierte 3-D-Räume und werden von Wissenselementen und deren Zusammenhängen gebildet. Diese virtuelle Struktur kann abstrakte, geometrische oder symbolische Gebilde darstellen. Oft sind sie inspiriert von archaischen (aus der Frühzeit der menschlichen Geschichte stammenden) Formen oder von archetypischen Symbolen (die für alle Menschen aus unterschiedlichen Kulturen und Zeiten gleichermaßen gelten). Die „Virtuellen Erlebnisräume" zeigen eine Struktur, die genau dem jeweiligen Inhalt entspricht und maßgeschneidert zum Zusammenhang der jeweiligen Wissenselemente und zur Kultur der NutzerInnen passt.

Räumlichkeit ist dabei ein Mittel, das es erlaubt, hohe Komplexität leichter darzustellen und mit dieser besonders effektiv und wertschöpfend umzugehen. „Responsible Leader" werden dadurch bei ihrer gemeinschaftsverantwortlichen Tätigkeit in besonderer Weise unterstützt. Darüber hinaus zeigen diese Räume auch selbst, welche Qualitäten virtuelle Strukturen brauchen, um sinnstiftende selbstverantwortliche Prozesse zu unterstützen. So wird keine verbale Erklärung zum Computerraum mitgeliefert, die erklärt, was „Responsible Leadership" bedeutet. Vielmehr zeigt das IT-Werkzeug in seinen eigenen Strukturen, Formen und den dadurch ermöglichten Arbeitsvorgängen selbst, wie IT-Strukturen und -Prozesse auf Forderungen des „Responsible Leaderships" eingehen können. Mehrere menschliche Sinne werden dabei einbezogen.

„Responsible Leadership"-Qualitäten im virtuellen Raum
Hier ist eine Sammlung von Kriterien, die „Responsible Leadership"-Qualitäten im virtuellen Raum umsetzen und Nutzern helfen, als „Responsible Leader" zu arbeiten:

- das Schaffen und das Sichtbarmachen von Zusammenhängen in Wissens-Netzwerken
- Komplexität souverän sichtbar machen und erhalten, nicht simplifizieren oder an einzelnen Punkten vereinfachen
- Arbeit in Netzwerkstrukturen und -Prozessen, die nicht linear, nicht sequenziell, nicht hierarchisch und nicht von Ausschnitten geprägt sind
- Transparenz darüber, woher Informationen kommen und wohin sie gehen (Frank & Drosdol, 2005)
- Zur-Verfügung-Stellen einer professionellen gemeinschaftlichen Arbeitsoberfläche, die den NutzerInnen und Stakeholdern die Möglichkeit gibt, im Co-Creation-Mode selbst den Roten Faden, Themenspuren und Pattern zu entwickeln und im Zwischenraum zwischen visualisierten Wissenselementen Neues und neuartige Lösungen zu schaffen
- die Möglichkeit für die NutzerInnen, nicht nur Wissensstrukturen und die Anordnung von Informationselementen zu verändern, sondern auch aktiv gestaltend in Struktur und Aufbau des virtuellen Raumes eingreifen zu können
- die Möglichkeit, sich im virtuellen Raum so zu bewegen, dass Wissenselemente unter verschiedenen Perspektiven unterschiedlich gesehen und in persönlicher Weise, in ganz unvorhergesehener Perspektive visuell miteinander verknüpft werden können

Bewegung in einem „Gemeinschaftlichen Visuellen Gedächtnis"
Zum zuletzt genannten Kriterium, der Bewegung im virtuellen Raum, möchten wir noch die folgenden Gesichtspunkte hinzufügen:

Das hier vorgestellte Problemlöse- und Dialog-Werkzeug kann genutzt werden als ein „Gemeinschaftliches Visuelles Gedächtnis". Das Arbeiten damit erfordert es, dass sich NutzerInnen darin bewegen und dann an verschiedenen Orten arbeiten können. Netzwerke von Aussagen, Erfahrungen und Wissen werden und bleiben so für die Beteiligten verfügbar. Durch die Nutzung einer virtuellen „Kamera" versuchen wir, Erfahrungen aus der physischen Welt zu nutzen: Wir erkunden den Raum, bringen eigene Inhalte ein, fügen hier und dort Anregungen oder Bewertungen an oder gewinnen im Zwischenraum zwischen den Wissenselementen neue Erkenntnisse, finden Analogien oder Ideen. Wo Informationen oder Erfahrungen fehlen, werden Lücken erkannt. Das Sehen von Zusammenhängen erlaubt es leichter zu verstehen, welche Konsequenzen es hat, wenn wir einen Faktor verändern, und was das an einer anderen Stelle bewirkt. Außerdem haben wir in Face-to-Face-Workshops die Erfahrung gemacht, dass GesprächspartnerInnen leichter mit uns mitdenken, also unseren Gedanken folgen, wenn sie sich begleitend mit uns bewegen. Ob wir diese Wirkung in gleicher Weise im virtuellen Setting erzielen können, muss noch beobachtet werden. Jedenfalls aber ist es uns als Entwicklern des Werkzeugs wichtig, eine solche Möglichkeit nicht im Verborgenen manipulativ zu nutzen, sondern – falls sie zutrifft – diese offen bei den NutzerInnen anzusprechen. Gerade diese Transparenz schafft die Atmosphäre der Offenheit, die wir für wohlwollenden Dialog und das gemeinschaftliche Entwickeln von Erkenntnissen, Ideen und Lösungen brauchen.

Die in den Kriterien des letzten Abschnitts angesprochene Perspektiv-Verlagerung wirkt sich im digitalen Setting jedenfalls bei der Bewegung durch den Raum aus, wenn hier mehrere Bildebenen räumlich hintereinander gestaffelt sind. Durchblicke führen dazu, dass Bild-Inhalte visuell so miteinander verknüpft werden können, dass oft ganz neue Zusammenhänge gebildet werden, die von keiner anderen Person bisher so gesehen wurden. Interessant ist auch die Fähigkeit des Menschen, in räumlichen Situationen viele komplexe Informationen und ihre Zusammenhänge leichter im Gedächtnis zu behalten.

Navigation, Architektur, Form, Farbe und Musik zur Unterstützung der Orientierung

Wesentliches Kriterium für das verantwortliche Führen in virtuellen Räumen ist, die NutzerInnen nicht durch unübersichtliche Daten-Massen zu überfordern, sondern Informationen so zur Verfügung zu halten, dass es für Personen und Teams möglich ist, eigenverantwortlich zu arbeiten und im Rahmen ihrer Aufgaben selbstverantwortlich Entscheidungen zu treffen. Die Transparenz über die Rollen der Beteiligten ist hier hilfreich. Nicht zuletzt dafür sind klare, übersichtliche und sinnstiftende Wissensstrukturen und Verantwortungs-Architekturen sowie sinnvolle Zusammenhänge zwischen den Informationen zu eröffnen. Vorhandenes Wissen muss kontinuierlich für alle Beteiligten und Stakeholder verfügbar gehalten und aktualisiert werden. Das Finden und Wiederfinden von Informationen werden dadurch erleichtert, dass immer sichtbar wird, woher ich komme und wohin ich noch gehen kann.

Der „Responsible Leader" sorgt auch im digitalen Raum dafür, Orientierung durch die Entwicklung einer klaren und verständlichen Navigation zu schaffen und dadurch anderen Personen einen sicheren Umgang mit Wissen zu ermöglichen. Das Design entsprechender Räume beantwortet folgende Fragen: Wie gelingt es, dass digitale Strukturen nach urbanen Prinzipien selbsterklärend und ohne Handbuch genutzt werden können, dass NutzerInnen diese schnell kennenlernen, sich darin zu Hause fühlen und souverän darin arbeiten können? Ohne große Anstrengung sollen sie eine Vertrautheit mit dem virtuellen Raum aufbauen. Hinzu kommen Überlegungen dazu, welche virtuellen Raumsituationen sich am besten für verschiedene Arbeitsprozesse und Arbeitsschritte eignen. Wie hängen verschiedene Arbeitsräume zusammen? Welche Wege von einem Arbeitsraum zu einem anderen gibt es? Wie erkennen wir, wo wir uns gerade im virtuellen Raum befinden, woher wir kommen und wo wir sonst noch hingehen können? Welche Navigation brauchen wir dafür? Wie stellen wir Arbeitswege so dar, dass sie von den NutzerInnen sofort nicht nur verstanden, sondern auch intuitiv nachvollziehbar werden? Wichtig dafür ist, dass der virtuelle Raum sich an den natürlichen Denk- und Wahrnehmungs-Fähigkeiten des Menschen orientiert.

Die „Virtuellen Erlebnisräume" zeigen dafür in jedem Schritt des Arbeitsprozesses einen Überblick über die verschiedenen Räume und die verschiedenen Funktionen, die in ihnen verfügbar sind. Der Wechsel von jeder Stelle in jedem Raum zu jeder Stelle in einem anderen Raum ist möglich und wird visuell dokumentiert (Frank & Drosdol, 2005). Im Überblick sind alle Räume immer präsent. Jeder Raum wird durch eine eigens für diesen Raum komponierte Musik und durch eine für ihn spezifische Farbkennung von anderen unterschieden. Diese Farbkennung spielt eine wichtige Rolle für die visuelle Wahrnehmung. Räume, Themen und Erfahrungen bleiben nicht zuletzt dadurch länger in Erinnerung. Die Orientierung in der Wissensstruktur gelingt dadurch mit Leichtigkeit und Einfachheit. Auch die emotionale Ebene wird angesprochen: Sofort wird spürbar, in welchem Raum sich die NutzerInnen befinden. Dies hilft, wesentliche Qualitäten aus der „Responsible Leadership"-Forschung zu realisieren. Hier brauchen die MitarbeiterInnen und Stakeholder die Freiheit, selbst über Wege zu entscheiden und eigenverantwortlich für sie passende Richtungen einzuschlagen. Durch die beschriebenen Maßnahmen wird dies im virtuellen Raum ermöglicht, wenn die geschaffenen Strukturen und Prozesse auf der Basis der Nutzer-Anforderungen und im Bewusstsein über die Natur des Menschen entwickelt wurden. Die Logik der so realisierten Wissensstrukturen, Arbeitsprozesse und Navigationsmöglichkeiten befähigt die NutzerInnen schließlich dazu, sich ihren eigenen Vorgehensweisen entsprechend im virtuellen Raum zu bewegen und diesen optimal zu nutzen. So wird die Freiheit unterstützt, neue Wege zu finden, eigenverantwortlich zu handeln und sinnstiftend zu entscheiden. Dies verleiht den NutzerInnen die Kraft, im Zwischenraum zwischen vorhandenen Wissenselementen und im Zwischenraum zwischen den Beteiligten Neues zu schaffen und neuartige Lösungen zu entwickeln. Sinngebung und Sinnfindung verschmelzen!

Der „Responsible Leader" als Gestalter des Zwischenraumes zwischen unterschiedlichen Kulturen und gegensätzlichen Interessen

Die Komplexität der Herausforderung für ein „Responsible Leadership", das unterschiedliche Kulturen einbeziehen und zu einer Synergie führen will, zeigt sich symbolhaft in diesem Projekt in besonderer Weise auf mehreren Ebenen:

- auf internationaler und interkontinentaler Ebene zwischen Deutschland und Südafrika, zwischen Europa und Afrika mit unterschiedlicher Sprache, Kultur und Geschichte
- auf der Interessen-Ebene zwischen den öffentlichen Interessen, die eine Regierung vertreten muss, und den vorrangig privatwirtschaftlichen Interessen eines Unternehmens
- auf der Ebene der Anliegen zwischen einem etablierten Unternehmen mit dem Interesse eines kontinuierlich wachsenden wirtschaftlichen Erfolgs und der Sehnsucht nach Aufbruch und Neubeginn eines ganzen Landes
- auf der Ebene der Arbeitsweisen, die vor dem Hintergrund unterschiedlicher Kulturen und einer unterschiedlichen Vorgeschichte entstanden sind
- und auf der Ebene des Wirkungsgrades, der Größenordnung, Organisationsstruktur, Rolle, Zahl der Betroffenen etc.

Auch im Computer-Werkzeug selbst spielen unterschiedliche Kulturen und unterschiedliche Mittel zusammen. Hier gibt es unterschiedliche Raumstrukturen, unterschiedliche Musik, Wort, Sprache, Zeichnung, Bewegtes, Statisches etc.

Hier Ansätze für eine transparente wohlwollende Zusammenarbeit und ein fruchtbares Zusammenwirken zu entwerfen, kann in diesen „Virtuellen Erlebnisräumen" symbolisch skizzieren, welche Herausforderungen eine solche Aufgabe an ein „Digital Responsible Leadership" stellt.

> Wenn gemeinschaftsverantwortliche Lösungen gelingen sollen, so müssen Wünsche, Bedarfe, Hoffnungen und Sorgen, Ideen und Einschränkungen, Erfolgserfahrungen und Misserfolge offen und ehrlich im Dialog zur Sprache kommen. Wo unterschiedliche Wertesysteme ins Spiel kommen, ist es notwendig, die Andersartigkeit anderer Personen und Interessengruppen sichtbar zu machen, wohlwollend zu akzeptieren und fördernd zu unterstützen, wenn gemeinsame Handlungsfähigkeit entstehen soll, auch wenn es nicht möglich ist, Werte zu diskutieren oder gar zur Deckung zu bringen.

Um diese Akzeptanz zu erreichen, hat es sich als hilfreich erwiesen, unterschiedliche Werte und Vorstellungen visuell darzustellen und so nebeneinander sichtbar zu machen, dass eine gemeinsame Basis für das wohlwollende Gespräch und eine gemeinschaftliche visuelle Arbeitsoberfläche entstehen kann.

Geschichten erzählen
Afrikanische Kulturen blicken auf Jahrtausende des Storytellings, des Geschichtenerzählens, zurück. Viele der Geschichten werden von Generation zu Generation weitergegeben und machen nicht nur Werte und Traditionen erlebbar, sondern sind auch in die Praxis von Leadership und Konfliktlösung eingebettet – z. B. im Kontext des Palaver Trees (Floerke-Scheid, 2011). Neben dem Palaver Tree besitzt das Lagerfeuer eine besondere Bedeutung, die in unserem Projekt zum Tragen kam (Abb. 3J):
„Wir sitzen um ein Lagerfeuer herum. Jemand steht auf und erzählt seine Geschichte. Wenn er fertig ist, steht jemand anderes auf und erzählt seine Geschichte in die Geschichte des Vorredners hinein und setzt sich dann wieder hin. So erzählt einer seine Geschichte in die Geschichten der anderen hinein. Es entsteht eine gemeinsame Geschichte. Sobald alle, die etwas sagen wollten, fertig sind, gehen alle ihrer Wege und realisieren die gemeinsame Geschichte – jeder an seinem Platz." Oft habe ich von dieser Geschichte erzählt. Das ist es, was wir gerade so dringend brauchen.

Das Erzählen von Geschichten ist ein zentrales Medium für die konstruktive und kreative Betrachtung gemeinsamer und unterschiedlicher Anliegen. In den verschiedenen Alternativen der Arbeitsräume in den „Virtuellen Erlebnisräumen" können übereinstimmende und unterschiedliche Sichtweisen wohlwollend zu gemeinsamen Geschichten verknüpft werden. Dies wirkt sich am Schluss der Dialog- und Arbeits-Sitzungen im virtuellen Ergebnisraum in gemeinsam gefundenen Lösungen effektiv und begeisternd aus.

Durch das Erzählen von Geschichten gelingt es, komplexe Ziele, Visionen, Hoffnungen und Sorgen, aber auch Strategien nicht als neutrale Informationen mit Abstand zu präsentieren, sondern als mitunter packende, emotionale Botschaften im Computer-System präsent und konkret erlebbar zu machen.

Unterschiedliche Formen des Geschichten-Erzählens wurden in den „Virtuellen Erlebnisräumen" gewählt: Neben Videos für einzelne Themen wurden alle weiteren Inhalte in Handzeichnungen wiedergegeben. So entstanden Bild-Geschichten mit einfachen Piktogramm-Strukturen und

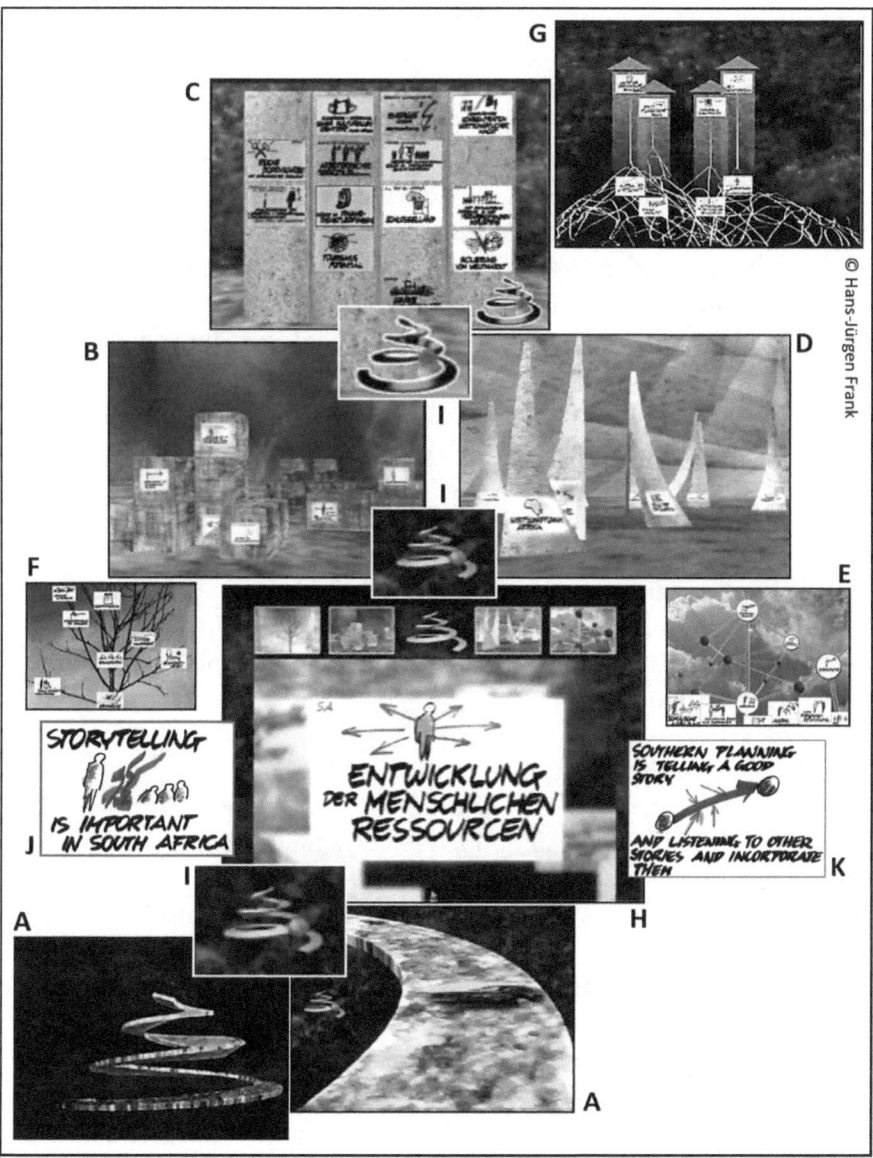

Abb. 3 Übersicht über die verschiedenen räumlichen Werkzeuge (A–G). Raum-Übersicht (H) und Spirale (I) dienen der Navigation, live in Workshops gezeichnete Bilder (wie J und K) werden im digitalen Raum verarbeitet. Von der Einstimmung links unten (A) führt der Weg nach rechts oben zum Ergebnisraum (G).

handgeschriebenen Schlüsselwörtern. Durchweg sehr persönliche Kernaussagen konnten so nicht nur intellektuell erfassbar gemacht, sondern auch mit emotionalem Gehalt bereichert werden. Dies erleichtert die Lösungsentwicklung und die damit verbundene Vorbereitung von Entscheidungen. Bei allen Arbeitsschritten ist es ausschlaggebend, nicht nur auf die einzelnen visualisierten Inhaltsmodule aufzubauen, sondern die Bilder in ganz persönlichen Kombinationen zu neu entstehenden Geschichten zusammenzuführen. Dieses Denken in Bild-Strukturen wirkt sich auf die Zusammenarbeit und die Lösungsfindung in besonderer Weise aus. Persönliche Bilder-Geschichten mit den Bilder-Geschichten von anderen zusammenzuführen, erleichtert die Entwicklung gemeinsamer Bilder-Geschichten. So können Übereinstimmungen leichter und in spielerischer Weise erarbeitet werden, auch wenn unterschiedliche Vorstellungen und gegensätzliche Interessen berücksichtigt werden müssen.

Übersicht über die realisierten virtuellen Räume
Folgende Funktionen und Räume wurden als 3-D-Werkzeuge am Computer generiert und folgten mit unterschiedlichem Entwicklungsstand nach dem Einstieg (nach der zu Beginn gezeigten Schwarz-Weiß-Polarisierung und der chaotischen Info-Flut):

- Einstimmung, Abb. 3A (Spirale),
- Arbeitsräume, Abb. 3B–F (Würfelraum, Abb. 3B; Paravant-Raum, Abb. 3C; Segelraum, Abb. 3D; Atomraum, Abb. 3E; Baumraum, Abb. 3F),
- Ergebnisraum, Abb. 3G (Lösungs-Netzwerk und Ergebnistürme).

Raum-Übersicht (Abb. 3H) und Spirale (Abb. 3I) sind Navigations-Instrumente. Live gezeichnete Bilder (z. B. Abb. 3J und K) aus Workshops werden in den digitalen Räumen verfügbar gemacht und bearbeitet.

Alle Räume unterscheiden sich durch spezifische Formen und Farbstrukturen. Für jeden Raum wurde eigens dazu eine passende Musik komponiert. Diese Gestaltung gibt jedem Raum eine für ihn spezifische Form, Atmosphäre und Kultur. In den folgenden Abschnitten werden diese Räume genauer beschrieben.

Der Einstieg in den virtuellen Raum: „Aufbruch in eine neue Welt in Südafrika" – symbolisch parallel dazu skizziert: „Aufbruch in eine neue Computer-Welt"

Die ersten Bilder des Computer-Werkzeugs zeigen die totale Überforderung durch eine Masse von Informationen, die den Menschen überfällt, ihn überflutet. Ein Gefühl entsteht, dass „es so nicht weitergehen kann". Unverständliche Morse-Zeichen als verwirrende schrille technische Tonkulisse und ein Wirrwarr nicht lesbarer Schriften, Daten-Massen, die in schneller Folge einspringen, immer mehr werden und zur Unkenntlichkeit verdammt sind. Orientierung gibt es hier nicht. Alles sieht ungeordnet, gleichförmig aus. Ordnung und Wege sind nicht erkennbar. Es wird einfach nur immer mehr, aber keiner kann erkennen, was diese Informationen wirklich sagen, wie das alles zusammengehört, was richtig oder falsch ist. Beklemmend ist das Schwarz-Weiß in dieser Polarisierung schwarzer unlesbarer Zeilen im Kontrast zu dem weißen überstrahlten Hintergrund.

Nach dieser chaotischen Bildfolge braucht die Sehnsucht Perspektiven für Ordnung, Halt, Transparenz und nach eben gerade den Qualitäten, die in „Responsible Leadership" konkret angelegt sind. Welche Antwort findet ein Computer-Werkzeug auf diese Sehnsucht nach Aufbruch? Wie kann gleichsam ein Durchbrechen der Schallmauer gelingen, um den alten Strukturen zu entkommen? Das war die unterschwellige und gleichzeitig zentrale Frage zu Beginn der Entwicklungsarbeit für dieses Computer-System. Wo sind Modelle für Computer-Räume, an denen wir uns orientieren könnten? Vorbilder gab es dafür nicht!

Klar war nur: Eine neue Ordnung musste geschaffen werden – eine Ordnung mit Dynamik, die Alternativen zulässt, unterschiedliche Kulturen und Sichtweisen einbindet und dabei Transparenz, Flexibilität und Halt schafft. Was braucht es dafür? Welche Geschichte müssen wir nach der bedrückenden Eingangs-Situation erzählen? Wie können wir die NutzerInnen so in eine Erzählung einbeziehen, dass sie selbst zu Storytellern (Geschichten-Erzählern) werden, die ihre eigene Geschichte in die Geschichte anderer hineinerzählen?

Die Schwarz-Weiß-Polarisierung ist zu überwinden. Das Computer-Werkzeug macht nach den ersten chaotischen Bildern einen harten Schnitt. Es braucht in den folgenden Räumen eine Öffnung hin zu etwas ganz Neuem: einer neuen Ordnung, die wohlwollend auf dynamische Veränderung eingehen kann. In der Folge stehen den NutzerInnen verschiedene Vorschläge von Computer-Räumen zur Auswahl und laden zur Weiterentwicklung ein.

Der Spiralraum
Verschiedenes fällt beim Betreten des ersten virtuellen Raumes sofort auf:

Ein „polyphoner" Farbraum öffnet sich, Vielfarbigkeit, Zwischentöne, Nuancen nehmen Erfahrungen aus der Natur auf. Die sanfte Farbstruktur mit unzähligen weichen Zwischentönen füllt den Raum, eröffnet eine Auswahl von emotionalen Bildern aus Südafrika und aus Europa auf einer Spirale. Musik spielt in diesen Räumen eine wichtige Rolle. Sie bringt eine feinsinnige Grundstimmung, in die sich traditionelle südafrikanische Klänge bewegend und harmonisch einfügen. In der Aktualität der überfordernden Situation setzt diese Musik haltende Anker mit ihrer eindeutigen rhythmischen Struktur und ihrer in sich ruhenden ursprünglichen Tradition.

So öffnet sich dieser andersartige, neue Raum zur Einstimmung. Spontan und intuitiv wurde die Grundstruktur durch diese räumliche Spirale geformt, die nach oben führt, eine archaische Form, die archetypische Züge trägt.

Die Spirale bringt in Videos emotionale Dokumente und Geschichten mit verschiedenen Botschaften aus unterschiedlichen Welten auf einen gemeinsamen Weg. Immer neue Musikstücke spielen neben den bewegten und bewegenden Bildern in den Videos eine zentrale Rolle. So gelingt es, die NutzerInnen nicht nur intellektuell, sondern auch emotional auf das Thema einzustimmen, um anschließend aus dieser emotionalen Phase den Wechsel zu Räumen zu erlauben, die sich mehr an das Denken richten.

Aber zuerst bewegen wir uns auf der Spirale. Hier können wir wählen aus einer Anzahl von Video-Feldern: Anliegen von Mandela stehen neben Themen des europäischen Industrieunternehmens.

An dieser Stelle übernimmt der virtuelle Raum gleichsam selbst eine „Responsible Leadership"-Funktion und zeigt sich einerseits in der Spirale als Cicerone – wie eine Stadtführerin, die die BesucherInnen an die Hand nimmt, die auf dem Besuchsweg der Spirale führt. Andererseits wird auch die Möglichkeit des Wechsels zu anderen Räumen angeboten. Durch die Transparenz dieser Struktur wird der virtuelle Raum zum Initiator für individuelle Wege. Auch Umwege werden zugelassen.

Die Arbeitsräume und ihre Herausforderungen: Mitbestimmen, den passenden Raum für die persönliche Arbeitsweise wählen, in die Gestaltung des Raumes eingreifen können
In Forschungsarbeiten für die Deutsche Forschungsgemeinschaft (Schwerpunkt Ökologische Psychologie) (Benda et al., 1979, 1981) wurde u. a. untersucht, welche Wirkung es hat, wenn Personen in Arbeitsräumen „eigen-

verantwortlich" eingreifen können oder wenn solche Eingriffe verhindert werden. (z. B. Fenster aufmachen, persönliche Möblierung, Bilder der Familie, eigene Pinnwand etc.). Die Ergebnisse zeigen, dass diese Eingriffsmöglichkeit und das Angebot zur persönlichen Gestaltung des Raumes von hoher Bedeutung für Problemlöse-Verhalten und kreatives Handeln sind.

In den „Virtuellen Erlebnisräumen" wurde der Möglichkeit, in die Raumstruktur einzugreifen, dadurch entsprochen, dass Raumstrukturen relevant verändert werden können (z. B. unterschiedlicher Aufbau von Würfeln, Auswahl von Paravents und deren Farbstrukturen, Platzierung von Wissenselementen in verschiedenen Raumstrukturen, Veränderung der Raumstrukturen etc.). Immer konnten die NutzerInnen die Struktur in Echtzeit wachsen und sich verändern sehen. So wurde die persönliche Gestaltung der Inhalts-Strukturen immer wieder von den NutzerInnen als ein „spannendes Erlebnis" beschrieben. Die Begeisterung, die dabei sichtbar wurde, scheint uns eine wichtige Qualität, um eine erfolgreiche und sinnstiftende Arbeit mit Wissen möglich zu machen. Über Diskurs und Diskussion hinaus wurde eine ergebnis- und erlebnisorientierte individuelle und gemeinschaftliche Co-Creation aufgebaut. Dies gelang nicht zuletzt im Zwischenraum zwischen Wissens- und Erfahrungselementen und gleichzeitig zwischen den beteiligten Personen, die überall mit ihren Aussagen und Erfahrungen in den Zeichnungen sichtbar wurden. Es entstand also zwischen Wissenselementen z. B. durch deren Kombination oder dadurch, dass sie Analogien oder Ideen auslösten, unerwartet Neues. Das war es, was Beteiligte immer wieder „beflügelte".

Aus der oben genannten Forschungsarbeit und in der Beobachtung von Arbeitsprozessen haben wir außerdem gelernt, dass unterschiedliche Personen nicht zuletzt aufgrund ihrer persönlichen Geschichte, ihrer Kultur und des spezifischen Bedarfs im Arbeitsprozess unterschiedliche Präferenzen für Arbeitssituationen und Arbeitsumfelder haben. Dies wurde in besonderer Weise bestärkt in Workshops, die wir im Vorfeld mit südafrikanischen Künstlern durchgeführt hatten. Aus diesen Erkenntnissen haben wir die Anforderung abgeleitet, dass in den „Virtuellen Erlebnisräumen" mehrere unterschiedliche Arbeitsräume zur Auswahl angeboten werden sollten, um diesen persönlichen Präferenzen Rechnung zu tragen. Folgende Arbeitsraum-Strukturen wurden angeboten: Würfel-, Segel-, Baum-, Spiral-, Atom-, Paravent-Raum.

> Durch dieses Angebot für Raumauswahl und Raumumbau vielfältiger 3-D-Strukturen wird es in den „Virtuellen Erlebnisräumen" möglich, selbstverantwortliche sinnstiftende Beteiligung bei den TeilnehmerInnen umzusetzen und je nach kultureller Präferenz für die Arbeit unterschiedliche räumliche Werkzeuge zu nutzen. Diese können schließlich in einen gemeinschaftlichen, gleichsam „interkulturellen" Ergebnisraum überführt werden und dort Lösungen aufzeigen, die bewertet und auf den Weg der Umsetzung gebracht werden.

Dies geht auf die Forderung des „Responsible Leaderships" ein, selbstverantwortlich über die eigene Situation – hier über den eigenen Raum und die eigene Inhalts- und Problemlösungs-Struktur – bestimmen zu können, sie mit anderen zu teilen und anderen Personen die Möglichkeit zu geben, die eigenen Bedürfnisse zu erkennen und umzusetzen sowie sich eigenverantwortlich ihr Arbeitsumfeld und ihren Erfahrungs-Input zu gestalten. Die Bedeutung dieser Angebote gilt nach den Beobachtungen der Entwickler für virtuelle Situationen ähnlich wie für den gebauten physischen Arbeitsraum. Dabei sind schnelle Veränderung und Umbau von Strukturen in Echtzeit ein Merkmal im digitalen Arbeitsfeld, das im Vergleich zu analogen Strukturen spezifische Potenziale eröffnet. Dagegen fehlen im virtuellen Raum die Möglichkeiten des körperlichen Erlebnisses der physischen Welt. Im Sinne des „Responsible Leaderships" ist deshalb das Zusammenspiel von physischen und virtuellen Arbeitsphasen besonders wichtig, ja notwendig. In der „Dialogarchitektur" werden dafür durchgängige Dramaturgien des Zusammenspiels zwischen digitalen und analogen Welten mit ihren ganz unterschiedlichen Kulturen ohne Medienbruch auf einer gemeinsamen Arbeitsoberfläche in Projekten realisiert. So eröffnen sich spezifische Möglichkeiten, um auf eine höhere Realitäts- und Wahrnehmungsebene zu kommen, auf der intensives Beobachten und proaktives Zuhören in besonderer Weise gelingen.

Dies schafft schließlich die Voraussetzungen für die NutzerInnen, selbst Computer-Strukturen und Navigations wege zu entwerfen, zu realisieren und mit Wissen und Erfahrungen zu füllen sowie mit den Beteiligten zu teilen.

Die Lösungsentwicklung im Ergebnisraum
Die Wissenselemente, die bei der Lösungsentwicklung in den Arbeitsräumen ausgewählt wurden, bilden im Ergebnisraum ein sichtbares Netzwerk, in dem verschiedene Aussagen, Erfahrungen, Überlegungen in ihrem Zusammenwirken sichtbar werden. So zeigen sich auf der einen Seite die wichtigsten Aspekte aus Mandelas Vision für die Veränderung in Südafrika, auf der

anderen Seite die entscheidenden Aussagen zu den Interessen des europäischen Unternehmens, die im Gespräch mit der Führungsebene der Firma entwickelt wurden. Im Ergebnisraum geht es nun darum, im Zusammenspiel zwischen diesen beiden Perspektiven Lösungsideen sichtbar zu machen. Ausgehend von der Basis dieser Wirkungszusammenhänge werden Türme mit Lösungsideen skizziert.

Hier werden folgende Fragen gestellt: Was brauchen die Anliegen der südafrikanischen Regierung im Zusammenspiel mit denen des europäischen Industrieunternehmens? Was soll gemeinsam erreicht werden? Welche Lösungsideen werden ausgewählt? Wie kann die Umsetzung auf den Weg gebracht werden?

> Wichtig erscheint uns dabei die Transparenz darüber, wie Informationen verrechnet werden und wie Ergebnisse und Lösungen zustande kommen. Das Verständnis und die Sichtbarkeit der zugrunde liegenden Verrechnungsprozesse haben sich in den vergangenen Jahren gerade angesichts von Künstlicher Intelligenz (KI; Frank, 1997) und Big Data als besonders wesentlich gezeigt. Im Sinne der breiten Beteiligung an großen gemeinschaftlichen Lösungsprozessen erfordert „Responsible Leadership" hier ganz besondere digitale Lösungen.

8 Konklusion

Dieser Beitrag ist ein Brückenschlag zwischen Vergangenheit und Zukunft, zwischen analogen Herausforderungen und digitalen Möglichkeiten. Wenn wir verantwortliche Führung als soziales Phänomen begreifen, als Co-Creation-Projekt zwischen Leader und Followers als Stakeholder, dann eröffnen sich im Hinblick auf die großen Umwälzungen unserer Zeit neue integrative Möglichkeitsräume für Organisationen, die nicht nur selbstähnlich Komplexität und Veränderung abbilden können, sondern zu einem gemeinsamen Projekt aller Beteiligten werden, in dem Sinngebung und Sinnfindung im dreidimensionalen Raum in einen polyphonen „Multilog" verschmelzen.

Die Führungskraft muss sich in diesem Kontext ihrer Rollenverantwortung in ethischer Hinsicht (Servant, Steward) und praktischer Hinsicht (Change Agent, Architekt, Storyteller) bewusst sein und diese multiplen Rollen in eine dialogische Führungsverantwortung übersetzen. Letztere im digitalen Raum zu definieren und zu kalibrieren steckt hinter der Idee von „Digital Responsible Leadership". Das erfordert, dass Computer-Strukturen und -Prozesse, dass Orientierung und Navigation in den IT-Systemen selbstähnlich das Bewusstsein repräsentieren und umsetzen, das im Kontext von „Digital Responsible Leadership" entwickelt wird. Dafür ist es notwendig, auch in komplexen digitalen Settings Überblicke und Zusammenhänge zu erschließen und erschließbar zu machen und selbstverantwortlichen Beteiligten die „Macht" über Informationen und ihr Zusammenspiel zu verleihen sowie das Mandat, in einem interaktiven Beteiligungsprozess die Erkenntnisse und die daraus entwickelten Lösungen gemeinschaftsverantwortlich umzusetzen. So entsteht einerseits eine neue Perspektive für Forschung, Entwicklung und Lehre und andererseits ein Feld der Umsetzung – der dialogischen Führung im digitalen Zeitalter, das unmittelbares Handeln braucht und über bisher erfolgreiche Denkmodelle und Methoden hinausreicht.

Literatur

Benda, H. v., Frank, H.-J., Kreuzig, A., & Schaible-Rapp, A. (1979). Die Interaktion Mensch-Umwelt bei Tätigkeiten des Problemlösens unter natürlichen Arbeitsbedingungen. DFG – Deutsche Forschungsgemeinschaft.

Benda, H. v., Frank, H.-J., Kreuzig, A., & Schaible-Rapp, A. (1981). Die Erfassung und Analyse von Problemlösen am Arbeitsplatz. In W. Michaelis (Hrsg.), *Bericht über den 32. Kongress der Deutschen Gesellschaft für Psychologie Zürich 1980* (Bd. 2., S. 546–548). Hogrefe.

Berger, J. (1972/2008). *Ways of seeing*. Penguin.

Floerke-Scheid, A. (2011). Under the palaver tree: Community ethics for truth-telling and reconciliation. *Journal of the Society of Christian Ethics, 31*(1), 17–36.

Frank, H.-J. (1997). Multimediale Wissensräume – Werkzeuge für Aufbau, Wartung und Nutzung eines gemeinschaftlichen Unternehmens-Gedächtnisses. In A. Abecker (Hrsg.), *Knowledge-based systems for knowledge management in enterprises* (21st Annual German Conference on AI 1997, KI-Jahrestagung 1997, Freiburg, Proceedings, S. 8–9). Deutsches Forschungszentrum für Künstliche Intelligenz.

Frank, H.-J. (2014). Von der visualisierten Moderation zum künstlerischen Co-Creations-Prozess. In J. Freimuth & T. Barth (Hrsg.), *Handbuch Moderation in der Reihe Innovatives Management* (S. 171–194). Hogrefe.

Frank, H.-J., & Drosdol, J. (2005). Information and knowledge visualization in development and use of a management information system (MIS) for Daimler-Chrysler. In S.-O. Tergan & T. Keller (Hrsg.), *Knowledge and information visualization: Searching for synergies* (S. 364–384). Springer.

Frank, H.-J., Pless, N.M., & Maak, T. (2021). Dialogarchitecture: An artistic co-creation process to enable responsible leadership learning and implementation. In Maak, T. & Pless, N.M. (Hrsg.), *Responsible leadership,* 2nd rev. and extended edition. Routledge (im Erscheinen).

Maak, T., & Pless, N. M. (2006). Responsible leadership in a stakeholder society. A relational perspective. *Journal of Business Ethics, 66,* 99–115.

Pless, N.M., Maak, T., & Stahl, G.K. (2011). Developing responsible global leaders through integrated service learning. *Academy of Management Learning & Education, 10*(2), 237–260.

Pless, N.M., & Schneider, R. (2006). Towards developing responsible global leaders: The Ulysses experience at PricewaterhouseCoopers. In T. Maak. & N.M. Pless (Hrsg.), *Responsible leadership.* Routledge.

Roddick, A. (2000). *Business as unusual* (S. 79–80). Thorsons.

Smircich, L., & Morgan, G. (1982). Leadership: The management of meaning. *The Journal of Applied Behavioural Sciences, 18*(3), 257–273.

Hans-Jürgen Frank ist „thought leader" auf dem Gebiet des co-creativen Problemlösens und dem Dialog mit einer großen Zahl von unterschiedlichen Stakeholdern. Er nutzt dabei gemeinschaftliche visuelle Arbeitsoberflächen und künstlerische Prozesse. Seit ca. 25 Jahren begleitet er Unternehmen, internationale Organisationen und Regierungen in Veränderungsprozessen, Projekten und Dialogprozessen in Europa, Asien, den USA, Kanada, Lateinamerika und Afrika. Er hat auf der Grundlage dieser Erfahrungen das neue Berufsfeld des Dialogarchitekten® entwickelt. Hier hat er sein multidisziplinäres Know-how als Künstler, Architekt, Experte in Humanökologie, als Autor und „business facilitator" sowie seine Expertise aus der Fernsehproduktion und der Entwicklung von digitalen Räumen vereint. Hans-Jürgen Frank lehrte ca. zehn Jahre an mehreren Hochschulen und Universitäten. Mit seinen Kunden nutzt er Strategien von Künstlern, Erfindern und Filmemachern, um neuartige Lösungen in Industrie, Politik und Gesellschaft zu entwickeln.

Prof. Dr. Thomas Maak ist Director des Centre for Workplace Leadership und Professor of Leadership an der University of Melbourne. Nach Promotion und Habilitation an der Universität St. Gallen war Thomas Maak zunächst Professor an der ESADE Business School in Barcelona, bevor er zum Head, School of Management, der University of South Australia berufen wurde und dann einem Ruf an die University of Melbourne folgte. Thomas Maak ist Absolvent des International Director's Program von INSEAD und ein preisgekrönter Forscher an der Schnittstelle von Wirtschaftsethik und Responsible Leadership.

Prof. Dr. Nicola M. Pless hat seit 2015 eine Professur für Management inne und ist Inhaberin des Lehrstuhls für Positive Business an der Universität of South Australia sowie Direktorin des Forschungszentrums „Business Ethics and Responsible Leadership". Zuvor war sie Fakultätsmitglied an der Universität St. Gallen, ESADE, INSEAD und in Antwerpen, wo sie die Jef van Gerwen Ehrenprofessur für Wirtschaftsethik innehatte. Ihre Forschungsarbeiten sind in führenden internationalen Forschungszeitschriften erschienen (z. B. Human Resources Management, Journal of Management Studies, Journal of Business Ethics) und mit vielzähligen Forschungspreisen ausgezeichnet worden. Nicola M. Pless berät Unternehmen in Fragen von verantwortlicher Führung, CSR und Wirtschaftsethik und sitzt im Board verschiedener internationaler Netzwerkorganisationen (z. B. Globally Responsible Leadership Initiative).

Digitale Veranstaltungsplattformen
Kategorisierung der Softwarelösungen und ihre Eignung für Veranstaltungsformate

Thomas Bauer, Timo Kargus und Felix Josephi

Inhaltsverzeichnis

1 Disruptive Veränderung in der Veranstaltungsbranche als Ausgangslage ... 218
2 Virtuelle Veranstaltungen als Chance. 220
3 Plattformwahl als Richtungsentscheidung 222
4 Technische Umsetzung als Infrastruktur 230
5 Inhaltliche Umsetzung als Veranstaltungsnutzen 231
6 Erfolgsmessung als Leistungsnachweis. 232
7 Fazit 234
Literatur 234

T. Bauer (✉)
Duale Hochschule Baden-Württemberg, Ravensburg, Deutschland
E-Mail: bauer@dhbw-ravensburg.de

T. Kargus
WorldHostingDays, Köln, Deutschland
E-Mail: timo@cloudfest.com

F. Josephi
PIRATEx GmbH, Köln, Deutschland
E-Mail: felix@pirate.global

© Der/die Autor(en), exklusiv lizenziert durch Springer Fachmedien Wiesbaden GmbH, ein Teil von Springer Nature 2021
S. Luppold et al. (Hrsg.), *Berührende Online-Veranstaltungen*,
https://doi.org/10.1007/978-3-658-33918-0_15

Zusammenfassung Die rasante (Voll-)Digitalisierung der Veranstaltungsbranche im Messejahr 2020/2021 verändert eine erfolgreiche Messe- und Veranstaltungsbranche. Teils zur Überbrückung eines aufgrund Covid-19 ausfallenden Veranstaltungszyklus, teils aber auch zur Schaffung von dauerhaften Alternativen des Austauschs werden digitale Veranstaltungen initiiert. Diese basieren auf digitalen Veranstaltungsplattformen verschiedener Architektur und Funktionalität. Videokonferenzen, Websites als Navigationsplattformen, Web-Applications, Point-and-Click Applications sowie Virtual-Reality-Plattformen werden zur geeigneten Umsetzung der verschiedenen Veranstaltungsformate sowie im Hinblick auf die Zielgruppen ausgewählt und teilweise miteinander kombiniert. Ein Überblick erleichtert die Auswahl der richtigen Softwarelösung; ein Blick auf die Strategie der Veranstalter zeigt die Chance – idealerweise verlängern Veranstaltungsplattformen die Veranstaltungen dauerhaft digital.

1 Disruptive Veränderung in der Veranstaltungsbranche als Ausgangslage

Volle Gänge und eine lebendige Geräuschkulisse zeugten in den vergangenen Jahren von der boomenden Messebranche in Deutschland. Trotz steigender internationaler Konkurrenz, der Verschiebung von Produzentenmärkten sowie teilweise sogar Innovationsführerschaften nach Asien hat sich Deutschland auch nach der Jahrtausendwende als wichtiger Messeplatz global behaupten können.

Für ausstellende Unternehmen und deren Marketing- und Vertriebsabteilungen sind Messen weiter das Rückgrat der (internationalen) Kommunikations- und Absatztätigkeit, insbesondere im so wichtigen B-to-B-Geschäft. Veranstalter entwickelten ihre Veranstaltungsformate weiter, integrierten Kongresse zur Wissensvermittlung (Kaldenhoff & Beckmann, 2017, S. 928) und reagierten auf gesellschaftliche Trends wie der Erlebnisorientierung (Zanger, 2017, S. 936), bis hin zur Festivalisierung der Veranstaltungen (Radtke & Bauer, 2018, S. 70; Bauer & Münch, 2021, S. 863).

Im März 2020 ist auf einmal alles anders. Gerade war die *Euroshop* in Düsseldorf mit knapp 95.000 Besuchern aus 142 Ländern sowie 2292 Ausstellern (70 % aus dem Ausland) zu Ende gegangen, kam das neuartige Coronavirus Covid-19 nach Europa. Leere Hallen und verwaiste Gelände folgten im Zusammenhang mit Tausenden international abgesagten

Messen, davon ein Großteil in Europa. Ausstellern brach der Marketing- und Absatzkanal weg, Besuchern die Plattform für Inspiration, Recherche und Informationsaustausch, und Veranstalter sowie Dienstleister der Veranstaltungsbranche sehen sogar ihr gesamtes Geschäftsmodell in Gefahr.

Die drängende Frage nach Alternativen zwang Veranstalter zur Flexibilität und öffnete so quasi über Nacht die Akzeptanz für neue digitale Ansätze. Die *DMEXCO* am 23. und 24. September 2020, noch bis Ende Juni als Hybrid-Veranstaltung angekündigt, wurde vollständig als *DMEXCO@home* virtuell umgesetzt (Koelnmesse, 2020). Weitere Veranstalter gehen schrittweise zusammen mit ihren Partnern in hybride Modelle. Das *CloudFest*, ein jährlich stattfindendes Cloud-Technologie-Event im Europa-Park Rust mit 7.000 Teilnehmern und 200 Partnern aus über 72 Ländern, hat nach der Absage im März 2020 schnell begonnen, sich virtuelle Erfahrungen anzueignen und eine Digitalisierung der Events im Covid-Jahr 2020 voranzutreiben. Mit *CloudUnchained* wurde im April eine einfache Webinar-Reihe mit sechs Veranstaltungen gestartet, um die Community zusammenzuhalten. Im September wurde mit *CloudFest Parkside* in Kooperation mit dem Hauptpartner Intel und dem Europa-Park ein erstes hybrides Event im Europa-Park mit 1500 virtuellen Teilnehmern und 50 Gästen vor Ort produziert, um die notwendigen Erfahrungen mit Plattformen und Produktionsgegebenheiten zu sammeln. Man bereitete sich so zusammen mit den wichtigsten Stakeholdern auf eine hybride Zukunft vor und testete verschiedene Formen und Tools gerade in Richtung Aussteller- und Teilnehmerintegration und -interaktion. Im März 2021 jährt sich die Absage und man ist mit seinen Partnern zur virtuellen Renaissance bereit, hat Zusagen von allen relevanten Hauptsponsoren und muss nur mit einem überschaubaren Anteil an Absagen leben (Cloudfest, 2021).

Stärker auf physische Präsenz ausgelegte Veranstaltungen wie die *CES 2021* hatten hingegen mit massiven Einbußen zu kämpfen. So verlor die Consumer-Electronics Weltleitmesse große Aussteller wie Google und fand mit insgesamt weniger als der Hälfte der Aussteller virtuell statt. Trotz allem konnte ein virtuelles Spektakel geboten werden für einen Teilnehmerpreis ab 300 US$ (Hiner, 2021).

> Dabei ist bis heute allen Akteuren wichtig, dass die Veranstaltungen als zentrale Plattformen des Austauschs erhalten bleiben. Die „Messeversprechen" des Branchenüberblicks, der Neutralität, der Neukundengenerierung, des Zugangs zum Netzwerk der Branche und der zeitpunktbezogene Anlass sollen verteidigt werden, auch um eine Monopolisierung, etwa auf E-Commerce-Plattformen wie Alibaba.com oder Amazon.com, zulasten aller Beteiligten zu verhindern.

Erstmals ausschließlich online durchgeführte Digitalkonferenzen erzielten dabei früh hohe Reichweiten, zum Beispiel die *Collision* mit 32.000 Online-Teilnehmern im Juni 2020 gegenüber 25.711 in Toronto 2019 (Elmi, 2020). Oder der *Pirate Summit* mit über 5000 Teilnehmern im August 2020 gegenüber 1200 in Köln 2019 (PIRATEx, 2020).

Noch immer entstehen vielfältige Software-Angebote, die Veranstaltungen in den digitalen Raum übertragen beziehungsweise Ausstellern ermöglichen, sich auf Plattformen zu präsentieren. Der Markt ist in einer frühen Phase und erste Konsolidierungen folgen durch frisches Investorengeld, das das Wachstum von beispielsweise Hopin und Bizzabo befeuert (Lunden, 2020; Wilhelm, 2020), aber auch Zusammenschlüsse fördert, welche Eventplattformen zu ganzheitlichen Anbietern entwickeln, wie beispielsweise Hopins jüngste Akquisition des Livestreaming-Spezialisten Streamyard (Wilhelm, 2021). Die Akteure und die vertikale Integration der Leistungen werden sich in den kommenden Jahren hier also weiterentwickeln. Trotzdem wollen wir nachfolgend eine generelle qualifizierende Klassifizierung anbieten, die in ihrer Struktur auch die sich entwickelnde Landschaft robust abbilden wird. Das Spektrum ist breit, weshalb wir einige der Plattformen mit ihren Funktionalitäten vorstellen und den Produktionsaufwand beleuchten. Schon früh ist klar, sowohl die Überbrückungsleistung als auch die Vorzüge im virtuellen Raum werden nur durch einen nicht unerheblichen, realen Aufwand ermöglicht.

2 Virtuelle Veranstaltungen als Chance

Der Aufbau digitaler Veranstaltungsbegleitung steht bei zahlreichen Veranstaltern bereits seit einiger Zeit auf der Agenda, um schon vor Veranstaltungsbeginn die Gesprächsanbahnung zu verbessern und Plattformen zu implementieren, die zur Nachbereitung, Kontaktverfolgung und dem kontinuierlichen Branchenaustausch genutzt werden. Über die Differenzierung von geringem Virtualisierungsgrad vereinzelter (unsystematisch eingesetzter) Informations- und Kommunikationstechnologien zur Vor- und Nachbereitung von Messen, mittlerem Virtualisierungsgrad mittels wirklicher „High Tech"-Innovationen durch Geländenavigation oder Einbeziehung individueller Präferenzen bis zu hohem Virtualisierungsgrad einer „Smart Trade Show" konnten digitale Entwicklungsstufen vor, während und nach der Messe beschrieben werden (Wiedmann & Kassubek,

2017, S. 445 f.). Das Potenzial von Matchmaking-Angeboten und dauerhaften digitalen Ausstellerauftritten war dabei natürlich noch lange nicht erschöpft.

> Messemacher sprechen von der Verlängerung der Veranstaltungen nach vorne, in der Kontaktanbahnung, und nach hinten, in der Nachbereitung. So schwer die Zeiten in der Live Communication aktuell sind: Die Veranstaltungsformate könnten durch Digitalplattformen an Reichweite und Intensität des Austauschs gewinnen und gestärkt daraus hervorgehen.

Die Sorge der Veranstalter, dass digitale Plattformen ihr Erlösmodell gegebenenfalls dauerhaft kannibalisieren, könnte sich schon bald ins Gegenteil drehen. Der Wert der Messe, unterstützt durch digitale Markenreichweite, Lead-Generierung, Prospect-Identifikation und Neukundengewinnung könnte deutlicher der Messeveranstaltung zugeordnet werden als zuvor. Konkrete Zahlen stützen diese These: Schon vor Covid-19 zeigten die Videoinhalte der *Gamescom* mehr als 170 Mio. Views und damit Reichweiten, die eine Präsenzveranstaltung niemals generieren könnte. Mit der rein virtuellen *Gamescom now* schrauben die Veranstalter die Online-Zuschauer-Rekorde weiter in die Höhe und erreichten vom 27. bis 30. August 2020 Hunderte Millionen von Aufrufen in Social Media und über 50 Mio. Live-Zuschauer (Unique User) aus 180 Ländern auf der eigenen virtuellen Bühne (Abb. 1 und 2) – alleine zwei Millionen von ihnen verfolgten die Eröffnungsshow *Opening Night Live* (Mann, 2020). Die Macher

Abb. 1 Videoplattform für das Digital-Event *Gamescom now*. (Quelle: https://www.gamescom.global/, 2020)

Abb. 2 Studioproduktion der *Gamescom now* mit virtuell zugeschalteten Interviewgästen. (Quelle: https://www.gamescom.global/, 2020)

der *Gamescom* haben sich in Eigenentwicklung eine Plattform gebaut. Dank der Nachfrage aus der Veranstaltungsbranche gibt es aber auch bereits fertig entwickelte digitale Veranstaltungsplattformen, die als „Software as a Service"-Produkte auf den Markt drängen.

3 Plattformwahl als Richtungsentscheidung

Das Produktspektrum für Veranstaltungsplattformen ist vielfältig, weshalb eine Abgrenzung zwischen den einzelnen Lösungen und ihren Funktionen notwendig erscheint. Das Angebot erstreckt sich von der Videokonferenz über App-basierte Lösungen bis hin zu Virtual-Reality-Umgebungen.

Videokonferenz
Grundlage für jegliche Fachveranstaltung sind auch im digitalen Raum der Austausch und der direkte Kontakt zwischen den Teilnehmern. Dies erfolgt auf Basis von Videokonferenz-Tools. Hier gibt es die großen, mittlerweile fast allen im Geschäftsleben stehenden Akteuren bekannten Anbieter, wie Zoom, Microsoft Teams oder Go-To-Meeting, aber auch Open-Source-Lösungen wie jitsi.

Die einfachste Form, eine digitale Fachveranstaltung zugänglich zu machen, ist der Versand eines direkten Links zu einem Videostream. Damit wird das **Videokonferenz-Tool** zur Plattform. Tools wie Zoom beinhalten Features wie Polls, Q&As und Chats, die eine Teilnehmerinteraktion ermöglichen. Zusätzlich bietet diese Form der digitalen Plattform die Möglichkeit, Teilnehmer direkt per Video und Audiofunktion mit in die Veranstaltung einzubinden. Eine Einbindung von Partnern und Sponsoren ist nur in den Content oder als Werbung in der begleitenden Kommunikation möglich.

Website als Plattform
Der Link zur Videokonferenz oder zu einem Videostream lässt sich auch auf einer Website integrieren, was die **Website zur Plattform** beziehungsweise zur digitalen Veranstaltungs-Location macht. So können Konferenzinhalte auf mehreren Streams nebeneinander und Präsentationen von Partnern angeboten werden. Dies ist ein erster Schritt in eine digitale Ausstellung. Ein frühes Beispiel hierfür war die *re:publica*, die am 07. Mai 2020 erstmals vollständig digital stattfand (re:publica, 2020; Abb. 3 und 4).

Die Ausstrahlung über soziale Netzwerke wie Facebook und YouTube erhöht beim Videostreaming zusätzlich die Reichweite. Die Interaktionsmöglichkeiten im Rahmen der klassischen Website bleiben hingegen eingeschränkt oder verlagern sich auf Fremdplattformen wie die genannten sozialen Netzwerke.

Web Applications
Die ersten ganzheitlichen Plattformen, die als Cloudservice angeboten werden, sind **Web-Application-basierte Plattformen.** Diese Kategorie ist aktuell am meisten gehypt und wird für die meisten Fachveranstaltungen genutzt. Zu den Anbietern zählen Hopin, Talque, Hubilo und viele weitere.

Abb. 3 Parallele Videostream-Einbindungen auf der Website der *re:publica*. (Quelle: https://re-publica.tv/de, 2020)

Abb. 4 Studiomoderation der *re:publica*. (Quelle: https://re-publica.tv/de, 2020)

Die Plattformen zeichnen sich durch eine All-in-One-Lösung aus, sodass die Teilnehmer sich – einmal registriert – ohne Barrieren auf der Plattform bewegen können, sowie durch ein eigenes User-Management. Damit werden Teilnehmer adressierbar und die Interaktion zwischen den einzelnen Besuchern sowie die direkte Ansprache durch Aussteller ermöglicht, nebst individuellen Analysemöglichkeiten. In den Applikationen sind verschiedene Features integriert, die ähnlich aufgebaut sind wie bekannte webbasierte soziale Netzwerke. Sie wollen nicht das bekannte Messeerlebnis nachbilden, sondern integrieren die verschiedenen Bereiche einer Fachmesse mit Konferenz, Ausstellung und Networking durch einzelne Funktionen (Abb. 5). Je nachdem, ob der Schwerpunkt auf Kongress, Ausstellung oder Networking liegt, unterscheiden sich die Angebote.

Neben den genannten Software-Anwendungen bauen Veranstalter auch an eigenen Lösungen. Die Veranstalter des *Websummit*, in Präsenz zuletzt in Lissabon, haben mit *Collision from home* im Sommer 2020 erfolgreich eine eigene Plattform vorgestellt (Abb. 6) und sind der erste bekannte internationale Veranstalter, der seine eigenentwickelte Lösung als White-Label Solution im Veranstaltungsmarkt anbietet (Collision, 2020).

Die Entwickler haben ihren Fokus auf Conference- und Networking-Features gelegt, insbesondere auf ein datengetriebenes Matchmaking, das Teilnehmer mit gleichen Interessen und/oder passendem Angebot und Nachfrage zusammenführt.

Digitale Veranstaltungsplattformen 225

Abb. 5 Unterhaltung zwischen Teilnehmern der *NamesCon Online*. (Quelle: https://namescon.online, 2020)

Anbieter wie Hubilo ermöglichen die Präsentation der Aussteller mit virtuellen Ständen. Solche Stände bestehen im Wesentlichen aus Inhalten wie Videos oder Werbedokumenten, direkten Call-to-Actions zu Newsletter-Anmeldungen oder Rabattaktionen sowie der Interaktion mit Teilnehmern mithilfe von Video-Chats oder Live-Produktdemonstrationen. Die Lead-Generierung ist der klare Vorteil der integrierten Plattformen, denn die Besucher sind dank User-Management angemeldet und bekannt.

Zuletzt geht die Entwicklung dieser webbasierten Plattform in die Richtung einer hybriden Integration der Veranstaltungen. Durch den Einsatz von Plattform-Features wie orts-unabhängiger Meeting-Buchung und Live-Schnittstellen zwischen digitalen Ausstellerprofilen und physischen Messeständen können zukünftige Veranstaltungen sowohl im physischen als

Abb. 6 Interaktionsschwerpunkt auf der Plattform der *Collision from home*. (Quelle: Colllisionconf.com, 2020)

auch im digitalen Raum stattfinden. Insbesondere die nahtlose Vernetzung der digitalen und physischen Akteure einer Veranstaltung wird hierbei eine bedeutende Rolle spielen.

Point&Click Applications
Eine weitere Kategorie lässt sich in Anlehnung an einen Begriff aus dem Online-Gaming als **Point&Click-Anwendungen** zusammenfassen. Sie vermitteln das Messeerlebnis nah an der physischen Atmosphäre. Die Navigation funktioniert über Points-of-Interest wie bei digitalen Karten. Die Besucher navigieren in einer 2-D-Welt durch verschiedene Veranstaltungsbereiche auf einer Web-Oberfläche. Lösungen gibt es beispielsweise von *Meetyoo* oder *Inxpo*. Aussteller können sich visuell in einer Ausstellung präsentieren, die Inhalte sind dabei ähnlich wie bei den Web Applications. Der Charme liegt in der Wiedererkennung und intuitiven Handhabung durch die Teilnehmer. Die Lösungen wirken von der Aufmachung und der Nutzungslogik her meist spielerisch, aber teilweise weniger modern, was abhängig von der Veranstaltung aber gewollt sein kann. Ein schönes Beispiel der virtuellen Umsetzung einer etablierten Messe ist die *Equitana Open Air@Home*, die im August 2020 stattfand (Reed Exhibitions, 2020; Abb. 7 und 8).

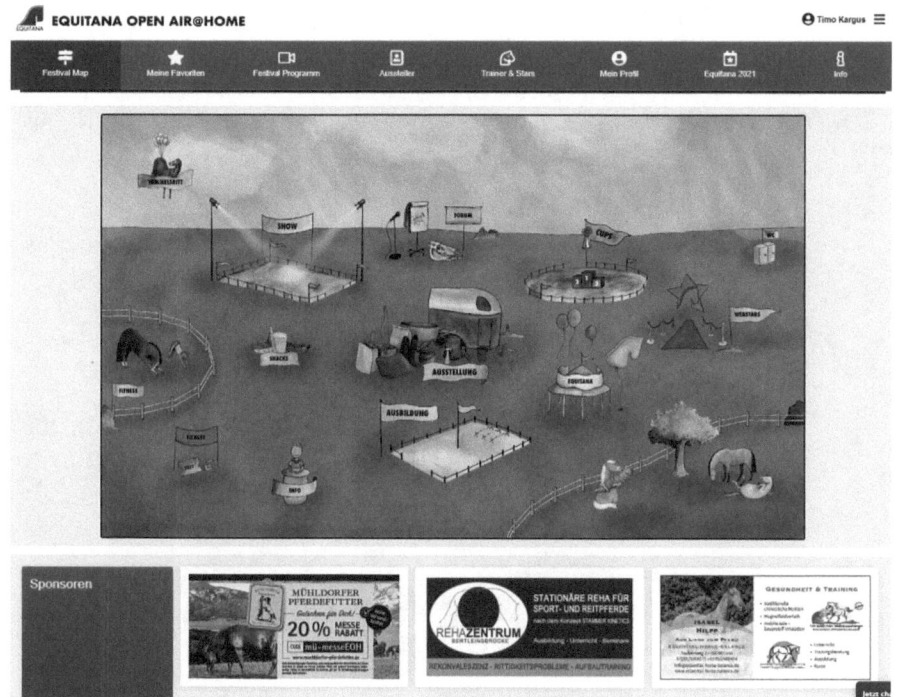

Abb. 7 Spielerische Online-Oberfläche der *Equitana Open Air@Home*. (Quelle: https://www.equitana-openair.com/@home/de/, 2020)

Virtual-Reality-Plattformen
Komplett in die Welt der digitalen Übersetzung von physischen Fachmessen taucht man mit **Avatar-basierten Plattformen** beziehungsweise **Virtual-Reality-Plattformen.** Sie bilden die Veranstaltung komplett im digitalen Raum nach (Abb. 9). Avatar-basierte Plattformen kreieren eine Welt, die noch aus der „Second-Life"-Ära oder aus Computerspielen wie „Fortnite" bekannt sind und in der man sich über Avatare in einem digitalen Raum bewegt. Dies kann vor dem Bildschirm in einer Third-Person View passieren, bei der sich der Besucher mit Tastatur und Maus durch den Raum bewegt, oder mit der notwendigen Hardware-Unterstützung, wie 3-D-Brillen, in einer virtuellen First-Person-Umgebung.

Diese Plattformen könnten künftig einen hohen Stellenwert einnehmen, wenn sich die Generationen, die solche Umgebungen von Computerspielen gewohnt sind, zu dominanten Besuchergruppen entwickeln. Noch bremsen der hohe Aufwand in der Produktion und die fehlende Hardware bei den Teilnehmern die Verbreitung. Vom Aufwand her kann der Aufbau

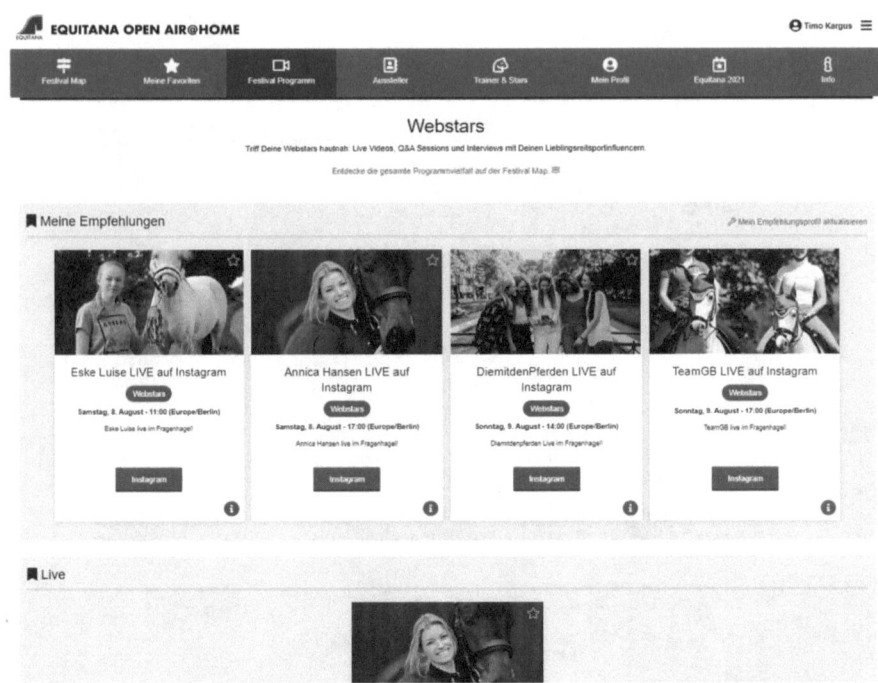

Abb. 8 Videoprogramm mit Stars der Branche für die *Equitana Open Air@Home*. (Quelle: https://www.equitana-openair.com/@home/de/, 2020)

Abb. 9 Voll animierte Keynote bei der *V²EC 2020 – Virtual VIVE Ecosystem Conference*. (Quelle: https://engagevr.io/2020/04/v%C2%B2ec-2020-virtual-vive-ecosystem-conference, 2020)

der virtuellen Stände mit dem klassischen Messebau verglichen werden. Schon heute bieten auch Livekommunikations-Agenturen und Messebauer dreidimensionalen Messebau im virtuellen Raum an und dort die hybriden Messestände den Ausstellern individuell an, um plattformunabhängig einen Mehrwert im Auftritt bzw. ein herausgehobenes emotionales Erleben im virtuellen Messeerleben zu realisieren (atelier damböck, 2020).

Die Möglichkeiten für Aussteller und Teilnehmer, spektakuläre Erfahrungen zu generieren, sind vorstellbar und werden zukünftig unterstützt durch hohe Internetgeschwindigkeiten (5G). Jedoch bleibt fraglich, ob so der persönliche Kontakt auf einer Veranstaltung wirklich nachzuahmen ist. Zurufe und Gespräche sind möglich, aber Umarmen und Händeschütteln wird unmöglich bleiben, weshalb immer ein großer Teil der Emotionen auf der Strecke bleiben wird.

> Bei allen technischen Angeboten ist wichtig, dass Veranstalter und Aussteller beziehungsweise Content-Lieferanten sich gut überlegen, wie sie die digitale Variante in ihre Strategie integrieren möchten, und auf dieser Basis ihre Plattform wählen. Soll lediglich ein einmaliger Event-Ausfall überbrückt werden? Oder setzt das Unternehmen auf eine langfristige digitale Unterstützung seiner Fachveranstaltungen?

Die Veranstalter müssen die digitalen Möglichkeiten, Reife und Erfahrungen der Teilnehmer und Aussteller im Blick haben. Eine Plattform, die für eine technikaffine junge Zielgruppe eine uncoole Zumutung ist, kann für den Pharmakongress eine ideal zugeschnittene Lösung sein. Bei allen externen Anbietern ist die DSGVO-Konformität ein wichtiger Faktor, da gerade die Analyse und Verfügbarkeit von Teilnehmerdaten für Aussteller und Veranstalter einen großen Mehrwert bietet. Verträge zur Auftragsdatenverarbeitung sind erfolgskritisch für die dauerhafte Position des Veranstalters an der Schnittstelle von Ausstellern, Referenten und Besuchern/Teilnehmern, also in der Koordination von Märkten und des Austauschs in verschiedenen Wirtschaftsbranchen.

Hat der Messeveranstalter sich für eine Plattform-Variante entschieden, sein Messekonzept an die digitale Durchführung angepasst und die richtigen Formate für die Zielgruppe gefunden, benötigt er noch drei weitere Komponenten, um seine virtuelle Veranstaltung zu einem Erfolg zu machen: die technische Umsetzung der Plattform nebst Inhalten, das Aussteller- und Referentenmanagement sowie natürlich die Erfolgsmessung.

4 Technische Umsetzung als Infrastruktur

Die Kompetenz eines Veranstalters, das Veranstaltungserlebnis zu vermitteln, hängt wie bei physischen Veranstaltungsstätten auch im virtuellen Raum von der Infrastruktur ab. Belastbare, fehlertolerante und verwenderfreundliche IT-Infrastruktur ist an dieser Stelle über Fragen zu Produktion, Übertragung, Schnittstellen, Soft- und Hardwarewahl, Redundanz der Systeme sowie zeitliche und räumliche Überbrückung von Distanzen zu beantworten. Hier gibt es keine Standardlösungen, sondern eine Auswahl von hoch spezialisierten Diensten, die orchestriert zum Einsatz gebracht werden, insbesondere bei der Live-Übertragung. Die technische Realisierung lehnt sich an dieser Stelle mehr an die TV-Produktion denn an die klassische Event-Regie an.

Es bieten sich im Allgemeinen zwei verschiedene Arten an, einen Livestream zu produzieren, der auf eine Event-Plattform eingebunden werden kann:

1. Hybrider Livestream: Kombination aus Referenten, die physisch auf einer Präsenzveranstaltung und geografisch getrennt rein virtuell sprechen
2. Virtueller Livestream: Alle Referenten sprechen virtuell aus der Distanz

Beide Formen basieren auf dem gleichen Prinzip (Abb. 10):

Für einen Livestream, der aus verschiedenen Input-Signalen bekannter Videoplattformen zusammengestellt werden kann, ggf. kombiniert mit einer Studiomoderation, braucht es eine professionelle Regie. In Kombination

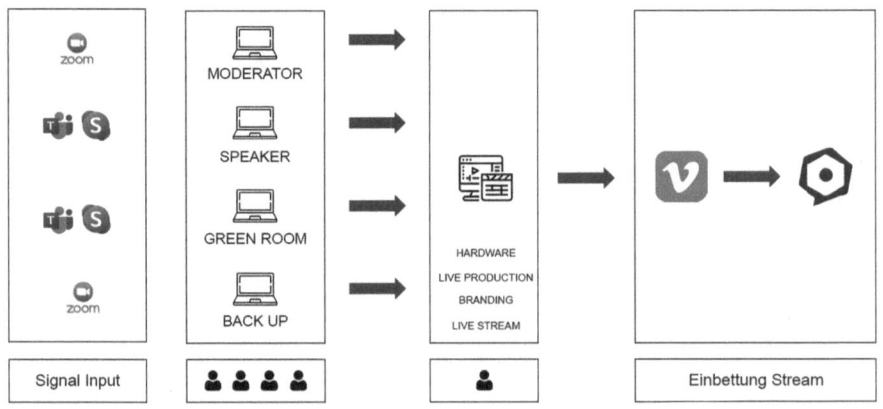

Abb. 10 Mehrstufiger Aufbau einer Livestream-Produktion

mit einer primär aus der Gaming-Szene bekannten Streaming-Software, wie etwa OBS oder Streamyard, können die Video-Signale entsprechend den Bedürfnissen designt und angepasst und auch von weniger erfahrenen Dienstleistern umgesetzt werden. Die Software-Regie wird meist bei kürzeren Produktionen verwendet. Bei längeren Produktionen wird überwiegend auf eine Hardware-basierte Regie zurückgegriffen. Dabei wird ein fortlaufender und durchgängiger Livestream erzeugt, der beliebig durch die Hardware-Regie gesteuert und gestaltet werden kann. Diese Variante wird insbesondere bei Studioproduktionen und Veranstaltungen über mehrere Stunden eingesetzt und benötigt einen erfahrenen Dienstleister, der die Infrastruktur sicherstellt.

Als Ergänzung wird hierzu vermehrt auch Virtual Stage Designeingesetzt, welches virtuelle Bühnendesigns und Augmented-Reality-Elemente mit in die Livestream-Produktion einbindet. Hier bieten sich beinahe unbegrenzte Möglichkeiten, Markenbotschaften und individuelle Veranstaltungspräsentationen einzubinden.

5 Inhaltliche Umsetzung als Veranstaltungsnutzen

Doch auch mit professioneller Regie ist der Faktor Mensch entscheidend: Für Veranstalter und Referenten ist die virtuelle Event-Landschaft noch Neuland, für die meisten Teilnehmer noch gänzlich unbekanntes Terrain. Referenten sprechen nur mit einer Kamera, ohne dass sie direkte Rückmeldung aus dem Auditorium erhalten, was selbst für erfahrene Referenten wie die 160 Speaker der virtuellen *Medtec LIVE* der NürnbergMesse, die vom 30. Juni bis 2. Juli 2020 über vier parallele Streams gesendet wurde, nicht einfach ist (NürnbergMesse, 2020; Abb. 11). Somit ist es für den Erfolg einer Veranstaltung sehr wichtig, dass die Referenten im Vorfeld sowohl technisch als auch inhaltlich gebrieft werden. Inhaltlich sollten die Referenten deutlich „persönlicher" werden, kürzere und prägnantere Sätze bilden sowie ihre Präsentationen interaktiver gestalten. Dies erfordert ein wenig Übung. Durch einfache Kniffe können die Referenten eine „virtuelle" Verbindung zu den Teilnehmern aufbauen.

Weitere Erfolgsfaktoren sind die sogenannte Digitale-Wegeleitung und die Sicherstellung von Interaktion zwischen den Teilnehmern. Insbesondere diese Komponenten müssen durch den Veranstalter im Vorfeld und während der Veranstaltung gesteuert und erzeugt werden. Hierbei ist die Entwicklung

Abb. 11 Live-Speaker und Präsentation auf der *Medtec LIVE*. (Quelle: https://www.talque.com/join/medteclive2020, 2020)

eines eigenen Interaktions-Konzepts von essenzieller Bedeutung, sodass die Teilnehmer nicht im digitalen Raum alleingelassen werden, sondern „digital an die Hand genommen" werden. Ein choreografiertes und geplantes Erlebniskonzept stellt ein Teilnehmererlebnis sicher und erhöht die Nutzungsdauer der Teilnehmer.

6 Erfolgsmessung als Leistungsnachweis

Zwar werden auch in der virtuellen Welt klassische Veranstaltungskennzahlen wie die Anzahl und Herkunft von Teilnehmern, Ausstellern und Speakern/Beiträgen immer wieder zitiert, jedoch erschließt Online-Tracking eine weitere Tiefe der Erfolgsermittlung, da die Intensität der Besucheraktivitäten und -interaktionen gemessen und beschrieben werden kann. Im bereits genannten Fall der *Gamescom* weiß der Veranstalter Kölnmesse entsprechend nicht nur, dass mehr als 50 Mio. Unique User auf der Plattform waren, sondern auch, dass diese 94 Mio. Video Views generiert haben, 50 Mio. Live Views in Shows hatten sowie welcher Anteil der User sich mehrfach/regelmäßig auf die Plattform begeben hat (Werner, 2020).

Individuelle Identifikation der Besucher durch Log-in oder Akkreditierung und deren Zuordnung auf die Sichtung von Videos oder den Download von Whitepapers/Dokumenten bei einem Aussteller erschließen eine Welt, in der auch bislang anonyme, weil oberflächliche Messekontakte nachverfolgt werden können. Damit kann ein jedes nützliche Feature, wie beispielsweise die Funktion „Dokumente und Links direkt herunterzuladen oder in einer Mappe zusammenzustellen", wie beispielsweise bei der *VExCon 2020* von *XING-Ev*ents zur Datenerhebung und Aktivitätsmessung herangezogen werden (XING-Events, 2020; Abb. 12).

> Der viel beschriebene Tauschhandel in (kostenfreien) Web Services, Online-Funktionalität für Daten zu erhalten, eröffnet insbesondere im B-to-B-Bereich den Rückkanal zu wertvollen Leads, die wesentlich lückenloser, vollständiger und bereits informationstechnisch erfasst verfügbar werden als auf hektischen Präsenzveranstaltungen realistisch ermittelbar. Die digitale Plattform bereitet hier den Weg für Folgemaßnahmen in digitalen Customer Relationship Management (CRM)-Prozessen und erlaubt eine Integration von Veranstaltungs- und CRM-Software der Aussteller und Veranstalter ohne Medienbruch.

Die Erfahrung der digitalen Messe-Landschaft in 2020 hat bereits gezeigt, dass durch den Einsatz von datengetriebenen Analysetools die Qualität der erreichten Leads deutlich effizienter gestaltet werden kann. Insbesondere können auf Ausstellerseite durch den Einsatz von individuellen Profil-Dashboards die Interaktion und Bewegung auf dem digitalen Ausstellerprofil eingesehen und in Echtzeit justiert werden. Es eröffnen sich Möglichkeiten, die Anzahl an Gesprächen, Besuchern, Downloads sowie

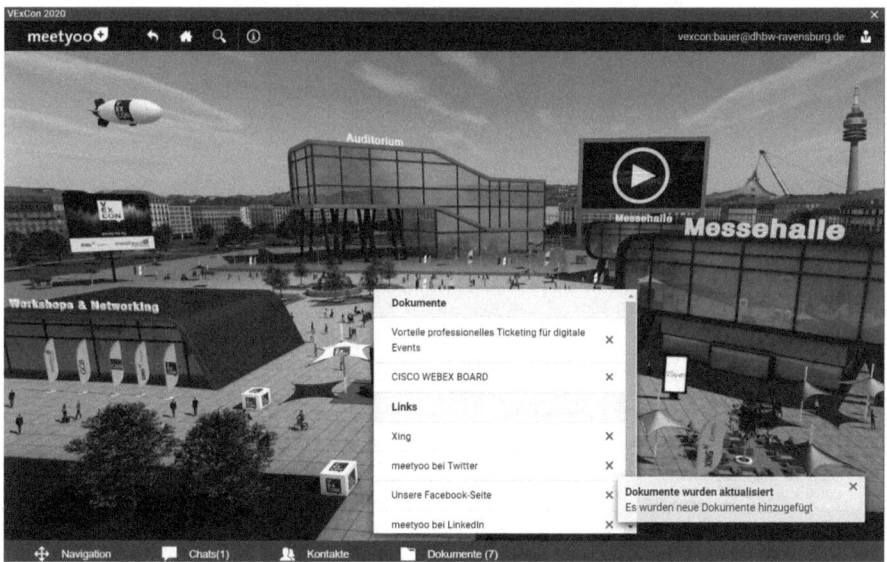

Abb. 12 Gesammelte Dokumente und Links auf der *VExCon 2020*. (Quelle: https://www.ubivent.com/start/vexcon2020, 2020)

die Intensität von Interaktion und Content View in Echtzeit zu beeinflussen und eine von der Veranstaltungszeit losgelöste Gesprächsanbahnung auch nach der Veranstaltung zu initiieren.

7 Fazit

Das Verständnis der Teilnehmer, Aussteller und Referenten für eine neue digitale Umgebung, ihre Bereitschaft, diese zu erforschen, und natürlich deren Usability werden zu einem weiteren Schlüssel zum Veranstaltungserfolg. Damit sind das Spiel und der Wettbewerb um überzeugende Lösungen im virtuellen Raum gerade erst gestartet. Rein digitalen Veranstaltungen werden zunächst hybride Veranstaltungen folgen, bevor eine Präsenz mit alten Teilnehmerzahlen wieder realisiert werden kann. Es liegt dabei nahe, dass unabhängig von der Dauer der Rückkehr in die „Normalität" die hybride Verlängerung sowohl zeitlich als auch in der Reichweite der Veranstaltung bleibt. Auch für zukünftige Präsenzbesucher ergibt sich wahrscheinlich nach online angebahnten wertvollen Kontakten ein klares Bild des Mehrwerts und Bedürfnisses, diese wieder real zu treffen. Damit kann die Effizienz, auf der Fachveranstaltung mehreren Gesprächspartnern auch persönlich zu begegnen und damit den hohen Reise- und Zeitaufwand in Kauf zu nehmen, sichtbarer werden. Denn eines ist klar, persönliches Vertrauen und die Bestätigung der richtigen Entscheidungen werden weiter persönliches Treffen, Inspizieren, Anfassen und emotionales Erleben voraussetzen – darin sind sich die Akteure am Veranstaltungsmarkt einig.

Literatur

atelier damböck (2020): Hybrid Kommunikation. Online verfügbar unter http://hybrid-kommunikation.de/. Zugegriffen: 15. Jan. 2021.

Bauer, T., & Münch, F. (2021). Eventisierung von Fachmessen zur Erweiterung des emotionalen Erlebens. In S. Ronft (Hrsg.), *Eventpsychologie* (S. 861–890). Springer Fachmedien Wiesbaden.

Cloudfest. (2021). Building cloudfest together. Online verfügbar unter https://www.cloudfest.com/. Zugegriffen: 26. Jan. 2021.

Collision. (2020). Our conference. Our software. Online verfügbar unter https://collisionconf.com/our-software. Zugegriffen: 26. Jan. 2021.

Elmi, N. (2020). Collision conference 2020 – Key takeaways. Online verfügbar unter https://www.linkedin.com/pulse/collision-conference-2020-key-takeaways-nava-elmi, zuletzt aktualisiert am 28.06.2020. Zugegriffen: 26. Jan. 2021.

Hiner, J. (2021). CES 2021 trends: Top 6 things we expect to see at the all-virtual show. Hg. v. Cnet.com. Online verfügbar unter https://www.cnet.com/news/ces-2021-trends-6-things-we-expect-virtual-show/, zuletzt aktualisiert am 10.01.2021. Zugegriffen: 26. Jan. 2021.

Kaldenhoff, A., & Beckmann, K. (2017). Management für erlebnisorientierte, und. In M. Kirchgeorg, W.M. Dornscheidt, & N. Stoeck (Hrsg.), *Handbuch Messemanagement* (S. 925–934.). Springer Fachmedien Wiesbaden.

Koelnmesse. (2020). DMEXCO @home. Online verfügbar unter https://dmexco.com/dmexco-at-home/. Zugegriffen: 26. Jan. 2021.

Lunden, I. (2020). Bizzabo raises $138M for a platform that helps you build and run virtual conferences. Techcrunch.com. Online verfügbar unter https://techcrunch.com/2020/12/02/bizzabo-raises-138m-for-a-platform-that-helps-you-build-and-run-virtual-conferences/, zuletzt aktualisiert am 02.12.2020. Zugegriffen: 26. Jan. 2021.

Mann, F.P. (2020). gamescom 2020: Online-Zuschauer-Rekorde und ein noch internationaleres Publikum. Online verfügbar unter https://presskm.koelnmesse.net/pm/0480/complete_pm_0480_2020_22_DE.pdf, zuletzt aktualisiert am August 2020. Zugegriffen: 26. Jan. 2021.

NürnbergMesse. (2020). Drei Tage virtuelle MedTecLive & MedTecSummit 2020. Online verfügbar unter https://www.medteclive.com/de/virtuelles-event. Zugegriffen: 27. Jan. 2021.

PIRATEx. (2020). Thanks for joining us at PIRATE Live 2020! Online verfügbar unter https://pirate-x.com/piratelive/thank-you/. Zugegriffen: 26. Jan. 2021.

Radtke, B., & Bauer, T. (2018). Messtivals oder wie sich eine wichtige Branche erneuert. *Absatzwirtschaft, 2018*(03/2018), 68–74.

re:publica. (2020). Eine Plattform. Vier Kanäle. Vier Deep Dives. Ein TV-Studio. Online verfügbar unter https://re-publica.tv/de. Zugegriffen: 26. Jan. 2021.

Reed Exhibitions. (2020). EOA@HOME feiert ihre erfolgreiche Premiere. Online verfügbar unter https://www.equitana-openair.com/@home/de/43/n168/, zuletzt aktualisiert am 12.08.2020. Zugegriffen: 27. Jan. 2021.

Werner, C. (2020). Koelnmesse & Corona – Herausforderungen und Strategien am Beispiel der Messen DMEXCO und gamescom. 57. Tagung Messearbeitskreis Wissenschaft/ virtuell. Koelnmesse. mak. Messearbeitskreis Wissenschaft. Köln, 30.11.2020.

Wiedmann, K.-P., Kassubek, M. (2017). Virtualisierung von Messen. In M. Kirchgeorg, W.M. Dornscheidt, & N. Stoeck (Hrsg.), *Handbuch Messemanagement* (S. 439–452). Springer Fachmedien Wiesbaden.

Wilhelm, A. (2020). Hopin raises $125 M for its online events platform on the back of surging growth. Techcrunch.com. Online verfügbar unter https://techcrunch.com/2020/11/10/hopin-raises-125m-for-its-online-events-platform-on-the-back-of-surging-growth/?guccounter=1, zuletzt aktualisiert am 10.11.2020. Zugegriffen: 26. Jan. 2021.

Wilhelm, A. (2021). Hopin buys livestreaming startup StreamYard for $250 M as it looks to expand its product lineup. Techcrunch.com. Online verfügbar unter https://techcrunch.com/2021/01/07/hopin-buys-livestreaming-startup-streamyard-for-250m-as-it-looks-to-expand-its-product-lineup, zuletzt aktualisiert am 07.01.2021. Zugegriffen: 26. Jan. 2021.

XING-Events. (2020). VExCon – Virtual expo & conference. Online verfügbar unter https://www.xing-events.com/de/vexcon. Zugegriffen: 27. Jan. 2021.

Zanger, C. (2017). Beurteilung des. In Manfred K., W.M. Dornscheidt, & N. Stoeck (Hrsg.), *Handbuch Messemanagement* (S. 935–950). Springer Fachmedien Wiesbaden.

Prof. Dr. Thomas Bauer, Dipl.-Kfm., ist seit 2014 als Professor und Studiengangsleiter im Studiengang „BWL – Messe-, Kongress- und Eventmanagement" der Dualen Hochschule Baden-Württemberg (DHBW) in Ravensburg tätig. Thomas Bauer verfügt über Erfahrung in Leitungsfunktionen im CRM und Kundenmanagement in der E-Commerce- und Tourismusindustrie bei der 1&1 Internet AG sowie der hotel.de AG. Seit 2008 ist er im Veranstaltungsmanagement in einem selbst gegründeten Unternehmen in den USA tätig. Er leitet in dieser Rolle bis heute Veranstaltungsprojekte und entwickelt diese kontinuierlich weiter. Zu seinen Forschungsinteressen zählen virtuelle Messen, die Veranstaltungsatmosphäre und Eventisierung, Projektmanagement und Business Development für Veranstaltungen.

E-Mail: bauer@dhbw-ravensburg.de

Timo Kargus, Dipl.-Kfm., ist seit 2017 bei dem Eventmanagement-Unternehmen WorldHostingDays in Köln und seit 2018 als Chief Revenue Officer für die Weiterentwicklung der Formate im Sinne der Aussteller und Kunden verantwortlich. Timo Kargus begann seine Karriere im internationalen Kundenmanagement der IT und Cloud-Software-Industrie bei der 1&1 Internet AG (heute: 1&1 Ionos SE) sowie Stationen bei der AXOOM GmbH und der Acronis AG. Parallel arbeitete er seit 2009 strategisch und operativ an der Entwicklung von konsumentenorientierten Veranstaltungen in den USA mit, bis er die beiden Interessen 2017 bei der WorldHostingDays zusammenführte.

E-Mail: timo@cloudfest.com

Felix Josephi ist geschäftsführender Gesellschafter der PIRATEx GmbH, eine ganzheitliche Event-Agentur für virtuelle und hybride Event-Produktionen, sowie ein eigenständiger Veranstalter von internationalen Konferenzen und Events im digitalen und innovativen Start-up-Umfeld. Zuletzt hat die PIRATEx GmbH mehr als 70 digitale Veranstaltungen – von Produktpräsentation bis zu internationalen

Messen – für langjährige Kunden wie Henkel, DHL, Messe Bremen, Nürnberg Messe und das Wirtschaftsministerium Nordrhein-Westfalen durchgeführt. Zuvor war Felix Josephi als Projekt Manager „Neue Formate" bei Euroforum Deutschland und als Head of Product für PIRATEx für die Konzeptionierung und Gestaltung zahlreicher Veranstaltungsformate und Konferenzen (PIRATE Summit, EXECinsurtech, Ada Lovelace Festival, u. v. m.) zuständig und verfügt über mehr als zehn Jahre Erfahrung im Veranstaltungsgeschäft.

E-Mail: felix@pirate.global

Berührende Vorträge bei einem Online-Kongress – Referenten informieren, qualifizieren und motivieren

Fallbeispiel virtuelle tekom-Jahrestagung 2020: Herausforderungen, Umsetzung und Learnings

Cornelia Ilg

Inhaltsverzeichnis

Literatur 253

Zusammenfassung Die tekom-Jahrestagung findet jährlich im November in Stuttgart statt. Wir bieten ein Vortragsprogramm mit über 250 Fachvorträgen und Workshops über drei Tage sowie viel Zeit und Raum für den beruflichen Austausch und das Networking. Mit ca. 4500 Teilnehmern ist die tekom-Jahrestagung der größte internationale Branchentreff für Technische Kommunikation. Der Kongress wird inhouse organisiert, von der Idee über die Planung bis zur Umsetzung. Externe Dienstleister werden für einzelne Aufgaben beauftragt, die Gesamtkonzeption wird jedoch nicht in die Hände einer Agentur gelegt. Technische Kommunikation ist an sich eher ein „trockenes" Thema, zumindest für Außenstehende. Die TechComm-Community – Experten, Brancheninsider, Mitglieder des Berufsverbandes und Kongressteilnehmer – bringen jedoch viele Themen ein, die heiß diskutiert werden. Vor Ort gibt es dazu regen fachlichen

---

C. Ilg (✉)
tekom Deutschland e. V., Stuttgart, Deutschland
E-Mail: cornelia.ilg@t-online.de

Dialog, hitzige Diskussionen, neue Erkenntnisse und Lösungen werden aufgezeigt. Kurz gesagt: Emotionen werden erzeugt.

Im Frühjahr 2020 hat uns die Pandemie, wie alle anderen Veranstalter auch, vor große Schwierigkeiten gestellt. Ende Juni 2020 haben wir uns für eine virtuelle Durchführung des Kongresses entschieden. Input-Formate, wie z. B. Fachvorträge oder Ask-The-Expert-Formate über 45 bzw. 60 min, sollten in Webinar-Form durchgeführt werden. Ein Webinar nach unserer Definition hat einen Input-, einen Interaktions- und einen Diskussionsteil. Für reine Diskussions- und Austauschformate haben wir ein Videokonferenz-Tool verwendet. Die Anzahl der Vorträge wurde auf 160 reduziert und die Veranstaltung um zwei auf fünf Tage verlängert. Pro Tag wurden ca. 30 Live-Formate produziert.

Ein Studio oder Broadcast-Center haben wir nicht angemietet. Die Geschäftsstelle war unsere Schaltzentrale und die technischen Voraussetzungen wurden geschaffen, um eine störungsfreie Übertragung und Aufzeichnung der Vorträge zu gewährleisten.

Alle Referenten haben die Vorträge live aus ihrem Homeoffice oder ihren Büroräumen in aller Welt gehalten, in Japan, Indien, vielen europäischen Ländern bis in die USA und Kanada. Live-Vorträge sind unserer Überzeugung nach auch ein ideales Mittel, um mehr Authentizität, mehr Interaktionen und somit mehr Emotionen hervorzurufen.

Ein kleines Team erhielt die Aufgabe, 200 internationale Referenten über das veränderte Format des Kongresses zu informieren und sicherzustellen, dass die Redner konzeptionell und technisch gut vorbereitet sind und zu motivieren, unseren Kongress bestmöglich mitzugestalten. Dafür hatten wir vier Monate Zeit.

Unsere Ziele:

- Professionalität in jeder Beziehung.
- Ein inhaltlich hochwertiges Live-Online-Kongressprogramm, für das unsere Veranstaltung bisher bei Live-Formaten bekannt war.
- Inspirierte Redner, die durch gute Vorbereitung sicher und selbstbewusst Online-Vorträge halten.
- Zufriedene Teilnehmer, die durch ein interaktives Programm geführt werden.
- Emotionen erzeugen, die virtuelle Version des Kongresses sollte positiv in Erinnerung bleiben! Nur auf Inhalten und virtuellen Interaktionen beruhend, ohne all die schönen Dinge wie eine tolle Location, hervorragendes Catering und in Erinnerung bleibende Abendveranstaltungen.

Unsere Herausforderungen:
- Wie schafft man als Veranstalter die richtigen Rahmenbedingungen, damit sich ALLE Referenten gut informiert fühlen, motiviert bleiben und sich mit der Veranstaltung identifizieren können?
- Wie kann man als Veranstalter die Referenten bei der Konzeption ihres Vortrags im Online-Format unterstützen?
- Wie stellt man sicher, dass die Inhalte im Online-Format methodisch und didaktisch gut vermittelt werden?
- Wie macht man die Referenten mit der Technik vertraut, die für ein Online-Format verwendet wird?
- Wie schaffen es die Referenten in einem Online-Vortrag, die Teilnehmer einzubeziehen, zu unterhalten, die Aufmerksamkeit hoch zu halten?
- Wie schaffen es die Referenten, Inhalte zu emotionalisieren und damit die Teilnehmer zu berühren?

Für diese Fragen haben wir Antworten gesucht und gefunden. Viele Aktionspunkte aus dem nachfolgenden Text wurden für den virtuellen Kongress, der im November 2020 mit 2700 Teilnehmern stattgefunden hat, umgesetzt. Wir haben nun eine solide Basis geschaffen und werden für die kommenden virtuellen Veranstaltungen die Prozesse anpassen und weiterentwickeln.

Unser Fazit
Der erste virtuelle Kongress war ein voller Erfolg. Nicht nur die Teilnehmerzahlen sprechen dafür, auch das Feedback der Teilnehmer. Und den Erfolg haben wir nicht nur der funktionierenden Technik, sondern vor allem auch unseren engagierten und hoch motivierten Referenten zu verdanken.

Vorbereitung der Referenten und Kommunikation mit den Referenten Schritt für Schritt
1. Call for Papers/Auswahl der Referenten
2. Referentenvereinbarung
3. Social Media und Veröffentlichungen
4. Referenten-Briefing – Didaktik, Methodik, technisches Set-up
5. Technisches Briefing – das Webinar- oder Videokonferenz-Tool
6. Teilnehmer-Engagement-Tools
7. Technik-Check
8. Moderation
9. Am Tag des Vortrags

10. Nach dem Vortrag und dem Kongress
11. Feedback für den Referenten

Call for Papers/Auswahl der Referenten

„Content is King." (Bill Gates, 1996).

Wir erhielten ca. 350 schriftliche Bewerbungen über einen „Call for Papers". Im Aufruf zur Einreichung von Vortragsideen über unsere verschiedenen Medienkanäle definierten wir das Thema und das Ziel des Kongresses sowie die Zielgruppe.

Die Einreichung fand elektronisch statt. Die sich bewerbenden Referenten sind Experten in unserer Branche, oft erfahrene, aber keine professionellen Redner. Ein Honorar wird nicht gezahlt, im Gegenzug nimmt der Referent kostenlos am Kongress teil.

Der (Tagungs-)Beirat – ein Expertengremium – sichtete und bewertete die Einreichungen und wählte ca. 200 Beiträge für das Programm aus.

Um ein inhaltlich anspruchsvolles und für unsere Zielgruppe ausgewogenes und interessantes Vortragsprogramm zu gestalten, wählte der Tagungsbeirat Einreichungen zu den in Tab. 1 aufgelisteten Inhalten und Formaten aus.

Zum Zeitpunkt des Call for Papers (März, 2020) war geplant, dass der Kongress hybrid stattfinden sollte. Im weiteren Verlauf der Kongressproduktion wurde aufgrund des Pandemie-Geschehens jedoch klar, dass dieser nur virtuell stattfinden kann.

Alle 200 Beiträge wurden noch einmal auf ihre Online-Tauglichkeit geprüft, d. h., eignen sich der Inhalt und die Konzeption des Vortrags und eignet sich der Referent. Wir wollten nicht nur authentische Redner,

Tab. 1 Übersicht über Inhalte und Formate

Inhalte	Formate
Thought Leadership – Branchentrends, Visionen, Inspiration	Fachvorträge
Grundlagen	Ask-The-Expert-Format
Recht, Normen, Richtlinien	Tutorials
Forschungsbasierte Inhalte, Studien	Partnervorträge (Industrie/Dienstleister)
Kundeneinblicke – Best Practices	Meetups
	Workshops (wurden virtuell noch nicht umgesetzt)

wichtig waren in Bezug auf die Referenten, neben ihrer fachlichen Qualifikation, auch ihre rhetorischen Vorerfahrungen und ihre Online-Affinität. Der Inhalt konnte gut beurteilt werden, jedoch bei der Konzeption des Vortrags und Eignung der Referenten stieß der Beirat bei der Beurteilung an seine Grenzen. Die abgefragten Informationen in den Einreichungen gaben keine Hinweise z. B. auf Vorerfahrungen bei Online-Vorträgen. Auch die Konzeption eines Online-Vortragsformats wurde nicht abgefragt, da zum Zeitpunkt der Bewerbungen noch nicht feststand, dass der Kongress virtuell stattfindet.

Learning 1: Bei zukünftigen Auswahlverfahren für Online-Formate wird es sinnvoll sein,

- Online-Vorerfahrungen abzuklären und
- nachzufragen, ob „Virtual Reels" vorhanden sind z. B. auf YouTube.

Learning 2: Im Rahmen der Einreichung werden wir die Mediendidaktik abfragen: Wie wird der Vortrag im Online-Format umgesetzt? Welche Interaktionen sind vorgesehen? Welche Tools werden eingesetzt?

Referentenvereinbarung
Nach der Auswahl durch den Tagungsbeirat erhält der Referent eine vertragliche Vereinbarung, die die Zusammenarbeit zwischen dem Redner und dem Veranstalter regelt sowie die Besonderheiten von Online-Veranstaltungen dokumentiert.

Im Einzelnen sind das:

- Wer ist der Auftraggeber/Veranstalter?
- Wer ist der Referent?
- Gegenstand des Vertrages/Tätigkeit des Referenten (Vortragstitel, Dauer des Vortrags, Datum und Uhrzeit, Ort)
- Pflichten des Referenten (z. B. Konzeption in enger Absprache, Werbefreiheit, Bereitstellung von Informationen und Unterlagen, Teilnahme an Briefings, Bereitstellung technischer Mittel)
- Honorar/Aufwendungsersatz/Gegenleistung (z. B. Reisekosten, kostenfreie Teilnahme etc.)
- Pflichten des Veranstalters
- Regelungen zu Stornierung, Terminverschiebung, Nichtantritt, Krankheit
- Welches Übertragungs- und Aufzeichnungs-Tool wird genutzt?

- Schutzrechte (Urheberrechte, Nutzungsrechte, Vervielfältigungsrechte, Bild- und Tonmitschnitt, Auswertungsrechte, Wiedergaberechte, Abrufrechte, Werberechte etc.)
- Haftung
- Beginn und Laufzeit der Vereinbarung
- Vertraulichkeit
- Datenschutz
- Gerichtsstand
- Fristsetzung für die Rücksendung des Vertrags

Learning: Hat nur indirekt mit der Vereinbarung zu tun, ist jedoch ein wichtiges Motivationsmittel: den Referenten in die zeitliche Planung des Vortrags miteinbeziehen. Überschneidet sich der geplante Vortragstermin mit anderen Terminen des Referenten? Ist der Referent eher eine „Eule" (Morgentyp) oder eine „Lerche" (Abendtyp)? Die Koordinierung der Vortragszeiten in einem Programm ist schwierig, da viele Interessen berücksichtigt werden müssen (Dramaturgie etc.), aber besondere zeitliche Wünsche des Referenten sollten nach Möglichkeit erfüllt werden. Als besonderen Service kann man dem Referenten auch eine Kalendereinladung für seinen geplanten Vortragsslot zukommen lassen, verbunden mit ein paar netten Worten.

Social Media/Publikationen
Ein Instrument, um die Referenten zu motivieren, sich früh und intensiv mit der Veranstaltung zu beschäftigen und zu identifizieren, ist, ihnen die Möglichkeit zu geben, über die sozialen Medien oder anderen Medien (Webseite, Newsletter, Magazin) einen Artikel, eine Ankündigung oder ein Interview zu veröffentlichen. Dies erfordert rechtzeitige Vorbereitung und eine gute Zeit- und Kampagnenplanung. Der Referent muss frühzeitig informiert werden und ausreichend Zeit für die Erstellung des Textes erhalten. Zeit für die Korrektur- und Lektoratsphase sowie eventuell die Übersetzung des Textes muss eingeplant werden.

Generell bitten wir alle Referenten um die Veröffentlichung und Ankündigung ihres Vortrags in ihrem eigenen Netzwerk. Hierfür erhalten die Referenten einen Direktlink zu ihrer Vortragsveröffentlichung auf unserer Webseite.

Auch die Erstellung eines (elektronischen) Tagungsbandes mit den Zusammenfassungen aller Vorträge ist ein sehr gutes Mittel, den Referenten zu motivieren, sich rechtzeitig mit dem Konzept und den Inhalten seines

Vortrags zu beschäftigen. Um den Tagungsband zeitgleich zum Kongress zu veröffentlichen und den Teilnehmern zur Verfügung stellen zu können, ist auch hier eine gute Zeitplanung notwendig. In unserem Fall erwarten wir die Texte der Referenten ca. zwei Monate vor der Veranstaltung. Die Texte werden nun grafisch aufbereitet und lektoriert. Hierbei findet auch eine qualitative Prüfung des Inhalts durch Experten statt, idealerweise mit Feedback an den Referenten. In den vergangenen Jahren wurde es allerdings immer schwieriger, die Referenten zur Abgabe eines Beitrages für den Tagungsband zu überzeugen, da es für den Referenten zusätzlichen Aufwand bedeutet, den Text zu erstellen. Für den virtuellen Kongress haben wir wegen fehlender zeitlicher und personeller Ressourcen auf einen Tagungsband verzichtet.

Referenten-Briefing

>„We overfocus on the technology and underprepare how to address, manage and work through the emotions." (Sarah Ross, Keynote Speaker).

Das Briefing der ca. 200 internationalen Referenten haben wir rund sechs Wochen vor dem Kongress begonnen. Grundsätzlich lassen wir den Referenten freie Hand bei der Präsentation der Inhalte, vorausgesetzt sie sind weitgehend werbefrei. Mit Blick auf die Herausforderungen der Online-Präsentation wurde uns aber schnell klar, dass wir die Referenten bei der Vorbereitung unterstützen müssen. Der Fokus sollte auf das „innere Mindset" gelegt werden, für uns eine professionelle Einstellung zum Online-Vortrag.

Auf folgende verschiedenen Redner-Typen mussten wir uns einstellen:

- Der Referent mit langjähriger Erfahrung auf den Bühnen der Welt.
- Der (vortragsunerfahrene) Experte aus dem Unternehmen mit einem Praxisvortrag.
- Der Star der Szene, in unserem Fall Redner aus dem Hochschulbereich und Juristen.
- Das Nachwuchstalent, rhetorisch noch nicht gereift, aber ein digitaler Profi.
- Der engagierte Verbands-Ehrenamtler.
- Der Unternehmer, der am liebsten sein Produkt im Vortrag verkaufen würde.

Alle abzuholen und auf den gleichen Stand zu bringen, das war nicht immer leicht und erforderte viel Fingerspitzengefühl.

Alle Referenten waren eingeladen, an zwei Vorbereitungs-Webinaren teilzunehmen, eines zum Thema Didaktik/Methodik und das andere zum Thema Technisches Set-up. Für die beiden „Train-the-Trainer"-Webinare haben wir externe Coaches engagiert, die ausreichend Erfahrungen mitbrachten zu den Themen Online-Präsenz, Didaktik und Methodik.

Folgende Lernziele wurden für das Webinar „Inhalte" festgelegt:

- Interessante und motivierende Gestaltung eines Vortrags – Aufmerksamkeitsspanne
- Sinnvolle Strukturierung des Vortrags/Zeitmanagement
- Professionelle Leitung der Teilnehmer – Aufmerksamkeit gezielt lenken
- Didaktische Grundsätze und Konzepte (Reflexion, Wissensaufbau und -vertiefung, Impuls, Relevanz, Transfer, Sharing, How-to, Social Proof oder Kennen-Wissen-Können-Umsetzen-Etablieren-Transformieren)
- Storytelling
- Ideen für Interaktionen und zusätzliche Tools für die Umsetzung
- Tipps für die Nutzung von PowerPoint & Co.
- Berücksichtigung des digitalen Reifegrads der Teilnehmer
- Welche Probleme können auftreten (keine technischen Probleme!)
- Umgang und Beantwortung von Teilnehmerfragen/Teilnehmerkritik

Folgende Lernziele wurden für das Webinar „Technisches Set-up" festgelegt:

- Kamera, Ton, Licht – worauf muss man achten?
- Virtueller Hintergrund – Greenscreen
- Infos zu weiteren Hilfsmitteln: Dokumentenkamera, zusätzliche Bildschirme, Tablet, Flipchart, Mischpult und Stream Deck etc.
- Eigene Wirkung: Kleidung, Make-up, Schmuck, Bildausschnitt, mentale Vorbereitung
- Einbinden externer Inhalte: Video, Umfrage, PowerPoint
- Souveränität im Umgang mit der Technik und den Tools

Learning 1: Trotz guter Vorbereitung und vieler Tipps hatten wir es nicht in der Hand: Das Set-up mancher Referenten war nicht optimal in der Live-Schaltung. Das betraf vor allem (virtuelle) Hintergründe, Beleuchtung, Ton und Internetverbindung. Dabei sind gerade das Faktoren, die sich auf die wahrgenommene Qualität eines Online-Events auswirken. Bei einer Übertragung aus einem Studio wäre das natürlich nicht passiert, aber 200 Referenten in Pandemiezeiten in ein Studio zu bringen, war keine Option für uns. Für den nächsten Kongress werden wir die Referenten verpflichten, z. B. einen virtuellen Hintergrund zu verwenden.

Learning 2: Für uns war es sehr wichtig, den Referenten die Unterschiede zwischen einem Face-to-Face-Vortrag und einem Online-Vortrag aufzuzeigen. Durch das gewählte Webinar-Format hat nur der Referent die Kamera eingeschaltet, alle Teilnehmer haben die Kamera deaktiviert, ebenso das Mikrofon. Alle Teilnehmer sind also auf „stumm" und unsichtbar für den Referenten.

Die wesentlichen Unterschiede zu einem Face-to-Face-Vortrag sind:

- Energie: In einem Live-Vortrag erhält der Referent Energie von seinen Zuhörern und gibt diese Energie zurück. Pointen, Anekdoten funktionieren nicht.
- Fehlendes direktes Feedback: Verbale Reaktionen, Augenkontakt, Körpersprache.
- Aufmerksamkeitsspanne der Teilnehmer ist online geringer – es gibt zu viel Ablenkung.
- Multitasking des Redners: Vortragsinhalte und Technik.

Die Folge: Wenn Emotionen und Reaktionen wegfallen, wie es oft in einer virtuellen Umgebung der Fall ist, können Redner unsicher werden.

Unsere Tipps:

- Der schwierigste Teil einer virtuellen Präsentation ist der Anfang, wenn es sich so anfühlt, als würde niemand zuhören. Hilfreich ist hier ein Warm-up, z. B. Frage und Antwort über die Chat-Funktion, ein Quiz oder ein Spiel, um mit etwas zu beginnen, das jeden in die Konversation bringt.
- Auch wenn die Zuhörer nicht antworten können, sollte der Referent darauf vertrauen, dass die Teilnehmer ihm wohlgesonnen sind. Viele Fragen an die Teilnehmer stellen hilft, damit diese aktiv zuhören und mit dem Redner in Verbindung bleiben. Feedback muss aktiv eingefordert werden.
- Ein Moderator hat eine wichtige unterstützende Rolle in dieser Situation. Mehr dazu im Abschnitt „Moderation".

Technisches Briefing
Beim „Technischen Briefing" machen wir den Referenten mit dem Videokonferenz- oder Webinar-Tool vertraut, das für die Übertragung und Aufzeichnung der Live-Online-Vorträge genutzt wird.

Die Übertragung und Aufzeichnung der Fachvorträge im Rahmen des Kongresses wurden mit einem Webinar-Tool durchgeführt. Da wir bis zu 500 Teilnehmer pro Vortrag erwartet haben, war der Einsatz vieler Videokonferenz-Tools nicht möglich (Beschränkung der Teilnehmerzahlen, Stabilität und Zuverlässigkeit, Datenschutz).

Für interaktive Formate wie z. B. Meet-ups haben wir ein Videokonferenz-Tool genutzt, die Teilnehmerzahl war hier beschränkt.

Im Einzelnen erhielten die Referenten Informationen ...

- zu den Kameraeinstellungen;
- zum virtuellen Hintergrund;
- zu den Audioeinstellungen;
- zur Verwendung des Mikrofons;
- zur Verwendung des Chats;
- zur Verwendung des Laserpointers;
- zum Teilen des Bildschirms, auch bei Wechsel des Referenten;
- zur Startphase (Green Room), bevor die Teilnehmer zugeschaltet werden;
- zur Erstellung von Umfragen mit dem Tool;
- zum Einspielen von Videos mit und ohne Audio;
- zur Verwendung von „Breakout-Rooms" und
- zu „Was tun im Notfall?".

Learning: Wir haben davon abgesehen, weitere Funktionen des Tools vorzustellen und zu erklären bzw. nur, wenn diese für den Referenten oder für den Vortrag von Nutzen waren.

Die Gründe dafür:

- Überforderung der Referenten mit technischen Details und Funktionen
- Zeitmangel

Wir hatten das „Technische Briefing" gleichzeitig mit dem Technik-Check geplant, nach den Webinaren zu den Inhalten und dem technischen Setup. Besser wäre es gewesen, das Webinar-Tool bzw. das Videokonferenz-Tool bereits vor oder mit den beiden Vorbereitungs-Webinaren vorzustellen, damit die Referenten bei der Konzeption ihres Vortrags die interaktiven Möglichkeiten der Tools mit einbeziehen können.

Interaktive Tools
Als wir in der Vorbereitungsphase an virtuellen Veranstaltungen teilgenommen haben, stellten wir fest: Redner, die bisher nur in Face-to-Face-Umgebungen gearbeitet haben, sind nun ohne Vorwarnung in die digitale Meeting-Welt geworfen worden. Techniken, die sie bisher eingesetzt hatten, funktionierten in einer Online-Präsentation oft nicht.

Um ein hohes Maß an Interaktion zwischen allen Beteiligten sicherzustellen, in unseren Augen ein kritischer Erfolgsfaktor, haben wir den Referenten in den Vorbereitungs-Webinaren einige aktuelle interaktive Tools vorgestellt.

Dazu gehören Umfrage-Tools (z. B. Mentimeter, Slido), aber auch Tools für das Erarbeiten und Dokumentieren von Ergebnissen (z. B. Miro, Trello, Mural) oder spielerische Elemente (Gamification) wie z. B. ein Quiz etc.

Der Chat sollte während oder am Ende der Session für die Teilnehmerfragen genutzt werden. Zusätzlich hatten wir noch Chats und Diskussionsforen außerhalb des Webinar- bzw. Videokonferenz-Tools angeboten (über eine App).

Learning: Das bloße „Erwähnen" von interaktiven Tools gegenüber den Referenten und damit zu hoffen, dass diese Tools auch bei der Umsetzung der Vorträge genutzt werden, war leider nicht ausreichend. Viele Referenten haben zwar das im Webinar-Tool integrierte Umfrage-Tool genutzt, aber das war es dann auch schon mit der Interaktivität. Der Chat alleine ist keine ausreichende Interaktion, vor allem, da er in Webinar-Tools nur einseitig genutzt werden kann (im Gegensatz zu Videokonferenz-Tools, dort trägt der Chat wesentlich zur Interaktion bei).

Um die Referenten mit interaktiven Tools bekannt zu machen, werden wir zukünftig das Konzept des Mikro-Learnings anwenden: Inhalte, in diesem Fall Tools, werden in kleinen Lerneinheiten (z. B. über einen Newsletter oder Kurzvideos) vorgestellt.

Unterstützend ist auch eine didaktische und methodische Einzelberatung der Referenten, z. B. durch den Tagungsbeirat. Wir bieten dies schon seit Langem für Erstreferenten an, nun erweitern wir dieses Angebot.

Technik-Check
Ca. zwei Wochen vor der Veranstaltung haben wir mit ALLEN Referenten einen Technik-Check durchgeführt. Die Teilnahme am Technik-Check war verpflichtend (und Bestandteil der Referenten-Vereinbarung). Auch wenn ein Referent bereits große Erfahrung bei Online-Präsentationen vorweisen

konnte: Es wurden keine Ausnahmen erlaubt. Gerade bei der Nutzung von vielen verschiedenen Systemen/Tools durch eine Person treten häufig Probleme auf. Alles muss ausprobiert und getestet werden.

Bei ca. 200 internationalen Referenten ist die Terminierung der Zeitslots für die Technik-Checks eine logistische Herausforderung. Gelöst haben wir dies über eine Doodle-Umfrage, über die sich die Referenten Zeitslots reservieren konnten. Es gab keine Einzeltermine, wir haben Gruppen mit maximal zwölf Referenten gebildet, jeweils für eine Stunde, das war zeitlich ausreichend.

Jeder Referent erhielt rechtzeitig vor seinem Technik-Check-Termin einen Einladungslink in den Webinar-Raum oder virtuellen Raum des Videokonferenz-Tools.

Zu Beginn wurde noch mal das Bedienpanel erklärt, der Ablauf bei der Live-Übertragung vorgestellt sowie allgemeine Fragen beantwortet. Dann musste jeder Referent seine Präsentation über den Bildschirm teilen. Wenn ein Referent einen zweiten Bildschirm mit zweiter Kamera nutzt, kann dies knifflig sein. Durch alle Teilnehmer erhielt der Referent Feedback zu vielen Punkten, wie z. B. Kameraqualität und -einstellung, Hintergrund, Licht, Akustik und Ton. Auch fehleranfällige Anwendungen wie z. B. das Abspielen von Videos mit Ton oder Umfragen konnten getestet werden.

Learning: Nach einer Woche Technik-Checks hatten wir das Gefühl, dass sich viele Redner noch nicht sicher fühlten oder durch Probleme beim Technik-Check verunsichert waren. Deshalb haben wir kurzfristig für die Woche vor der Veranstaltung noch einen „Testraum" eingerichtet, d. h. einen Webinar-Raum, der zehn Stunden am Tag für Tests zur Verfügung stand. Die Mehrzahl der Redner hat dieses Angebot in Anspruch genommen, um noch einmal in Ruhe alles ausprobieren zu können.

Checkliste

Ca. zehn Tage vor der Veranstaltung haben alle Referenten eine Checkliste erhalten. Mithilfe der Liste konnten die Referenten überprüfen, ob sie gut vorbereitet sind.

Vor allem wurden organisatorische Details abgefragt (Zugangsdaten erhalten, Vortragsfolien-Upload, Video-Upload, Umfragen) und der Ablauf am Tag des Vortrags nochmals genau beschrieben.

Moderation

Warum braucht man unbedingt einen Moderator/Moderatoren für ein virtuelles Event?

- Es macht einen professionellen Eindruck und sorgt für Orientierung und Sicherheit bei den Teilnehmern.
- Der Moderator unterstützt viele Akteure einer Veranstaltung, besonders aber die Referenten.

Jeder Referent bei einem Online-Vortrag hat tausend Dinge im Kopf, vor allem eine ansprechende und kurzweilige Präsentation der Inhalte. Zusätzlich soll er sich nicht auch noch um den Chat und um die Technik kümmern. Das kann der Referent nicht leisten. Ein unterstützender Moderator sorgt an dieser Stelle für Entlastung:

- Er gibt dem Vortrag einen Rahmen: Der Moderator begrüßt die Teilnehmer, stellt den Referenten vor und erklärt die „Spielregeln". Nach dem Vortrag und der Q&A-Runde verabschiedet er die Teilnehmer und den Referenten.
- Er kümmert sich um das Zeitmanagement: Der Referent und der Moderator vereinbaren im Vorfeld, wie die Präsentation zeitlich ablaufen soll. Er achtet auf die Einhaltung. Der Moderator kann auch eingreifen, wenn z. B. Diskussionen zeitlich ausufern.
- Er regelt die Interaktion mit den Teilnehmern: Der Moderator sollte die Stimmung wiedergeben (kann er aus dem Chatverlauf erkennen) und die Fragerunde steuern (Fragen auswählen, bündeln und kommunizieren).

Der Tag des Vortrags

Jetzt war es so weit, der große Tag war da. Die Referenten freuten sich auf ihre Präsentation, waren vielleicht aber auch angespannt und nervös. Am Tag des Vortrags stand dem Referenten immer ein Ansprechpartner zur Verfügung. Die Referenten wussten, wie wir erreichbar waren. Dafür haben wir am Vortag eine Erinnerung versendet mit dem Zugangslink für das Webinar- oder Videokonferenz-Tool, unseren Kontaktdetails und ein paar aufmunternden Worten.

Wenn es Zeit war, sich in den Vortrag einzuwählen, war – neben dem Moderator – ein weiterer Ansprechpartner unseres Technik-Teams im virtuellen Raum. Hatte sich der Referent verspätet oder Probleme bei der Einwahl, konnten wir sofort reagieren. Auch technische Probleme konnten dadurch zügig behoben werden. Und es gab dem Referenten und dem Moderator ein sicheres Gefühl!

Learning: Ein Regieplan oder eine Regieplan-App, wie er in vielen Beiträgen zu virtuellen Vorträgen empfohlen wird, haben wir nicht genutzt. Da wir nicht aus einem Studio gesendet haben, die Referenten über den zeitlichen Ablauf jedes Vortrags informiert waren, die Moderatoren den Zeitplan im Griff hatten und wir einen Plan für die internen Abläufe erstellt hatten, war dies nicht notwendig. Aber es ist sicherlich ein To-do für zukünftige Veranstaltungen, sich die Möglichkeiten, die ein Regieplan bietet, genauer anzuschauen.

Nach dem Vortrag und nach dem Kongress
Der Vortrag war vorbei, die Chatrunden auch, der Referent atmete erst einmal durch – undfreute sich auf den Rest der Veranstaltung, an der er nun ungezwungen teilnehmen, sich austauschen und selbst dazulernen konnte. Jeder Referent erhielt deshalb im Vorfeld alle Informationen zum Programm und zu den Abläufen, wie ein regulärer Teilnehmer auch, und bekam die gleichen Teilnahmerechte.

Für uns sind die Referenten als Multiplikatoren unersetzlich: bereits im Vorfeld, dann als Teilnehmer mit Backstage-Erfahrung und nach der Veranstaltung, wenn sie unsere Veranstaltung weiterempfehlen.

Deshalb ist eine Kür – und keine Pflicht –, nach dem Kongress schnellstmöglich ein DANKE an die Referenten zu versenden. Dazu ein paar aktuelle und interessante Zahlen zur Veranstaltung, falls der Referent einen Beitrag in den sozialen Medien veröffentlichen möchte, und verbunden mit dem Angebot, die Aufzeichnung des Vortrags auf der eigenen Webseite veröffentlichen zu dürfen.

Feedback für den Referenten
Unersetzlich für den Referenten ist das Feedback der Teilnehmer. Wir stellen durch Umfragen für jeden Vortrag sicher, dass der Vortragsinhalt und der Referent selbst durch die Teilnehmer evaluiert werden, mithilfe einer Bewertungs-App. Der Referent selbst motiviert die Teilnehmer während

seines Vortrags, an der Umfrage teilzunehmen. Die Ergebnisse kann der Referent in seinem Referenten-Konto, über das er bereits den Vortrag eingereicht und alle Dokumente hochgeladen hat, einsehen.

Das Rundum-Paket für den Referenten ist nun geschnürt. Er ist gut damit versorgt, fühlt sich wohl und sicher und kann somit seinen Beitrag leisten – einen berührenden Vortrag, der in Erinnerung bleibt, aus dem sich viel Austausch und Interaktion entwickelt.

Unser persönliches Fazit nach vier Monaten intensiver Arbeit mit den Referenten?

- Sehr viele bereichernde Begegnungen, gerade durch die vielen virtuellen Meetings. In vielen Fällen war der Kontakt enger als bei einer Vor-Ort-Veranstaltung.
- Positives Feedback und Wertschätzung vonseiten der Referenten für die Unterstützung.
- Positives Feedback vonseiten der Teilnehmer zu qualitativ hochwertigen Vorträgen und zu reibungslosen Abläufen.

Bedeutete die Vorbereitung der Referenten für eine virtuelle Veranstaltung weniger Aufwand? Nein, ganz im Gegenteil! Es war für uns alle Neuland und am Ende mussten wir mehr im Detail planen, mehr kommunizieren, mehr Input geben und mehr Aufmerksamkeit schenken. Aber es hat sich gelohnt!

Literatur

Gates, B. (1996). Content is king. https://www.brandcrunch.com.ng/2019/10/16/content-is-king-a-1996-essay-by-bill-gates-microsoft/. Zugegriffen: 13. März 2021.

Cornelia Ilg hat als Hotelbetriebswirtin mehr als 30 Jahre Erfahrung im Event- und Kongress-Business im In- und Ausland. Seit über zehn Jahren ist sie für einen Fach- und Berufsverband, die tekom (Gesellschaft für Technische Kommunikation) mit Sitz in Stuttgart tätig. Als Projektleitung konzipiert und organisiert sie die in Deutschland veranstalteten Kongresse des Verbandes mit bis zu 4600 Teilnehmern. Für den 2020 digital durchgeführten Kongress kümmerte sie sich insbesondere um die Vorbereitung der Referenten auf die veränderte Situation. Ebenfalls seit 2020 ist Cornelia Ilg Gastdozentin für Kongressmanagement an der DHBW Ravensburg.

E-Mail: cornelia.ilg@t-online.de

Online-Meetings – besser als ihr Ruf?
Ein Erfahrungsbericht aus der Praxis

Thomas Wolter-Roessler

Inhaltsverzeichnis

1	Einleitung	256
2	Das Fallbeispiel	256
3	Die Pandemie	259
4	Fazit	274
	Literatur	275

Zusammenfassung Online-Meetings haben den Ruf, in einigen Gesichtspunkten mit physischen Treffen nicht mithalten zu können. Gerade wenn es um Emotionen, tief greifenden Dialog und soziodynamische Prozesse geht, so haftet virtuellen Veranstaltungen der Makel der fehlenden Nahbarkeit an. Im folgenden Beitrag zeigt der Autor anhand eines Praxisbeispiels Stellhebel und Ideen zur Behebung dieses Mangels auf. Seine These lautet: Online-Meetings sind besser als ihr Ruf, wenn sie in folgenden Aspekten passend und umfassend gestaltet werden: Setting und Format, Medien, technische Ausstattung und Infrastruktur, Interaktion und Beteiligung sowie Führung und Moderation. Dies gelingt insbesondere, wenn Möglichkeiten der Interaktion geschaffen und die Teilnehmer aktiv dazu aufgefordert werden, sich einzubringen. Auch wenn diese Veranstaltungen vor dem Bildschirm statt-

T. Wolter-Roessler (✉)
TWR-Beratung, Stuttgart, Deutschland
E-Mail: twr@twr-beratung.de

finden: Bei den Teilnehmern darf nie der Eindruck des Medienkonsums entstehen, wie sie ihn vom Fernseher kennen. Wenn die Teilnehmer die Veranstaltung selbst aktiv mitgestalten, wird sie berührend.

1 Einleitung

Die durch die Corona-Pandemie bedingten Kontaktbeschränkungen trafen nicht nur Messen und Konferenzen mit Publikumsverkehr. Auch viele unternehmensinterne Meetings, von der wöchentlichen Teamsitzung bis hin zum mehrtägigen globalen Sales-Meeting, konnten nicht wie geplant stattfinden. Online-Meetings wurden binnen kürzester Zeit zur einzigen Alternative für persönliche Begegnungen. Bis zum Eintritt der Kontaktbeschränkungen wurden diese meist nur in stark verteilten Teams oder für kurze Abstimmungen genutzt, wenn Inhalt und Bedeutung des Treffens das persönliche Treffen und evtl. Reiseaufwand nicht rechtfertigten.

Eine weitverbreitete Meinung im Frühjahr 2020 war, dass Online-Meetings zwar eine hilfreiche „Notlösung" waren, um die für betriebliche Vorgänge notwendige Kommunikation überhaupt aufrechterhalten zu können; sie galten aber eher als notwendiges Übel mit Nachteilen gegenüber sogenannten „echten", physischen Treffen. Vor allem für Meetings mit hohem emotionalen Anteil und Networking-Charakter schienen Online-Formate nicht geeignet.

In meinem Beitrag möchte ich aufzeigen, wie auch eine zweitägige, unternehmensinterne Konferenz mit hohem Partizipationsanteil online gelingen kann, ohne den finanziellen Rahmen zu sprengen. Besonderes Augenmerk kommt dabei der Beteiligung und Interaktion der rund 160 Teilnehmer zu. Denn nur wenn die Teilnehmer in der Veranstaltung aktiv in einen Dialog gehen, selbst einen Beitrag leisten und letztlich Spuren hinterlassen können, bleibt sie ihnen als berührende Veranstaltung in Erinnerung.

2 Das Fallbeispiel

Seit 90 Jahren gestaltet und plant die Kohlbecker Gesamtplan GmbH nationale und internationale Großprojekte im Industrie-, Gewerbe- und Verwaltungsbau. Das in der dritten Generation familiengeführte Unternehmen beschäftigt rund 160 Mitarbeiter am Sitz in Gaggenau und in den Niederlassungen Berlin, Köln und München.

Das Leistungsspektrum erstreckt sich von Machbarkeitsstudien über Masterplanungen bis hin zur Generalplanung über alle Leistungsphasen der Honorarordnung für Architekten und Ingenieure (HOAI). Als Generalplaner koordiniert Kohlbecker die unterschiedlichsten Fachplanungen und Experten wie Tragwerksplaner, Fachplaner für die technische Gebäudeausrüstung oder Brandschutz-Experten. Kunden sind Automobilhersteller und -zulieferer sowie große mittelständische Unternehmen aller Branchen.

Die Baubranche steckt derzeit in einem gravierenden Transformationsprozess: Lange Zeit als Standard geltende Planungsmethoden und -vorgehensweisen werden sowohl durch veränderte Marktanforderungen als auch durch technologische Entwicklungen infrage gestellt und außer Kraft gesetzt, obwohl sie stellenweise vom Gesetzgeber vorgegeben sind. Einheitliche Antworten auf die dadurch emergenten offenen Fragen gibt es noch nicht. Alle Marktteilnehmer sind aufgerufen, im jeweiligen Projekt dafür einen erfolgreichen Umgang unter Einbeziehung aller Partner wie Bauherren, Subunternehmer, Behörden, ausführende Firmen etc. zu finden.

Kohlbecker hatte schon mit dem Einsatz von CAD und IT-Lösungen in seinen Projekten begonnen, als der Wettbewerb noch vermehrt am Reißbrett arbeitete. Gerade in großen Industrieprojekten hat sich dies als Effizienz- und Wettbewerbsvorteil erwiesen. So erklärt sich auch der intern bestehende Anspruch der Technologieführerschaft.

Es sind jedoch nicht nur die IT-Tools für Design, Konstruktion und Projektmanagement, die den Unterschied machen. Es sind die Menschen mit ihrer Haltung und ihrem Verhalten im Projekt, die signifikante, zeitliche wie finanzielle Erfolge bei solchen Großprojekten ermöglichen. Ob diese Erfolge erzielt werden können, wird zu einem bedeutenden Teil davon bestimmt, wie alle Projektpartner zusammenarbeiten.

Eine gelingende Kooperation, gestützt durch hilfreiche Standards, Prozesse und Methoden, erzielt dabei mehr Synergien und Potenziale als ein rigides System von Command & Control, das eher auf Angst setzt als auf Inspiration. Gerade in einer Phase der Veränderung und der hohen Dynamik, in der Innovation und Co-Kreation erforderlich sind, führt Zusammenarbeit zum Erfolg. Strenge Mess- und Kontrollwerkzeuge oder ein Korsett aus disziplinarischen und vertraglichen Zwängen sind da nur wenig zielführend.

Diese Erkenntnis setzte sich im Gesellschafter- und Führungskreis bei Kohlbecker früh durch: Eine neue Art der Zusammenarbeit ist für den Ausbau des Wettbewerbsvorsprungs genauso erforderlich wie der zeitgemäße Einsatz von BIM-Tools (Building Information Modeling) oder DMS (Document Management Systems).

Im Rahmen eines Strategieprojekts entwickelte Kohlbecker daher in meiner Begleitung ab September 2019 diese neue Arbeitsform. Die neue Organisation, genannt O-2025, umfasst dabei nicht nur strukturelle Themen wie Hierarchieebenen, Abteilungsgrenzen und Prozesse, sondern selbstverständlich auch weiche, kulturelle Aspekte wie Eigenverantwortung, moderne Führungsgrundsätze, gegenseitige Unterstützung und Nutzung der Vielfalt zur Lösung komplexer Aufgabenstellungen.

Aus einer Vielzahl von Interviews, Konzepten, Workshops und Gesprächen entstand so in einem stark partizipativ geprägten Veränderungsprozess im Kern ein Organisationshandbuch. In diesem und in mehreren zugehörigen Dokumenten wurde die neue Form der Zusammenarbeit bei Kohlbecker als Ziel definiert und anschaulich beschrieben. Die Dokumente dienen somit als „Gebrauchsanweisung" und Richtlinie für das künftig angestrebte Verhalten aller.

Um sicherzugehen, dass alle Mitarbeiter die Inhalte erfasst, verstanden und akzeptiert hatten, wurden die Kernpunkte der Dokumente im Rahmen von dreistündigen Einführungsworkshops vorgestellt und diskutiert. Diese Serie aus zehn Workshops mit 15 bis 20 Teilnehmern stellte sicher, dass alle künftigen Träger der neuen Organisation informiert und eingebunden waren. Dieses Vorgehen war essenziell wichtig, um das umfassende Veränderungsvorhaben zum Ziel zu führen.

Der Startschuss für die neue Organisation sollte mit einer zweitägigen Zukunftskonferenz mit allen 160 Mitarbeitern fallen, die für Mitte April 2020 angesetzt war. Diese verfolgte das Ziel, in der Phase der Transformation und Auflösung etablierter Strukturen Raum für Dialog, für Austausch und Wissenstransfer, für Reflexion und letztlich für eine Stärkung des Miteinanders im Unternehmen zu schaffen.

Die Konferenz war dabei stark auf Partizipation und Co-Kreation ausgelegt: Nur ca. zehn Prozent der Zeit waren für Vorträge, ca. 70 % für gemeinsame Arbeit in Workshops und 20 % für Netzwerken geplant. Der stark partizipative Charakter der Konferenz zeigte sich auch in der Vorbereitung: Die Konferenz wurde mit meiner Begleitung von einem internen Team organisiert, es wurde keine Agentur mit der Gestaltung beauftragt. „Für uns, von uns" lautete hier die Devise.

3 Die Pandemie

Im Nachhinein betrachtet ist es kaum zu glauben: Noch Mitte März 2020 – nicht einmal eine Woche vor der Verordnung weitreichender Kontaktbeschränkungen in Deutschland – diskutierte ich mit dem kaufmännischen Leiter von Kohlbecker, inwiefern unsere Zukunftskonferenz Mitte April wohl stattfinden könnte oder ob wir uns nicht über eine Verschiebung Gedanken machen sollten.

Location und Catering waren gebucht, ebenso die Hotelzimmer für die Mitarbeiter aus den Niederlassungen. Die Agenda war fixiert, weitere Dienstleister waren beauftragt, wie zum Beispiel ein Graphic Recorder, der die Inhalte der Konferenz visualisieren würde.

Nur wenige Tage später wurde diese Fragestellung mit Bekanntgabe der Kontaktbeschränkungen obsolet – die gesamte Belegschaft zog ins Homeoffice um, die Reithalle in Rastatt schickte uns die Absage, und an unsere Zukunftskonferenz war auf absehbare Zeit nicht mehr zu denken.

Fragen, die sich im Führungskreis unmittelbar stellten, waren unter anderem:

- Können wir es uns leisten, den wichtigen Start der neuen Organisation zu verschieben?
- Wann kommen wir wieder in einen Zustand, in dem wir die Zukunftskonferenz sicher planen können und alle auch gerne und mit gutem Gefühl teilnehmen wollen?
- Lässt sich die Konferenz auch online durchführen?

Nach einer Phase des Sortierens und Durchatmens fällte der Führungskreis im Juli eine klare Entscheidung: Lieber sollte die Zukunftskonferenz online stattfinden als gar nicht. Die Wichtigkeit des Veränderungsprozesses und das Bedürfnis, sich wenigstens online zu sehen und gemeinsam zusammenzuarbeiten, überwogen deutlich die folgenden Bedenken:

- Können wir die gesteckten Ziele der Zukunftskonferenz online erreichen?
- Funktioniert die Technik?
- Reicht die Aufmerksamkeit über beide Tage?
- Entsteht wirklich ein Gefühl, „in einem Raum" zu sein?

Aufgrund der fehlenden Erfahrungen und Referenzen gab es kaum belegbare Antworten auf diese Fragen. Gemeinsam mit dem Organisationsteam erstellte ich ein Konzept inklusive feingeplanter Agenda, das auf alle Fragen konkrete Antworten lieferte. Im Einzelnen waren die Konzeptbestandteile:

1. Setting: Videokonferenz und physische Orte
2. Medien: Ergebnisträger für die erarbeiteten Inhalte
3. Technische Ausstattung und Infrastruktur
4. Interaktion und Beteiligung
5. Vorbereitung
6. Führung und Moderation
7. Kostengegenüberstellung

Setting: Videokonferenz und physische Orte
Die erste Frage stellte sich natürlich hinsichtlich eines geeigneten Konferenztools, das in allen folgenden Kriterien überzeugen konnte:

- Funktionalität – freies Bewegen der Teilnehmer zwischen mehreren, parallelen Räumen (zwingend notwendig für das Format „Open Space")
- Stabilität – gute Datenverbindung auch bei 160 Teilnehmern
- Datenschutz und -sicherheit – Serverstandort in der EU

Die Auswahl aus dem weiten Feld der Tools, wie es in meinem Whitepaper „Workshops und Konferenzen erfolgreich virtualisieren" (twr, 2020, 15 ff.) beschrieben ist, ließ vor allem aufgrund des ersten und dritten Kriteriums nur noch ein Tool zu: alfaview.com. Das Mutterunternehmen alfatraining GmbH des vergleichsweise unbekannten Unternehmens aus Karlsruhe bietet gewerbliche Online-Trainings an. Alfatraining entwickelte in den vergangenen Jahren in Eigenregie das Videokonferenz-Tool Alfaview, dessen Server zum einen in Deutschland stehen und dessen Struktur eben mehrere parallele Räume sowie das freie Bewegen der Teilnehmer zwischen diesen „Breakout Rooms" zulässt. Zum Zeitpunkt der Zukunftskonferenz boten einzig Zoom, Airmeet.com und remo.co eine vergleichbare Funktionalität. Bei Zoom gibt es Breakout-Räume, allerdings musste zu diesem Zeitpunkt noch der Moderator die Teilnehmer zuteilen. Alle drei alternativen Systeme kamen allerdings in puncto Datenschutz und -sicherheit nicht infrage.

Nachteil von Alfaview ist zum einen die vergleichsweise geringe Funktionalität: So sind zum Beispiel Aufzeichnungen nicht möglich, auch gemeinsame Whiteboards standen damals nicht zur Verfügung. Zum anderen ist das Tool nicht browserbasiert, jeder Teilnehmer muss einen Account anlegen und einen Client auf dem Rechner installieren, um an der

Konferenz teilnehmen zu können. Dies wurde im Vorfeld mit der IT von Kohlbecker abgestimmt und für alle Mitarbeiter ermöglicht.

Eine detaillierte Anleitung für Installation und Nutzung von Alfaview wurde den Mitarbeitern im Rahmen der Einladungsserie zur Verfügung gestellt (siehe „Vorbereitung").

Da das Treffen von Mitarbeitern in den Büros und Besprechungsräumen der Kohlbecker Gesamtplan GmbH zum Zeitpunkt der Konferenz trotz der geltenden Kontaktbeschränkungen möglich war, musste im Rahmen der Vorbereitungen auch das dadurch entstehende hybride Veranstaltungsformat bedacht werden. Es war abzusehen, dass die Konferenzteilnehmer einzeln aus ihren Homeoffices *und* in kleinen Gruppen bis ca. zwölf Personen auch gemeinsam teilnahmen.

Einerseits war die Einzelteilnahme wichtig, denn jeder sollte sich frei aussuchen können, an welchem der parallelen Open-Space-Workshops er teilnehmen wollte. Jedoch wäre es nicht im Sinne der Veranstaltung gewesen, aus diesem Grund jeden vor seinen Rechner zu „verbannen". Wo Treffen möglich waren, sollten diese auch stattfinden. Und für gewisse Agendapunkte wie zum Beispiel das Statement der Geschäftsführung bot sich auch die Teilnahme in Gruppen an.

Medien: Ergebnisträger für die erarbeiteten Inhalte
In physischen Großgruppenkonferenzen wird üblicherweise eine große Menge an Flipcharts und Pinnwänden eingesetzt, um Platz für die gemeinsam erarbeiteten Inhalte zu schaffen und diese möglichst anschaulich festhalten zu können. Für die Offline-Variante der Kohlbecker Zukunftskonferenz war ja zudem der Einsatz eines Graphic Recorders vorgesehen, der wesentliche Kernbotschaften aus Statements und Ergebnispräsentationen visuell festhielt und sofort auf Postkarten ausgedruckt zur Verfügung stellte. Dieses Vorgehen sollte die Identifikation aller Teilnehmer mit der Konferenz und ihren Inhalten erhöhen und zur nachhaltigen Verankerung des Besprochenen beitragen.

Anstelle einer hohen Anzahl von Flipchartblöcken, Moderationskarten und Markern wurden im Vorfeld auf mural.co mehrere digitale Moderationswände eingerichtet und die Links dorthin in einem zentralen Dokument zur Verfügung gestellt. Die Nutzung der in Summe elf Wände war selbsterklärend und stellte sich bei den Tests im Vorfeld als praktikabel heraus.

Der Graphic Recorder zeichnete in seinem Büro vor Ort, nahm wie alle anderen an der Online-Konferenz teil und übertrug laufend seine Zeichentafel mit der Kamera in Alfaview (Abb. 1). Zudem stellte er alle

Zeichnungen (im Laufe der zwei Tage entstanden rund 40 davon) sofort zum Download zur Verfügung, sodass alle Teilnehmer unmittelbar darauf zugreifen konnten. Interessanterweise hängten einige Mitarbeiter die Zeichnungen im Anschluss an die Konferenz unaufgefordert im Büro aus und trugen so zum wichtigen Transfer der Inhalte in den Alltag bei.

Des Weiteren wurden die Zeichnungen samt Grußwort des Geschäftsführers, Screenshots von der Veranstaltung und Teilnehmer-Feedbacks als Broschüre für alle Mitarbeiter gedruckt. Dies hatte zum Ziel, eine haptische, bleibende Erinnerung an die Veranstaltung zu schaffen und so die nachhaltige Wirkung der Konferenz zu unterstützen.

Technische Ausstattung und Infrastruktur
Die für die gelingende Teilnahme erforderliche Technik bestand für jeden Teilnehmer im Wesentlichen aus einem Rechner oder Tablet mit Kamera und einem Internetzugang, dessen Bandbreite die Übertragung von 160 Videosignalen zuließ. Da alle Mitarbeiter von Kohlbecker in den Monaten vor der Konferenz bereits aus dem Homeoffice arbeiteten, waren alle mit einem Rechner ausgestattet. Aufgrund der hohen im Rahmen der Planungsprojekte zu übertragenden Datenmengen war auch das Thema Internetzugang bereits validiert. Zudem standen die Büros als Teilnahmeort mit der entsprechenden Infrastruktur grundsätzlich zur Verfügung.

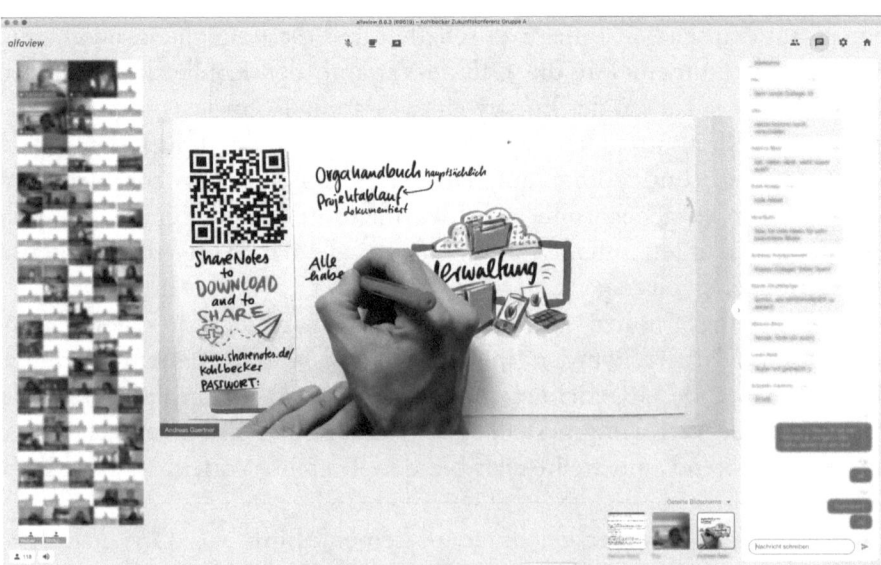

Abb. 1 Live-Visualisierung durch den Graphic Recorder

Alfaview bietet aufgrund der lokalen Client-Installation eine hohe Verbindungsqualität, die browserbasierte Systeme nur schwer erreichen. Zudem ermöglichen Einstellungen dort eine Anpassung auf geringe Bandbreite, zum Beispiel durch reduzierte Videoqualität.

Einzig bei der Verfügbarkeit von Kameras konnten die Erwartungen nicht erfüllt werden: USB-Kameras waren Mitte 2020 im Handel kaum erhältlich, und da viele Mitarbeiter von Kohlbecker an stationären Desktop-PCs arbeiten, die nicht wie Laptops mit integrierten Kameras ausgestattet sind, mussten rund zehn Prozent der Teilnehmer auf eine Kamera verzichten und konnten so von den anderen Teilnehmern leider nicht gesehen werden. Dies wurde von Teilnehmern während der Veranstaltung auch kritisiert und gehört zu den Punkten, die wir als Verbesserungspotenziale für die nächsten Veranstaltungen festhalten.

Interaktion und Beteiligung
Die Zukunftskonferenz war als Veranstaltung zum Mitmachen ausgelegt und ihr Ziel war es, einen möglichst hohen Grad an Interaktion und Partizipation zu erreichen. Monologe auf der einen und eine Konsumentenhaltung wie vor dem Fernseher auf der anderen Seite sollten unbedingt vermieden werden. Essenziell für die Erreichung dieser Ziele waren folgende Ansätze:

a) Aufteilung der Großgruppe von 160 Teilnehmern in Kleingruppen, in denen Interaktion und Dialog möglich sind;
b) kurzweilige Ausgestaltung der Agenda, um das Aufmerksamkeitsniveau der Teilnehmer hoch zu halten;
c) Angebot mehrerer Kanäle, auf denen Beteiligung erfolgen kann, und aktives Einfordern der Partizipation;
d) klare Formulierung der Erwartungshaltung an die Teilnehmer hinsichtlich Aktivität und Beteiligung.

Zu a): Die Aufteilung der Gruppe wurde durch das Tool Alfaview ermöglicht (s. o.). Es standen für die Konferenz 15 Unterräume zur Verfügung, in denen verschiedene Formate wie das World Café zu Beginn der Konferenz oder auch die Kaffeepausen erfolgen konnten. Vor allem natürlich für die zehn parallelen Workshops des Open Space waren die Räume essenziell. Bei gleichmäßiger Verteilung entstanden so Gruppen von zehn bis 20 Teilnehmern.

Zu b): Die Zukunftskonferenz umfasste bei einer Bruttozeit von gut zehn Stunden 41 Agendapunkte. Durchschnittlich standen also je Punkt nur 15 min zur Verfügung. Berücksichtigt man den mit zwei Stunden längsten Abschnitt, die Open-Space-Workshops, ergibt sich für die verbleibenden acht Stunden sogar eine durchschnittliche Dauer von nur rund zwölf Minuten. Diese hohe Taktung stellte eine große Herausforderung für Zeitdisziplin und Moderation dar, unterstützte die Teilnehmer aber dabei, konzentriert zu bleiben und nicht abzuschalten.

Zu c): Neben den Dialogangeboten im Rahmen der Gruppenarbeiten standen den Teilnehmern permanent folgende Kommunikations- und Beteiligungskanäle zur Verfügung:

- Kommentare über den Chat in Alfaview
- Wortmeldungen über den Chat und Aufruf durch die Moderation
- Ideenspeicher und „Meckerecke" auf einer digitalen Moderationswand
- Live-Umfragen über mentimeter.com

Rückmeldungen über die Videofunktion, wie z. B. der ausgestreckte Daumen als Geste der Zustimmung, konnten aufgrund der hohen Anzahl der Teilnehmer im Plenum nicht genutzt werden. Körpersprachliche Signale standen nur in den Kleingruppen zur Verfügung. Dies entspricht jedoch im Erleben der Situation in physischen Treffen – auch in einer Messehalle hat der Moderator nicht 160 Teilnehmer zugleich im Blick, um auf entsprechende Gesten reagieren zu können.

Das Online-Umfragetool mentimeter.com hat sich als besonders wirksam erwiesen. Dort konnten die Teilnehmer nicht nur während der Statements Fragen einreichen. Diese Fragen waren für alle Teilnehmer auch sofort sichtbar und konnten durch sie „gelikt", also bewertet werden. Als Moderator brauchte ich dann nur noch die Fragen in absteigender Reihenfolge anzumoderieren und hatte so gleich eine „demokratisch priorisierte" Auswahl vorgenommen.

Auch die aus dem Change Management bekannte sogenannte Energieformel für Veränderungen konnte mit Mentimeter schnell und mathematisch genau im Plenum angewandt werden: Diese Formel berechnet aus vier Faktoren die Erfolgswahrscheinlichkeit des angestrebten Veränderungsvorhabens in der Organisation:

Ist das Produkt aus der Unzufriedenheit mit der Realität (U), der Kraft der positiven Vision (V) und den ersten Schritten in Richtung der Veränderung (E) größer als der gefühlte Widerstand (W), dann ist auch die Wahrscheinlichkeit hoch, dass die Veränderung gelingt:

$$U \times V \times E <?> W$$

Eine Berechnung dieser Formel mit 160 Teilnehmern ist in einer physischen Veranstaltung kaum möglich; in einem aufwendigen Verfahren müssten zum Beispiel Stimmzettel verteilt werden, die dann von allen Teilnehmern ausgefüllt, wieder eingesammelt und anschließend ausgewertet werden. Mit Mentimeter konnten sekundenschnell und fehlerfrei Zahlen erfasst und das Ergebnis berechnet werden (Abb. 2).

Auch im Rahmen der Open-Space-Workshops wurde den Teilnehmern viel Freiheit und damit auch viel Verantwortung übertragen. So waren die vorbereiteten Moderationswände in Mural (siehe 2. Medien) nur ein Vorschlag zur Ergebnisdokumentation. Wenn die Gruppe eine andere Variante bevorzugte (z. B. Zeichnen am Tablet, dessen Bildschirm in Alfaview übertragen wurde), konnte sie das tun. Verpflichtend war lediglich, dass die Workshop-Ergebnisse dokumentiert wurden; Mural war dafür ein Angebot. Mit der Möglichkeit, hier selbst mitzugestalten und eigene Ideen umsetzen zu können, sollten wiederum der Grad der Beteiligung und die „Ownership", also die Eigentümerschaft an den Themen, maximiert werden.

Zu d): Mit der Aufforderung an die Teilnehmer, sich einzubringen, eigene Themen und Ideen zur Sprache zu bringen und sich zu beteiligen, wurde

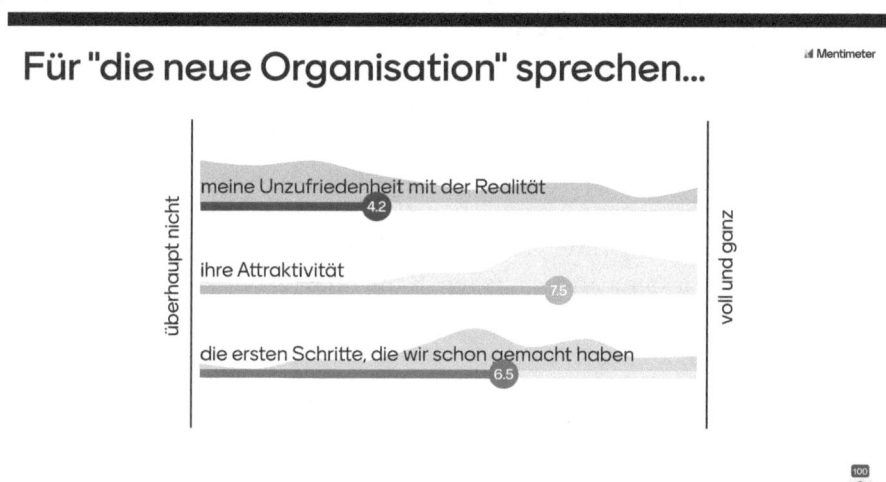

Abb. 2 Ergebnisse Mentimeter-Umfrage zur Energieformel

bereits bei der Ankündigung der Zukunftskonferenz begonnen. Mit Sätzen wie „Die Konferenz wird, was ihr daraus macht!" und „Die Themen für das Open Space sind nicht festgelegt – wenn ihr ein Thema nicht benennt, finden auch keine Workshops dazu statt" wurde eindeutig signalisiert, dass die Verantwortung für Inhalte und Ergebnisse der Konferenz bei den Teilnehmern lag. Mit Erfolg: Als wir am Ende des ersten Tages im Plenum die Themen für die parallelen Open-Space-Workshops des zweiten Tages sammelten, wurden weit mehr als die angestrebten zehn Themen benannt: Es musste sogar ein extra Treffen der Themengeber stattfinden, um die über 30 eingereichten Themen auf die zehn möglichen zu reduzieren.

Vorbereitung
Im Rahmen der Vorbereitung der Zukunftskonferenz wurden die vielleicht größten Unterschiede zur physischen Durchführung sichtbar. Statt sich um Hotelzimmer, Bestuhlungspläne, die Auswahl des Catering-Menüs und Anfahrtsskizzen zu kümmern, hatte das Organisationsteam mehr mit folgenden Fragen zu tun:

a) Wie machen wir Appetit auf die Veranstaltung und sorgen dafür, dass sie als attraktiv wahrgenommen wird? Wie vermeiden wir, dass sie als unverbindliches Angebot gesehen wird? (Anm.: Die Zukunftskonferenz wurde bewusst nicht als betriebliche Pflichtveranstaltung durchgeführt, um Eigenmotivation und Beteiligung zu erhöhen.)
b) Wie gelingt es uns, die Aufmerksamkeit der Teilnehmer hoch zu halten, sodass sie sich nicht ausklinken?
c) Wie stellen wir sicher, dass die Teilnehmer die ihnen zugedachte Verantwortung am Gelingen der Konferenz wahrnehmen?
d) Wie lässt sich bei 15 Räumen die übergreifende Kommunikation sicherstellen, zum Beispiel, wenn die Teilnehmer aus der Pause zurück ins Plenum gerufen werden?
e) Wie werden die Teilnehmer geführt, wie können sie sich orientieren?
f) Wie können wir auch im virtuellen Raum das Gefühl, „in einem Boot" zu sitzen, erzeugen?

Zu a): Das Organisationsteam löste diese Frage mit einer Serie von E-Mails, in denen Ziel, Inhalte, Ablauf und Organisation der Konferenz peu à peu erklärt wurden. Auf die Ankündigung („save the date") zwei Monate vor der Konferenz folgten im Abstand von ein bis zwei Wochen vier weitere E-Mails. Mit dieser Serie wurde nicht nur ein Spannungsbogen erzeugt; die große Menge der Informationen für die Teilnehmer konnte so dosiert werden, und die Konferenz wurde immer wieder zum Thema gemacht und ins Bewusstsein gerufen. Für die Führungskräfte gab es zwei Wochen vor der Veranstaltung ein umfangreiches Briefing. Zudem gab es in den Tools Alfaview, Mentimeter und Mural Testräume, sodass jeder im Vorfeld überprüfen konnte, ob diese für ihn nutzbar waren. Eine detaillierte Anleitung war nur für Alfaview erforderlich und wurde gleich zu Beginn auch zur Verfügung gestellt.

> An dieser Stelle haben wir auch eine wichtige Erkenntnis für künftige Veranstaltungen gewonnen: Für die Teilnehmer wäre es hilfreich gewesen, alle Informationen an zentraler Stelle, z. B. auf einer eigenen Website zu erhalten. Diese hätte mit den E-Mails aufgebaut und vervollständigt werden können. So wäre nach und nach ein zentraler Informationspunkt entstanden. Eine Blogfunktion hätte zudem Kommentare, Fragen etc. erlaubt und so die Interaktion bereits im Vorfeld erhöht.

b) und c) wurden über die Gestaltung der Agenda beantwortet, siehe 4. Interaktion und Beteiligung.

Frage d) konnte tatsächlich nur organisatorisch gelöst werden: Da Alfaview keine Möglichkeit bietet, gleichzeitig an den Konferenzen in allen Räumen teilzunehmen, und auch kein raumübergreifender Chat vorhanden ist, wurden im Organisationsteam vier Raumpaten benannt, die bei jedem Wechsel die Teilnehmer in je vier Räumen informierten und sie aufforderten, in den „Plenarraum" zu kommen. So konnten diese Wechsel schnell vollzogen und die Teilnehmer gut geführt werden.

Frage e) wurde aufgeworfen, als manche Teilnehmer ankündigten, erst später zur Konferenz hinzustoßen zu können. Passiert dies bei einer physischen Veranstaltung, werden diese Nachzügler üblicherweise im Tagungszentrum begrüßt und erhalten dort Informationen, in welchem Raum welcher Workshop stattfindet etc. Nun wollten wir niemandem aus dem Organisationsteam die Aufgabe aufbürden, beide Tage alleine in einer Videokonferenz zu verbringen, nur um eventuelle Nachzügler willkommen zu heißen und deren Fragen zu beantworten. Stattdessen erstellte ich für jeden Tag zwei PowerPoint-Folien mit Angaben zur Bedienung von Alfaview und zur Agenda. Meine Videos von der Präsentation dieser Folien band ich darin ein und erstellte so zwei ca. zweiminütige „Begrüßungsvideos", die im Hauptraum von Alfaview in Dauerschleife liefen (Abb. 3). Jeder Teilnehmer, der der Konferenz beitrat, sah als Erstes dieses Video und wurde so in kurzer Zeit umfassend informiert, um sich anschließend in den Raum seiner Wahl begeben zu können.

Vor allem Frage f) stellte sich als herausfordernd dar. Statt des physischen Erlebens von allen 160 Mitarbeitern in einem Raum, statt eines Gruppenfotos und statt der geplanten auflockernden Gesangsübung unter Anleitung einer versierten Sängerin aus der Belegschaft musste das Gemeinschaftsgefühl virtuell erzeugt werden. Dies gelang hervorragend durch eine Fotocollage, die auch Teil der Vorbereitung war: In einer der Einladungs-E-Mails wurden die Mitarbeiter aufgefordert, ein Foto von sich mit dem Hashtag *#miteinander* an das Organisationsteam zu senden. Diese Aufforderung wurde auch am ersten Tag der Konferenz wiederholt und so lagen am Morgen des zweiten Tages rund 100 Bilder vor, die die Mitarbeiter teils einzeln, teils in kleinen Teams zeigten. Die verschiedenen Arten, den Hashtag *#miteinander* dort zu integrieren, zeugte von viel Kreativität und aktiver Beteiligung.

Diese 100 Bilder wurden nun auf einer PowerPoint-Folie zu einer Collage zusammengefügt. Über eine einfache Animation „flogen" die Bilder über ca. drei Minuten nacheinander ein und vervollständigten sich zu einem „virtuellen Gruppenfoto" (Abb. 4). Die Animation wurde dabei von emotionaler Musik untermalt. Bei der Vorstellung dieser Collage kam der Chat in Alfaview quasi nicht mehr zum Stillstand: Im Sekundentakt kamen emotionale und überaus positive Kommentare mit diversen positiven Emojis hinzu, die darauf schließen ließen, dass die Bilder die Teilnehmer durchaus berührten.

Abb. 3 Begrüßungsvideo als permanent verfügbarer Informationspunkt

Abb. 4 Fotocollage als virtuelles Gruppenfoto

Führung und Moderation

Es liegt in der Natur der Sache, dass Online-Meetings gegenüber physischen Treffen einer gemeinsamen Wahrnehmung der Situation im Raum entbehren. Die Kohlbecker Zukunftskonferenz fand zugleich an rund 80 Orten statt. Jeder Teilnehmer hatte sicherlich ein unterschiedliches Erleben der Inhalte und der Stimmung im Raum. Das gemeinsame Gefühl für „dicke Luft" oder „Aufbruchsstimmung", das üblicherweise in Großgruppenmoderationen deutlich spürbar ist, konnte hier nur eingeschränkt entstehen.

Eine umso größere Rolle kam daher der Moderation zu. Im Sinne des partizipativen Ansatzes der Konferenz wurde diese zum einen auf mehrere Personen aufgeteilt, um neben mir als externem Berater auch Mitarbeitern von Kohlbecker diese Rolle zukommen zu lassen. Zum anderen zahlten Wechsel in der Moderation auf das Ziel ein, die Aufmerksamkeit der Teilnehmer hoch zu halten.

Rolle und Verantwortung der Moderation von Großgruppen ist es, Rahmen und Prozess der Veranstaltung zu gestalten sowie den Raum für hochwertigen Dialog zu öffnen und zu halten. Neben all der Vorbereitungsarbeit, über die wir in den vorstehenden Kapiteln gesprochen haben, gehörten dabei in der Kohlbecker Zukunftskonferenz folgende Aufgaben mit dazu.

Ziel der Veranstaltung benennen und immer wieder bewusst machen Ziel der Konferenz waren Dialog und Diskussion der gesamten Belegschaft von

Kohlbecker zu den relevanten Themen Organisation, Zusammenarbeit und Kommunikation. Schon in physischen Veranstaltungen herrscht hier ja oft eine gewisse Zurückhaltung der Teilnehmer: Viele trauen sich nicht, ihre Stimme zu erheben, gerade wenn es um kritische oder konflikthaltige Themen geht.

Übereinstimmend vertraten wir als Organisationsteam im Rahmen der Vorbereitung die Hypothese, dass sich dieser Effekt der Zurückhaltung im Online-Format verstärken würde. Im Rahmen der Vorbereitung und beispielsweise auch bei der Begrüßung durch ein Mitglied der Geschäftsleitung sendeten wir also die Botschaft, die Teilnehmer mögen sich einbringen, und öffneten dazu mehrere Kanäle (siehe. 4. Interaktion und Beteiligung).

Ergänzend wiederholte ich als Hauptmoderator der Zukunftskonferenz immer wieder – im Mittel ca. alle 30 min – die Einladung, sich zu beteiligen und einzubringen. So befremdlich sich dies auch für mich anfühlte, unablässig diese Einladung in eine Kamera zu wiederholen, sie zeigte Wirkung: Mehrfach kamen wir im Verlaufe der Konferenz zu relevanten und tiefen Dialogen. Und dies war genau der Effekt, den wir mit der Veranstaltung zu erreichen versuchten.

Orientierung geben, sodass die Teilnehmer sich in einem für sie klaren Umfeld bewegen Nicht nur durch die Bekanntgabe der Agenda und umfassender Informationen im Verlauf der Einladungen (siehe 5. Vorbereitung) und durch die Begrüßungsvideos versuchten wir, den Teilnehmern ein strukturell klares und sicheres Umfeld zu bieten. Über die Inhalte konnten wir natürlich in der Vorbereitung nur wenig sagen, denn die meisten von ihnen entstanden ja erst durch die Arbeit in der Konferenz. Im Verlaufe der Konferenz stellte es sich zudem als sehr bedeutsam heraus, immer wieder die wichtigsten Informationen konkret und detailliert zu wiederholen:

- Was ist das Ziel der Veranstaltung, was wird von euch als Teilnehmer erwartet?
- Was kommt jetzt, wie lange dauert es und was kommt danach?
- Wann genau geht es nach der Pause weiter? (nicht nur „in 15 min", sondern „um 12:45 Uhr")

So reicht ein einmaliger Hinweis, beispielsweise an den Ideenspeicher, auch nicht aus. Jede meiner Erwähnungen im Sinne von „Denkt bitte an den Ideenspeicher, den ihr wie folgt findet …" hat sofort zu Aktivität dort geführt. Die Hinweise wurden nicht als störend oder durch die Wiederholungen als zäh empfunden, sie zeigten vielmehr die gewünschte Wirkung.

Gleiches galt für „Arbeitsaufträge", wie zum Beispiel die Bitte um Kommentare in den Chat der Veranstaltung. Der Auftrag „Schreibt eure Kommentare bitte *jetzt* in den Chat in Alfaview, den ihr *rechts oben* findet" wirkte weitaus besser und schneller als ein unverbindliches und unklares „Kommentare könnt ihr in den Chat schreiben". Während Moderatoren physischer Veranstaltungen am Tuscheln, Kopfschütteln und ähnlichen Signalen erkennen können, wenn Aufträge unklar bleiben, steht dieser Feedback-Kanal in Online-Meeting bestenfalls eingeschränkt zur Verfügung. Umso wichtiger sind freundliche, aber nicht minder klare Anweisungen.

Darüber hinaus sind das Festhalten von Entscheidungen und das Konstatieren von Geschehnissen essenziell wichtig. Jeder Kommentar im Sinne von „Damit beenden wir die Präsentation der Workshop-Ergebnisse und kommen zum nächsten Punkt" ist hilfreich für die Orientierung der Teilnehmer und hilft, Missverständnisse zu vermeiden. Dies ist gerade in Online-Veranstaltungen so wichtig, da wir hier weniger Chancen haben, solche Missverständnisse schnell zu erkennen und zu klären. Auch empfiehlt sich das konsequente Abschließen von Fragen an die Teilnehmer: „Welche Fragen gibt es zum Statement von Frau Mayer?" (zehn bis 20 s Pause) „Ich sehe keine, daher kommen wir nun …"

Zusammenfassend können wir für die Moderation von Online-Meetings die Faustformel „3 F" (Führen, Fragen, Festhalten) unterstreichen. Hier gilt: Lieber einmal zu viel intervenieren als einmal zu wenig.

Zeitmanagement Erstaunt zeigten sich nach der Zukunftskonferenz nicht wenige Teilnehmer über das gelungene Zeitmanagement. Tatsächlich gab es nur einen Punkt in der Agenda, der zeitlich überschritten wurde; dies war die Ergebnispräsentation aus den Open-Space-Workshops. Wir wollten hier jedem Thema und den Mitwirkenden die nötige Wertschätzung und Aufmerksamkeit geben. Zugleich war die Aneinanderreihung von zehn Kurzpräsentationen natürlich nicht gerade förderlich für das Aufmerksamkeitsniveau der Teilnehmer. Daher teilten wir die Präsentationen in zwei Blöcke zu je fünf Themen auf, unterbrochen von der Mittagspause. Zudem standen jedem Thema nur fünf Minuten zur Verfügung. Das war für die betreffenden Referenten fast nicht zu machen, hatten sie doch zuvor zwei Stunden engagiert am Thema diskutiert und gearbeitet.

Durch eine Verkürzung der Mittagspause konnten wir den Verzug wieder einholen und beendeten die Zukunftskonferenz am zweiten Tag zwei Minuten vor Plan um 13:58 Uhr. So erstaunlich diese Zeitdisziplin angesichts der vielen Tagesordnungspunkte und Teilnehmer und insbesondere angesichts des offenen Charakters der Veranstaltung sein mag, so alternativlos war sie.

Während sich in physischen Veranstaltungen eine gewisse Eigendynamik und Selbstorganisation zeigt, z. B. ein geschlossenes Zurückströmen der Teilnehmer von der Kaffeepause ins Plenum, so musste in unserem Beispiel die Uhr den Ausschlag geben. Denn das unbewusste Signal zur Beendigung der eigenen Kaffeepause angesichts sich leerender Stehtische fehlt online.

Nur mit minutengenauer Taktung, klarer Kommunikation (siehe Orientierung) und stringenter Einhaltung der Zeiten konnte die Veranstaltung wie geplant ablaufen. Dies unterstrich im Übrigen den oben bereits angesprochenen Aspekt der Eigenverantwortung der Teilnehmer: Die Botschaft „Es geht in 15 min weiter, ob ihr da seid oder nicht" brachte Klarheit und vermied Überlegungen, eventuell später zu starten, weil noch viele Teilnehmer in der Pause waren.

Emotionen zur Sprache bringen Eine weitere wichtige, vielleicht die entscheidende Aufgabe der Moderation in Online-Großgruppenveranstaltungen ist es, das Fehlen des gemeinsamen Raumes samt Stimmung und Atmosphäre zu kompensieren. Es erfordert sicher ein hohes Maß an Sensibilität und auch Mut, diesbezüglich Vermutungen auszusprechen, umso wertvoller aber ist es, wenn der Moderator diffuse Gefühlslagen anspricht und so zu einer Art emotionaler Leinwand für die Teilnehmer wird.

Als Beispiel sei hier die Schlusssequenz der Zukunftskonferenz genannt: Im Grunde genommen spitzten sich die beiden Tage auf die Frage zu, inwiefern der geplante Wandel im Unternehmen gelingen könne. Natürlich gab es dabei – wie in jedem umfassenden Veränderungsprozess – Bedenken, Widerstand und offene Fragen. Bevor die Belegschaft von Kohlbecker mit der Berechnung der Energieformel (siehe 4.c) zu einer Art Beschlussfassung kam, sollten diese zumindest ihren Platz finden und benannt werden, wenn sie natürlich auch nicht final und umfassend bearbeitet werden konnten.

Als Moderator lud ich die Teilnehmer wiederholt, klar und zugleich wertschätzend dazu ein, diese Punkte zu benennen. Mit der Metapher vom Elefanten im Raum, den jeder sieht, den sich aber niemand traut anzusprechen, „kitzelte" ich förmlich Wortmeldungen aus der Gruppe heraus – mit vielleicht nicht durchschlagendem, aber doch respektablem Erfolg. Im Nachhinein erfuhr ich zwar von mehreren Teilnehmern, was sie in der Situation gedacht, leider aber nicht gesagt hatten. Es gab aber auch in der Konferenz hoch relevante Wortmeldungen, die ohne mein Drängen und meine stellenweise unerträglich langen Wartepausen vielleicht nicht geäußert worden wären.

Mit nur der Kamera vor Augen und viele Kilometer von den Teilnehmern in ihren Homeoffices entfernt, konnte ich nur vermuten, dass es noch Themen gab, die ausgesprochen werden sollten. Diese Vermutungen ins Unsichere hinein anzusprechen und geduldig auf Rückmeldung „aus dem Äther" zu warten, unterschied sich für mich deutlich von den Erfahrungen in physischen Treffen.

Es ist schwer abzuschätzen, inwiefern hier bei einer physischen Durchführung unserer Zukunftskonferenz mehr oder weniger Aktivität zu beobachten gewesen wäre. Ich persönlich nehme als wichtige Erfahrung mit, dass die Moderation Einfluss auf das Verhalten der Teilnehmer hat und wirkt, auch und gerade im virtuellen Raum. Einem klaren und transparent geäußerten Rollenverständnis als Moderator scheint mir online noch mehr Bedeutung zuzukommen als offline.

Kostengegenüberstellung

Bei einer sicher nicht gleichen, aber durchaus ähnlichen Wirkung der Veranstaltung konnte Kohlbecker fast 60 % der Kosten im Vergleich zur geplanten physischen Veranstaltung einsparen. Hierbei ist natürlich zu beachten, dass wesentliche Leistungen wie zum Beispiel das Catering für die Teilnehmer über beide Tage hinweg schlicht nicht erfolgt sind, die Teilnehmer haben sich selbst versorgt. Rechnet man diese Positionen i.

Tab. 1 Kostengegenüberstellung physische und Online-Durchführung. (Anmerkung: Der für beide Formate gleichermaßen aufzuwendende Zeitaufwand der Teilnehmer und des Organisationsteams ist hier nicht berücksichtigt.)

Position	Durchführung physisch	Durchführung online
Location	3700 EUR	entfällt
Catering	Annahme 2500 EUR	entfällt
Mittagessen Freitag	Annahme 1500 EUR	entfällt
Abendessen Donnerstag	Annahme 6000 EUR	entfällt
Moderationsmaterial (Marker, Karten etc.)	500 EUR	entfällt
Grafiker/Share Notes	7500 EUR	5100 EUR
Fotograf inkl. Nachbearbeitung	4000 EUR	entfällt
Hotelzimmer	3000 EUR	entfällt
Anreise Niederlassungen	3000 EUR	entfällt
Shuttles am 1. Abend	2000 EUR	entfällt
Broschüre	700 EUR	700 EUR
zusätzliches Equipment (Kameras, Headsets etc.)	entfällt	1500 EUR
Alfaview-Lizenz	entfällt	60 € für zwei Monate
Planung und Moderation	12.800 EUR	12.800 EUR
SUMME	**47.200 EUR**	**20.160 EUR**

H. v. 10.000 € heraus, so verbleibt immer noch ein Kostenvorteil von gut 17.000 € bzw. 46 % (Tab. 1).

4 Fazit

Auch wenn der reale Vergleich mit der physischen Veranstaltung fehlt, die Online-Zukunftskonferenz der Kohlbecker Gesamtplan GmbH darf als Erfolg gewertet werden. Viele Teilnehmer zeigten sich nicht nur über die hohe Zeitdisziplin überrascht, sondern auch über die erarbeiteten Ergebnisse und den hohen Grad der Interaktion, den sie an den beiden Tagen erleben konnten. Dies zeigt u. a. die Abschlussumfrage in Abb. 5.

Selbstredend war diese Veranstaltung anders, als sie in der Reithalle in Rastatt abgelaufen wäre. Doch unser Ziel war es nicht, die Offline-Variante möglichst detailgetreu nachzubauen. Unser Ziel war es vielmehr, ein gutes Dialogangebot in einem hilfreichen Rahmen anbieten zu können und die Chancen der Digitalisierung zu nutzen. Die Umfragen, das freie „Umhergehen" zwischen den Workshops per Klick, das virtuelle Gruppenfoto und die als Download verfügbaren Zeichnungen des Graphic Recorders haben bei den Teilnehmern das bewirkt, was Ziel der Veranstaltung war: Informieren, überraschen, unterhalten. Und letztlich auch berühren.

Die gesetzten Ziele konnten auch in diesem anderen Format erreicht werden: Wesentliche Informationen wurden bekannt gegeben bzw. bestätigt.

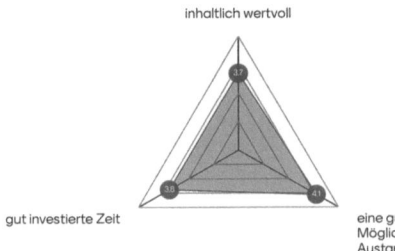

Abb. 5 Abschlussumfrage Zukunftskonferenz

Fragen wurden gestellt und beantwortet. Relevante Themen konnten intensiv und mit sicht- und verwertbaren Ergebnissen erarbeitet werden. Der Startschuss für die neue Organisation O-2025 fiel und alle waren dabei. Nicht zuletzt hat Kohlbecker erneut bewiesen, als Pionier digitale Werkzeuge für sich und letztlich seine Kunden nutzen zu können.

Literatur

twr GmbH Whitepaper. (2020) „Workshops und Konferenzen erfolgreich virtualisieren" https://twr-beratung.de/downloads/whitepaper-online-meetings/download

Thomas Wolter-Roessler, Dipl.-Ing. (DHBW), übernimmt seit 20 Jahren Verantwortung als Projektleiter in komplexen Veränderungsprozessen. Als Fabrikplaner leitete er fast zehn Jahre lang Um- und Neubauprojekte in KMU und Industriekonzernen verschiedener Branchen. Als Führungskraft in einer mittelständischen Beratungsgesellschaft hatte er neben der Verantwortung für den Erfolg seiner Projekte auch Personal- und Umsatzverantwortung inne. Die jahrelange Gestaltung von Veränderungsprozessen in Unternehmen führte ihn in die Personal- und Organisationsentwicklung – und zu der Frage, wie Veränderungskompetenz erlernt werden kann. Als Inhaber der twr GmbH mit Sitz in Stuttgart begleitet Thomas Wolter-Roessler nun als Organisationsberater, Kulturkonstrukteur und Digitalisierungstrainer in erster Linie produzierende KMU auf ihrem Weg zu industrieller Professionalität und zur Fähigkeit, Veränderungsprozesse selbst zu gestalten und die Chancen der Digitalisierung zu nutzen.

E-Mail: twr@twr-beratung.de

Herausforderung Customer Experience bei digitalen Veranstaltungen – Erkenntnisse aus der Corona-Krise

Susanne Doppler, Michelle Kraut und Adrienne Steffen

Inhaltsverzeichnis

1	Einführung in und Bedeutung von Kundenerlebnissen	278
2	Die Corona-Pandemie 2020 und die Eventbranche	282
3	Qualitative Studie	287
4	Diskussion und Handlungsempfehlungen	297
	Literatur	300

Zusammenfassung Die in Deutschland Anfang März 2020 ausgelöste, weltweite Corona-Pandemie und das damit verbundene Veranstaltungsverbot löste in der Eventbranche eine bislang ungekannte Tiefenkrise aus. Sowohl das Kundenverhalten als auch die Innovationsgeschwindigkeit der Unternehmer in der Veranstaltungsbranche wurden nachhaltig verändert. Digitalisierungsskeptiker mussten, teilweise notgedrungen, auf digitale Dienstleistungen ausweichen. Dieser Beitrag beschäftigt sich mit der Frage, wie die Customer Experience – also das Gäste- bzw. Kundenerlebnis während Veranstaltungen – von der Digitalisierung beeinflusst wird. Mit einem explorativen Ansatz wurden leitfadenbasierte Experterinter-

---

S. Doppler (✉) · M. Kraut · A. Steffen
Hochschule Fresenius, Heidelberg, Deutschland
E-Mail: susanne.doppler@hs-fresenius.de

A. Steffen
E-Mail: adrienne_steffen@web.de

views in mehreren Ländern geführt, die mit einer Inhaltsanalyse ausgewertet wurden. Der Beitrag beleuchtet die Herausforderungen, die sich aus der Digitalisierung in der Veranstaltungsbranche hinsichtlich der Customer Experience ergeben, und gibt Handlungsimpulse für die Praxis. Es zeichnet sich ab, dass die fortschreitende Digitalisierung Teil des „New Normal" ist und dass nach der Corona-Pandemie vermehrt hybride Veranstaltungen durchgeführt werden.

1 Einführung in und Bedeutung von Kundenerlebnissen

Kunden verbinden jedes Produkt und jede Dienstleistung mit einem Erlebnis (Holland & Ramanathan, 2018, S. 343). Erlebnisse in diesem Kontext bedeuten „Ereignisse, Situationen oder Begegnungen, die die Aufmerksamkeit und Beteiligung der Menschen, die sie erleben, erfordern, und sie alle führen zu irgendeiner Form der Erinnerung oder des Lernens in Kombination mit bestimmten Emotionen" (übersetzt von Smit & Melissen, 2018, S. 14).

Die Idee, ein Kundenerlebnis zu schaffen, ist kein völlig neues Konzept und entstand erstmals Mitte der 1980er Jahre (Steffen, 2012, S. 2; Doppler & Steffen, 2018), als das Forschungsteam (Hirschman & Holbrook, 1982) eine Arbeit über hedonischen Konsum verfasste, die als Ausgangspunkt dieser Bewegung angesehen werden kann (Bruhn & Hadwich, 2012, S. 2). Die frühen Konzepte der Kundenerlebnisse konzentrierten sich alle auf den emotionalen Kundengewinn. Verbraucher strebten bei der Auswahl von zu konsumierenden Produkten nach Gefühlen und Spaß (Hill & Gardner, 1986). Weitere Pionierarbeit im Forschungsbereich der Kundenerlebnisse haben Pine und Gilmore (1998) mit ihrem Buch „The Experience Economy" geleistet, in dem das „Kundenerlebnis" nach „Commodity", „Güter" und „Services" als höchste Stufe der Unternehmensentwicklung beschrieben wird (Suwelack, 2020, S. 9). Ein Kundenerlebnis tritt auf, „wenn ein Unternehmen absichtlich Dienstleistungen als Bühne benutzt und Waren als Requisiten, um einzelne Kunden auf eine Weise anzusprechen, die ein denkwürdiges Ereignis schafft" (Pine & Gilmore, 1998, S. 98). Seither nutzen Unternehmen ihre Erlebnisorientierung strategisch, um sich einen Wettbewerbsvorteil zu verschaffen (Pine & Gilmore, 1998; Jain et al., 2017, S. 642; Rusnjak & Schallmo, 2018, S. 3), da Produkte, Preise und Technologien allein keinen strategischen Wettbewerbsvorteil mehr darstellen (Rusnjak & Schallmo, 2018, S. 1). Heute wird der Begriff „Customer Experience" in der Marketing-Literatur als beliebtes Schlagwort verwendet (Lemon & Verhoef, 2016, S. 70) und kann folgendermaßen definiert werden:

> „Customer Experience kann als die Summe aller Erlebnisse und dazugehörigen Emotionen bezeichnet werden, die über einmalige oder mehrmalige Wahrnehmungen im Umgang zwischen Kunden und Systemen oder Produkten & Dienstleistungen eines Unternehmens sowie seiner Stakeholder (z. B. Mitarbeiter, Kunden, Partner, Werbung, Presse etc.) entstehen." (Rusnjak & Schallmo, 2018, S. 7)

Laut Suwelack (2020, S. 10 f.) haben fünf Kräfte zur Entwicklung einer Experience Economy geführt. Erstens, eine zunehmende Wettbewerbsdynamik hat bewirkt, dass immer mehr Wettbewerber um Kunden kämpften und somit Differenzierungspotenzial benötigten. Zweitens, Markenwirtschaft – Marken schaffen durch Erlebnisse eine Existenzberechtigung und einen Preisaufschlag. Drittens, die Gesellschaft hat sich zu einer Erlebnisgesellschaft entwickelt, insbesondere bei jüngeren Zielgruppen der Generationen Y und Z. Viertens, die Sozioökonomie – durch den höheren wirtschaftlichen Erfolg wollen Kunden nicht mehr Grundbedürfnisse, sondern höhere psychologische und Selbstverwirklichungsbedürfnisse verwirklichen, die insbesondere durch Erlebnisse befriedigt werden. Fünftens, durch ausgereifte Technologie funktionieren die Produkte der Hersteller reibungslos, sodass nicht funktionale, sondern emotionale Kaufgründe in den Vordergrund rücken.

Aus dieser Entwicklung heraus entstand die Managementdisziplin des Customer Experience Managements. Customer Experience Management (CEM) hat in vergangenen Jahren in Theorie und Praxis viel Aufmerksamkeit erhalten und ist in den letzten drei Jahrzehnten zu einem wichtigen Marketingkonzept geworden (Bruhn & Hadwich, 2012, S. 5). Das Hauptziel von CEM ist es, das Kundenerlebnis an den Kontaktpunkten so zu gestalten, dass in allen Beziehungsphasen ein positives Kundenerlebnis erzielt wird (Holland & Ramanathan, 2018, S. 346). Die inszenierten Erlebnisse sollen sich bewusst vom Alltag unterscheiden, um diesen für eine Zeit lang zu vergessen (Belk et al., 1989; Hirst & Tresidder, 2016, S. 81).

1.1 Customer Experience und Digitalisierung

Digitalisierung wurde insbesondere durch den Einsatz disruptiver Technologien vorangetrieben. Die Neu- und Weiterentwicklung von digitalen Technologien verändert Wirtschaft und Gesellschaft (Legner et al., 2017). Digitale Transformation steht für einen notwendigen Wandel der unternehmerischen Landschaft (Rusnjak & Schallmo, 2018, S. 2). Weil viele Firmen in der Vergangenheit ihre Geschäftsmodelle evolutionär verändert haben, hat in den vergangenen Jahren eine disruptive Entwicklung stattgefunden (Bergamin et al., 2020b, S. 10; Urbach, 2020, S. 1). Die Entwicklung der sogenannten SMAC-Technologien – Social, Mobile, Analytik und Cloud Computing – hat für eine beispiellose Welle der Digitalisierung gesorgt, die zurzeit Innovationen in Wirtschaft und Gesellschaft vorantreibt und Veränderungen des privaten und beruflichen Umfelds mit sich bringt (Legner et al., 2017). Urbach (2020, S. 1) fügt der Liste noch disruptive Technologien wie Internet of Things und Artificial Intelligence als technologische Treiber hinzu.

Eine Untersuchung, die den Einsatz von Virtual Reality (VR) bei Veranstaltungen untersucht, zeigt die Grenzen der Customer Experience in der sensorischen und auf der sozialen Ebene (Drengner & Wiebel, 2020, S. 28 f.). Drengner und Wiebel (2020, S. 29 f.) kommen zu dem Schluss, dass VR bisher nicht dieselbe soziale Interaktion bei einem Erlebnis mit Virtual Reality bieten kann wie in einem realen Veranstaltungskontext. Auch auf sensorischer Ebene wird nicht dieselbe Reizdarbietung im Vergleich zu realen Veranstaltungen erreicht, sodass VR herkömmliche Veranstaltungen bisher nicht ersetzen kann.

Die voranschreitende Digitalisierung in Gesellschaft und Wirtschaft verändert Märkte. Manche dieser Veränderungen z. B. im Verlagswesen oder in der Musikbranche sind disruptiv. Die Technologie verändert sich so schnell, dass Unternehmen zunehmend um ihre Bestandskunden und um bestehende Geschäftsmodelle kämpfen. Auch die Wettbewerbslage verändert sich stetig. Neue Wettbewerber bringen z. B. digitale Dienstleistungen auf den Markt (Robra-Bissantz & Lattemann, 2019, S. 4) und verändern die Leistungs- und Wettbewerbslandschaft. Durch disruptive Technologien müssen Unternehmen produktiver werden und Wertschöpfungsinnovation betreiben. Sie erfordern außerdem Arbeitsplatzflexibilität und eine erweiterte Kundeninteraktion (Urbach, 2020, S. 2). Amazon ist das in der Literatur am häufigsten genannte Fallbeispiel für digitale Transformation und Kundenerlebnis. Der Amazon-Gründer Jeff Bezos hat bereits zur Zeit der Unternehmensgründung die Technologie und das Marketing auf das Kundenerlebnis ausgerichtet und damit Wettbewerbsvorteile erzielt (Rusnjak & Schallmo, 2018, S. 4). Durch die konsequente Ausrichtung auf das Kundenerlebnis haben „Digital Natives" wie Amazon bemerkenswerte Abweichungen von Kundenverhalten und -erwartungen herbeigeführt (Shrivastava, 2017). Dabei haben sich Verbraucher im sich entwickelnden digitalen Zeitalter an ein viel höheres Serviceniveau gewöhnt als in den vergangenen Jahren (Aweh et al., 2020).

Somit sind die Themen Digitalisierung, Digitale Transformation und Customer Experience eng miteinander verknüpft. „Digitale Transformation bzw. die (Neu-)Gestaltung von Kundenerlebnissen hat in der Regel spürbare Auswirkungen auf ganze Business Models" (Rusnjak & Schallmo, 2018, S. 5), und somit empfehlen die Autoren für die Entwicklung von nachhaltigen Kundenerlebnissen eine agile Vorgehensweise z. B. durch Business Model Engineering.

Robra-Bissantz und Lattemann (2019) entwickeln sieben Schritte zur Überprüfung der Attraktivität von digitalen Dienstleistungen, welche auf den Prinzipien der Service-Dominant Logic basieren. Sie erarbeiten in ihrem Buchkapitel einen Morphologischen Kasten, der wie eine Checkliste für die Entwicklung nachhaltiger (digitaler) Leistungsangebote mit konsequenter Integration der Kunden verwendet werden kann. Idealerweise sollten Unternehmen in Zeiten von disruptiver Technologie schon Prozesse und Geschäftsmodelle entwickeln, für die das Gehirn des Normalkunden noch keine Notwendigkeit erkannt hat (Leipner, 2018, S. 124).

Diese Vorhersehbarkeit war während der Corona-Pandemie, insbesondere im Frühjahr 2020 nicht gegeben und so mussten viele Hersteller und Dienstleister ganz kurzfristig einen digitalen Wandel durchlaufen, den es so schnell ohne die Pandemie wahrscheinlich nicht gegeben hätte. Digitalisierung und Innovation wurden schnell vorangetrieben und in Rekordzeit wurden neue digitale Geschäftsmodelle entwickelt.

1.2 Transformation des Kundenerlebnisses während der Corona-Pandemie

Covid-19 hat den Digitalisierungsprozess in vielen Unternehmen stark beschleunigt (Bergamin et al., 2020b, S. 24; Gentemann & Pols, 2020). Ein digitales Transformationsmanagement hat für viele Unternehmen durch die Corona-Krise eine noch höhere Priorität erhalten (Bergamin et al. 2020b, S. 2). Die Autoren bezeichnen die Digitalisierung sogar als „Gewinner der

Krise" (Bergamin et al., 2020b, S. 24). Viele Firmen, wie z. B. Restaurants, durften ihre Dienstleitungen nicht mehr vor Ort anbieten, andere wie beispielsweise Schwimmbäder oder Reisebusunternehmen mussten komplett schließen. Durch die von der Regierung angeordnete Kontaktbeschränkung und Quarantänebeschränkung hat ein Großteil der Menschen, wenn möglich, im Homeoffice gearbeitet (Müller et al., 2020) und auch ihre Freizeit zu Hause verbracht. Viele erlebnisorientierte Freizeitmöglichkeiten wurden durch Schließung der Freizeiteinrichtungen untersagt und in den digitalen Raum verlegt. Digitale Videokonferenzsysteme wie z. B. Microsoft Teams, Zoom oder Go-To-Meeting ersetzten plötzlich persönliche, menschliche Kontakte und entwickelten sich weltweit zur „Standardkommunikation" (Bergamin et al., 2020b, S. 25; Müller et al., 2020).

Die Corona-Pandemie hat sowohl das Kundenverhalten als auch die Innovationsgeschwindigkeit der Unternehmer nachhaltig verändert. Unter der Bevölkerung gibt es bezüglich der Digitalisierung Skeptiker, die sich um ihre Privatsphäre und um ihre persönlichen Daten sorgen. Andererseits gibt es auch viele interessierte und digitale Start-up-Unternehmer, oft insbesondere junge Menschen, die mit digitaler Kommunikation aufgewachsen sind (Bergamin et al., 2020b, S. 2). Unternehmer in vielen Branchen kämpfen in der Corona-Pandemie um ihre Existenz, mussten kreativ sein und haben z. B. statt eines Vor-Ort-Erlebnisses einen Lieferservice oder digitale Erlebnisse angeboten. Innovative Unternehmer haben die Digitalisierung beschleunigt und in digitale Technologien investiert. Digitalisierungsskeptiker mussten, teilweise notgedrungen, auf digitale Dienstleistungen ausweichen. Es zeichnet sich ab, dass die fortschreitende Digitalisierung Teil des „New Normal" ist. Die neue digitale Affinität vieler Kunden wird neue Marktchancen für digitale Produkte und Dienstleistungen hervorbringen (Bergamin et al., 2020b, S. 25 f.). Der virtuelle Kundenkontakt wird durch die zwischenmenschlichen Kontaktbeschränkungen in der Corona-Krise noch wichtiger (Bergamin et al., 2020a, S. 53).

2 Die Corona-Pandemie 2020 und die Eventbranche

Die in Deutschland Anfang März 2020 ausgelöste, weltweite Corona-Pandemie und das damit verbundene Veranstaltungsverbot löste in der Eventbranche eine bislang ungekannte Tiefenkrise aus. Die aktuelle Auslastung der Branche (Stand Dez. 2020) lag seit März 2020 bei „null" (Research Institute for Exhibition und Live-Communication, 2020, S. 24). Drei Strategien im Umgang mit Veranstaltungen waren mit Einbruch der Krise zu beobachten: 1) Das Absagen von Veranstaltungen. Allein im Bereich „Messen" wurden seit dem Lockdown insgesamt mehr als 1000 Messen in Deutschland, fast 5000 weltweit abgesagt (Stand: 26. Nov. 2020, FAMA 2020). 2) Das Verschieben von Veranstaltungen, wie z. B. die Best of Events, die für Januar 2021 geplant war (tagungsplaner.de 2020a) und 3) die Hybridisierung bzw. komplette Verlagerung von Veranstaltungen in virtuelle Räume, wie z. B. die Buchmesse Frankfurt im Oktober 2020 und die re:publika 2020.

Der weltweit durch Corona-Verordnungen erzwungene physische Abstand und der Wegfall persönlicher Treffen auf Veranstaltungen aller Art, auf Reisen, im gesamten Freizeitbereich und zu Hause hat bestehende Verhaltensmuster aufgebrochen (Anthes et al., 2020; Doppler & Steffen, 2020). Die Wucht, mit der die Corona-Pandemie über die Branche hereingebrochen ist, hat neben den dramatischen wirtschaftlichen Einbußen auch dazu geführt, dass Veranstalter und Agenturen sehr schnell Wege aus der Krise finden mussten und wollten.

2.1 Digitale Veranstaltungen

Digitale und hybride Events wurden in den vergangenen Jahren sowohl in B2B als auch in B2C umgesetzt. Eine gute Übersicht findet sich bei Dams und Luppold (2016), Zanger (2020). Hier soll nur eine grobe Einteilung erfolgen: Virtuelle Events finden ausschließlich in einer virtuellen Präsenz auf speziellen virtuellen Technologie-Plattformen, wie z. B. meetyoo, statt (siehe dazu z. B. die virtuelle Messehalle der Global COMM Convention von Continental im September 2020, Bericht in Hartmann, 2020). Virtuell Reality (VR)-Technologien entwerfen virtuelle Welten, in die der Teilnehmer über eine VR-Brille eintreten kann, im virtuellen Raum über einen Avatar eine Präsenz erlebt und in dieser als Avatar interagieren kann. Es ist denkbar, dass VR genutzt werden kann, Teilnehmer über eine virtuelle Präsenz in physische Präsenzveranstaltungen einzubinden (siehe dazu ausführlicher Drengner & Wiebel, 2020). Digitale Veranstaltungen werden in einer Studio-Location produziert, die Akteure sind teilweise vor Ort oder werden über Streams online zugeschaltet, die Produktion wird wie eine TV-Sendung online übertragen (siehe dazu z. B. die Future Week 2020 des Zukunftsinstituts im Juni 2020).

Den Begriff der hybriden Events prägte in Deutschland die Agentur VOK DAMS (Vok Dams, 2011; Dams & Luppold, 2016; Rück, 2018). Die Agentur ordnet hybride Events als Innovationstrend im Live-Marketing ein, wobei der Begriff hybrid in seiner ersten Verwendung „das integrative Zusammenspiel von Social Media und Event" bezeichnete (Vok Dams 2011, S. 8). Basiskomponente eines hybriden Events ist das klassische, physisch verortete Event. Die zweite Komponente sind digitale Kommunikationskanäle, Technologien und Geräte, mit denen Menschen digital miteinander in Verbindung treten (Dams & Luppold, 2016; Leitinger, 2013). Auf planungssystematischer Ebene wird unterschieden zwischen virtuellen Begleitmaßnahmen in der Pre-, Live- und Post-Event-Phase, beispielsweise Informationen auf Webseiten und in Newsrooms im Vorfeld der Veranstaltung, Location Based Services auf der Veranstaltung in der Live-Phase und z. B. File-Sharing im Nachgang von virtuellen Erlebnisräumen (Gaida, 2016). In der hybriden Live-Kommunikation wird ein „vermischter Raum [erzeugt] aus realer und digitaler Welt, in dem Unternehmen und Marken auf ihre Interessengruppen treffen und voneinander profitieren können" (Dams & Luppold, 2016, S. 3). Dabei werden alle Kommunikationskanäle des virtuellen Systems in einer hyperkonnektiven Strategie zugleich genutzt (Dams & Luppold, 2016, S. 3).

In Fachkreisen sind digitale Eventformate und hybride Events seit vielen Jahren in der Diskussion. Im Kontext hybrider Events wurde von Experten unter anderem die Ablenkung der Teilnehmer durch parallele Social-Media-Aktivitäten während der Veranstaltung kritisiert. Auch die fehlende Multisensorik, das Verbot zur Nutzung sozialer Medien am Arbeitsplatz, geringe Nutzerzahlen, die Irrelevanz zumindest in B2B von „Facebook, Twitter und Co." sowie unpersönliche und oberflächliche Interaktionen in den sozialen Medien (Rück, 2018) werden in der Literatur beanstandet. Die Einwände reichen bis hin zur Sorge der Kannibalisierung physischer Veranstaltungen durch digitale Formate sowie zum Aufkommen von Ängsten, dass durch virtuelle Komponenten in der Live-Kommunikation Kunden-, Umsatz- oder Bedeutungsverluste des Live-Moments entstehen könnten (Kirst & Peter, 2020, S. 5). Rück (2018) zitiert in seiner kritischen Auseinandersetzung weiter eine Expertin wie folgt: „Live-Kommunikation kann, was das Internet nicht schafft: Emotionen generieren" und begründet dieses Zitat folgendermaßen „[…] Durch die persönliche Begegnung mit all ihrer multisensorischen Wucht und nachhaltigen Eindrücklichkeit". Auch der fehlende Faktor Vertrauen, der nur in der persönlichen Begegnung und nicht im virtuellen Raum entstehen könne, wird von Kritikern erwähnt (Rück, 2018). Eine spontane, nicht repräsentative Umfrage während einer Online-

Mitglieder-Veranstaltung des Verbands der Kongress- und Seminarwirtschaft (degefest) ergab, dass rund 40 % der Teilnehmer noch keine Erfahrungen mit hybriden Eventformaten gemacht haben (Stand Herbst 2020). Unter den degefest-Mitgliedern besteht Unsicherheit im Umgang mit der Technik, mit den Kunden und mit der Preisgestaltung (events Redaktion, 2020).

Auf der anderen Seite stehen die Stärken. Gäste und Sprecher können online zugeschaltet werden, wodurch Reiseaktivitäten vermieden, Zeit- und Kostenersparnis realisiert und die Umwelt geschont werden (Dams & Luppold, 2016). Die Autoren kommen zu dem Ergebnis, dass die Integration von virtuellen Formaten und Elementen zu mehr Involvement aufseiten der Teilnehmer führt und zu mehr Interaktion zwischen Teilnehmern und Eventobjekten (z. B. Erlebnisfragmente wie Videos und downlaoadbarer Content). Die Gesamtheit aller einzelnen Interaktionen, die zwischen Eventbesuchern und Eventobjekten in den Kommunikationskanälen stattfindet, wird erhöht und das Besucherverhalten kann einfacher qualitativ und quantitativ ausgewertet werden kann (Insights). Langfristig schont die Integration von virtuellen Formaten und Elementen finanzielle Ressourcen bei Unternehmen (Dams & Luppold, 2016, S. 12–14).

Trotz aller Kritik wurden in jüngerer Vergangenheit hybride Events zunehmend interessant, auch unter dem Aspekt, sich in der Live-Kommunikation innovativ zu positionieren und zu überraschen. Gästen wird eine neue Erlebnisdimension angeboten, indem digitale Erlebniskomponenten in physische Veranstaltungsformate integriert und die beiden Welten zum Verschmelzen gebracht werden. Zum Beispiel veranstaltete die Daimler-Marke Smart das „*Global Training Experience smart electric drive 2017*" anlässlich der Markteinführung der neuen Smart e-Modelle. Auf dem Event in Valencia in Spanien kamen mehr als 2000 internationale Sales-Spezialisten zusammen, um sich zu den neuen Fahrzeugen und zu Innovationen im Bereich e-Mobility schulen zu lassen. Die Teilnehmer erlebten unter anderem die neuen Fahrzeuge in immersiven, virtuellen 3-D-Welten, abgerundet durch digitalgestützte Post-Schulungen und wurden so zu einem nachhaltigen und wertschöpfenden Element der Markenstrategie von Smart (Smart o. J.).

Mit dem Ausbruch der Corona-Pandemie gewinnt diese Diskussion eine neue Bedeutung. Der Wunsch nach Überraschung weicht dem Wunsch nach Sicherheit, Stabilität und Planbarkeit (Zukuftsinstitut 2020). Bedingt durch das europaweite Veranstaltungsverbot wurde die Verlagerung von Veranstaltungen in den virtuellen Erlebnisraum massiv beschleunigt und zwingt die gesamte Veranstaltungsbranche – Veranstalter, Locations und sämtliche Dienstleister – in die virtuelle Veranstaltungswelt (tagungsplaner.de 2020b).

Diese Disruption entledigt sich in der tiefsten Krise der Eventbranche der Frage, welches Format das überlegenere ist. Stattdessen rücken Fragen in den Vordergrund, wie auch in digitalen Formaten emotional berührende Momente entstehen können. Digitale Venträume werden seither für die Teilnehmer gestreamt, die Produktion erfolgt vergleichbar wie TV-Sendungen aus Veranstaltung-Studios, die mit unterschiedlichen Kameraeinstellungen das physische Live-Geschehen kombiniert mit digitalen Einspielungen über Streaming-Plattformen (z. B. Twitch) live zur Verfügung stellen.

2.2 Resonanzerlebnisse und Digitalisierung

Als Antwort auf die Hyperindividualisierung, die Abgrenzung voneinander und die Digitalisierung der Gesellschaft gewinnt derzeit die Idee der Resonanzerfahrung zunehmend an Bedeutung. Der Begriff der Resonanz geht auf Arbeiten des Soziologen Hartmut Rosa zurück und bezeichnet eine Form des In-Beziehung-Tretens zur Welt, zu den Menschen, zur Arbeit, zu Hobbys und Freizeitaktivitäten und zur Natur, ein *„vibrierender Draht"* zwischen Menschen und der Welt (Rosa, 2020, S. 24). Dieser vibrierende Draht wird laut Rosa gebildet durch intrinsische Interessen, wie z. B. Liebe, das Interesse an der Welt und intakte Selbstwirksamkeitserwartungen. Dies sind menschliche Erwartungen, die jeweilige Sphäre über diesen vibrierenden Draht zu erreichen und in ihr etwas zu bewegen, sie zu berühren und im Gegenzug aus der Sphäre heraus berührt zu werden (Rosa, 2020, S. 24 f.).

Das Zukunftsinstitut (Egger et al., 2020, S. 12) erkennt die Relevanz des Wunsches der Menschen nach Verbundenheit und Zugehörigkeit und setzt dies gleich mit dem Wunsch nach Resonanz als „eine transformative Erfahrung in einer Wir-Kulturellen Gesellschaft" (Egger et al., 2020, S. 14).

Vier Kernmerkmale werden identifiziert, die laut dem Soziologen Hartmut Rosa zu einer gelingenden Resonanzbeziehung zwischen dem Menschen und seiner Umwelt gehören (Egger et al., 2020, S. 28 f.):

1. Der Moment der Berührung und des Bewegtseins durch eine Sache oder einen anderen Menschen, der als werthaltig und bedeutsam empfunden wird.
2. Der Moment der Selbstwirksamkeit als eine sichtbare emotionale Reaktion des berührten Subjekts, womit dieses seine Verbundenheit zum Gegenüber herstellt, das wiederum bewegt und berührt wird. Resonanz

ist also ein wechselseitiges Berührt-werden und Berühren-können und erzeugt so ein Gefühl der Selbstwirksamkeit.
3. Der Moment der Transformation, wonach Resonanzbeziehungen eine gemeinsame Veränderung für diejenigen bewirken, die Resonanz erfahren und ein Gefühl der Lebendigkeit erzeugen.
4. Der Moment der Unverfügbarkeit besagt, dass Resonanz sich nicht erzwingen, verhindern oder vorhersagen lässt, sie nicht kontrolliert oder gekauft werden kann und die Art der Veränderung, die sie bewirkt, nicht vorherbestimmbar ist.

Typische Resonanzsphären sind unter anderem die Natur, die Kunst, intensive menschliche Begegnungen und „Veranstaltungen, die ein gemeinschaftliches Erleben ermöglichen" und auf denen sich temporäre Wertegemeinschaften zusammenfinden und in einer Atmosphäre der Begegnung, des Austauschs und des Dialogs Resonanz erfahren (Egger et al., 2020, S. 27).

Das Gefühl eines persönlichen und einfühlsamen menschlichen Kontaktes wird beschrieben mit dem Prinzip der Sozialen Präsenz. Diese gilt als Erfolgsgröße für das soziale Erlebnis des Kunden in technologiebasierten Serviceinteraktionen und wird beispielsweise erzeugt „durch das Einbetten von menschenähnlichen Reizen (z. B. menschliches Erscheinungsbild und Verhalten)" (Lohmann & Zanger, 2020, S. 66).

Aus dieser Perspektive der Resonanzerlebnisse können aktuelle Herausforderungen an Online-Kundenerlebnisse abgeleitet werden (siehe Abb. 1).

Der vorliegende Beitrag beschäftigt sich mit der Frage, wie die Customer Experience – also das Gäste- bzw. Kundenerlebnis während Veranstaltungen – von der Digitalisierung beeinflusst wird und wie Möglichkeiten geschaffen werden können, unter denen Resonanzerlebnisse in Online-Veranstaltungen entstehen können.

3 Qualitative Studie

In einer qualitativen Studie sollen erste Erkenntnisse gewonnen werden, welche Herausforderungen sich aus der Digitalisierung von Veranstaltungen bezüglich der Customer Experience der Teilnehmer ergeben.

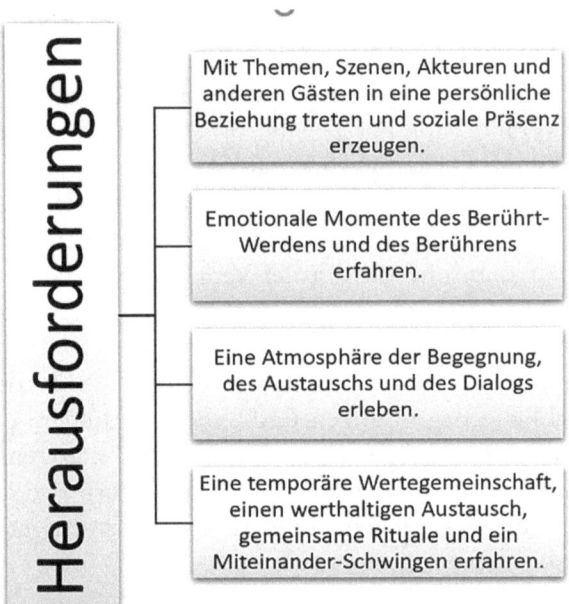

Abb. 1 Berührende Erlebnisse, Resonanzerlebnisse – aktuelle Herausforderungen während Online-Veranstaltungen

3.1 Methode

Basierend auf einem Literatur-Review wurde ein halbstrukturierter Interviewleitfaden entwickelt. Im Zeitraum vom 25. Juni 2020 bis 3. Juli 2020 wurden sieben Interviews mit Experten aus Deutschland, den Niederlanden, Großbritannien und den USA geführt mit dem Ziel zu explorieren, welchen Einfluss die Digitalisierung von Veranstaltungen auf das wahrgenommene Kundenerlebnis hat. Die Interviews dauerten jeweils ca. 30 min. Sechs der sieben Experten und Expertinnen wurden im Rahmen einer internationalen Online-Veranstaltung „Managing the Virtual Experience. A Three-Hour Special Online Event", das am 30. April 2020 online stattgefunden hat, rekrutiert, ein Experte über einen direkten Kontakt.

Die Expertenrunde setzt sich wie in Tab. 1 dargestellt zusammen.

Die Daten wurden transkribiert und in einer qualitativen zusammenfassenden Inhaltsanalyse nach Mayring (2008) ausgewertet. Dabei wurden die Codes direkt aus dem Datenmaterial abgeleitet.

Tab. 1 Expertenrunde

	Expertenstatus
E1	Arbeitet in einer Marketingagentur in Deutschland und ist speziell für die Kundenoptimierung sowie für die digitale Wachstums- und Konversionsoptimierung zuständig. Er hat auch einen eigenen Blog, der sich mit Content-Marketing und Design beschäftigt
E2	Betreibt in den Niederlanden ein eigenes Unternehmen, das eine mobile Anwendung entwickelt hat, die Veranstaltungsplanern hilft, virtuelle und hybride Veranstaltungen zu organisieren
E3	Arbeitet derzeit als Beraterin für Geschäftsveranstaltungen in Amerika, nachdem sie zuvor selbst Veranstaltungsplanerin war. Sie beschäftigt sich mit dem psychologischen Aspekt von Veranstaltungen und ist Buchautorin zu diesem Thema
E4	Arbeitet für ein Unternehmen in Deutschland, das sich auf Customer Experience spezialisiert hat, und ist in ihrem Unternehmen für die Veranstaltungsabteilung verantwortlich
E5	Ist ein amerikanischer Autor, Sprecher, Managementberater, der für einschlägige Werke im Bereich „Customer Experience" weithin anerkannt ist
E6	Arbeitet als kreative Event-Produzentin in Großbritannien. Sie ist dort auch für die Gestaltung der Customer Experience und die Customer Journey verantwortlich
E7	Arbeitet für eine Agentur für Live-Kommunikation in Deutschland. Vor drei Jahren schloss sie ihr Studium in International Business mit Vertiefung Eventmanagement ab und hat seither für mehrere größere Unternehmen Veranstaltungen konzipiert und durchgeführt

3.2 Ergebnisse aus den Experteninterviews

Allgemeine Faktoren der Customer Experience bei Events

Laut der Expertenrunde grenzt sich der Begriff „Erlebnis" vom Begriff der Dienstleistung über das Erinnern ab. Im Sprachgebrauch adressiert der Begriff Customer Experience zwei Aspekte: Erfahrung und Erlebnis.

> *There is a difference between a service and an experience. To make an experience, you have to make the service memorable.* (E5)

Die Experten assoziieren beim Thema Customer Experience Zusammenhänge mit Freundlichkeit, Service, Catering, dem Veranstaltungsort, das Gesamtpaket, den Mitarbeitern, der Technik und den Referenten bzw. Akteuren. Auch das Design, die Navigation durch das Event und die „Sound"-Gestaltung sollten ansprechend, einprägsam und soweit möglich individualisierbar sein.

Veranstaltungen werden für ein Publikum gemacht und die Customer Experience ist der entscheidende, wichtigste und relevanteste Aspekt für die Teilnehmer. Dabei werden die Häufigkeit, Art, Stärke und Qualität an wahrnehmbaren Emotionen und Impulsen gezielt entworfen, wobei es aus Sicht der Teilnehmer von Bedeutung ist, nicht von Reizen überwältigt zu werden.

Schlüsselthemen der Customer Experience sind die Interaktionen mit anderen Teilnehmern, was zu einer guten Qualität der wahrgenommenen Customer Experience beiträgt, nicht abgelenkt zu werden und einen Wert, Sinn oder Nutzen aus dem Erlebten zu ziehen. Weitere zentrale Aspekte sind ein aktives „Eintauchen" in die Veranstaltung und Engagement. Persönliche und praktische Entwicklung – also Transformation – sind erwünscht.

> *Customer Experience is about making nice and convenient interactions with customers. This results in a good quality service. An experience is about personal, memorable and engaging events. A good turns into a service, and a service turns into an experience. (E5)*

Um eine bewegende und berührende Veranstaltung zu schaffen, ist es wichtig, ein schnelles Tempo und einen guten, einnehmenden und unterhaltsamen Moderator zu haben. Eine Veranstaltung muss die perfekte Kombination aus Spaß, Ernsthaftigkeit und Überraschung bieten. Oft reichen einfache Dinge aus, um eine gute Veranstaltung zu schaffen. Der erlebte Moment soll lange nachschwingen und erinnert werden.

Der Teilnehmer hat bereits eine vorgefasste Meinung über das Event, die erfüllt werden muss. Diese Erwartungen können übertroffen werden, wenn Unerwartetes oder Besonderes geboten wird. Wenn Erwartungen nicht erfüllt werden, führt dies zu einer negativen Customer Experience. Teilnehmer sind zudem zufrieden, wenn sie nach der Veranstaltung das Gefühl haben, das für sie als stimmig empfundene Maß an Informationen bekommen zu haben. Zu einer guten Erfahrung gehört immer auch, etwas zu lernen und sich inspirieren zu lassen.

Die Customer Experience wird weiter durch die Stimmung des Teilnehmers, das Wetter und alle individuellen und emotionalen Geschichten, die die Teilnehmer mit nach Hause nehmen, beeinflusst.

Herausgehoben wird auch die Passung zwischen Programm und Location.

> *Das man sagt okay, man hat irgendwie eine total coole Location, man schaut die sich an, irgendwie bei der Sight Inspection und sagt ja die ist total schön aber sie passt nicht zu dem was dann eigentlich an dem Tag passiert. Das finde ich ist dann ein Bruch. (E1)*

Darüber hinaus kann eine Customer Experience bei Events natürlich auch negativ sein, beispielsweise wenn eine Veranstaltung distanziert und steril ist und kein Erinnerungswert beim Teilnehmer hervorgerufen wird. Eine weitere negative Erfahrung wäre, wenn eine Veranstaltung schlecht durchgeführt wird oder wenn die Menschen in einer negativen Tonalität darüber sprechen. Wenn jedoch der Aspekt, der für einen Teilnehmer entscheidend ist, an der Veranstaltung teilzunehmen, wahrnehmbar und in guter Qualität adressiert wird, akzeptieren Teilnehmer eher, wenn andere Dinge nicht perfekt sind.

Emotionen und Resonanz
Emotionen sind eine der wichtigsten Komponenten eines Events. Um Emotionen zu erzeugen, braucht es eine ansprechende Atmosphäre und Menschen. Die erlebte Welt ist voll von Emotionen und Informationen, und die meisten Teilnehmer erinnern sich im Kontext von Veranstaltungen vor allem an den bzw. die Höhepunkte und an das Ende eines Events. Daher ist es wichtig, diese Momente in einer emotionalen Dramaturgie so besonders wie möglich zu gestalten, auch bei Online-Events. Um Emotionen zu erzeugen, ist es wichtig zu verstehen, wie Erinnerungen und Emotionen zusammenspielen, um ein besonders bewegendes Ereignis zu schaffen. Erinnerungen sind für die Erzeugung von Emotionen verantwortlich, daher sollten Erlebnisse einen Wiedererkennungswert haben, um eine gute Customer Experience zu erreichen. Alles in allem wird geschlussfolgert, dass ohne Erinnerungen die Customer Experience nicht befriedigend sein kann.

Für einen Teilnehmer ist es wichtig, Erinnerungen mit anderen Menschen zu teilen. Auf der sozialen Ebene ist für eine positive Customer Experience nicht unbedingt nur der Inhalt entscheidend, sondern vor allem die Interaktionen zwischen den Menschen.

> *Es ist gar nicht unbedingt das Programm, was letztendlich ein Erlebnis ausmacht, sondern es sind vor allem die anderen Teilnehmer. Entstehen Diskussionen, sind interessante Leute da? Oder ist das einfach nur so eine Show. (E1)*

Es wird als wichtig erachtet, dass die Menschen sich vernetzen und in Pausen mit anderen Menschen ins Gespräch kommen können. Dabei wird die Begegnung mit interessanten und aufgeschlossenen Menschen, die die Teilnehmer untereinander vorstellen und dadurch das Networking unterstützen, als positiv empfunden. Ein gemeinsames Essen schafft beispielsweise solche Interaktionsräume. Auch die Meinung der anderen Teilnehmer nimmt dabei Einfluss auf die eigene Erfahrung.

Akteure, Sprecher und Moderatoren empfangen die Energie der Teilnehmer und geben sie mit „guter Laune" auf positive Weise an die Teilnehmer zurück. Es ist daher wichtig, bei einer Veranstaltung Redner oder Darsteller mit einer wahrnehmbaren Energie zu haben. Speziell bei digitalen Veranstaltungen ist es wichtig, eine Energie durch Gesten und Mimik zu übertragen.

> *No matter what kind of event, it is important that there are spectators or participants who transmit a positive energy to the speakers/players or performers. The amount of energy the participants radiate to the speaker is also returned back to them by the speaker. Especially at digital events it is of great importance to keep the energy level up through gesture and mimic. (E5)*

Herausforderungen bei virtuellen Events

Allgemein äußern die Experten, dass die Teilnehmer von Events auch in digitalen Veranstaltungen Erwartungen an das Kundenerlebnis haben.

> *The pandemic had shown us how people need experiences and without experiences people are not willing to join an event again. (E6)*

Physische Events können nicht ohne eigenes Konzept in den virtuellen Raum übertragen werden.

> *Ich sehe, dass letztendlich sehr, sehr viele Veranstalter einfach nur versuchen ihr Präsenzkonzept tatsächlich ins Internet zu kopieren. Das funktioniert meiner Meinung nach nicht. (E1)*

> *The biggest challenge is going from originally physical planned events to virtual events. (E5)*

Der Wettbewerb in der Live-Kommunikationsbranche wurde in den vergangenen Jahren härter und die Branche boomte. Dies ist laut Experten u. a. ein Grund dafür, dass in der Vergangenheit „niemand" einen dringenden Bedarf sah, die Digitalisierung in der Branche voranzutreiben. Vor der Pandemie zögerten viele Veranstalter und Organisatoren, digitale Veranstaltungen anzubieten, was dazu führt, dass mit Einbruch der Pandemie die Erfahrung fehlte. Dies erweist sich für die Branche in der aktuellen

Situation als fatal. Die Pandemie hat gezeigt, dass die Digitalisierung in der Eventbranche hätte früher vorangetrieben und ausgebaut werden müssen. Veranstalter sind gezwungen, virtuelle Veranstaltungen schneller als erwartet anzubieten und umzusetzen. Viele Agenturen haben jedoch Schwierigkeiten im Umgang mit der neuen Situation.

> *Es war schon vor der Pandemie notwendig, die Digitalisierung mehr auszubauen in der Eventbranche. Aber ich glaube auch, dass man einfach den Bedarf nicht gesehen beziehungsweise es so funktioniert hat. Die Live-Kommunikationsbranche hat ja geboomt die letzten Jahre und ‚never change a running system'. (E7)*

> *Organisers were always aware of the digitalisation of events and were informed about new technological trends but were not ready to use them. (E6)*

Kompetente Technologieanbieter und Moderatoren sind in dieser Situation enorm wichtige Partner der Eventbranche, um Online-Veranstaltungen professionell zu produzieren.

> *An important investment is a good moderator and a good technology. One should definitely invest in it to create a competitive advantage. (E4)*

Voraussetzungen für gute virtuelle Events sind – wie bei physischen Veranstaltungen auch – ein guter Kundenservice und ein Leitfaden für die Teilnahme an der Veranstaltung.

Digitale Veranstaltungen benötigen ein gezieltes, durchgängig im Konzept One-to-One und One-to-Many verankertes Involvieren der Teilnehmer, wie zum Beispiel Abstimmungen, Feedback einholen, Gruppendiskussionen, gezieltes Einholen der wichtigsten Botschaften, die die Teilnehmer aus Beiträgen mitnehmen.

> *[…] dass viel, viel mehr fokussierte Interaktionen stattfindet, zumindest One-to-Many vom Veranstalter an alle Teilnehmer und noch besser One-to-One vom Veranstalter an einzelne Teilnehmer, wenn das irgendwie möglich ist. Also über digitale Medien die Teilnehmer viel, viel stärker integrieren und involvieren in das Geschehen. (E1)*

Twitch zum Beispiel erzeugte durch die gezielte Integration von Livestream und interaktiven Social-Media-Komponenten ein neues Erlebnis, weil Teilnehmer sich während und nach dem Live-Stream über diesen austauschen können.

> *A whole new experience is created with 'twichification', where people are commenting on live streams and talking about it later. The Social Media component creates a whole social experience surrounding them and creates engagement. (E5)*

Einigkeit besteht, dass virtuelle Veranstaltungen für Teilnehmer mehr Flexibilität und eine effizientere Zeitplanung mit sich bringen, da sie nicht an einen Ort gebunden sind. Es besteht also keine Notwendigkeit für Reisen und aus technischer Sicht auch keine Begrenzung der Teilnehmerzahl, die weltweit einbezogen werden können. So haben virtuelle Events das Potenzial, internationaler und in den Alltag integriert zu werden.

Technologische Anwendungen wie Augmented und Virtual Reality können selbst größeren Teilnehmerzahlen das Gefühl vermitteln, auch mit Präsenz an einer Veranstaltung teilzunehmen.

> *Technological tools like virtual reality and augmented reality can create an experience for a bigger audience, in terms of allowing more people to feel like they are really situated at a specific event. (E5)*

Bezüglich der Intensität des Erlebens im virtuellen gegenüber dem physischen Raum ist das Bild differenziert: Gemeinschaft könne bei physischen Events intensiver erlebt werden aufgrund der körperlichen Präsenz vor Ort.

> *So I think the one crucial thing that is different is the immersion. So for me it really does help to go somewhere, and be there. Just experience the being. And that's something I haven't seen working in a virtual event. The second thing is that the level of energy it requires to actively participate is much higher for virtual events if it requires a lot more energy. These two things, I'm afraid the virtual will just always lack. (E2)*

Online-Veranstaltungen seien aufgrund ihrer Einfachheit für den Teilnehmer und das Mehr an angebotenem Content auf der Inhaltsebene intensiver als physische Veranstaltungen, jedoch auf der Ebene sozialer Interaktionen werden physische Veranstaltungen als intensiver eingestuft.

> *The simplicity (one click away) and flexibility (more content provided) of online events make it more intense. The intensity of the social component is higher at physical events through interaction and energy. (E6)*

Eine Voraussetzung ist dabei, dass die Online-Veranstaltung gut organisiert und produziert wird.

Digital experiences can be as good as physical experiences or even be better, if they are organised and produced well. (E5)

Physische Merkmale, die im virtuellen Raum nicht verwendet werden können, müssen bei der virtuellen Veranstaltung durch andere sensorische Mittel ersetzt werden, die die Menschen begeistern und möglichst viele Sinne aktivieren. Das können z. B. ansprechende Präsentationen, eine architektonisch interessante Location, eine hochwertige Inneneinrichtung, eine technisch ausgereifte, multimediale Produktion, ein gezieltes Sound Design und z. B. ein individuell geliefertes Catering sein.

During the pandemic it showed that for example sport players need attention from an audience. Therefore, new technology was used to create artificial sounds. (E5)

Kritisch wird gesehen, dass die Teilnehmer bei Online-Veranstaltungen stärker abgelenkt sind z. B. durch gleichzeitige familiäre Aktivitäten, was ein vollständiges „Eintauchen" in das Event mindert.

The attention of the customer is the central point that is differing physical from online events. At virtual events (basically at home), the participant does things on the side, whereas at a physical event they are completely focused on the event. (E6)

Auch sind Teilnehmer bei virtuellen Veranstaltungen passiver und trauen sich weniger, Fragen zu stellen. Daher sollte bei virtuellen Veranstaltungen die Möglichkeit für ein direktes Feedback bzw. direkten Kontakt, auch visuell, unter den Teilnehmern und Referenten bzw. Akteuren gegeben und im besten Fall höher als bei physischen Veranstaltungen sein.

Ein weiterer Kritikpunkt an digitalen Formaten ist, dass sich Teilnehmer bei regelmäßigen Veranstaltungen im physischen Raum sehr gut an andere Teilnehmer erinnern und über diese Erinnerung auch gleich wieder Anknüpfungspunkte finden, Gespräche fortsetzen. Digital ist das schwieriger zu erreichen, da die physische Präsenz fehlt. Kleinere, regelmäßige digitale Veranstaltungen in kürzeren Zeitabständen können helfen, diesen Effekt auch im digitalen Raum zu erzeugen.

Das ist der größte Kritikpunkt, den ich aktuell habe, dass diese persönliche Bindung innerhalb einer Community in einer Präsenzveranstaltung viel, viel stärker zustande kommt, dass man sich bei regelmäßigen Veranstaltungen zum Beispiel einmal im Jahr sehen, sich erinnern und Gespräche fortführen kann. Digital passiert das nicht. (E2)

Eine Herausforderung bei virtuellen Veranstaltungen besteht darin, den Teilnehmer zur Teilnahme an der Veranstaltung zu bewegen, da es ein Überangebot an virtuellen Veranstaltungen gibt und die Teilnahme auch anstrengend sein kann. Die Entscheidung, welche Veranstaltung ein Teilnehmer besucht, hängt auch von der Marke und der Authentizität der Marke bzw. der Organisatoren ab.

Abb. 2 zeigt als Customer Experience Map die Faktoren der Customer Experience, die bei digitalen Events aus den Experteninterviews exploriert wurden.

Mit Blick auf eine Nach-Pandemie-Ära äußern sich die Experten vorsichtig. Die aktuelle Situation wird als eine Chance für digitale Events bewertet, und es ist davon auszugehen, dass digitale Veranstaltungen in Bezug auf die Qualität schnell besser werden. Beide, digitale und physische Events haben einen Platz in der Zukunft der Branche, wobei digitale Events in der Zukunft eine höhere Bedeutung in der Branche haben werden als vor der Pandemie. Die Menschen werden mehr Wert auf Hygienekonzepte und Distanz legen und sich nur noch ganz gezielt für physische Live-Veranstaltungen entscheiden. Daher werden auch physische Events zunehmend eine virtuelle Komponente enthalten, also wird hybrid das neue Normal

Abb. 2 Customer Experience Map – Faktoren für eine gelungene Customer Experience bei digitalen Veranstaltungen

sein. Auch um für alle Eventualitäten gerüstet zu sein, z. B. für den Fall, dass eine physische Veranstaltung nicht stattfinden kann.

4 Diskussion und Handlungsempfehlungen

Ausgelöst durch die Corona-Krise, die wie ein Brennglas die Digitalisierung in der Eventbranche beschleunigte, sind digitale Veranstaltungen und Veranstaltungsformate in der Normalität der Eventbranche angekommen. Die interviewten Experten sind sich einig, dass die Branche in einer „Nach-Corona-Ära" nachhaltig hybrid sein wird, da Hygiene- und Social-Distance-Regeln, aber auch die Gewöhnung an digitale Veranstaltungen ohne Reisezeiten und Reisekosten normal werden. Das bedeutet, dass sich die Branche insofern weiterentwickeln muss von der bislang bevorzugten Erzeugung und Vermarktung des Live-Moments hin zur Anerkennung hybrider Formate (MICE Club, 2020).

Das Modell der Resonanz nach Rosa (2020) kann herangezogen werden, um berührende Momente bei digitalen Veranstaltungen zu ermöglichen. Ausschlaggebend ist, dass auf der sozialen Ebene Möglichkeiten geschaffen werden, Stimmung, Energie und relevante Inhalte auszutauschen. Intensive Interaktions-, Feedback- und Austauschmöglichkeiten vor, während und nach der Veranstaltung mit anderen Besuchern und Akteuren sowie deren visuelle Sichtbarkeit erzeugen in einer ansprechenden Architektur und Interieur eine Atmosphäre, in der eine sich gegenseitig berührende Gemeinschaft entstehen und eine persönliche Weiterentwicklung, eine Transformation, vollzogen werden kann (Egger et al., 2020). Trotzdem bleibt anzumerken, dass auf der sensorischen Ebene das Erleben in virtuellen Umgebungen zumeist auf die visuelle und auditive Sensorik beschränkt bleibt (Drengner & Wiebel, 2020). Daher ist es für Online-Veranstaltungen bedeutsam, diese Sinne intensiv zu aktivieren, indem visuell hochwertige Produktionen und ein gezieltes Klang- und Soundmanagement in die Konzeption aufgenommen werden. Die musikalische Gestaltung und die Kombination aus visuellen und musikalischen Reizen trägt entscheidend zu einem nachhaltigen Erinnern der Eventbotschaft und des Events bei und damit zum Erfolg von Veranstaltungen (Doppler & Holzhüter, 2015, S. 148).

Darüber hinaus kann auch ein gustatorisches Live-Erlebnis integriert werden. Zum Beispiel indem ein thematisch passendes Catering, das auch die „Story" des Events aufgreift (Doppler et al., 2020) und über einen Delivery-Service aus lokalen Ghost Kitchens ausgeliefert wird

(Doppler & Steffen, 2020), für multisensuales Erleben bei virtuellen Veranstaltungen sorgt. Event-Boxen mit passenden Getränken (Energy Drink, Detox Getränke, Tee, Kaffee, Wein usw.), Lebensmitteln, eventbezogenem Informationsmaterial, themenbezogene Dekoration und sonstigen Requisiten werden vorab an die Teilnehmer versendet.

Eine hochwertige Produktion, die nicht einfach das Live-Format in den digitalen Raum zu übertragen versucht, lebt davon, dass sie wie eine TV-Produktion konzipiert wird (Deubner, 2020). Dazu gehören u. a. eine vorab abgestimmte Redaktion, sich abwechselnde Kameraeinstellungen, inhaltlich gestaltete Hintergründe, die das Thema der Veranstaltung aufgreifen, eine ansprechende Location und für TV geschulte Moderatoren, eine Maske und ggf. einen Kostümbildner, der die Kleidung in das Produktionsdesign einpasst. Dabei ist darauf zu achten, dass der visuelle Eindruck am Screen der dominante Wahrnehmungskanal der Teilnehmer ist. Das bedeutet, die Regie muss mit dem Blick des Zuschauers erfolgen (Deubner, 2020).

Auch veranstaltungstypische gemeinsame Rituale, wie zum Beispiel Klatschen, gemeinsames Singen und La-Ola-Wellen (Drengner & Wiebel, 2020, S. 29), die Resonanz erzeugen (Egger et al., 2020), sind bei digitalen Formaten schwerer zu schaffen. Der Bereich der nonverbalen Kommunikation ist ggf. in Online-Formaten weniger fein wahrnehmbar als im Live-Moment (Drengner & Wiebel, 2020, S. 28 f.). Hier ist es wichtig, eigene „Online-Rituale", wie zum Beispiel Begrüßungs- und Verabschiedungsrituale, gegenseitiges Zuwinken, eine ausgeprägte Gestik, Ausdruck von Begeisterung zum Beispiel über Emoticons, zu etablieren. Die Bedeutung von Smileys in der onlinebasierten Self-Service-Kommunikation, sogenannte Self-Service Technologies (SST), untersuchen Lohmann und Zanger (2020) und kommen zu dem Ergebnis, dass in onlinebasierten, automatisierten Self-Service-Situationen bereits kleine und einfache anthropomorphe Reize wie ein Smiley in textbasierten Dialogen einer Mensch-Computer-Interaktion einen „menschlichen Touch" verleihen können (Lohmann & Zanger, 2020, S. 78) und das soziale Erlebnis der Kunden verstärkt und das Serviceerlebnis insgesamt abgerundet wird (Lohmann & Zanger, 2020, S. 80).

Die „twitchification", also die digitale Unterhaltung über gestreamte Inhalte vor, während und nach der Veranstaltung eröffnet digitale Resonanzräume. Die Integration von Social-Media-Kommunikationskanälen wird nicht nur begleitend zu physischen Veranstaltungen empfohlen (Dams & Luppold, 2016), sondern ist auch übertragbar auf digitale Formate. So kann z. B. das Social-Media-Kommunikationstool „Slack" integriert werden, über das die Teilnehmer bereits im Vorfeld einer Veranstaltung über z. B. interaktive Spiele (Gamification) und Chatrooms aktiviert werden und sich kennenlernen können. Dies stärkt die soziale Dimension des Kundenerlebnisses deutlich und kann Resonanzerlebnisse erzeugen.

Befürchtungen, dass in Online-Formaten kein Vertrauen entstehen könne, fehlende Emotionalisierung und Multisensualisierung (Rück, 2018) sowie aufkommende Ängste über Kunden-, Umsatz- oder Bedeutungsverluste des Live-Moments (Kirst & Peter, 2020) wurden nicht bestätigt. Drengner und Wiebel (2020, S. 29) diskutieren für VR-Räume das Problem fehlender Authentizität in der Kommunikation und damit erschwerte Bedingungen zum Aufbau von Vertrauen. Beispielsweise durch das Fehlen von (Echt-/Klar-)Namen, Geschlecht und physische Erscheinung. Die Experten bestätigen die Bedeutung von Authentizität in Online-Formaten. Hier besteht vertiefender Forschungsbedarf zum Einfluss digitaler Formate auf die Authentizität der Veranstalter und das Vertrauen der Teilnehmer.

In der hyperkompetitiven Welt ist es zunehmend relevant, Erinnerungen zu schaffen, um einen höheren wirtschaftlichen Wert zu generieren (Tanasca et al., 2014). Dazu ist ein durchgängiges Storytelling von großer Relevanz. Idealerweise durchläuft die gesamte Customer Journey einer Online-Veranstaltung eine gezielte Dramaturgie, die eine Geschichte verlockend und fesselnd erzählt, Spannung erzeugt, Aufmerksamkeit generiert und Langeweile vermeidet (Bruhn, 2016, S. 78).

Die Expertenmeinung, dass die Branche die Digitalisierung teilweise „verschlafen" hat, bestätigt ein Beitrag von Dr. Andreas Bauer, Vorstand des Bundesverbands Industrie Kommunikation e. V. (bvik): „Viele Messegesellschaften und Marketer haben Jahrzehnte lang verschlafen, Messen und Live-Events zukunftsfähig aufzustellen. Hier muss ein Umdenken stattfinden" (events, 2020).

Ausblickend muss auch die Angst vor Kannibalisierung physischer Veranstaltungen durch digitale Formate in der aktuellen Situation von Experten kritisch analysiert und bewertet werden. Die Tagungswirtschaft stellt die Frage, was passiert, „wenn die nach Corona nicht wiederkommen auf unsere Kongresse und Messen? Wenn ihre ‚neue Normalität' zur Normalität wird?" (tagungswirtschaft, 2020). Eine Bewertung der Situation nimmt ein Meinungsbeitrag in der „Welt" vom 27. September 2020 vor: „Wenn Corona vorbei ist, wird Zeit für viele Menschen eine wertvollere Ressource geworden sein als vor der Krise. Sie werden sich gut überlegen, wem sie sie schenken" (Vitzthum, 2020).

Um berührende Momente bei digitalen Veranstaltungen zu erzeugen, wird auch zu erforschen sein, wie sich die Erwartungen und Bedürfnisse der Teilnehmer aktuell in der Krise verändern. Egger et al. (2020, S. 33) prognostizieren für die Zukunft des Tourismus die Bedürfnisse der Interaktion, der Community, des Lernens, der Lebensqualität und der Transformation statt Immersion, dass die Teilnehmer von konsumierenden zu hoch aktiven Mitgestaltern evolutionieren. Die Experteninterviews deuten auf eine Relevanz dieser Bedürfnisse in der Veranstaltungsbranche hin. Der Wunsch nach Sicherheit und die in der Krise zum „Normal" gewordene Planungsunsicherheit (Zukunftsinstitut, 2020) führen zum Effekt des Attentismus, also des abwartenden Verhaltens gegenüber einer Entscheidung zur Teilnahme an einer Veranstaltung. Aus dem Wunsch nach Sicherheit, Stabilität und Planbarkeit entstehen neue Ansatzpunkte für Resonanzerfahrungen. Auch die höhere zeitliche und räumliche Flexibilität, die digitale Formate bieten, werden vermutlich zukünftig digitale Formate als die aus Teilnehmersicht risikoärmeren und damit bevorzugten Formate stärken.

Literatur

Anthes, D., Carsten, S., Dettling, D., Gatterer, H., Horx, M., Horx-Strathern, O., Kirig, A., Kühmayer, F., Mühlhausen, C., Pfuderer, N., Seitz, J. Tewes, & S. (2020). *Die Welt nach Corona*. In H. Gatterer & M. Horx (Hrsg.). Henrich Druck und Medien.

Aweh, A., Casagranda, B., Coughlan, C., & Patelski, M. (2020). Utility customer care in the digital age: Transforming the customer experience to meet higher expectations. *Climate and Energy, 37*(1), 10–17.

Belk, R. W., Wallendorf, M., & Sherry, J. F. J. (1989). The sacred and the profane in consumer behavior: Theodicy on the Odyssey. *Journal of Consumer Research, 16*, 1–39.

Bergamin, S., Braun, M., & Glaus, B. (2020a). Businesstransformation in neun exponierten Firmen. In S. Bergamin, M. Braun, & B. Glaus (Hrsg.), *Globalisierung und Digitalisierung – Erfolgsstrategien und Toolbox für CEOs und Topmanager* (S. 27–73). Springer Gabler.

Bergamin, S., Braun, M., & Glaus, B. (2020b). Digital Business Transformation als Herausforderung. In S. Bergamin, M. Braun, & B. Glaus (Hrsg.), *Globalisierung und Digitalisierung –Erfolgsstrategien und Toolbox für CEOs und Topmanager* (S. 1–26). Springer Gabler.

Bruhn, M. (2016). *Qualitätsmanagement für Dienstleistung: Handbuch für ein erfolgreiches Qualitätsmanagement Grundlagen – Konzepte – Methoden* (10. Aufl.). Springer Gabler.

Bruhn, M., & Hadwich, K. (2012). Customer Experience – Eine Einführung in die theoretischen und praktischen Problemstellungen. In M. Bruhn & K. Hadwich

(Hrsg.), *Customer Experience –Forum Dienstleistungsmanagement* (S. 3–36). Springer Gabler.

Dams, C. M., & Luppold, S. (2016). *Hybride events*. Springer Fachmedien Wiesbaden (essentials).

Doppler, S., & Holzhüter, E. (2015). Emotionale Nachhaltigkeit von Inszenierungen in der Live-Kommunikation. In C. Zanger (Hrsg.), *Events und Emotionen* (S. 135–150). Springer Gabler.

Doppler, S., & Steffen, A. (2018). Die Rolle des Involvements für die wahrgenommene Erlebnisqualität von B2B Veranstaltungsbesuchen – Erkenntnisse für die markeninszenierende Livekommunikation. In C. Zanger (Hrsg.), *Events und Marke – Stand und Perspektiven der Eventforschung* (S. 205–226). Springer Gabler.

Doppler, S., & Steffen, A. (2020). The future of food experiences. In S. Doppler & A. Steffen (Hrsg.), *Food and experience. Consumer science and strategic marketing: Case studies in the traditional food sector* (S. 197–210). Elsevier Woodhead Publishing.

Doppler, S., Steffen, A., & Wurzer, L.-M. (2020). Event catering: Enhancing customer satisfaction by creating memorable holistic food experiences. In S. Doppler & A. Steffen (Hrsg.), *Food and experience. Consumer science and strategic marketing: Case studies in the traditional food sector* (S. 133–145). Elsevier Woodhead Publishing.

Drengner, J., & Wiebel, A. (2020). Virtuelle Realität im Veranstaltungsmanagement – Einsatz, Nutzen und Herausforderungen. In C. Zanger (Hrsg.), *Events und Messen im digitalen Zeitalter – Aktueller Stand und Perspektiven* (S. 15–38). Springer Gabler.

Deubner, D. (2020). Digital, hybrid, virtuell – Teil 1–3. MICE Club. https://www.mice-club.com/magazin/artikel/digital-hybrid-virtuell-teil-3. Zugegriffen: 11. Dez. 2020.

Egger, N., Gatterer, H., Kirig, A., Muntschick, V., Pfuderer, N., Schuldt, C., & Varga, C. (2020). *Der neue Resonanz-Tourismus*. In Zukunftsinstitut GmbH (Hrsg.). Heinrich Druck und Medien.

events. (2020). Messe im Wandel – Krise fordert Umdenken deutscher Unternehmen, events, onlie Plattform für Live-Kommunikation. https://www.events-magazin.de/event-trends/messe-im-wandel-krise-fordert-umdenken-deutscher-unternehmen/?omhide=true&utm_source=eventsmagazine_daily_nl&utm_campaign=Messe_im_Wandel__Krise_fordert_Umdenken_deutscher_Unternehmen_07122020&utm_medium=email. Zugegriffen: 9. Dez. 2020.

Events Redaktion. (2020). degefest befasst sich mit hybriden Events & lädt zur Weiterbildung ein. events-magazin.de die online Plattform für Live-Kommunikation. https://www.events-magazin.de/eventbranche/degefest-befasst-sich-mit-hybriden-events-laedt-zur-weiterbildung-ein/. Zugegriffen: 16. Dez. 2020.

FAMA. (2020). Messebranche in Deutschland erwartet Verluste in Milliardenhöhe „Messen sind systemrelevant für den Wirtschaftsstandort". Pressemitteilung des FAMA, 26. Nov. 2020.

Gaida, H. (2016). Live plus Digital… ist nicht gleich „Hybrid" Was bringt die Zukunft für hybride Events?, events. https://www.events-magazin.de/eventbranche/was-bringt-die-zukunft-fuer-hybride-events/. Zugegriffen: 1 Dez. 2020.

Gentemann, L., & Pols, A. (2020). Bitkom Research (2020) Corona führt zu einem Digitalisierungsschub. https://www.bitkom-research.de/de/pressemitteilung/corona-fuehrt-zu-einem-digitalisierungsschub. Zugegriffen: 2. Dez. 2020.

Hartmann, J. (2020). Virtuelle Events: Was bringen sie? Wie gelingen sie? https://www.event-partner.de/business/virtuelle-events-was-bringen-sie-wie-gelingen-sie/. Zugegriffen: 9. Dez. 2020.

Hill, R. P., & Gardner, M. P. (1986). The buying process: Effects of and on consumer mood states. *Advances in Consumer Research, 14,* 408–410.

Hirschman, E. C., & Holbrook, M. B. (1982). Hedonic consumption: Emerging concepts, methods and propositions. *Journal of Marketing, 46*(Summer), 92–101.

Hirst, C., & Tresidder, R. (2016). *Marketing in food, hospitality, tourism and events – A critical approach* (2. Aufl.). Goodfellow Publisher.

Holland, H., & Ramanathan, N. (2018). Customer experience management. In F. Keuper, M. Schomann, L. I. Sikora, & R. Wassef (Hrsg.), *Disruption und Transformation Management* (S. 343–352). Springer Fachmedien.

Jain, R., Aagja, J., & Bagdare, S. (2017). Customer experience – A review and research agenda. *Journal of Service Theory and Practice, 27*(3), 642–662.

Kirst, C., & Peter, U. (2020). Das Live-Erlebnis im digitalen Zeitalter. In C. Zanger (Hrsg.), *Events und Messen im digitalen Zeitalter* (S. 2–13). Springer Gabler.

Legner, C., Eymann, T., Hess, T., Matt, C., Böhmann, T., Drews, P., Mädche, A., Urbach, N., & Ahlemann, F. (2017). Digitalization: Opportunity and challenge for the business and information systems engineering community. *Business and Information Systems Engineering, 59*(4), 301–308.

Leipner, I. (2018). Digital Mindset – Hybris des digitalen Zeitalters. In F. Keuper, M. Schomann, L. I. Sikora, & R. Wassef (Hrsg.), *Disruption und transformation management* (S. 123–144). Springer Fachmedien.

Leitinger, E. (2013). Hybrid events. In M. Dinkel, S. Luppold, & C. Schröer (Hrsg.), *Handbuch Messe-, Kongress- und Eventmanagement* (S. 120–123). Sternenfels: Verlag Wissenschaft & Praxis.

Lemon, K. N., & Verhoef, P. C. (2016). Understanding customer experience throughout the customer journey. *Journal of Marketing, 80*(November 2016), 69–96.

Lohmann, K., & Zanger, C. (2020). Die Wirkung von Smileys auf die Social Presence in Kundeninteraktionen mit Self-Service-Technologien. In C. Zanger (Hrsg.), *Events und Messen im digitalen Zeitalter* (S. 65–89). Wiesbaden: Springer Gabler.

Mayring, P. (2008). *Qualitative Inhaltsanalyse. Grundlagen und Techniken.* Beltz.

MICE Club. (2020). Die Kannibalisierung der Eventbranche. Eine Branche schafft sich ab. https://www.mice-club.com/magazin/artikel/die-kannibalisierung-der-eventbranche. Zugegriffen: 14. Dez. 2020.

Müller, B., Lalive, R., & Lavanchy, M. (2020). Corona beschleunigt Digitalisierung der Arbeit. Die Volkswirtschaft, 15–17. Aufgerufen: 2. Dez. 2020. https://dievolkswirtschaft.ch/content/uploads/2020/05/07_Mueller_Lalive_Lavanchy_DE.pdf.

Pine, B. J., & Gilmore, J. H. (1998). Welcome to the experience economy. *Harvard Business Review, 76*(4), 97–105.

Research Institute for Exhibition and Live-Communication. (2020). Die gesamtwirtschaftliche Bedeutung der Veranstaltungsbranche. http://rifel-institut.de/forschung/bereiche#c6804. Zugegriffen: 15. Dez. 2020.

Robra-Bissantz, S., & Lattemann, C. (2019). Digital customer experience. In S. Robra-Bissantz & C. Lattemann (Hrsg.), *Digital Customer Experience – Mit digitalen Diensten Kunden gewinnen und halten* (S. 3–22). Springer.

Rosa, H. (2020). *Resonanz. Eine Soziologie der Weltbeziehung* (4 Aufl). Suhrkamp.

Rück, H. (2018). Die Digitalisierung von Events: Der Hybrid-Hype-Cycle, events. https://www.events-magazin.de/eventbranche/der-hybrid-hype-cycle/. Zugegriffen: 1. Dez. 2020.

Rusnjak, A., & Schallmo, D. R. A. (2018). Customer experience im Zeitalter des Kunden. In A. Rusnjak & D. R. A. Schallmo (Hrsg.), *Customer Experience im Zeitalter des Kunden* (S. 2–40). Springer Fachmedien.

Shrivastava, S. (2017). Digital disruption is redefining the customer experience: The digital transformation approach of the communications service providers. *Telecom Business Review, 10*(1), 41–52.

Smart. (o. J.). Global training experience smart electric drive 2017. Zugegriffen: 7. Dez. 2020.

Smit, B., & Melissen, F. (2018). *Sustainable customer experience design – Co-Creating experiences in events, tourism and hospitality*. Routledge.

Steffen, A. (2012). *Critical shopping experience – Affective reactions and behavioural consequences*. Südwestdeutscher Verlag für Hochschulschriften.

Suwelack, T. (2020). *Toolbox customer experience. Wie Sie Schritt für Schritt eine exzellente Kundenerfahrung schaffen*. Springer Fachmedien.

tagungsplaner.de. (2020a). BOE 2021: Die internationale Fachmesse für Erlebnismarketing wird auf Juni verschoben. https://www.boe-messe.de/presse/pressemitteilungen/. Zugegriffen: 19. Nov. 2020.

tagungsplaner.de. (2020b). *Trendbook 2021*. dfv Mediengruppe.

Tagungswirtschaft. (2020). Einige Gedanken zum Schluss. Wir erinnern uns., emag tagungswirtschaft. https://emag.tw-media.com/november-2020/weremember/. Zugegriffen: 10. Dez. 2020.

Tanasca, A., Purcarea, T., & Popa, V. (2014). Quality in service industry and Customer Experience Management (CEM) case study: Restaurant Industry. *Supply Chain Management Journal, 5*(1), 77–96.

Urbach, N. (2020). *Marketing im Zeitalter der Digitalisierung.* Springer Fachmedien.

Vitzthum, T. (2020). Corona wird unser Freizeitverhalten für immer verändern', Die Welt. https://www.welt.de/debatte/kommentare/article216691112/Freizeit-Corona-wird-unser-Verhalten-fuer-immer-veraendern.html. Zugegriffen: 10. Dez. 2020.

Vok Dams. (2011). Hybrid events: Innovationstrend im live marketing. https://www.vokdams.de/uploads/media/Studie-Hybrid-Events_D.pdf.

Zanger, C. (2020). *Events und Messen im digitalen Zeitalter.* Springer Gabler Fachmedien Wiesbaden.

Zukunftsinstitut. (2020). Verrückt durch die Krise: Be thrawn. https://www.zukunftsinstitut.de/artikel/zukunftsreport/verrueckt-durch-die-krise-be-thrawn/?ct=t(cnl-thrawn-weihnachtspost)&goal=0_ffe62bfdc6-4498eba747-107985829&mc_cid=4498eba747&mc_eid=a2c2668904. Zugegriffen: 23. Dez. 2020.

Susanne Doppler lehrt Eventmanagement und Tourismus an der Hochschule Fresenius Heidelberg. Sie forscht zu den Themen Erlebnisqualität, Konsumentenvertrauen und -zufriedenheit durch nachhaltige Unternehmens- und Eventpraxis sowie zu Stress im Eventmanagement. Weitere Interessen- und Forschungsgebiete sind die Zukunft und Transformation von Events- und Food-Experiences sowie deren Bedeutung im Destinationsmarketing. Susanne Doppler studierte an der Universität Hohenheim und promovierte dort in Kooperation mit der Universität Stuttgart und der Deutschen Bundesstiftung Umwelt über ökologische Aspekte der Nachhaltigkeit. Vor ihrer Hochschultätigkeit war sie im internationalen Technologiemarketing tätig.

E-Mail: susanne.doppler@hs-fresenius.de.

Michelle Kraut absolvierte ihren Bachelor of Arts in International Business mit dem Schwerpunkt Eventmanagement an der Hochschule Fresenius in Heidelberg. Ihre Bachelorarbeit verfasste sie zum Thema „Impacts of Virtual Events on the perceived Customer Experience – An empirical study of experts' perspectives on the digitalisation of events". In 2021 startet sie ein Masterstudium im Bereich Live-Kommunikation.

Adrienne Steffen lehrt Betriebswirtschaftslehre, insbesondere Marketing an der Hochschule Fresenius Heidelberg. Adrienne Steffens Forschung beschäftigte sich mit dem Wertewandel und den daraus resultierenden Konsumveränderungen in unserer Gesellschaft. Ihre Forschungsschwerpunkte umfassen Käuferverhalten, Strategisches Kundenerlebnis und Nachhaltigkeitsmarketing. Sie promovierte an der University of Strathclyde in Glasgow zum Thema „Einfluss von Emotionen auf das Einkaufsverhalten". Vor ihrer Hochschultätigkeit war sie in der Marktforschung und im Produktmanagement tätig.

E-Mail: adrienne_steffen@web.de.

Business Meetings – Verbindung schaffen in virtuellen Räumen

Eugenia Schmitt

Inhaltsverzeichnis

1	Einleitung	308
2	Was macht Meetings gut und erfolgreich?	309
3	Wie können effiziente und berührende Meetings gestaltet werden?	318
4	Schlussbetrachtung	326
	Literatur	327

Zusammenfassung Meetings sind Kern jeder Organisation. Eine beachtliche Menge von Zeit und Energie wird den Arbeits- und Entscheidungssitzungen gewidmet. Die meisten Menschen mögen sie jedoch nicht, viele finden sie sogar frustrierend. Spätestens seit den Maßnahmen gegen Ausbreitung der Corona-Pandemie sind virtuelle Meetings nicht nur eine Annehmlichkeit, sondern eine Notwendigkeit geworden. Es wird oft bemängelt, dass die Beziehungen unter dem virtuellen Kontakt leiden. Ist es so und muss es so sein? In diesem Beitrag werden ausgewählte Faktoren, die erfolgreiche und berührende virtuelle Meetings ermöglichen, unter Anwendung wissenschaftlicher Erkenntnisse skizziert und die Wege, wie sie erreicht werden, aufgezeigt. Virtuelle Meetings stellen zweifellos Herausforderungen dar. Sie bieten viele Vorteile und ermöglichen,

E. Schmitt (✉)
Systemische Beratung Schmitt, München, Deutschland
E-Mail: eugenia.schmitt@systemische-beratung-schmitt.de

gute Beziehungen auch virtuell aufzubauen – mit passendem Mindset und Methoden.

1 Einleitung

> „Meetings stehen in einem einzigartigen Kontext – verflochten mit und doch verschieden von der breiteren Arbeit mit Gruppen und Teams – mit weitreichenden Auswirkungen darauf, wie Individuen innerhalb von Organisationen in ihren Rollen agieren und Einstellungen gegenüber Mitarbeitern, der Arbeit selbst und der Organisation entwickeln." (Mroz et al., 2018).

Meetings stellen das Fundament jeder Organisation dar. Sie sind eines der mächtigsten Werkzeuge im Arsenal jedes Managers. Hier werden strategisch wichtige Dinge entschieden, hier kommen Menschen zusammen, um Lösungen zu erarbeiten oder neue Ideen zu finden. Meetings können, wenn sie gut durchgeführt werden, „ein Forum für kreatives Denken, Debatten, Diskussionen und Ideengenerierung bieten, was zu klaren Aktionsplänen und nächsten Schritten, um die Arbeit voranzubringen", führt (Allen et al., 2015).

Meetings sind also ein mächtiges und wirkungsvolles Instrument der Zusammenarbeit. Und dieses funktioniert besser, wenn sich Menschen untereinander gut verstehen – wenn die Beziehungsebene stimmt.

Meetings zu leiten, ist nicht einfach, und virtuelle Meetings zu leiten, ist umso schwerer, weil sie anders funktionieren. Erfolgreiche Online-Meetings zu leiten und ein eindrucksvoller Vortragender auf dem Bildschirm zu sein, erfordert spezifische Fähigkeiten. Effektiv virtuell zu kommunizieren, hat mit der Fähigkeit, Tools zu nutzen, die Teilnehmer zu engagieren sowie mit der Präsenz des Moderators zu tun.

Allerdings sind nicht alle Meetings gleich. Meetings können auch dazu führen, individuelle und organisatorische Effektivität sowie das Wohlbefinden zu beeinträchtigen, indem sie zum Beispiel zu viel Zeit der Mitarbeiter in Anspruch nehmen, gepaart mit wenig oder gar keinem Nutzen (Allen et al., 2008). Keith (2015) zeigt, dass Organisationen rund 213 Mrd. US-Dollar jährlich wegen ineffektiver Meetings verlieren. Allen und Kollegen (Allen et al., 2012) fanden heraus, dass Meetings als schlecht charakterisiert werden, wenn außerdem zum Beispiel keine klare Agenda besteht, die Tagesordnung vom Thema abschweift sowie zu lang ist, keine klaren nächsten Schritte oder Aktionspunkte festgelegt werden und Multitasking unter den Teilnehmern (z. B. E-Mails lesen und schreiben) während der Besprechung praktiziert wird. Im Gegensatz dazu sollten effektive Meetings Folgendes beinhalten: Nur diejenigen Schlüsselpersonen sollen teilnehmen, die über das für die Aufgabe erforderliche Fachwissen verfügen, die für die anstehende Aufgabe erforderlich sind, die relevante und wichtige Informationen liefern sowie die rechtzeitige und pünktliche Durchführung der Besprechung sicherstellen sollen.

Die Forschung zeigte weiterhin, dass ca. 90 bis 95 % von unseren Verhaltensweisen und Entscheidungen unbewusst von unseren Emotionen gesteuert werden (Shiv & Abraham, 2020). Wie sieht es mit den Emotionen in virtuellen Meetings aus? Können sich die Menschen auch auf dieser Ebene begegnen und Freundschaften schließen? Dieser Beitrag zielt darauf ab herauszufinden, welche Rolle der menschliche Faktor im Hinblick auf die Effektivität der Meetings hat und was getan werden kann, um die Gefühle und Bedürfnisse der Teilnehmer in den Meetings aufzugreifen und zu verbessern, damit die Meetings zu einer gelungenen Zusammenarbeit beitragen.

2 Was macht Meetings gut und erfolgreich?

Es ist erstaunlich, wie viele Organisationen es für selbstverständlich halten, dass die Mitarbeiter instinktiv wissen, wie man zusammenarbeitet. Wie viele andere Fähigkeiten muss auch die Zusammenarbeit, insbesondere in der virtuellen Welt, gepflegt und entwickelt werden. Und sie funktioniert besser, wenn psychologische Sicherheit hergestellt wird, wenn sich die Teilnehmenden zutrauen, Neues auszuprobieren und zu experimentieren. Wenn ein Raum gegeben wird, in dem Vertrauen und gute Beziehungen entstehen. Was ist dafür notwendig?

2.1 Meeting, virtuelle Räume und Berührung

In den meisten Berufs- und Beschäftigungskontexten ist ein Meeting definiert als eine geplante Interaktion, um Ideen auszutauschen, Fortschritte zu berichten und Entscheidungen zu treffen (Mroz et al., 2018). In einer kürzlich durchgeführten Umfrage unter Teilnehmern an fünf Millionen Meetings weltweit gaben jedoch über 40 % der Befragten an, dass schlecht organisierte Meetings die Arbeitsfähigkeit negativ beeinflussen. Die Deutschen berichten mit 74 % der Antworten, dass sie durch schlecht organisierte Meetings Zeit verlieren. Ähnlich viele gaben auch an, dass mangelnde Klarheit in Meetings ein Hindernis für klare Handlungen und den anschließenden beruflichen Fokus darstellt (Doodle, 2019).

Zu den größten Irritationen in Meetings zählen laut der Doodle-Umfrage (2019) mit 55 % die Telefongespräche oder SMS, mit 50 % Menschen, die die anderen unterbrechen, mit 49 % das mangelnde Zuhören sowie das Zuspätkommen und mit 46 % sind es Teilnehmer, die über lange Zeit hinweg nichts sagen. Schlechte Meetings beeinflussen auch das Verhalten der Menschen: Sie bringen sich anderweitige Arbeit in die Sitzung mit oder machen Multitasking, anstatt sich auf die Inhalte zu konzentrieren.

Interessant ist jedoch auch, was gute Meetings ausmacht: Für klare Ziele haben 72 % der Befragten gestimmt, für eine klare Agenda 67 % und für nicht zu viele Teilnehmer in den Meetings 35 %. Trotz der Technologie, die uns die Möglichkeit gibt, an Meetings überall auf der Welt teilzunehmen, werden persönliche Meetings immer noch bevorzugt. Nach wie vor ist die Meinung von 95 % der Befragten, dass die persönlichen Besprechungen ein effektiver Weg sind, um Beziehungen in der Arbeitswelt zu bilden (Doodle, 2019). Aber auch hier ändern sich die Zeiten: Was noch vor Kurzem undenkbar war, wird jetzt als eine bedeutende Option des Arbeitsmodells angesehen – obwohl es viele vermissen, ihre Kollegen im Büro wiederzusehen, wollen sie es vielleicht nicht an fünf, sondern nur an zwei Tagen in der Woche (Schrank, 2020). Somit stellt die virtuelle Form des Arbeitens unsere Zukunft dar.

Wenn es um virtuelle Meetings geht, wird viel Kritik daran geübt, dass die beziehungsorientierten Kontakte zu kurz kommen. Besonders in den Bereichen, in denen nur schriftlich kommuniziert wird, kann es leicht zu Missverständnissen kommen. Es gibt keinerlei direktes Feedback auf das Gesagte, häufig gibt es sogar eine zeitliche Verzögerung in der Kommunikation. Somit zeigt sich oft Zweifel, ob virtuell die Zusammenarbeit ähnlich effizient sein kann wie im persönlichen Kontakt. Die Antwort ist: Ja.

Wenn Führungskräfte oder Projektleiter über Meetings nachdenken, haben sie vor allem vor Augen, dass sie die fachlichen Inhalte und Ziele in die Agenda umsetzen. Meetings haben jedoch auch eine andere Funktion – eine soziale. Diese steht nicht auf der Agenda. In erster Linie kommen in Sitzungen Menschen zusammen. Sie bringen ihren Kontext mit, ihre Rollen, ihre Empfindungen. Selbstverständlich fehlt bei den virtuellen Arbeitsformen das spontane Treffen der Menschen auf dem Flur oder in der Kaffeeküche. Dennoch ist es möglich, dass Menschen auch in virtuellen Räumen Beziehungen aufbauen. Diese sonst zufälligen Begegnungen müssen hier absichtlich eingebaut werden – die Moderatoren sollten somit nachdenken, wie sie diese formellere Interaktion in der virtuellen Zusammenarbeit „künstlich" arrangieren und durch klare Prozesse und Strukturen ein positives Arbeitsklima fördern.

Bei der Zusammenarbeit geht es um einen Prozess, wie die Menschen gemeinsam ein Ergebnis erreichen können, wie sie unterschiedliche Denkweisen und Kreativität zusammenbringen. Bei der Kommunikation geht es um Informations- und Wissensvermittlung. Dennoch ist für ein erfolgreiches Meeting beides notwendig. Wichtig ist dabei, dass gerade die nicht fachliche virtuelle Kommunikation Verbundenheit und Vertrauen fördert. Und Ja, die Führung auf Distanz und Durchführung von Online-Meetings ist anspruchsvoller als die Zusammenkunft in Person. Zum Beispiel müssen alle Beteiligten gut mit der Technik umgehen können, die Internet-Verbindung muss stabil sein und insbesondere die Zeitstrukturierung im virtuellen Kontakt muss mit Bedacht geplant werden.

Die Zeit des „Social Distancings" führte zu vermehrter Heimarbeit und vieles, was vorher als unmöglich erschien, wurde Normalität. Dabei traten einige Phänomene auf, die überraschenderweise zeigten, dass auch virtuell Menschen sehr gut in Kontakt kommen und Beziehungen aufbauen können.

Bei der Arbeit von zu Hause aus haben sich die Teilnehmer der Meetings in einem anderen Kontext gesehen als dem rein geschäftlichen – sie haben auf einmal die Privatsphäre von Kollegen mitbekommen: ihre Wohnzimmer, ihre Kinder, den Hund oder die Katze, die Bilder an der Wand. All dies war im Büro nicht möglich. Dadurch entstand eine andere Qualität der Begegnung, die Menschen kommen sich auf einer anderen Ebene näher – sie fühlen sich leichter verbunden, wenn sie in einem anderen Kontext mehr von dem jeweiligen Menschen in seiner etwas anderen Rolle als der rein geschäftlichen sehen und mitbekommen.

Diese Erfahrung machen auch Coaches, die neben den geschäftlichen Themen auch persönliche Anliegen mit ihren Klienten besprechen. Oft werden gerade diese Bereiche als kritisch für die virtuelle Arbeit gesehen. Joachim Hipp, Psychologe, Berater und Trainer, erzählt im Interview mit Andreas Schrank sein Erlebnis aus dem Coaching eines Coachees aus Indien: Sie haben sich noch „nie persönlich gesehen und arbeiten dennoch sehr erfolgreich zusammen. Trotz des digitalen Kanals und kultureller Unterschiede. Auch das gibt es. Wir haben die Beobachtung gemacht, dass es manchen Menschen digital sogar leichter fällt, sich emotional zu öffnen. Vielleicht weil die Distanz über den Bildschirm ermöglicht, mehr

Anonymität zu wahren, das ist vielleicht vergleichbar mit der Situation in einem Beichtstuhl. Sie erleichtert es ebenfalls, schambesetzte Themen auszudrücken" (Schrank, 2020).

2.2 Bedeutung von Kontakt

Auch die virtuellen Meetings haben eine soziale Funktion. Selbst wenn der zufällige spontane Kontakt in Person fehlt, ist es auch virtuell möglich, ihn künstlich zu kreieren. Es wurde versucht, die Art und Weise der persönlichen Gespräche auf virtuelle Räume zu übertragen. Oft wurde eine größere Anzahl von Meetings angesetzt, um dies auszugleichen. Das kostet jedoch Zeit und ist nicht effizient.

Aus der Angst heraus, dass sich jemand ausgeschlossen fühlen kann, werden oft auch Menschen, die nichts zum Thema beitragen, zu Meetings eingeladen. Die Hoffnung dabei ist, dass der Kontakt aufrechterhalten wird. Dadurch sinkt jedoch die Produktivität und der Stressfaktor steigt. Das ist genau das Gegenteil dessen, was erreicht werden sollte. Und es ist nicht nötig. Oft können weniger störende Mittel wie gut verfasste E-Mails oder geteilte Dokumente zum asynchronen Arbeiten Meetings ersetzen oder eine gezielte Vorbereitung ermöglichen. Das spart die Zeit im Meeting oder gibt sie für informelle Gespräche frei. Die Effektivität der Ergebniserzielung wird dadurch erhöht, Beziehungen zwischen den Teilnehmern werden gefestigt. Noch vor dem Beginn oder als Start in das Meeting können verschiedene Formate genutzt werden, um informelle Begegnungen und Gespräche zu arrangieren, wie zum Beispiel den virtuellen Raum einige Minuten vor dem Start für alle zu öffnen oder mit einer informellen „Plauderrunde" zu starten (Schmitt, 2020, S. 110–129).

Es gibt jedoch auch andere Faktoren, die die Beziehungen zwischen den Menschen beeinflussen, wie zum Beispiel die folgenden drei:

Nähe
Die Anziehung der Menschen kann sich über deren Nähe zueinander vergrößern. So ist die Wahrscheinlichkeit größer, dass zwei Menschen eher befreundet sind, wenn sie ihre Büros in der Nähe haben als diejenigen Menschen, die in einem anderen Stockwerk oder einem anderen Gebäudeteil sitzen (Abrahams, 2020).

Effekt des bloßen Kontakts

Dieser Effekt besagt, dass auch ein zufälliger, wiederholter Kontakt mit etwas oder jemandem dazu führt, dass eine positive Einstellung eintritt. Das heißt, Menschen, die sich öfter begegnen, haben eine höhere Wahrscheinlichkeit, Freunde zu werden. Positive Interaktion bildet die Grundlage des Vertrauens und dies lässt die Menschen sympathischer erscheinen. War der erste Kontakt jedoch negativ, tritt dieser Effekt nicht ein. Diese Erkenntnis stammt aus der Einstellungsforschung, die Zajonc im Jahr 1968 im Rahmen der Untersuchung der Entwicklung positiver Einstellungen durch häufigere Darbietung von Reizen untersuchte (Mere-Exposure-Effekt. Zajonc, 1968).

Blickkontakt

Menschen bauen durch den Augenkontakt unwillkürlich Beziehungen auf. Wenn zum Beispiel der Redner eine Person aus dem Publikum ansieht, wird ihm diese aufmerksam zuhören, es wird eine Verbindung zwischen diesen beiden Menschen aufgebaut. Ähnlich ist es auch in den virtuellen Meetings. Hier hat der Blick in die Kamera eine vergleichbare Wirkung: Der Mensch auf der anderen Seite hat das Gefühl, dass er direkt angesehen wird. Es ist jedoch nicht einfach, in die Kameralinse zu schauen, weil wir gewöhnt sind, natürlicherweise den Augenkontakt mit dem Menschen aufzubauen, der sich jedoch auf dem Bildschirm i. d. R. unten befindet. Das ist selbstverständlich in der virtuellen Kommunikation kontraproduktiv (Abrahams, 2020).

Somit ist es bedeutend darauf zu achten, dass die Teilnehmer interagieren, in verschiedenen Formaten zusammenkommen und damit die positiven Affekte erleben und ein gewisses Maß an Selbstoffenbarung preisgeben. Denn das ist die Grundlage für Vertrauen.

Jedem Meeting sollte eine solche Bedeutung gegeben werden, dass von vorneherein klar und transparent der Zweck sowie der Mehrwert herausgestellt werden und dass nur die Teilnehmer eingeladen werden, die aktiv zum Geschehen beitragen können. Wichtig ist jedoch auch, diejenigen Menschen mit einzubeziehen, die nicht aktiv teilnehmen werden. Auch ihre Ideen und Erwartungen zu den angehenden Themen sollen mitberücksichtigt und gesehen werden, denn nur so können Verbundenheit unter den Menschen und das Gefühl der Zugehörigkeit und Wertschätzung gewährleistet werden.

2.3 Virtuelle Meetings und „Zoom-fatigue"

In fast allen Unternehmen wurden die Kommunikationswege auf die neuen Bedingungen in der Corona-Situation nicht ausreichend angepasst. Paradoxerweise sind viele Probleme, die aktuell auftreten, nicht auf zu wenig, sondern auf zu viel virtuelle Kommunikation zurückzuführen, auf zu viele Meetings, die teilweise überflüssig sind. Zum Beispiel stieg allein bei dem Videokonferenzsystem Zoom in fünf Monaten, von Dezember 2019 bis April 2020, die Zahl der täglichen Meeting-Teilnehmer, die die Plattform nutzen, von zehn auf über 300 Mio. (Hawk, 2020).

So wird ein Phänomen sichtbar, das Psychologen „Zoom-Müdigkeit" („Zoom-fatigue") nennen. Viele Menschen haben mehr als fünf Meetings täglich, die pausenlos aneinander anschließen, sodass es kaum eine Möglichkeit gibt, sich dazwischen zumindest auszustrecken. Selbst der Zoom-CEO Eric Yuan hat eine persönliche Erfahrung mit diesem Phänomen (Hawk, 2020). Warum entsteht das und was kann dagegen getan werden?

Es gibt mehrere Faktoren, die dies verursachen. Das Wissen darüber hilft, Meetings angenehmer zu gestalten sowie das Wohlbefinden, das zu guten Beziehungen beiträgt, zu steigern. Bei dem virtuellen Kontakt fehlt das, was der Mensch natürlicherweise wahrnimmt – nämlich der ganze Gesprächspartner in 3-D, mit all seinen körpersprachlichen Elementen. Auf dem Bildschirm jedoch konzentriert sich unser Blick auf einen 2-D-Ausschnitt und nicht nur auf einen Gesprächspartner, sondern gleichzeitig auf viele. Das kann schnell dazu führen, dass diese multiple Wahrnehmung überfordernd wirkt. Im virtuellen Raum neigt der Mensch dazu, anders nonverbal zu kommunizieren, um den kleinen Ausschnitt, der betrachtet werden kann, zu kompensieren.

Menschen sind es nicht gewohnt, Kollegen während des gesamten Meetings direkt anzusehen. Im virtuellen Raum entsteht jedoch unwillkürlich der Drang, permanent in die Kamera zu schauen. Das kann zur Augenermüdung führen. In den persönlichen Besprechungen schweifen oft die Blicke der Teilnehmer ab, einige malen sogar auf einem Blatt, während sie einem Kollegen zuhören – sie sind dennoch konzentriert dabei. Menschen reden sich typischerweise ein, dass sie etwas leisten müssen, weil eine Kamera direkt auf sie gerichtet ist, anstatt dass sie sich klarmachen, dass sie nicht immer im Mittelpunkt der Aufmerksamkeit stehen.

Ein weiterer, nicht zu unterschätzender Faktor ist, die ganze Zeit „on" sein zu müssen, und der Druck, vor der Kamera gut auszusehen – insbesondere dann, wenn die Software dem Benutzer ständig sein eigenes Live-

Bild anzeigt und so ein Element der Selbstwahrnehmung hinzufügt, das im persönlichen Kontakt nicht da ist. Ebenfalls verspüren viele Menschen Stress durch den Hintergrund, der, wie oft empfohlen, aufgeräumt und speziell gestaltet werden sollte. Es gibt in sozialen Medien sogar spezielle Seiten, auf denen über dieses Thema nicht unbedingt wertschätzend gechattet wird.

Einer der größten Fehler bei der digitalen Transformation, den viele Unternehmen machen, ist das Vorantreiben der Zusammenarbeit, noch bevor sie über die Ausrichtung einer angemessenen Kommunikationskultur nachgedacht und eine passende Kommunikationsinfrastruktur gewählt haben. Es sind eine andere Art von Fokus und Konzentration erforderlich, um sich an virtuellen Gesprächen zu beteiligen.

Um die Zoom-Müdigkeit zu vermeiden, ist es somit ratsam, einige „Gegenmaßnahmen" in das Meeting mit einzubauen, die durchaus nicht den „allgemeinen Regeln" der virtuellen Meeting-Etikette entsprechen. Dazu gehört zum Beispiel, auch mal die Kamera ausschalten zu dürfen, oder eine kurze Zeit, um sich strecken und sich absichtlich von dem Bildschirm wegzubewegen. Eine willkommene Abwechslung kann es sein, den Zwang zu beseitigen, beim Zuhören in die Kamera schauen zu müssen, indem dann zum Beispiel die „Kritzeleien", die entstanden sind, kurz gezeigt werden dürfen. Ebenfalls eine gute Methode ist, mal auch zum Blatt und Stift an geeigneten Stellen und bei bestimmten Problemstellungen zu greifen, anstatt durchgehend ein Whiteboard zu benutzen. Entsprechende Kompetenzen des Moderators sind für eine gute und menschliche Gestaltung der Meetings notwendig.

Digitale Kommunikation, wenn richtig implementiert, macht die Arbeit im Unternehmen einfacher. Sie ermöglicht zum Beispiel, sehr gute Fachkräfte einzustellen, die auch unabhängig von ihrem Standort an dem anstehenden Projekt arbeiten können. Das trägt zur Wirtschaftlichkeit und zum Wettbewerbsvorteil bei.

2.4 Mindset und die Grundeinstellung

Für eine gute Meeting-Qualität zu sorgen ist Führungsaufgabe. Die Grundlage dafür ist das digitale Mindset, d. h. offene Einstellung zu und Denkweise über die digitalen Möglichkeiten der Zusammenarbeit. Das heißt, die Technologie als eine Unterstützung wahrzunehmen, die in die tägliche Arbeit integriert und daraus dann Wert geschöpft wird. Dazu gehört auch, Möglichkeiten vorherzusehen und unterschiedliche technische Applikationen zu verbinden.

Weiterhin betrifft es die Denklogik und die Einstellung des Menschen zu Besprechungen im Allgemeinen, zu anderen Teilnehmern, ihren Beiträgen sowie die Offenheit gegenüber anderen Meinungen und Vorgehensweisen. Denn all diese Einstellungen des Verstandes sowie die Denklogik bestimmen unsere Verhaltensweisen und die Art der Kommunikation (Hofert, 2018). Wichtig sind Präsenz, Aufmerksamkeit und ein ehrliches Interesse an dem Gesagten.

Dazu kommt noch die eigene Haltung: Was will man eigentlich selbst? Ist man bereit, präsent zu sein und sich auf das Gesagte einzulassen, oder ist der Drang, eigene Ideen zu platzieren oder gar das Thema zu wechseln, größer? Sieht man den Gesprächspartner auf Augenhöhe? In welcher Rolle sehen sich die Menschen in dem Meeting? All diese Fragen bestimmen, wie die Kommunikation gestaltet wird und ob das Handeln im Sinne der Zielerreichung erfolgt. Sehen die Menschen die virtuellen Meetings als ein Medium zur Ergebniserzielung, sehen sie den Sinn solcher Zusammenarbeit, werden sie auch entsprechend aufmerksam und aktiv handeln.

2.5 Bedürfnisse und Vertrauen

Wenn die Zusammenarbeit gelingt und gute Ergebnisse am Ende herauskommen, gilt jedes Meeting als erfolgreich. Beteiligung und Engagement der Teilnehmenden wird als eine Voraussetzung dafür genannt. Wann aber sind die Menschen dazu bereit?

Menschen gehen unterschiedlich an die Bearbeitung von Aufgaben heran, sie haben verschiedene Bedürfnisse im Zusammenhang mit verschiedenen Situationen. Eric Berne, der Begründer der Transaktionsanalyse, identifizierte zwei Hauptkonzepte, die sich gegenseitig bedingen und die als Triebkräfte des Handelns gelten:

1. Hunger oder Grundbedürfnisse.
2. Strukturierung der Zeit (Berne, 2007, S. 38–43).

Die Kenntnis dieser Mechanismen, des „Hungers" beziehungsweise der Grundbedürfnisse, kann dazu beitragen, die Meetings, insbesondere in virtuellen Räumen, in denen die Kontaktmöglichkeit eingeschränkt ist, so zu gestalten, dass die Teilnehmenden ihre Bedürfnisse befriedigen können und sich somit wohlfühlen. Es handelt sich um die folgenden drei: (Anm.: *„Claude Steiner fügt Bernes Hungerarten eine weitere hinzu: den „Hunger nach einem Standpunkt" (engl. „position hunger"): Damit meint er das Bedürf-*

nis, eigene existentielle Grundhaltungen (OK-Positionen, Skriptglaubenssätze, Antreiber etc.) einzunehmen und zu verteidigen" Glöckner, 2010, S. 3).

Reiz-Hunger („stimulus hunger")
Hierbei handelt es sich um ein Bedürfnis, aktiv zu werden, eine Abwechslung zu haben, etwas verändern zu können und all dies auch zu wollen. Die Ausprägung dieses Hungers ist von Mensch zu Mensch unterschiedlich. Wird im Prozess der Moderation Neugierde geweckt, werden Impulse zum Nachdenken oder für neue Aktivitäten gegeben, wird die Spontaneität, Neuerungen zu bedenken und Ideen auszutauschen, erlaubt und auch Gewohntes in einem bestimmten Zeitraum zu tun, dann erhöht sich die Chance, viele Teilnehmer automatisch zum Mitmachen zu motivieren.

In virtuellen Meetings kann dies zum Beispiel durch die Abwechslung der Medien, interessante und ansprechende Inputs, geeignete Fragestellungen und überraschende Vortragsgestaltung erreicht werden. Allgemein wird hier über die Aktivierung der Teilnehmer gesprochen.

Hunger nach Anerkennung („stroke hunger", „recognition hunger")
Die weitere Hungerform stellt der Drang dar, sowohl auf der Sein-Ebene als auch auf der Verhaltensebene persönliche Anerkennung zu finden, einen akzeptierten Platz in der Gruppe zu haben, Kontakte als passend und sinnvoll zu erleben, sowie auch das Bedürfnis, allein zu sein. Das hat sowohl mit Zugehörigkeit als auch mit Wertschätzung zu tun. Passiert das, wird das Identitätsgefühl des Menschen gestärkt. Im Alltag wird dies zum Beispiel durch soziale Normen wie Tür aufhalten, Lob geben, Lächeln und Zurücklächeln geäußert.

In virtuellen Meetings kann diese Hungerart etwa durch früheres Öffnen des virtuellen Raumes und der Möglichkeit zu informellen Gesprächen, durch eine herzliche Begrüßung, Kennenlernübung, Blickkontakt in die Kameralinse befriedigt werden. Ausreichend Pausen einzuplanen sowie auch einen Raum zum stillen Nachdenken zu geben, tragen ebenfalls dazu bei. Auch während der Moderation ist auf die Beziehungsebene zu achten, zum Beispiel durch die Anerkennung der Beiträge oder das Ansprechen der jeweiligen Teilnehmer mit Namen.

Struktur-Hunger („hunger for time-structure")
Diese dritte Hungerart stellt das Bedürfnis nach Orientierung, nach klaren Rahmenbedingungen und nach effektiver Strukturierung der Zeit dar. Menschen wollen ein Teil von sozialen Strukturen sein, diese (mit-)

gestalten. Sie organisieren sich in Verbänden, Unternehmen und anderen Organisationen. Der Mensch plant im Allgemeinen, was wann passiert, wann die Zeit zur Entspannung und für weniger Ordnung vorhanden ist. Zeitverschwendung führt zum Ärger, knappe Zeit zum Stress. Menschen erstellen somit Richtlinien, Bestimmungen, Regeln und Kriterien sowie Ablaufbestimmungen (Eric Berne stellt fest, dass es sechs Arten der Zeitstrukturierung gibt, von denen jede ihre eigenen Vor- und Nachteile hat. Glöckner, 2010, S. 4; Berne, 2007, S. 40 ff.).

Im virtuellen Meeting ist es somit ratsam, für klare Zeitstrukturen und ausreichend Pausen zu sorgen, eine klare Agenda vorzustellen, Ziele zu klären, Inhalte zu visualisieren, Termine und Verantwortlichkeiten auf einer Zeitachse festzuhalten.

Werden bei der Gestaltung des Moderationsprozesses diese drei Aspekte in möglichst ausgewogenem Verhältnis mitberücksichtigt, dann werden die meisten Teilnehmer erreicht. Sind die Bedürfnisse befriedigt, wird der Boden für das gegenseitige Vertrauen vorbereitet. Das heißt: Die Menschen glauben, dass sie sich auf ihre Kollegen in hohem Maße verlassen können. Die Grundlage bildet eine gute Beziehung zwischen den Menschen.

3 Wie können effiziente und berührende Meetings gestaltet werden?

Menschen werden auch online sichtbar, spürbar und erlebbar. In den Meetings geht es um mehr als um fachliche Zusammenarbeit. Es geht darum, eine Atmosphäre zu schaffen, in der die Teilnehmer ihre Komfortzone verlassen und miteinander Neues schaffen. Auch online kann selbst eine große Gruppe, die sich vorher nicht kannte, achtsam und wertschätzend miteinander umgehen. Was kann das Unternehmen tun, damit Vertrauen und gute Beziehungen in den Meetings entstehen?

3.1 Grundbausteine erfolgreicher Meetings: Prozesse etablieren

Meetings sind eine Form der Zusammenarbeit von Personen, die auf ein gemeinsames Ziel hinarbeiten und dafür interagieren. Der Moderator ist gefragt, Gruppenprozesse zu lenken und die Kommunikation wertschätzend und respektvoll in geregelte Bahnen zu lenken:

- Wichtigkeit der Themen anerkennen – selbst wenn sie nicht zu dem Kernpunkt der aktuellen Diskussion beitragen.
- Auf die Ziele des Meetings sowie auf das Ergebnis, was am Ende herauskommen soll, verweisen.
- Bisherige Ergebnisse zusammenfassen und den aktuellen Stand festhalten, sobald die Diskussion stockt oder sich im Kreis dreht.
- Flexibel reagieren und auch andere Themen zulassen, wenn die Teilnehmer das zu besprechende Thema deutlich aktueller und notwendiger finden als die anderen Themen auf der Agenda – hierbei sind jedoch die Dringlichkeit und die Notwendigkeit der Ergebnisgenerierung in der Gruppe abzustimmen.
- Teilnehmende bei der Fokussierung unterstützen.

Für erfolgreiche und effiziente Meetings reicht es nicht aus, dass die einzelnen Führungskräfte oder Projektleiter hervorragende Moderationskompetenzen mitbringen und dass technische Hilfsmittel vorhanden sind. Vielmehr ist es notwendig, unternehmensweit Prozesse zu definieren, welche Meetings es gibt und je nach ihrer Art und der Zielsetzung die Vorgehensweisen zu entwickeln, wie sie durchgeführt werden sollen. Für jede Meetingart, ob Entscheidungsmeeting, Informationsweitergabe, Problemlösung oder Ideen-/Lösungsfindung, ist es notwendig festzulegen, wie die Hintergrundinformationen zu sammeln sind, welche technischen Hilfsmittel verwendet werden sollen, welche Ablageorte für Dokumente es geben soll, wie die Zugriffe von jeweiligen Mitarbeitern und Kunden organisiert werden sollen sowie welche Rechte und Datenschutzrichtlinien für welche Teilnehmergruppe einzuhalten sind. Gut durchdachte Prozesse geben den Menschen Klarheit, Struktur und Sicherheit.

Für Online-Meetings sollten ebenfalls klare Vorgehensweisen definiert werden: Zum Beispiel dürfen nur jeweils die Teilnehmer eingeladen werden, die aktiv zum Geschehen beitragen. Es wird kein fester Zeitrahmen für Besprechungen festgelegt, vielmehr sollte eine zum Thema passende Zeitplanung fokussiert werden. Menschen, die nicht am Meeting teilnehmen, müssen informiert werden – über einen im Voraus festgelegten Kanal. Ist dieses Vorgehen von vornherein klar und transparent, verstehen es die Menschen, denn sie werden mit involviert, werden gesehen und gehört. So fühlen sie sich wertgeschätzt und nicht gezwungen, Zusagen für Meetings machen zu müssen, von denen sie nicht überzeugt sind.

Weiterhin ist es ratsam, Kommunikationsregeln im Unternehmen zu definieren und zu etablieren. **Gute Kommunikationsetikette** für virtuelles Zusammenarbeiten und Meetings entsteht nicht auf Knopfdruck. Die

Unternehmenskultur trägt wesentlich zu einem guten Arbeitsumfeld bei. Ein großer Teil dieser Kultur wird dadurch geprägt, wie die Menschen miteinander umgehen, auch virtuell. Das Management hat hierbei eine Vorbildfunktion, indem es den Ton angibt und die erwünschte Kommunikation vorlebt.

Sieht die Führungsebene zum Beispiel informelle Gespräche als Zeitverlust, wird es bei der virtuellen Zusammenarbeit noch schwieriger, weil hier die spontane Möglichkeit, sich auf dem Flur zu treffen, fehlt. Es ist kein Geheimnis mehr, dass die Zeit für virtuelles Plaudern, Lachen, zwanglose Kommunikation sehr gut investiert ist. Sie sollte in den Arbeitsalltag integriert werden, als Teil der Meetings, im Anschluss an die Meetings oder auch separat. Zum Beispiel kann zu Beginn jedes Meetings eine gewisse Zeit für ungezwungene Gespräche eingeplant sein. Weiterhin können Chatgruppen angelegt werden, in denen das Verschicken von Bildern, Gifs usw. erlaubt wird.

Oft wird die Chatfunktion für verschiedene Formen der Unterhaltung verwendet. Auch wenn sie gut, schnell und spontan sein mag, birgt sie gewisse Gefahren. Sensible Daten, wie Telefonnummern, Entscheidungsergebnisse oder –unterlagen, sollten besser nicht über diesen Kanal ausgetauscht werden. Das muss jedem Beteiligten klar sein. Ebenfalls können eine zu „flapsige" Sprache oder mehrdeutige Abkürzungen zu Irritationen, Verletzungen und Missverständnissen führen. Auch wenn es auf den ersten Blick seltsam klingen mag, sollten alle Beteiligten ein gemeinsames Verständnis aufbauen und Kommunikationsregeln einhalten: Sprechen, Interagieren, Zuhören in virtuellen Räumen:

- Zuhören ist genauso Kommunikation wie das Sprechen.
- Explizite und direkte Ansprache schafft Klarheit und Transparenz.
- Die Kommunikation lebt auch von der Stille.
- Pausen geben Zeit zum Nachdenken und ermöglichen das Generieren neuer Ideen.

Es soll auf der Unternehmensebene definiert werden, welche Art von Kommunikation angemessen ist und wann. **Kommunikationsrichtlinien** unternehmensweit festzulegen bringt nicht nur Klarheit, sondern auch ein gewisses Zusammengehörigkeitsgefühl. Sie müssen nicht kompliziert sein. Fragen, wie zum Beispiel in welchen Fällen eine Videokonferenz stattfinden sollte, wie miteinander für welchen Zweck kommuniziert werden muss, welche Routinen nötig und wichtig sind usw., sollten bereits im Vorfeld beantwortet sein. Ebenfalls ist es gut, wenn Klarheit darüber herrscht, wie mit verschiedenen Themen umgegangen und explizite Sprache verwendet wird, wie und wann Feedback gegeben wird etc.

3.2   Körpersprache, Stimme und Video

Der oft erwähnte Kritikpunkt an der virtuellen Zusammenarbeit ist, dass sich die Menschen nicht ausreichend, wenn überhaupt, sehen können. Das ist natürlich durch den Kameraausschnitt bedingt, der nur einen kleinen Teil einer Person zeigt. Zusätzlich hadern viele immer noch damit, ihre Kameras einzuschalten. Die Menschen sind jedoch mit Bild engagierter – und es ist einfacher, Vertrauen aufzubauen, wenn sie sich sehen können. Videokonferenzen stellen die Zukunft dar.

Manchmal ist es jedoch nicht möglich, die Kameras einzuschalten, beispielsweise bei einer zu schwachen Internetverbindung. Dann bleibt nur das Audiosignal übrig. Die Menschen hören ihre Stimmen und nehmen den Ton und das Sprechtempo wahr; diese können motivierend, beruhigend, herausfordernd, belehrend wirken.

Der Zuhörer bewertet unbewusst viele Facetten der Stimme und formt sich ein Bild über den Sprecher oder über das Gesagte. Wird die Stimme richtig eingesetzt, transportiert sie Kompetenz, Glaubwürdigkeit und Autorität. Eine Stimme kann Zuhörer begeistern oder aufmerksam machen. Es ist wichtig, dass sich die Menschen dieses Phänomens bewusst sind und ihre Stimme gezielt einsetzen. Und Ja, auch die Stimme kann und sollte trainiert werden – ähnlich wie bei einer fachlichen Vorbereitung und der gewissenhaften Erstellung von Vortragsfolien muss man auch darauf achten, wie man spricht und welche Wirkung damit erzeugt wird (Schmitt, 2020, S. 206–209).

Einer der häufigsten Fehler in der virtuellen Moderation ist es, am Ende eines Aussagesatzes mit der Stimme oben zu bleiben. Das deutet auf eine Frage hin, es wirkt hektisch und unsicher. Die Aussage wird nicht betont und folglich wird das Gesagte von den Teilnehmern infrage gestellt und nicht angenommen.

Das Sprechtempo ist oft ein Indiz auf den Gemütszustand. Spricht jemand langsam, wird es oft als Mangel an Interesse gedeutet. Spricht jemand zu schnell, wirkt er nervös oder als ob etwas zu verbergen wäre. Bei solchen Verallgemeinerungen und vorschneller Urteilsbildung sollte Vorsicht geboten sein, denn es gibt auch Menschen, die einfach von ihrer Art her zum Beispiel langsam sprechen. Manchmal ist auch Zeit zum Nachdenken notwendig. Im virtuellen Kontext ist dieses Phänomen natürlich noch schwieriger zu deuten, weil hier Stille entsteht, die durch verschiedene Faktoren bedingt wird. Sehr viele Menschen können Stille schlecht deuten und aushalten. Sie ist jedoch ein wirksames Kommunikationsmittel.

3.3 Agenda und Teilnehmer – was soll warum getan werden, wie und von wem

Oft treffen sich Menschen in Besprechungen, ohne klar vor Augen zu haben, welches Ergebnis damit verfolgt wird. Der Fokus liegt darauf, „worüber" geredet wird. Die Diskussionen sind dann nicht zielgerichtet. Wenn noch die durch die virtuelle Kommunikation verursachten Probleme hinzukommen, entsteht leicht ein Gefühl der Unzufriedenheit. Der Mensch hat ein Bedürfnis nach guter Zeitstrukturierung. Wird die Zusammenarbeit nicht als Zeitverlust empfunden, stärkt dies die Beziehungen und das Wohlbefinden.

Somit ist es wichtig, eine gute, professionelle Agenda vorab zu erstellen und sie bekannt zu geben. Sie liefert die Antwort auf *„Wofür sind wir hier?"* und *„Was soll am Ende herauskommen?"*. Die Art und Weise, wie die Tagesordnungspunkte auf der Agenda festgelegt werden und wie die Sitzung strukturiert wird, kann einen enormen Unterschied in ihrer Effektivität bewirken. Wie? Eine professionelle Agenda hilft insbesondere bei zwei wichtigen Punkten:

1. Die Zeit in den virtuellen Meetings und in der Nachbereitung verkürzen und
2. Interaktion der Teilnehmer und effiziente Zusammenarbeit fördern.

Menschen möchten verstehen, weshalb sie sich treffen und mit welchem Ziel – was soll am Ende herauskommen. Um den Zweck des Meetings akkurat zu bestimmen, ist es sinnvoll, ihn in drei Teilen zu gliedern (Schmitt, 2020, S. 81–83):

- **Ergebnisse,** d. h. klare Antworten, was am Ende des Meetings als „Erzeugnis" feststehen soll;
- **Gründe,** d. h. *„warum"* das Erreichen der Ergebnisse bedeutend ist;
- **Aktivitäten,** d. h., was ist zu tun, damit die Ergebnisse erreicht werden. (Tiersky & Wisbach, 2020, Chap. 4).

Die zentrale Frage, die sich der Moderator bei der Planung der Agenda stellen sollte, ist, wie die Besprechung aussehen würde, wenn sie die Teilnehmer entwerfen würden. Diese Perspektive hilft ihm, sie so zu gestalten, dass die Teilnehmer automatisch aktiv mitarbeiten und ein gutes Klima entsteht. Denn eine professionelle Agenda ist ein Arbeitsplan. Der Fokus liegt auf dem Tun, nicht auf dem Sprechen. Somit sollten in erster Linie die Tagesordnungspunkte daraufhin überprüft werden, ob sie zum Ziel beitragen. Anschließend sollte für jeden einzelnen Punkt ein Prozess definiert werden, wie die Bearbeitung stattfinden kann, und die dafür angemessene Zeit bestimmt werden. Wie aber weiß der Moderator, welche Punkte wirklich wichtig sind?

Oft sind etliche fachliche Dinge zu besprechen, die verschiedene Experten-Stellungnahmen benötigen. Daher ist es wichtig, dass der Moderator die Agenda vorab mit den entsprechenden Mitarbeitern diskutiert und abstimmt. Ebenfalls ist es sinnvoll, die Verantwortung für die Inhalte festzulegen und wie die Beiträge des jeweiligen Teilnehmers aussehen sollen: zum Beispiel Daten zu erklären, inhaltliche Inputs zu präsentieren, organisatorische Punkte aus seinem Bereich darzulegen oder die Koordination zu übernehmen. Das hilft nicht nur der Vorbereitung der Teilnehmer vorab, sondern entlastet auch den Moderator. Die Teilnehmer sind mit einbezogen und dadurch wird das Bedürfnis nach Anerkennung gestillt. Sie werden gesehen und gehört. Vor dem Meeting ist es somit bereits klar, wer federführend für welchen Teil der Besprechung ist und in welcher Zeitspanne (Schmitt, 2020, Punkt 4.2; Rogelberg, 2019, Chap. 5).

Die Agenda sollte immer einige Tage vor dem Meeting verschickt werden; so können sich die Teilnehmer vorbereiten und es wird klar, wer für welchen Teil des Meetings zuständig ist. In manchen Situationen entstehen aber Aktivitäten, die eine Person als Leader verlangen, erst im Verlauf des Meetings. In solchen Fällen ist es sinnvoll, die Übernahmen von Verantwortung in der Besprechung „vor Ort" abzustimmen und festzulegen.

3.4 Rollen, Klarheit und Verantwortung

Wer soll in einem Meeting was tun? Häufig ist es so, dass diejenige Person, die die Rolle des Moderators hat, den Zwang verspürt, alles selbst machen zu müssen. Insbesondere in virtuellen Meetings ist diese Einstellung fatal. Hier gestaltet sich die Arbeit mit den technischen Hilfsmitteln als sehr vielfältig. Im Unterschied zu den Präsenzmeetings können sich zum Beispiel die Teilnehmer nicht nur über die Audiofunktion unterhalten, sondern auch über den Chat. Ebenfalls, selbst wenn eine kleine, einfache Umfrage spontan gemacht werden soll und idealerweise die Ergebnisse festzuhalten sind, ist diese entweder in einer gesonderten Applikation oder direkt im Videokonferenzsystem vorzubereiten. Der Moderator muss jedoch dennoch aktiv dabei sein und parallel den Prozess steuern. Das führt selbstverständlich zu Stress und zur Überforderung.

Die Teilnehmer sitzen vor ihren Bildschirmen und es kann sich unbeabsichtigt ein Gefühl des Sitzens vor dem Fernseher einstellen. Das bewirkt eine gewisse Passivität, anstatt zum Mitmachen anzuspornen. Damit sie aufmerksamer sind und aktiv in den Prozess miteinbezogen werden, ist es empfehlenswert, dass sie Rollen und auch Verantwortung für bestimmte Tätigkeiten übernehmen. Wichtig ist, diese Rollen bereits vor dem Meeting oder spätestens zu Beginn des Meetings zu vereinbaren. Sie können je nach der Art des Meetings und der Ziele unterschiedlich sein. Weiterhin ist es hilfreich, klare Richtlinien in Bezug auf die „Regeln" oder „Normen" der Gruppe zu vereinbaren und bei Bedarf auf diese hinzuweisen.

Wenn Aufgaben unter den Teilnehmern verteilt werden, kann sich der Moderator besser auf Themen und Prozesse fokussieren. Zudem werden die Teilnehmer aktiv involviert, was die Aufmerksamkeitsspanne automatisch erhöht. Zusätzlich wird Multitasking weitestgehend vermieden. Da damit zu rechnen ist, dass die Teilnehmer nicht begeistert sind, gewisse Tätigkeiten zu übernehmen, ist es erfolgversprechender, wenn der Moderator die Teilnehmer direkt anspricht. Die Rollen können unterschiedlich sein, zum Beispiel:

- Rolle des Redners, wenn die Präsentation von neuen Inhalten notwendig ist.
- Rolle des sachkundigen Experten, wenn realistische Alternativen zu skizzieren und Diskussionsbeiträge notwendig sind. Der Inhaber dieser Rolle ist verantwortlich für das Recherchieren und Berichten.
- Rolle des Assistenten des Moderators.
- Rolle des Protokollführers, der verantwortlich ist für das Anfertigen von Notizen, das Dokumentieren der endgültigen Entscheidung und der nächsten Schritte.
- Rolle des Zeitüberwachenden.
- Rolle des technischen Unterstützers (Schmitt, 2020, S. 106–107).

Für ein Entscheidungsmeeting sollten zusätzliche Rollen definiert werden. Denn nicht nur der Prozess, wie Entscheidungen getroffen werden, ist wichtig, sondern auch die Verantwortung für die Entscheidungsschritte soll transparent gemacht werden. Zum Beispiel empfehlen Blenko und Kollegen (2010) ihr Modell RAPID® – das praktische Modell für die Zuweisung von Entscheidungsrollen. Es gibt eine Person, die den Prozess steuert, eine mit der Input-Rolle liefert Diskussionsvorschläge, eine mit der Zustimmungsrolle, die das Veto-Recht besitzt, und daneben Personen, die für die Ausführung der Entscheidung verantwortlich sind. Die zentrale Rolle jedoch ist die des Entscheiders, in der Praxis bekannt auch als die „D"-Rolle. Diese Person trifft die endgültige Entscheidung (Decision). Auch wenn ein Komitee eine Entscheidung treffen soll, ist es bedeutend, ob diese von dem Senior Manager oder von der Gruppe – als Konsens oder Mehrheitsentscheidung – getroffen wird (Blenko et al., 2010. Anm.: RAPID® ist eine eingetragene Marke der Bain & Company, Inc.).

3.5 Meeting-Kultur – ein offenes Experiment

Wenn ein Unternehmen die Entscheidung für digitale Arbeit oder eine Mischform „Digital und Präsenz" trifft, ist es unumgänglich, eine passende Meeting- und Kommunikationskultur zu etablieren. Das bedeutet nicht nur, die passenden technischen Werkzeuge zu wählen, sondern insbesondere die Art und Weise zu bestimmen und vorzuleben, wie die Mitarbeiter untereinander sprechen, damit sie effektiv und erfolgreich zusammenarbeiten. Das Zweite stellt zweifelsohne die größere Hürde dar. Denn: Klare Kommunikation findet dann statt, wenn die beabsichtigte Bedeutung und die interpretierte Bedeutung so gut wie möglich übereinstimmen. Effektive Kommunikation ist der Grundbaustein des produktiven Arbeitens.

Eine Veränderung der Meeting-Kultur muss vorgelebt und angeleitet werden. Daneben sollte die Erwartung vorherrschen, dass die neu gelernten Fertigkeiten eingeführt und angewandt werden. Es reicht nicht, nur die Moderationsfertigkeiten zu erwerben, es ist notwendig, auch Änderungen an den diesbezüglichen Prozessen vorzunehmen. Das Ziel der Meetings ist es, die gesetzten geschäftlichen Ziele besser zu erreichen und die dazu notwendige gute Zusammenarbeit der Teams zu ermöglichen.

Um eine effiziente Meeting-Kultur zu etablieren, reicht es nicht aus, punktuell einige Mitarbeiter in Moderationsfertigkeiten auszubilden. Das geschieht oft aufgrund von Logistik- oder Kostenfaktoren. Besprechungen betreffen jedoch alle Mitarbeiter – in jeder Hierarchiestufe: Wenn das Management die Moderationsprozesse nicht berücksichtigt, dann werden es die hierarchisch nachgeordneten Führungskräfte oder Projektleiter auch nicht tun. Das führt zu Frustration und Resignation.

Untersuchungen zufolge erhalten nur weniger als 25 % der Führungskräfte eine solide Moderationsausbildung (Keith, 2019). Das ist erschreckend, wenn man sich vorstellt, dass diese Menschen täglich Besprechungen leiten. Oft kommen sie aus der Schulung mit guten Vorsätzen zurück, jedoch kommen die neu erlernten Methoden nicht an, weil das gemeinsame Verständnis sowie das Know-how der anderen fehlen. Um die Meeting-Kultur zu verändern, ist es ratsam, dass jeder potenziell Teilnehmende eine entsprechende Ausbildung erhält.

Als Erstes sollten die Meeting-Kultur, -Praktiken und -Verhaltensweisen bewertet werden, um ein klares Bild der Art und Weise zu erhalten, wie Meetings von der Organisation, dem Team oder einzelnen Führungskräften gesehen, genutzt und verwaltet werden (Keith, 2019). Daraus sollten Verbesserungen abgeleitet werden und eine durchgehende Anpassung und Ausbildung der Mitarbeiter stattfinden. Wichtig ist zu erarbeiten, „wie" ein Meeting für die jeweilige Art der zugrunde liegenden Fragestellung aussehen soll, und dafür eine Struktur zu kreieren, an der sich jede Führungskraft orientieren kann. Für alle Meetings sind Performancekriterien zu definieren sowie Verhaltensregeln, die jeder Mitarbeiter kennen soll.

In der heutigen, sich schnell ändernden Zeit ist es überlebenswichtig, gute Meetings und insbesondere Entscheidungsmeetings zu gestalten. Entscheidungen schnell genug zu treffen, um wettbewerbsfähig zu bleiben, ist ohne solide Meeting-Rahmenbedingungen nicht möglich. Sind diese gut, so ist das Konfliktpotenzial geringer und der Boden für die positiven Begegnungen und Erfahrungen vorbereitet, was zu guten Beziehungen und Berührung, auch in virtuellen Räumen führt. Bessere Meetings, virtuell oder in Person, können durch das Experimentieren und durchgehende Feedbacks sowie Evaluation zu besseren Interaktionen führen (Lortie et al., 2019, S. 7 f.).

4 Schlussbetrachtung

Virtuelle Meetings können den Beziehungsaufbau, der in der persönlichen Begegnung in den Kaffeepausen, auf den Fluren oder nach Geschäftsschluss stattfindet, nicht ersetzen. Sie haben mittlerweile jedoch ein Niveau erreicht, das mit Treffen vor Ort vergleichbar ist. Eine angenehme Atmosphäre des Vertrauens und der Offenheit ist auch digital ganz wunderbar möglich, wenn gewisse Spezifika der virtuellen Kommunikation mit entsprechenden Moderationsfähigkeiten kombiniert werden. Um effiziente virtuelle Meetings im Unternehmen zu etablieren, ist es notwendig, eine entsprechende Meeting-Kultur vorzuleben, das digitale Mindset der Mitarbeiter zu fördern und auf deren Bedürfnisse, insbesondere der Akzeptanz und der Zeitstrukturierung, zu achten. Für die meisten Gelegenheiten und Problemstellungen sind virtuelle Meetings ein geeignetes Instrument der Zusammenarbeit. Sie bieten eine sehr flexible Möglichkeit, um Wissen weiterzugeben, neue Ideen zu generieren, was insbesondere beim agilen Arbeiten und New Work zum Tragen kommt. Der virtuelle Raum bietet einen Rahmen, in dem bestimmte Dinge leichter ausgesprochen werden können als im persönlichen Kontakt. Die Menschen sehen sich in einem anderen Kontext als dem rein geschäftlichen, sie finden auf einer anderen Ebene zueinander und bilden gute und stabile Beziehungen. So kann auch virtuelle Zusammenarbeit berühren und sehr gut gelingen.

Ausblick (& Hinweis auf das Buch)
Die Zusammenarbeit auf Distanz hat viele Besonderheiten, die für die Menschen zunächst ungewöhnlich sind. Gelingt es, sie zu verstehen und eine gute Kommunikationskultur aufzubauen, wird die virtuelle Zusammenarbeit mindestens so effektiv wie bei einer persönlichen Begegnung. Menschen können auch in virtuellen Räumen wunderbar Beziehungen aufbauen und sich Vertrauen schenken. Wie solche Meetings virtuell gestaltet werden können, wird detailliert in dem Buch „Virtuelle Meetings leiten" beschrieben (https://www.managerseminare.de/tb/tb-12059).

Literatur

Abrahams, M. (2020). *Managing in the moment: How to get comfortable with being uncomfortable.* https://www.gsb.stanford.edu/insights/managing-moment-how-get-comfortable-being-uncomfortable.

Allen, J. A., Rogelberg S. G., & Scott J. C. (2008). Mind your meetings: Improve your organization's effectiveness one meeting at a time. In: Psychology Faculty Publications. 93, University of Nebraska at Omaha. https://digitalcommons.unomaha.edu/cgi/viewcontent.cgi?referer=&httpsredir=1&article=1091&context=psychfacpub.

Allen, J. A., Sands, S. G., Mueller, S. L., Frear, K. A., Mudd, M., & Rogelberg, S. G. (2012). Employees' feelings about more meetings: An overt analysis and recommendations for improving meetings. *Management Research Review, 35*, 405–418. https://doi.org/10.1108/01409171211222331

Allen, J. A., Lehmann-Willenbrock, N., & Rogelberg, S. G. (Hrsg.). (2015). *The Cambridge handbook of meeting science.* Cambridge University Press.

Berne, E. (2007). *Was sagen Sie, nachdem Sie „Guten Tag" gesagt haben?* Fischer Taschenbuch Verlag.

Blenko, M. W., Mankins, M. C., & Rogers, P. (2010). *Decide & Deliver*. Harvard Business Review Press.

Doodle (2019). *The state of meetings report*. https://meeting-report.com/ und https://en.blog.doodle.com/state-of-meetings-2019/.

Hawk, S. (2020). *Eat, sleep, zoom*. https://www.gsb.stanford.edu/insights/eat-sleep-zoom.

Hofert S. (2018): Das agile Mindset. Springer Gabler.

Glöckner, A. (2010). *Zeitstruktur und Grundbedürfnisse*. https://angelika-gloeckner.de/images/stories/Zeitstruktur_und_Grundbedrfnisse_2010_AG.pdf

Keith, E. (2015). *55 million: A fresh look at the number, effectiveness, and cost of meetings in the U.S. [Blog post]*. https://blog.lucidmeetings.com/blog/fresh-look-number-effectiveness-costmeetings-in-us.

Keith, E. (Mar 2019). *6 reasons most efforts to fix a bad meeting culture fail and how you can beat the odds*. https://blog.lucidmeetings.com/blog/6-reasons-most-efforts-to-fix-a-bad-meeting-culture-fail-and-how-you-can-beat-the-odds.

Lortie, Ch. J., Allen J. A., Darling, H., Walshe, A., Abrahams, M., & Wharton, S. (2019). *Ten simple rules for meaningful meetings*. https://www.researchgate.net/publication/337288597_Ten_simple_rules_for_meaningful_meetings.

Mroz, J. E., Allen, J. A., Verhoeven, D. C., & Shuffler, M. L. (2018). Do we really need another meeting? The science of workplace meetings. *Psychological Science, 27*(6), 484–491. https://doi.org/10.1177/0963721418776307

Rogelberg, S. (2019). *The surprising science of meetings*. Oxford University Press.

Schmitt, E. (2020). Virtuelle Meetings leiten, ManagerSeminare (Leadership professionell).

Schrank, A., (20 Nov 2020). *Beim Meeting wird nur über Privates gesprochen*. https://www.psychologie-heute.de/beruf/40902-beim-meeting-wird-nur-ueber-privates-gesprochen.html.

Shiv, B., & Abrahams, M. (Nov 2020). *Feelings first: How emotion shapes our communication, decisions, and experiences*. https://www.gsb.stanford.edu/insights/feelings-first-how-emotion-shapes-communication-decisions-experiences.

Tiersky, H., & Wisbach, H. (2020). *Impactful online meetings*. https://www.impactfulonlinemeetings.com/iom1586180560146.

Zajonc, R. B. (1968). Attitudinal effects of mere exposure. *Journal of Personality and Social Psychology, 9*(2, Pt.2), 1–27. https://doi.org/10.1037/h0025848

Dr. Eugenia Schmitt ist zertifizierte systemische Coach in Organisationen (in Wiesloch) und führt seit 2007 mit ihrem Mann zusammen das Familienunternehmen Systemische Beratung Schmitt in München. Sie studierte Mathematik und Informatik an der TU in München und im Zweitstudium die Betriebswirtschaftliche Forschung an der LMU in München, wo sie auf dem Lehrstuhl für Kapitalmarktforschung und Finanzierung promovierte. Eugenia Schmitt ist Dozentin an der Hochschule für angewandtes Management in Ismaning und der Hochschule Fresenius in München. Themenschwerpunkte ihrer Arbeit sind Entscheidungsfindung sowie Risiko- und Kommunikationskompetenz als Führungskompetenz.

E-Mail: eugenia.schmitt@systemische-beratung-schmitt.de

Experience Economy und virtuelle Live Communication

Konzeption eines partizipativen und interaktiven virtuellen Veranstaltungsformats

Lea Ott

Inhaltsverzeichnis

1 Geänderte Herausforderungen und neue Aufgaben 332
2 Rahmenbedingungen 333
3 Praxisbeispiel – Konzeption eines interaktiven und partizipativen
  virtuellen Kundenworkshops 341
4 Schlussbetrachtung. 355
Literatur. 356

Zusammenfassung Virtuelle Veranstaltungen fanden lange keine große Beachtung in der Live Communication, da besonders emotionale und multisensuale Erlebnisse schwierig in den digitalen Raum zu übertragen sind. In der Corona-Pandemie war die Überführung von Veranstaltungen in den digitalen Raum jedoch oftmals eine zentrale Notwendigkeit zur Sicherung des Geschäftsbetriebs. Zudem bringt sie elementare Vorteile auf der Teilnehmerseite mit sich, wie Kosteneinsparung, Zeiteinsparung und Klimaneutralität.

Damit virtuelle Veranstaltungen jedoch überzeugen und erinnert werden, muss der Fokus auch im Business-Kontext klar auf der Schaffung von Kundenerlebnissen liegen. Durch eine bewusste Formatgestaltung und Inszenierung müssen die Nachteile und neuen Herausforderungen von virtueller Live Communication überwunden werden. Im Folgenden wird

L. Ott (✉)
objective partner AG, Mannheim, Deutschland

ein theoretisches Fundament für die Übertragung von Live Communication in den digitalen Raum vorgestellt und anhand eines Praxisbeispiels Ansätze und Inspiration für die Konzeption zukünftiger virtueller Veranstaltungen geschaffen.

1 Geänderte Herausforderungen und neue Aufgaben

Kommunikation verändert sich stetig, besonders im Zeitalter allumfassender Konnektivität. Das gilt nicht nur für die persönliche Kommunikation, sondern ebenso für die Kommunikation von Unternehmen. Hier gewinnt gerade die virtuelle Kommunikation weiter an Einfluss. Dies zeigte sich, neben der verstärkten Professionalisierung digitaler Unternehmensauftritte, auch an der zunehmenden Implementierung von Social-Media-Marketing. Doch durch die zunehmende virtuelle Kommunikation wächst im Gegenzug ein „Bedürfnis nach persönlicher Begegnung und multisensualen Erlebnissen" (Kirchgeorg & Ermer, 2014, S. 691). Aus diesem Grund wird vor allem der Live Communication eine wesentliche Rolle im Marketing-Mix zugesprochen (Bruhn, 2013). Sie ermöglicht im Gegensatz zu virtuellen Kommunikationsinstrumenten „interaktive, persönliche Begegnungen zwischen Unternehmen und deren Zielgruppe in einem emotional ansprechenden, mit allen Sinnen erfahrbaren Umfeld" (Kirchgeorg & Ermer, 2014, S. 691). Zudem sind sich die Autoren von Fachliteratur einig, dass Live Communication nachhaltig die Kundenbindung beeinflusst und sie eine hohe Bedeutung für den Aufbau von Markensympathie und -vertrauen aufweist (Kirchgeorg & Ermer, 2014; Zanger, 2001). Diese Eigenschaften stellen gerade in einer globalisierten Welt die zentralen Produktdifferenzierungsmöglichkeiten dar (Meffert et al., 2002).

Besonders im Zuge der Corona-Pandemie kam es zu erheblichen Einschränkungen des Einsatzes von Live Communication. Kontakt- und Reisebeschränkungen sowie die von vielen Unternehmen erteilten Dienstreiseverbote sorgten für einen Stillstand der sogenannten **MICE-Branche** *(Sammelbegriff für die geschäftliche Organisation sowie Durchführung von Meetings, Incentives, Conventions und Events).* Auch für Unternehmen anderer Branchen entfiel durch die Einschränkungen ein notwendiger Teilbereich ihrer Marketing-Aktivitäten. Aufgrund der nicht absehbaren Dauer dieser Situation ist eine Überführung von Veranstaltungen in den virtuellen Raum dringend erforderlich, um Kundenbeziehungen weiter aufzubauen und Neukunden zu generieren. Die Zielsetzung für eine zukünftige Veranstaltungskonzeption besteht folglich darin, die elementaren Faktoren herauszuarbeiten und bestehende Konzepte in den virtuellen Raum zu übertragen. Aus dieser Zielsetzung lassen sich folgende Fragestellungen ableiten:

- Welches theoretische Fundament beeinflusst die Entwicklung und den Einsatz von Live Communication?
- Was wird unter den Begriffen Kundenerlebnisse, Live Communication und Events verstanden?
- Welche Vor- und Nachteile weisen unterschiedliche Event-Formate auf?
- Welche zentralen Aspekte müssen virtuelle Events erfüllen, um erfolgreich zu sein?
- Wie sollte ein virtuelles Event konzipiert sein, um auf physische Events verzichten zu können?

Neben der Beantwortung dieser Fragestellung geht der folgende Beitrag auf **die Konzeption eines virtuellen Workshops-Format anhand eines Praxisbeispiels ein.**

2 Rahmenbedingungen

Bezugspunkte für die folgenden Ausführungen stellen die Theorie der Experience Economy sowie die Entwicklungen der Live Communication dar. Sie werden behandelt, da sie die Konzeption und den Einsatz von virtuellen Events maßgeblich beeinflussen.

2.1 Experience Economy und Live Communication als Ausgangspunkte

Der Begriff **Experience Economy** wurde im Jahr 1999 erstmals von Pine und Gilmore verwendet. Mit diesem Begriff beschreiben die Autoren die vierte Stufe der Entwicklung der Ökonomie (Pine et al., 2011). Die vorherigen Stufen benennen sie als:

1. **Agrarwirtschaft** – Fokus auf die Gewinnung von Rohstoffen.
2. **Industriewirtschaft** – Fokus auf die Produktherstellung.
3. **Dienstleistungswirtschaft** – Fokus auf die Erbringung von Dienstleistungen.

Nun gefolgt von der sogenannten Experience Economy. Im Gegensatz zu den bisherigen Stufen setzt sie ihren Fokus auf die Schaffung von Erlebnissen rund um Produkte, Dienstleistungen und Marken. Für Unternehmen gewinnt der Fokus auf Erlebnisse gerade in Zeiten von Produkthomogenität und globalisierten Märkten noch weiter an Bedeutung, denn Konsumgüter und Dienstleistungen reichen alleinig nicht mehr aus, um Kunden zufriedenzustellen und langfristig an sich zu binden. Erlebnisqualität ist somit zu einem der wichtigsten Kaufkriterien unserer heutigen Zeit geworden (Bruhn & Hadwich, 2012).

Im Zuge der Entwicklung der Experience Economy nehmen auch die Bestandteile eines wirtschaftlichen Angebots neue Rollen ein. Die wirtschaftliche Funktion des Unternehmens erfolgt nicht mehr primär über reine Umsetzung oder Lieferung von Produkten oder Dienstleistungen. Die erlebnisorientierte Präsentation tritt in der Kommunikation in den Vordergrund, der Kunde wird als Gast in dieses Szenario mit eingebunden und um ihn herum werden persönliche, erinnerbare Eindrücke geschaffen. Auf dieser Grundlage haben Pine und Gilmore ein Modell zur Inszenierung von Erlebnissen entwickelt. Innerhalb dieses Modells definieren sie anhand zweier Skalen vier zentrale Erlebnis-Bereiche: **Unterhaltung** *(Entertainment)*, **Bildung und Information** *(Education)*, **Ästhetik und Atmosphäre** *(Esthetics)* und **Wirklichkeitsflucht** *(Escapism)* (Pine et al., 2011) (Abb. 1). Diese Bereiche werden auf Basis ihrer Ausprägungen hinsichtlich der Einbindung des Kunden *(aktiv bis passiv)* und der Verbindung oder Beziehung des Kunden zum Erlebnis *(Absorption bis Immersion)* festgelegt. Die perfekte Inszenierung eines Erlebnisses, der sogenannte Sweet Point, liegt nach Pine und Gilmore in der Mitte der vier Dimensionen (Pine et al., 2011).

Das entstandene Erlebnis wird somit zum eigentlichen Produkt des Unternehmens und steigert dadurch nachhaltig den Wert und die Kaufbereitschaft. Der Kunde ist innerhalb dieses Ansatzes jedoch verstärkt als „passiver Teilnehmer" zu sehen, welcher durch die inszenierten Erlebnisse eines Unternehmens bespielt wird (Bruhn & Hadwich, 2012).

In der **Theorie der coproduzierten Erfahrungen** wird der Kunde dagegen aktiver Teilnehmer bei der Gestaltung von Erlebnissen. Nach Prahalad und Ramaswamy wird der Wert von Kundenerlebnissen nicht nur durch den Anbieter, das Produkt oder die Dienstleistung generiert,

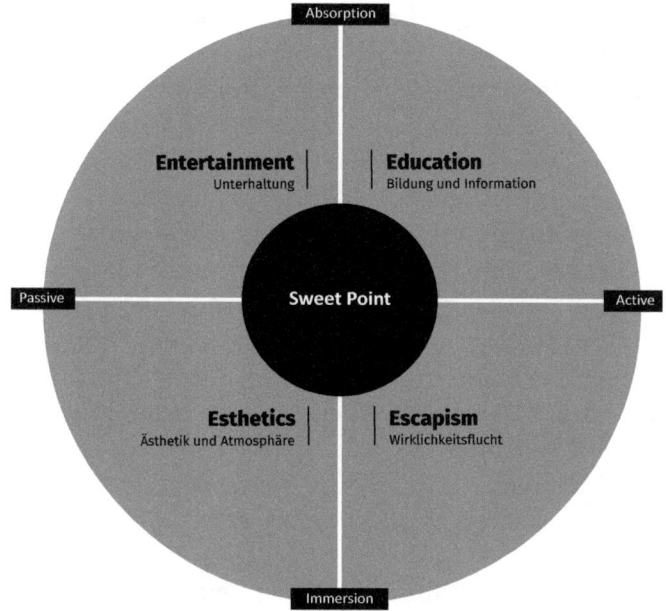

Abb. 1 Die vier Erlebnisbereiche (in Anlehnung an Pine et al., 2011, S. 5)

sondern ebenfalls durch die Coproduktion des Kunden. Der Fokus liegt somit auf der gemeinsamen Wertgenerierung mit dem Kunden. Diese Wertgenerierung muss durch aktive Mitgestaltungs- und Interaktionsmöglichkeiten gewährleistet werden, um so das Erlebnis zum Treiber der gesamten Wertschöpfung zu machen (Prahalad & Ramaswamy, 2004). Es handelt sich dabei also um einen Ansatz, der besonders die kollaborative Zusammenarbeit zur Schaffung von Kundenerlebnissen stützt.

Im Fokus der Schaffung von Kundenerlebnissen steht die Live Communication. Diese hat im wirtschaftlichen Kontext vor allem durch die steigende Nutzung von digitalen Medien an Bedeutung gewonnen (Eisermann et al., 2014). Eine Reihe von Thesen in der Fachliteratur zeigt auf, warum gerade die Live Communication neue Zugänge zum Kunden auf globalisierten Märkten schafft. Dazu zählen unter anderem die **Produkthomogenitäts-These,** die **Individualisierungs-These,** die **Unsicherheits-These** und die **High Tech & High Touch-These** (Brühe, 2003; Kirchgeorg & Klante, 2003).

1. Die **Produkthomogenitäts-These** besagt, dass die wahrgenommene Produktaustauschbarkeit zu einer geschwächten Kundenbindung und -loyalität führt. Eine klare Differenzierungsmöglichkeit stellen vor allem persönliche Geschäftsbeziehungen dar (Meffert et al., 2002).

2. Die **Individualisierungs-These** richtet ihr Augenmerk auf den steigenden Wunsch nach Individualisierung innerhalb der deutschen Gesellschaft und weiterer vergleichbarer Industriestaaten (Meffert et al., 2019). Auf Basis dessen spricht sie dem persönlichen Dialog und der Interaktion die Fähigkeit zu, individuelle Anforderungen von Kunden besser umsetzen zu können.
3. Die **Unsicherheits-These** legt ihren Fokus auf die steigende Unsicherheit der Bevölkerung bei wirtschaftlichen oder gesellschaftlichen Schwankungen, wie beispielsweise während der Finanzkrise oder zu Zeiten der Corona-Pandemie. Daraus resultiert ein verstärktes Bedürfnis nach Vertrauen und emotionaler Ansprache (Gaus, 2001).
4. Die **High Tech & High Touch-These** legt den Schwerpunkt auf die Auswirkungen der Digitalisierung. Wie bereits beschrieben, nehmen persönlich erlebte Kontakte, aufgrund der Verschiebung zu neuen Medien, einen höheren Stellenwert ein (Kirchgeorg et al., 2017).

All diesen gesteigerten Bedürfnissen können Unternehmen durch den Einsatz von Instrumenten der Live Communication gerecht werden. Trotz der hier isolierten Betrachtung der Live Communication ist sie selbstverständlich immer als ein Bestandteil des gesamten Marketing-Mix zu verstehen und kontinuierlich darin einzubetten. Der Stellenwert der Live Communication wird durch die Ergebnisse des FAMAB Research 2016 deutlich. Diese zeigen auf, dass 23,8 % des Gesamtetats für Kommunikation in Deutschland in Live Communication und integrierte Markenerlebnisse investiert werden (FAMAB Kommunikationsverband e. V., 2017). Im folgenden Abschnitt dieses Beitrags wird aus diesem Grund ein einheitliches Verständnis von Kundenerlebnissen, Live Communication und Events über Definitionen, Begriffserklärungen und Funktionen aufgebaut, welches als Fundament für die weiteren Ausführungen dient.

2.2 Das Verständnis von Kundenerlebnissen, Live Communication und Events – Definitionen, Eigenschaften und Funktionen

Nach Pine und Gilmore entstehen Erlebnisse, wenn „a company intentionally uses services as the stage, and goods as props, to engage individual customers in a way that creates a memorable event" (Pine et al., 1998, S. 98 f.), und stellen somit schon die direkte Verbindung zur Live Communication her. Ein **Kundenerlebnis** ist somit als das Erlebnis eines

Kunden, in Bezug zu einer Dienstleistung oder einem Produkt zu verstehen, welche den Akteur persönlich involvieren und dadurch besser erinnert werden (Holland, 2020; Pine et al., 1998). Das Erlebnis umfasst dabei alle physischen Vorgänge wie Denken, Fühlen, Vorstellen, Empfinden und Wahrnehmen (Ermer, 2014; Holland, 2020; Mayer-Vorfelder, 2012) und ist somit als multisensual zu verstehen. Zudem ist das Kundenerlebnis als subjektives Konstrukt zu verstehen, denn die Beurteilung erfolgt anhand der Erwartungshaltung zu den Stimuli des Unternehmens (Mayer-Vorfelder, 2012). Besonders im Dienstleistungsbereich steigt die Relevanz von Kundenerlebnissen deutlich an. Die vorherige Fokussierung auf hedonistische Dienstleistungen, wie der Besuch von Sportveranstaltungen oder Theateraufführungen, hat sich nun auch auf Dienstleistungen des täglichen Bedarfs ausgeweitet (Sandström et al., 2008). Hier ist jedoch deutlich herauszustellen, dass das inszenierte Erlebnis im Kern nicht der eigentlichen Leistung des Unternehmens entspricht (Mayer-Vorfelder, 2012).

Kundenerlebnisse können durch das Instrument der **Live Communication** für den Kunden zugänglich werden. Unter Live Communication wird im Folgenden, die „persönliche, direkte, interaktive Begegnung und das aktive Erlebnis der Zielgruppe mit einem Unternehmen und seiner Marke in einem inszenierten und häufig emotional ansprechenden Umfeld zur Erzeugung einzigartiger und nachhaltiger Erinnerungen" (Kirchgeorg et al., 2009, S. 17) verstanden. Die meistgenutzten Instrumente der Live Communication stellen **Messen, Events** und **Brand Lands** dar. Diese weisen in ihrer jeweiligen Ausgestaltung ein hohes Spektrum unterschiedlicher Formate auf. Eine eindeutige Trennung der Formate ist heute jedoch kaum noch möglich, da es zunehmend zur Verschmelzung mehrerer Formate kommt. Ein gängiges Beispiel dafür stellt die Kombination von Konferenzen und Messen dar.

In den weiteren Ausführungen wird fokussiert auf die Konzeption eines **Events** eingegangen. Events generell gelten als „ein temporär inszeniertes Ereignis, das sich an unternehmensinterne und -externe Adressaten richtet (…)" (Kirchgeorg et al., 2009, S. 139). Die Autoren der entsprechenden Fachliteratur benennen eine Reihe von Faktoren als die zentralen Charakteristika von Events. Kirchgeorg und Ermer (2014) setzen den Fokus auf Kontaktintensität, Erfahrbarkeit, Emotionalität, Multisensualität und persönlichen Kontakt. Holzbaur (2016) hingegen stellt zusätzlich noch die Einmaligkeit, Einzigartigkeit und das Ereignis heraus. Eindeutig ist jedoch, dass Events einen erheblichen Vorteil bei der Vermeidung oder Reduzierung von Streuverlusten aufweisen (Kirchgeorg & Ermer, 2014). So eignen sich Events aufgrund ihrer Charakteristika und Funktionen im besonderen

Maße zur Erreichung von Differenzierungs- und Kundenbindungszielen (Kirchgeorg & Ermer, 2014). Um den Begriff des Events an dieser Stelle noch passender zu definieren, wird der Fokus auf die Konzeption eines **Marketing-Events** gelegt. Diese unterscheiden sich besonders hinsichtlich ihrer Zielsetzung, der erlebnisorientierten Vermittlung von „firmen- oder produktbezogene[n] Kommunikationsinhalten", welche zur Erreichung der Marketingziele führen sollen (Zanger, 2007, S. 3 f.).

2.3 Event-Formate: Von physisch bis virtuell

Wir bereits im vorigen Abschnitt beschrieben, sind die Formate der Live Communication heute kaum noch klar zu segmentieren. Früher dienten Messen dem Verkauf, Kongresse der Wissensvermittlung und Events der Vermittlung von emotionalisierten Botschaften in Bezug auf Produkte, Dienstleitungen oder Marken. Heute konvergieren diese Elemente und schaffen neue Ausrichtungen, wie beispielsweise das „Edutainment" *(Verbindung aus Education und Entertainment)*. Eine zentrale Prämisse von Events war bisher jedoch, dass Menschen in einem bestimmten Zeitraum an einem gemeinsamen Ort zusammentreffen und ein zentrales Geschehen im Rampenlicht steht. Die kontinuierliche Weiterentwicklung des Web 2.0 sorgte dafür, dass sich diese Prämisse weiter ausgedehnt hat. Wo vorher explizit ein physisches Zusammentreffen der Teilnehmer definiert wurde, sind heute auch virtuelle Zusammenkünfte als Event zu verstehen (Zanger, 2014). Hier soll im Folgenden eine eindeutige Unterteilung von realen, hybriden und virtuellen Events vorgenommen werden, um ein einheitliches Verständnis zu gewährleisten. Anschließend werden die Vor- und Nachteile der Event-Formate, durch das Zusammenführen einschlägiger Erkenntnisse der Fachliteratur und anhand der Ergebnisse der Studie der MCI GmbH zu den zentralen Chancen und Herausforderungen von digitalen Veranstaltungsstrategien aus der Teilnehmersicht, herausgearbeitet.

1. **Reale** oder auch **physische Events** entsprechen der ursprünglichen Definition und gelten als Events „bei denen Besucher und Akteure an einem Ort zu einer Zeit zusammentreffen" (Holzbaur, 2016, S. 100). Neben den bereits vorgestellten Charakteristika ist vor allem die Aktivierung der Teilnehmer sicherzustellen. So können Events durch Aktivitäten bereichert werden oder die Aktivität selbst wird zum Kern einer Veranstaltung (Holzbaur, 2016). Beispiele dafür sind Planspiele, Workshops und Roundtables. Schwächen weisen Events nach diesem Verständnis vor allem

hinsichtlich der Reichweite und der Ortsgebundenheit auf (Kirchgeorg & Ermer, 2014). Ebenfalls sind auch die Eigenschaften der Zeitgebundenheit und der Interaktion nur mittelmäßig ausgeprägt.
2. Unter **hybriden Events** versteht man die Anreicherung eines physischen Events um neue digitale Medien. Besonders Social-Media-Maßnahmen, aber ebenso weitere internetbasierte Kanäle, wie zum Beispiel die Video-Plattform YouTube, werden in Verbindung zur Live Communication genutzt (Zanger, 2014). Aus dieser Kombination lassen sich deutliche Synergien aufzeigen, die vor allem erhebliche Auswirkungen auf die Reichweite von Events haben (Beständig, 2020). Durch die Erstellung von eigenen Inhalten der Besucher *(User Generated Content)* sind diese nicht mehr nur als Konsument zu betrachten, sondern ebenfalls als Produzent; Teilnehmer werden so zu aktiven **Prosumenten** *(Fachbegriff für produzierende Konsumenten)* und zu einem erheblichen Multiplikator für die Live Communication (Hartmann, 2011). Durch die Kombination verbessert sich ebenfalls die Interaktion mit und unter den Teilnehmern. Heutige Softwareprodukte bieten beispielsweise deutlich mehr Komfort bei der Registrierung, ein zugeschnittenes Informationsangebot und eine individuelle Ansprache (Rietbrock, 2017). Vor allem Messen und Kongresse werden somit zunehmend zu hybriden Events.
3. Bei **virtuellen Events** hingegen findet kein physischer Kontakt zwischen den Teilnehmern und Akteuren mehr statt. Stattdessen nehmen die Besucher über geeignete digitale Kanäle teil, wie Webkonferenz-Plattformen oder Social Media (Holzbaur, 2016). Als gängige digitale Events gelten beispielsweise Webinare und Online-Challenges (Schultze, 2017). Durch die vollständige Verschiebung in den digitalen Raum ermöglichen virtuelle Events „multidirektionale inhalts- und zweckbezogene Interaktion, Kollaboration und Kommunikation in Echtzeit" (Mildenberger & Burger, 2017, S. 143). Zusätzlich wird hinsichtlich des Events nicht nur die Schwäche der Reichweite, sondern ebenfalls die Ortsgebundenheit vollständig überwunden. Menschen können somit schneller und näher zusammengebracht werden, ohne tatsächlich am selben physischen Ort zu sein.

Die 2020 durchgeführte Studie der MCI GmbH weist durch die Entkopplung von Veranstaltungs- und Erlebnisort eine signifikante Senkung der Transaktionskosten der Teilnehmer auf. Grund dafür sind die ökonomischen Faktoren, wie die Kostenersparnis, Zeitersparnis und Klimafreundlichkeit (MCI Deutschland GmbH, 2020). Besonders in Zeiten der Corona-Pandemie sehen die Veranstaltungsbranche und Unternehmen großes Potenzial in der Durchführung von virtuellen Messen,

Konferenzen und Events. Dies zeigt sich deutlich in den Ergebnissen des Meeting- und Event Barometers Deutschland. Vor der Corona-Pandemie sahen lediglich 47Prozent der Befragten ein Potenzial in virtuellen Veranstaltungen. Dieser Wert ist während der Corona-Pandemie auf 75 Prozent gestiegen (Schreiber et al., 2020). Ebenso deutlich wird die Entwicklung durch die Anzahl der neu geschaffenen Formate und die exponentielle Steigerung des virtuellen Event-Angebots. Die Event-Plattform des sozialen Business-Netzwerks Xing verzeichnete nach eigenen Angaben einen 600-prozentigen Zuwachs von Online-Events in den Monaten von März bis Dezember 2020 im Gegensatz zum Vorjahr (Knauer, 2020a). „[G]erade im B2B-Bereich zeigt sich: Online-Events werden sowohl auf Veranstalter*innen- als auch auf Teilnehmer*innen-Seite zumindest angenommen. Das mag auch an den zahlreichen Vorteilen für beide Seiten liegen: angefangen bei Ressourceneinsparungen über den Wegfall von Reisezeiten bis hin zur erhöhten Reichweite" (Knauer, 2020a).

Es ist jedoch klar herauszustellen, dass die Übertragung von Live Communication in den digitalen Raum einige Einschränkungen mit sich bringt. Viele der typischen Charakteristika der Live Communication sind in der virtuellen Kommunikation nur schwach oder nicht ausgeprägt. Gerade die Multisensualität, die Erfahrbarkeit sowie die Kontaktintensität können durch die Digitalisierung von Live Communication oftmals nur deutlich geringer ihre Wirkung entfalten (Kirchgeorg et al., 2011). Daneben benennt die Studie der MCI GmbH als zentrale Herausforderungen von virtuellen Events Monotonie, fehlende Interaktion und unangepasste Inhalte. 70 Prozent der über 500 befragten Personen gaben zusätzlich an, dass sie in virtuellen Formaten vor allem spontane Gespräche vermissen und 64 Prozent fehlt der informelle Austausch (MCI Deutschland GmbH, 2020). Zudem zeigt die Studie auf, dass Emotionen in geringerem Maße transportiert werden. 62 Prozent der Befragten schreiben dies dem Fehlen der Atmosphäre vor Ort zu und 56 Prozent dem generellen Ausbleiben emotionaler Erlebnisse (MCI Deutschland GmbH, 2020). Aus diesem Grund widmet sich dieser Beitrag der Konzeption eines virtuellen Events, welches die Vorteile der Live Communication in die virtuelle Communication überführt und die erkannten Schwächen von virtuellen Events überwindet (Tab. 1).

Tab. 1 Die Vor- und Nachteile der unterschiedlichen Event-Formate (in Anlehnung an Kirchgeorg et al., 2009, S. 22)

	Reale Events	Hybride Events	Virtuelle Events
Vorteile	• Multisensualität • Kontaktintensität • Persönlicher Kontakt • Erfahrbarkeit • Emotionalität • Interaktion	• Reichweite • Individualisierung • Interaktion	• Reichweite • Überwindung der Ortsgebundenheit • geringere bis keine Transaktionskosten der Teilnehmer • Interaktion
Nachteile	Reichweite • hohe Transaktionskosten der Teilnehmer	• hohe Transaktionskosten der Teilnehmer	• Multisensualität • Erfahrbarkeit • Kontaktintensität • Atmosphäre • Emotionalität

3 Praxisbeispiel – Konzeption eines interaktiven und partizipativen virtuellen Kundenworkshops

Die einzelnen Schritte der Planung in diesem Praxisbeispiel sind in das IDEA-Schema eingeordnet, welches sich aus den Phasen *Investigate, Design, Execute* und *Assessment* zusammensetzt. In der Phase Investigate wurde zunächst eine Analyse des Kontextes durchgeführt sowie Zielgruppe und Ziele bestimmt. Anschließend wurde in der Phase Design die genaue Ausgestaltung des virtuellen Workshops unter den zentral erarbeiteten Gesichtspunkten des Wissenstransfers, des Erlebnisses und des organisatorischen Rahmens der Veranstaltung vorgenommen. Für die Phase *Execute* und *Assessment* werden weitere notwendige Schritte der Konzeption und Erfolgsmessung und Ansatzpunkte für ihre Durchführung aufgezeigt.

3.1 Investigate: Rahmenbedingungen für den Einsatz von Live Communication

Um die zentralen Rahmenbedingungen für den Einsatz einer Live-Communication-Maßnahme herauszuarbeiten, sollten somit im ersten Schritt die Situation sowie die Ziele und Zielgruppe definiert werden.

Situation
In diesem Praxisbeispiel wurde zur Analyse der Ist-Situation eine SWOT-Analyse erstellt, um die momentane Positionierung der eigenen Aktivitäten festzustellen (Gabler Wirtschaftslexikon, 2018a). Im Zuge dessen wurden zunächst die externen Faktoren anhand eines Chancen-Risiken-Katalogs erstellt und anschließend die internen Faktoren über ein Stärken-Schwächen-Profil für das eigene Unternehmen erarbeitet. Im zweiten Schritt der Ausarbeitung der Positionierungsanalyse werden die vier Bereiche in der SWOT-Matrix zusammengeführt und ausbaufähige Chancen identifiziert, Risikoabsicherungen herausgearbeitet und Nachholbedarfe hinsichtlich der Schwächen konkretisiert. Dadurch können zentrale Rahmenbedingungen für die Live Communication aufgezeigt und durch die unternehmensinterne Priorisierung die notwendigen Maßnahmen abgeleitet werden.

Zielgruppe
Um im nächsten Schritt eine geeignete Format-Konzeption zu gewährleisten, sollte neben der Situation ein eindeutiges Verständnis dafür geschaffen werden, mit welchen Personen kommuniziert werden soll und welche zentralen Ziele hinter dieser Kommunikation stehen. Dazu müssen die Zielgruppe und die spezifischen Personen im Buying Center konkretisiert werden, damit die anschließende Gestaltung der Live Communication den Bedürfnissen dieser Personen gerecht wird. Das sogenannte **Buying Center** beschreibt alle Personen eines Unternehmens, die in den Kaufprozess eingeschlossen sind (Burmann & Launspach, 2010; Binckebanck, 2007). Dazu gehört der **Entscheider** *(Decider)*, der **Budgetverantwortliche** *(Buyer)*, der **Einflussnehmer** *(Influencer)*, der **Anwender** *(User)* sowie der **Informationsselektierer** *(Gatekeeper)* (Gabler Wirtschaftslexikon, 2018b). Die Unterschiede in den Rollen führen zu unterschiedlichen Verhaltensweisen sowie Bedürfnissen der jeweiligen Personen und gelten somit als Maßstab für den Perspektivwechsel hinsichtlich der Konzeption von Veranstaltungen. „Es wird künftig noch mehr darum gehen, den Fokus auf einzelne Teilnehmer*innen zu richten und ihnen zu ermöglichen, das Beste, auf ihre individuellen Bedürfnisse abgestimmte, aus einer Veranstaltung herauszuholen" (Schultze, 2020). Das Buying Center nimmt im Bereich des Service-Marketings grundsätzlich eine übergeordnete Rolle ein, um den unterschiedlichen Anforderungen an die jeweilige Dienstleistung entsprechen zu können.

Ziele

Auf Basis der Erkenntnisse der Situation sowie der Zielgruppe sollten die Ziele des Unternehmens identifiziert und in das zentrale Format der Live Communication überführt werden. Grundsätzlich unterscheiden wir hinsichtlich der Ziele von Live Communication zwei Arten: psychografische Ziele (z. B. Bekanntheit, Image und Kundenpräferenz) und ökonomische Ziele (z. B. Umsatz und Rendite) (Kirchgeorg & Ermer, 2014). Dabei ist festzuhalten, dass die psychografischen Ziele den ökonomischen grundsätzlich vorgelagert sind, da der direkte Einfluss auf die ökonomischen Ziele nur schwer nachzuweisen ist (Erber, 2005).

Ergebnisse des Praxisbeispiels

Die Konzeption des virtuellen Workshops ist an den Ergebnissen der Rahmenbedingungen der strategischen Digitalisierungsberatung objective partner ausgerichtet. Ihre Dienstleistung für Kunden beginnt mit der gemeinsamen und individuellen Konzeption von Ideen und möglichen Einsatzszenarien neuer digitaler Geschäftsmodelle, der Digitalisierung von Prozessen, der Schaffung neuer digitaler Kundenzugänge sowie der datengetriebenen Optimierung von Unternehmens-KPIs (Key Perfomance Indicators, sogenannte Unternehmenskennzahlen). Ein zentraler Baustein ist dabei die Durchführung eines initialen Kundenworkshops. Dieser wurde bisher als physisches Event durchgeführt und dient der optimalen Erfassung der Kundensituation.

Als Anbieter von individueller strategischer Beratung und Softwarelösungen steht objective partner einem großen und sehr heterogenen Buying Center und dessen Bedürfnissen gegenüber. Um in der Ausgestaltung jedes spezifischen Kundenworkshops trotzdem auf diese unterschiedlichen Bedürfnisse einzugehen, werden die Bedürfnisse der konkreten Teilnehmer vor dem Workshop über eine Teilnehmerbefragung erfasst.

Aus der Investigate-Phase ergab sich das zentrale **Ziel** der Sicherung des Geschäftsbetriebs durch die Überführung des physischen Kundenworkshops in ein virtuelles Format, welches trotzdem die Stärken der klassischen Live Communication für sich nutzen kann und Kundenerlebnisse schafft. Neben dem Hauptziel wurden zusätzlich psychografische und ökonomische Ziele festgelegt. Hinsichtlich der psychografischen Aspekte sollten das Kaufinteresse, die Kundenzufriedenheit, das Vertrauen sowie die Vermittlung von Glaubwürdigkeit und die Differenzierung zur Konkurrenz gesteigert werden. Ökonomisch soll dadurch langfristig mehr Umsatz durch das Gewinnen von Kundenprojekten generiert werden.

3.2 Design: Erfassung der zentralen Aspekte und Überführung in einen virtuellen Workshop

Zur Erreichung der festgelegten Ziele wird innerhalb dieses Praxisbeispiels ein virtueller Kundenworkshop konzipiert. Unter Workshop wird im Folgenden „eine Veranstaltung, bei der eine Gruppe gemeinsam mit geeigneter Moderation Problemlösungen erarbeitet" (Holzbaur, 2016, S. 94) verstanden. Workshops werden oftmals als eine Aktivität zur Aktivierung der Teilnehmer innerhalb der Live Communication genutzt, wie beispielsweise bei Konferenzen. Sie können jedoch auch selbst zum Kern eines Events werden (Holzbaur, 2016). Besonders die Theorie der coproduzierten Erfahrungen sowie die Individualisierungs-These unterstützen den Fokus auf Kollaboration und Interaktion, um Kundenanforderungen besser zu verstehen und mehr Erlebnis zu schaffen. Dadurch erzeugen sie die theoretische Grundlage für die Wahl des Events-Formats Workshop. Durch die Verbindung von Ergebnis- und Erlebnisorientierung eignet sich das Format zusätzlich für den Einsatz im Business-Kontext.

Die konkrete Konzeption des Workshops legt dazu den Fokus auf den Wissenstransfer zum Aufbau von Vertrauen und der Vermittlung von Glaubwürdigkeit sowie die Interaktion mit dem Kunden zur besseren Erfassung von Kundenbedürfnissen. Ebenso soll durch die Schaffung von Erlebnissen zur Emotionalisierung der Inhalte eine klare Differenzierung zur Konkurrenz geschaffen werden. Im Zuge der Ausarbeitung dieser Leitplanken wird innerhalb dieses Beitrags die Überführung der Stärken der Live Communication in eine digitale Version angestrebt. Dazu werden die didaktischen Konzepte auf den digitalen Raum angepasst und Herausforderungen durch den Einsatz von physischen Workshop-Materialien, Videoconferencing-Software, Raumgefühl sowie Online-Kollaborations-Tools überwunden.

3.2.1 Wissenstransfer

Die Wissensvermittlung nimmt den zentralen Fokus in der Konzeption des Kundenworkshops ein, denn sie stellt den Hauptgrund für die Teilnahme der Kunden am Workshop dar. Gleichsam ist sie auch ein entscheidender Faktor für die Wahrnehmung und Bewertung des Events (Knoll, 2016; Röthlisberger, 2017). Der Kunde möchte innerhalb dieses Workshops das Wissen erlangen, wie er persönlich die Digitalisierung für den Erfolg seines Unternehmens nutzen kann. Um die Sinnhaftigkeit des Events für den Teilnehmer zu sichern, benötigt es einen didaktischen Unterbau des Wissenstransfers (Fremer & Naughton, 2017). Gerade im digitalen Raum stehen dabei kürzere Lerneinheiten und mehr Medienwechsel im Fokus. Der im Folgenden konzipierte Workshop setzt dabei ebenfalls auf eine mehrgleisige Wissensvermittlung (Knoll, 2016): ein Zusammenspiel von kurzen frontalen Wissensanregungen sowie kollaborativer Zusammenarbeit zur Generierung des Lernerfolgs. Dabei wird vor allem auf kurze Wiederholungen und Übungen gesetzt, um die dargebotenen Informationen langfristig zu verankern. Ebenso müssen Informationen greifbar aufbereitet werden. Dazu eignen sich besonders anschauliche Praxisbeispiele oder Analogien, mit denen sich der Teilnehmer identifizieren kann. So bekommt er Anknüpfungspunkte zu der ihm bekannten Welt, was ihm die Möglichkeit bietet, Informationen besser zu verarbeiten. Zudem ist es relevant, die Phasen der Aufnahme von Informationen und der Selbsttätigkeit aufeinander anzupassen, da vor allem die selbstständigen Konstruktionsphasen zu einer Speicherung des dargebotenen Wissens führen (Richter, 2017).

Neben der Speicherung von Wissen geht es beim Wissenstransfer auch um die Aufmerksamkeit und die Wahrnehmung der Teilnehmer. Diese wird im neu konzipierten Kundenworkshop in erster Linie durch die Anknüpfung an vorhandenes Wissen, das Wecken von Neugierde und das persönliche Involvement erreicht (Richter, 2017). Auf das persönliche Involvement wird dabei verstärkt geachtet. Ein gutes Ergebnis ist nur durch die aktive Partizipation und den offenen Austausch der Teilnehmer zu erreichen und muss vom Kontext auf die Teilnehmer zugeschnitten sein. Aus diesem Grund ist es sinnvoll, dass die Teilnehmer die Inhalte der Veranstaltung vorab aktiv mitbestimmen, um das persönliche Involvement uneingeschränkt erfüllen zu können (Fleck & Niermann, 2016).

3.2.2 Erlebnis

Neben dem nachhaltigen Wissenstransfer liegt der Fokus des virtuellen Kundenworkshops auf der Schaffung von emotionalen Erlebnissen. Wie bereits beschrieben fehlen 56 % aller Befragten der Studie der MCI GmbH (2020) emotionale Erlebnisse in virtuellen Events. Ein weiterer Anknüpfungspunkt ist das Ausbleiben von spontanen Gesprächen sowie einem informellen Austausch.

Grundsätzlich spielt für den Aufbau von Erlebnissen die Dramaturgie eine entscheidende Rolle. Die Formatgestaltung sowie ihre Inszenierung sollten einen Spannungsbogen aufbauen. Die Inszenierung kann dabei dem

Aufbau eines Theaterstücks nachempfunden werden und sollte die einzelnen Bestandteile des Workshops zu einem sinnvollen Ganzen zusammenfassen (Grafen, 2017): angefangen beim Intro über die Identifikation, die Vernetzung, den Höhepunkt, die Projektion, den Schluss sowie den Ausklang. Die einzelnen Bausteine können dabei das Kennenlernen, die Diskussion, die gemeinsame Bearbeitung von Aufgaben, Präsentationen, Pausen oder weitere Elemente darstellen (Grafen, 2017). Entscheidend ist, dass die Inszenierung das gesamte Konzept erfasst und ein klarer roter Faden erkennbar bleibt. Zudem sollte sie eine gewisse Balance zwischen Inhalt und Unterhaltung finden (Röthlisberger, 2017). Holzbaur (2016) beschreibt die wichtigsten Faktoren, um ein Erlebnis zu schaffen, als Darbietung und Programm, Ambiente und Location, Vielfalt und Integration, Inszenierung und Ablauf sowie Eindrücke.

3.2.3 Überführung in den digitalen Raum

„Das Publikum, die Erwartungshaltungen sowie der Wunsch nach Interaktion und Partizipation, aber auch die Inhalte und die Techniken der Informationsvermittlung verändern sich" (Röthlisberger, 2017, S. 84). Bisher hat dieser Beitrag den zentralen Rahmen für den Workshop hinsichtlich Wissenstransfer und der Schaffung von Erlebnissen aufgezeigt. Der Fokus liegt aber zusätzlich auf der Überführung der Rahmenbedingungen in den digitalen Raum. Dazu baut der Workshop auf vier zentrale Elemente: Videoconferencing-Software, Online-Kollaborationstools, Raumgefühl und Workshop-Materialien. Diese sollen dazu beitragen, die erfolgreiche Umsetzung eines virtuellen Workshops zu gewährleisten sowie die beschriebenen Herausforderungen von virtuellen Workshops zu überwinden.

Videoconferencing-Software
Als zentrales Communication-Tool nutzt der Workshop die **Videoconferencing-Software Go-To-Meeting,** welche jedoch auch durch andere Softwarelösungen wie Microsoft Teams oder Zoom beliebig ersetzbar ist. Der Einsatz von Videoconferencing-Software ermöglicht eine multidirektionale digitale Kommunikation in Echtzeit (Magerhans et al., 2013). Durch den Einsatz kann die Durchführung des Workshops in den digitalen Raum verschoben werden. Jeder Teilnehmer ist via Audio- und Videoübertragung aktiv und direkt involviert. Zudem können simultan dazu auch Präsentationen, Videos oder das im folgenden Abschnitt vorgestellte Kollaborationstool gezeigt werden. Dadurch

eignet sich der Einsatz von Videoconferencing-Software in besonderem Maße zur gemeinsamen digitalen Erarbeitung und Aufbereitung von Themen (Beständig, 2020). Zudem erhält der Austausch durch die Aktivierung der Videoübertragung auch emotionale Komponenten, indem Gestik und Mimik der beteiligten Personen erkennbar werden (Magerhans et al., 2013). So wird versucht, einen Großteil der Wirkung des persönlichen Kontaktes, der Kontaktintensität sowie der Emotionalität in den digitalen Raum zu übertragen.

Darüber hinaus benötigt es für die vorgestellte Videoconferencing-Software jedoch kleinerer Hilfen, um den Kommunikationsablauf sicherzustellen, wie zum Beispiel das Anzeigen von Wortmeldungen oder Fragen. Diese sind in anderen Softwareprodukten bereits oftmals eingebettet. Hinsichtlich der Umsetzung über Go-To-Meeting wurde mit zusätzlichen Workshop-Materialien gearbeitet.

Online-Kollaborationstool
Um den grundsätzlichen Hands-On-Charakter eines Workshops sicherzustellen sowie partizipatives und interaktives Lernen zu gewährleisten, nutzt der digitale Workshop das **Online-Kollaborationstool Mural.** Auch hier sind auf dem Markt eine Reihe gleichwertiger Tools verfügbar, die je nach genauem Einsatzbereich passend gewählt werden können. Den zentralen Nutzen des Tools stellt die digitale Kollaboration in Echtzeit dar. Die Teilnehmer können somit während der Nutzung der Videoconferencing-Software auf ein erstelltes Arbeitsboard zugreifen. Per Drag and Drop ist es allen Teilnehmern gleichzeitig möglich, Textfelder, Markierungen, Icons sowie Bilddateien einzufügen und so die gestellten Aufgaben des Workshops gemeinsam zu bearbeiten. Einen erheblichen Vorteil bietet die Sichtbarkeit der anderen Teilnehmer auf dem Arbeitsboard. So können Inhalte und Meinungen nachvollzogen werden und Rückfragen oder weitere Interaktionen mit anderen Teilnehmern sind ohne Einschränkungen möglich. Zudem kann darüber die Schwierigkeit von Anonymität im digitalen Raum überwunden werden. Denn anonyme Teilnehmer neigen zu einer lediglich oberflächlichen Beteiligung und verzeichnen nur eine geringere Wissensaufnahme (Magerhans et al., 2013). Das gemeinsame Arbeitsboard kann zudem nach der Durchführung des Workshops weiterhin für die Zusammenarbeit genutzt und das Ergebnis der Kollaboration für eine abschließende Dokumentation und Aufarbeitung leicht exportiert werden.

Raumgefühl
Locations und Eventräume nehmen einen großen Anteil an der Inszenierung von physischen und hybriden Veranstaltungen und zahlen vor allem auf das emotionale Erlebnis von Events ein (Holzbaur, 2016). In der Standardsituation einer Videokonferenz gibt es jedoch kaum eine Möglichkeit des Einbezugs des Raums. Aus diesem Grund wird der Moderator während des Workshops nicht über die Frontkamera des Laptops zugeschaltet, sondern mit einer zusätzlichen Kamera aus einem physischen Veranstaltungsort übertragen. Dies soll die Vermittlung von Raumgefühl und Stimmung des Events unterstreichen. Zudem kann der Moderator durch Bewegung im Raum sowie die Nutzung der vor Ort verfügbaren Materialien, wie dem Whiteboard, die Interaktion mit den Teilnehmern weiter steigern und eine höhere Emotionalität und Erfahrbarkeit erzeugen. Damit Kommunikation und Sichtbarkeit dabei uneingeschränkt bleiben, ist er mit einem portablen Mikrofon ausgestattet und hat eine zweite Standkamera, die lediglich das Bild des Whiteboards überträgt.

Workshop-Materialien
Das Einbeziehen von physischen Workshop-Materialien dient in erster Linie dem Ausbau der Multisensualität, welche als ein Kernmerkmal der Live Communication verstanden wird. Diese verzeichnet jedoch durch die Übertragung in den digitalen Raum erhebliche Einbußen. Die Workshop-Materialen dienen darüber hinaus der Schaffung von Erlebnissen. Um diese beiden relevanten Merkmale sicherzustellen, wird den Teilnehmern vor dem Workshop ein Paket zugeschickt. Die Inhalte des Pakets kommen vor, während und nach dem Workshop zum Einsatz und bieten zusätzlich eine höhere Erfahrbarkeit. Die genutzten Materialen werden im folgenden Abschnitt im Detail beschrieben.

3.2.4 Konzeption des Workshops und Schaffung von Erlebnissen

Der grundsätzliche Charakter eines Workshops weist bereits einen hohen Praxisanteil auf und legt den Fokus auf die aktive Erarbeitung von Lösungen und die langfristige Verankerung von Wissen (Knoll, 2018). Um dies uneingeschränkt zu gewährleisten und um den kompletten Einbezug des Buying Centers des jeweiligen Kunden sicherzustellen, richtet sich der Workshop an eine Teilnehmerzahl von bis zu zehn Personen. Aus Gründen der offenen und uneingeschränkten Kommunikation findet jeder Workshop lediglich mit einem Kunden *(mehrere Teilnehmer aus demselben Unternehmen)* statt.

Die Konzeption des virtuellen Workshops muss sich zusätzlich stark an den Bedürfnissen der Personen im Buying Center orientieren, da nur durch einen Perspektivwechsel des Anbieters ein weiterer entscheidender Erfolgsfaktor für virtuelle Events gesichert werden kann. Dabei handelt es sich um die sogenannte **Customer Centricity** *(dt. Kundenorientierung)* (Schultze, 2020). Als Anbieter von individueller strategischer Beratung und Softwarelösungen steht der virtuelle Kundenworkshop jedoch sehr heterogenen Bedürfnissen potenzieller Kunden gegenüber. Um trotzdem auf diese unterschiedlichen Bedürfnisse während des Workshops einzugehen, werden diese vor dem Workshop über eine Teilnehmerbefragung erfasst und fließen in die spezifische Ausgestaltung des jeweiligen Kundenworkshops mit ein. Aufgrund des höheren Ablenkungspotenzials von virtuellen Events (MCI Deutschland GmbH, 2020) ist der Workshop auf vier Stunden angesetzt, um eine Aktivierung der Teilnehmer gewährleisten zu können. Zudem besteht so für die Teilnehmer die Möglichkeit, am Workshop-Tag ebenfalls noch ihrem Tagesgeschäft nachzukommen.

Die Inszenierung der Veranstaltung (siehe Abb. 3), durch das **Intro,** beginnt vor der tatsächlichen Durchführung des Workshops mit Anmeldung sowie der Bestätigung des virtuellen Workshops. Die Anmeldung erfolgt über eine Landing Page. Neben der Anmeldung bietet sie auch die Möglichkeiten der Informationsbeschaffung. Mediale sowie gestalterische Elemente, z. B. der Einsatz von Video-Content, kann dazu genutzt werden, eine Emotionalisierung der Botschaften an den Kunden zu erreichen und Interesse zu erzeugen. Nach der Anmeldung des Kunden folgen die persönliche Bestätigung sowie die Erfassung der Adressen der Teilnehmer für die Zusendung des Workshop-Materials. Die Zusendung der Workshop-Materialien erfolgt in einem **Erlebnispaket.** Das sogenannte Erlebnispaket steht dabei im Fokus der Schaffung des Kundenerlebnisses. Es ist unterteilt in drei geschlossene und nicht einsehbare Bereiche und weckt dadurch bereits im Intro die Neugierde des Teilnehmers.

Den ersten Bereich dürfen die Teilnehmer bereits vor dem Workshop öffnen. Darin befinden sich ein persönliches Anschreiben und eine Agenda des Workshops. Zusätzlich ist ein QR-Code mit dem Link zu einer Online-Befragung beigefügt. Diese dient der Identifikation der Schwerpunktthemen und Bedürfnisse der unterschiedlichen Personen im Buying Center. Dadurch wird ermöglicht, jeden Workshop vorab auf die spezifischen Themen des Kunden auszurichten und konkret auf die jeweiligen Bedürfnisse der Personen im Buying Center einzugehen. Dadurch sollen die Kundenorientierung sowie die Qualität des Workshops für die Teilnehmer erhöht werden (Hartmann, 2011). Zusätzlich können das persönliche Involvement und die greifbare Aufbereitung der Inhalte, zum besseren Wissenstransfer, sichergestellt werden. Die beiden übrigen Bereiche dürfen erst während und nach dem Workshop geöffnet werden.

In der **Identifikations**-Phase beginnt der Workshop. Dabei werden die Teilnehmer in dem individuell angepassten Kreativraum vom Moderatorenteam in Empfang genommen. Hier kommen die bereits beschriebenen Instrumente für das Raumgefühl zum Einsatz. Anschließend stellen sich das Moderatorenteam sowie die Teilnehmer kurz vor. Die Moderatoren beginnen mit den Kommunikations- und Verhaltensregeln des virtuellen Workshops, indem sie den Einsatz von Stummschaltung und Wortmeldungen erklären, Informationen für die Chat-Möglichkeiten bieten und die passende Video- und Audioeinstellung aufzeigen. Danach werden die vorab erfassten, individuellen Schwerpunktthemen dargestellt und als zentraler Ausgangspunkt für den jeweiligen Workshop durch die Moderatoren vereint. Dies dient der direkten Identifikation der Teilnehmer mit den Workshop-Inhalten. Darauf folgend wird anhand der Workshop-Agenda dargestellt, wie gemeinsam eine Lösung erarbeitet wird.

Die anschließende Phase der **Vernetzung** beginnt mit dem Öffnen des zweiten Bereichs des Erlebnispakets. Dieser enthält alle weiteren benötigten Workshop-Materialien. Dazu gehören individuell anpassbare Materialien für den Workshop sowie Symbole für einen besseren digitalen Kommunikationsablauf. Indem sie diese Symbole in die Kamera halten, können die Teilnehmer ihre Zustimmung vermitteln, Gesprächsbedarf oder Rückfragen anmelden oder ein Veto einlegen. Dieser Prozess wird durch die Moderation maßgeblich gestützt und verhindert eine Unterbrechung des Workshop-Szenarios. Zusätzlich zu den Workshop-Materialien liegt dem Paket für das multisensuale Erlebnis Verpflegung bei, denn „unabhängig vom Inhalt der Veranstaltung ist die Verpflegung ein wichtiger Beitrag zum Eventcharakter" (Holzbaur, 2016, S. 87). Diese kann somit in der Pause gemeinsam von den Teilnehmern verzehrt werden und darüber hinaus zu informellen Kommunikationsmöglichkeiten führen (Holzbaur, 2016).

Im Anschluss an die Erläuterung der Inhalte des Pakets beginnt die zentrale Kollaborationsphase des Workshops. Diese besteht aus vier Phasen, beginnend mit einem kurzen Präsentationseinstieg durch die Moderatoren, welche die zentralen Ansatzpunkte und Einsatzszenarien für die jeweilige Branche des Kunden vorstellen. Diese individuelle Aufbereitung soll zu einer höheren Identifikation und dadurch zu einem besseren Wissenstransfer führen. Darauf folgend konkretisieren die Teilnehmer in der ersten kollaborativen Arbeitsphase den Status quo. Dieser wird von einem weiteren Mitarbeiter im Online-Kollaborationstool festgehalten und von den Moderatoren ebenfalls am physischen Whiteboard für die Teilnehmer visualisiert. Innerhalb der dritten Phase folgt ein weiterer kurzer Block der Wissensanregung. Kreativtechniken zur folgenden Erarbeitung von Ideen werden kurz von den Moderatoren vorgestellt. Anschließend erarbeiten die Teilnehmer gemeinsam mit dem Moderationsteam am Online-Kollaborationstool erste Lösungen. Durch kurze Wiederholung und Übung soll der Wissenstransfer gewährleistet sowie ein hohes persönliches Involvement geschaffen werden.

Den **Höhepunkt** des Events stellt die anschließende Vorstellung der erarbeiteten Ideen dar. Zudem werden drei simultan erarbeitete Ansatzpunkte vorgestellt. Dies soll einen Perspektivwechsel der Teilnehmer ermöglichen. Anschließend verbinden die Teilnehmer die Ideen und leiten eine erste Priorisierung ab. In der anschließenden **Projektion** wird eine Feedbackrunde durchgeführt. Diese beinhaltet die Erfolgsmessung des Workshops. Den **Schluss** bildet eine Aussicht auf die nächsten gemeinsamen Schritte im potenziellen Kundenprojekt.

Zum **Ausklang** des Workshops wird der letzte Bereich des Erlebnispakets der Teilnehmer geöffnet. Darin befindet sich eine Flasche Wein ebenso wie ein alkoholfreies Getränk, welches die Teilnehmer nach dem Workshop im anschließenden virtuellen Tasting gemeinsam verkosten können. Dadurch soll erneut ein informeller Austausch stattfinden. Mithilfe von Informationen und Geschichten zur Herkunft und der Herstellung sollen zudem die Wertschätzung gesteigert und ein erlebnisreicher Abschluss des Events geschaffen werden.

Einen Überblick über die gesamte Workshop-Inszenierung gibt die nachfolgende Tabelle (vgl. Tab. 2).

3.2.5 Empfehlungen für die weitere Konzeption von virtuellen Events

Hinsichtlich der weiteren **Konzeption** des virtuellen Workshops sowie anderer virtueller Veranstaltungen sollten eine genaue Bedarfsplanung der Personen, eine Budgetplanung und eine Planung der Werbemaßnahmen erfolgen. Bei der Bedarfsplanung müssen neue Anforderungen an die Umsetzer von virtuellen Events miteinbezogen werden. Dazu gehören ein hohes technisches Know-how, beispielsweise zur Integration der verschiedenen Tools und Schnittstellen, ebenso wie das Wissen über Online-Ver-

Tab. 2 Die Workshop-Inszenierung (in Anlehnung an den Aufbau nach Grafen, 2017)

Workshop-Inszenierung	
Intro	Erlebnispaket Teil 1
	Individuelles Anschreiben, Workshop-Agenda, Befragung zu Schwerpunktthemen
Identifikation	Start des Workshops
	Empfang im digitalen Kreativraum, Vorstellungsrunde. Einführung in die Technik, Abbildung der Schwerpunktthemen der Teilnehmer, Workshop-Agenda
Vernetzung	Erlebnispaket Teil 2
	Individualisierbares Workshop-Material, Symbole für den Kommunikationsablauf, Verpflegung für die Pause
	Kollaborationsphase des Workshops (4 Phasen)
	1) Kurzpräsentation zur Digitalisierung von Unternehmen mit Einbezug der Schwerpunktthemen
	2) Gemeinsame Arbeitsphase zur Konkretisierung des Status quo
	3) Visualisierung der Ergebnisse durch die Moderation
	4) Kurzpräsentation zur Schaffung von Innovationen und Einsatz von Kreativtechniken
	5) Gemeinsame Arbeitsphase zur Erarbeitung von Ideen unter Moderation Visualisierung im Online-Kollaborationstool
Höhepunkt	Ergebnisphase des Workshops
	Vorstellung der kollaborativ entstandenen Ideen, Vorstellungen der weiteren Ideen der objective partner AG, Priorisierung der Ideen
Projektion	Evaluierungsphase des Workshops
	Feedbackrunde, Erfolgsmessung
Schluss	Abschluss des Workshops
	Aussicht auf gemeinsame mögliche nächste Schritte (Zeitaussicht)
Ausklang	Erlebnispaket Teil 2
	Virtuelles Wine-Tasting (+alkoholfreies Getränk)

halten von Teilnehmern (Neunecker, 2020). Zudem darf die Budgetplanung nicht außer Acht gelassen werden. Auch wenn durch die Verschiebung in den digitalen Raum die Transaktionskosten für die Teilnehmer erheblich reduziert werden, ist der Zeitaufwand für die Planung virtueller Events nicht geringer als bei physischen Veranstaltungen. Ebenso dürfen die Kosten für das technische Equipment und die Werbungskosten für Online-Formate nicht vernachlässigt werden. Zusätzlich sollten Marketingmaßnahmen zur Bewerbung des Event-Formats konzipiert werden. Zur Kommunikation mit einer B2B-Zielgruppe empfehlen sich beispielsweise Werbemaßnahmen über die Business-Plattformen Xing oder LinkedIn, wie bezahlte Veranstaltungsseiten oder Anzeigen auf der Startseite der Zielgruppe, sogenannte Paid Media (vom Unternehmen bezahlte Medienkanäle). In Verbindung damit sollte die sogenannte Owned Media (zum Unternehmen gehörende Medienkanäle) genutzt werden. Dazu gehören eigene Social-Media-Kanäle, der eigene Blog sowie Foren und Communities. Über diese Kommunikation ist es Teilnehmern des Formats möglich, bereits vor der Veranstaltung als Multiplikator zu wirken und die Botschaft über die eigenen Kanäle mit ihrem Netzwerk zu teilen (Dams & Luppold, 2016). Im Zuge dessen sprechen wir von der sogenannten Earned Media (Kommunikation auf unabhängigen Kanälen). Dies erhöht nicht nur nachhaltig die Reichweite der Botschaft und kann zur Ansprache neuer Zielgruppen führen, sondern trägt auch dazu bei, dass die Botschaft authentisch vermittelt wird (Hartmann, 2011).

Daran anschließend sollte für die **Vorbereitungsphase** jedes spezifischen Workshops ein Briefing für alle beteiligten Personen vorbereitet werden. Dieses sollte das Ziel der Veranstaltung, den Anspruch an die Interaktion mit dem Kunden, die erwarteten Teilnehmer, die technische Umsetzung, die Ansprechpartner für den technischen Support, die Dokumentation sowie die einsetzbaren Medien erläutern (Knauer, 2020b). Des Weiteren sollten Moderationstrainings mit den eingeplanten Mitarbeitern durchgeführt werden. Besonders die Moderation stellt einen entscheidenden Punkt dar, da sie die Partizipation und somit auch das Erlebnis der Teilnehmer maßgeblich beeinflusst (Michalski et al., 2017). Die Moderatoren benötigen dafür methodisch-didaktische Fähigkeiten sowie soziale, medientechnische und kommunikative Kompetenzen (Magerhans et al., 2013). Zudem sollten bereits in der Vorbereitungsphase die technische Umsetzung und der komplette Ablauf des Workshops erprobt werden. Dadurch können Schwierigkeiten in der technischen Umsetzung oder dem Ablauf frühzeitig erkannt und behoben werden.

Neben diesen weiteren Schritten der Konzeption sollte eine konsistente Einbettung in den bestehenden Marketing-Mix gewährleistet sein. Dazu muss der Fokus auf die sinnhafte Verbindung der Unternehmensbotschaften gelegt werden, damit die Kommunikation eine eindeutige Positionierung erreichen kann.

3.3 Execute: Must-Haves für die Durchführung von virtuellen Formaten

Für die **Durchführungsphase** ist eine genaue Ausarbeitung der Ablaufsteuerung und Moderation nötig. Dazu sollte eine detailgenaue Regieplanung des Workshops erarbeitet werden, welche die Programmpunkte, die Zeiten, die Dauer, die Akteure, die geplanten Aktionen des jeweiligen Programmpunktes, die genutzten Tools und Medien, das Sendebild und die Story aufzeigt (Knauer, 2020c). Zudem sollte am Veranstaltungstag ein weiterer Technik-Check durchgeführt werden. Dabei müssen die Bild- und Tonqualität, die Lichteinstellung, die Kameraausrichtung und die Hintergründe sowie das Screen Sharing final getestet werden. Zudem ist es wichtig, mögliche Technik-Ausfälle einzukalkulieren und Ausweichszenarien festzulegen.

Für die **Nachbereitung** muss ein Follow-up-Prozess für die Teilnehmer konzipiert werden. Hinsichtlich der nächsten Schritte mit dem Kunden ist es sinnvoll, bereits im Workshop feste Termine zu vereinbaren. Trotzdem ist es angebracht, im Nachgang zur Veranstaltung eine Danksagung für die Teilnahme sowie die Dokumentation der Veranstaltung zu versenden, die aus allen relevanten Dokumenten der Veranstaltung besteht. Hinsichtlich des Praxisbeispiels handelt es sich dabei um die Workshop-Agenda, die Ergebnisse der kollaborativen Zusammenarbeit, die erarbeiteten Lösungen und die Termine für die nächsten Schritte.

3.4 Assessment: Empfehlungen zur kontinuierlichen Erfolgskontrolle von virtuellen Formaten

Entscheidend ist eine **kontinuierliche Erfolgskontrolle** von virtuellen Veranstaltungen, denn gerade die Erfolgsmessung stellt einen entscheidenden Punkt für die Optimierung und Nachhaltigkeit einer Live-Communication-Maßnahme dar. Zudem muss zwingend überprüft werden, ob durch die beschriebenen Instrumente eine digitale Überführung der Erfolgsfaktoren der Live Communication gelungen ist. Dazu sollte eine Vergleichsmessung angestrebt werden, welche die Ausprägung von Multisensualität, persönlichem Kontakt, Emotionalität, Erfahrbarkeit, Erlebnis und Wissenstransfer (Knoll, 2016) sowohl für die virtuelle Veranstaltung als auch rückwirkend für bereits durchgeführte physische Veranstaltungen erhebt. So können die Ergebnisse der physischen Veranstaltung langfristig als Benchmark für die Erfolgsmessung der digitalen Überführung dienen. Darüber hinaus ist eine Erfolgsmessung über den sogenannten **NPS** *(Net Promoter Score)* möglich. Dazu sollen die Teilnehmer in der Feedbackrunde anonym die Frage beantworten: „Wie wahrscheinlich ist es auf einer Skala von 1 bis 10, dass Sie unsere virtuelle Veranstaltung an Freunde weiterempfehlen würden?" Teilnehmer mit einem Ranking von 9 bis 10 sind als **Promoter** einzustufen, welche den virtuellen Workshop aktiv weiterverbreiten und somit die Erreichung der gesetzten Ziele ermöglichen. Ein Ranking von 7 bis 8 ordnet die Teilnehmer hingegen als **Passive** ein. Es handelt sich dabei zwar um zufriedene Teilnehmer, sie sind jedoch weiterhin für Konkurrenzangebote offen. Bei einer Bewertung von 1 bis 6 sind die Teilnehmer den **Detraktoren** zuzuordnen, welche dem Event durch negative Kommunikation schaden können. Der NPS berechnet sich anschließend aus dem prozentualen Anteil der Promoter abzüglich des prozentualen Anteils der Detraktoren. Dadurch ergibt sich eine messbare Größe für die kontinuierliche Erfolgskontrolle von virtuellen Veranstaltungen (Knauer, 2020b).

4 Schlussbetrachtung

Die vorangegangenen Ausführungen haben ein theoretisches Fundament für die Entwicklung der Live Communication und die Übertragung von Veranstaltungen in den virtuellen Raum dargeboten. Dabei wurden verstärkt auf die Theorie der Experience eingegangen. Die Betrachtung zeigt, dass Kundenerlebnisse zum entscheidenden Kaufkriterium unserer Zeit geworden sind und diese im besonderen Maße durch die Live Communication geschaffen werden können. Durch die Situation der Corona-Pandemie ist für viele Branchen eine Verschiebung ihrer Live-Communication-Maßnahmen in den digitalen Raum unerlässlich. Der Beitrag zeigt dazu die zentralen Vor- und Nachteile von realen, hybriden und virtuellen Veranstaltungen auf. Die zentralen Vorteile von virtuellen Veranstaltungen liegen dabei klar auf der Hand: Sie ermöglichen eine höhere Reichweite, die Überwindung von Ortsgebundenheit und eine signifikante Senkung der Transaktionskosten für die Teilnehmer (Kostenersparnis, Zeitersparnis und Klimafreundlichkeit). Jedoch müssen virtuelle Veranstaltungen die Nachteile von Multisensualität, Erfahrbarkeit und Kontaktintensität sowie neue Herausforderungen wie Monotonie, fehlende Interaktion und fehlenden informellen Austausch und schließlich das Ausbleiben emotionaler Erlebnisse überwinden.

Das Praxisbeispiel der Konzeption eines initialen virtuellen Kundenworkshops zeigt viele Ansatzpunkte der Übertragung der Erfolgsfaktoren von Live Communication auf. Dazu gehört der Einsatz von Videoconferencing-Software, Online-Kollaborationstools, Raumgefühl sowie physischem Workshop-Material zur Erreichung von Multisensualität, persönlichem Kontakt, Interaktion, Erfahrbarkeit und Emotionalität in der virtuellen Live Communication. Zudem konnte der Fokus auf das Erlebnis durch den dramaturgischen Einsatz der Inszenierung des Events sowie den Einsatz des Erlebnispakets exemplarisch dargestellt werden – ein entscheidender Aspekt, denn in Zeiten der Experience Economy reichen edukative Formate allein häufig nicht mehr aus (Hagen & Luppold, 2017). Durch den dargestellten Aufbau ist das Event hinsichtlich der Erlebnis-Bereiche der Experience Economy zwischen Entertainment und Education zu verorten. Der Kunde wechselt zwischen passiver und aktiver Partizipation, absorbiert jedoch den Großteil der Veranstaltung. Besonders die Immersion, das sogenannte Eintauchen des Teilnehmers, kann nur durch wenige Elemente des Events erreicht werden (virtuelle Weinprobe). Diese wird durch die virtuelle Ausgestaltung grundsätzlich eingeschränkt, denn eine starke Immersion lässt sich in erster Linie durch den Raum beeinflussen. Dieser kann in der digitalen Live Communication nur vollständig durch den Einsatz von Virtual Reality verändert werden und weist ansonsten eingeschränkte Anpassungsmöglichkeiten auf. Durch technische Lösungen wie virtuelle Räume kann trotzdem eine möglichst nahe Positionierung zum „Sweet Point" von Events erreicht werden.

Der Beitrag soll als theoretisches Fundament sowie als Inspiration für zukünftige virtuelle Live Communication verstanden werden. Sie ist unter Berücksichtigung der Einschränkungen durch Covid-19 oftmals als eine zentrale Maßnahme zur Sicherung des Geschäftsbetriebs zu verstehen. Jedoch muss hinsichtlich jeder virtuellen Live-Communication-Maßnahme evaluiert werden, ob sich der langfristige Einsatz für das Unternehmen lohnt. Sofern die Evaluation, bezogen auf die gesetzte Benchmark von bisherigen physischen Veranstaltungen, ergeben sollte, dass eine vergleichbare Akzeptanz für virtuelle Veranstaltungen erreicht werden kann, sind die zukünftigen Veranstaltungsformate an der entwickelten virtuellen Struktur auszurichten. Dafür spricht auch, dass die entwickelte virtuelle Struktur für den Kunden deutliche Vorteile hinsichtlich Zeit, Kosten und Klimaneutralität aufweist.

Literatur

Beständig, A. (23 Sept. 2020). Hybride Events – eine längst überfällige (R)Evolution. Xing Events: https://www.xing-events.com/de/ressourcen/blog/virtuelle-events/detail/hybride-eventseine-laengst-ueberfaellige-revolution.

Binckebanck, L. (2007). *Interaktive Markenführung – Der persönliche Verkauf als Instrument des Markenmanagements im B-TO-B-Geschäft* (1. Aufl.). Springer.

Brühe, C. (2003). Messen als Instrument der Live Communication. In: M. Kirchgeorg, W. M. Dornscheidt, W. Giese, & N. Stoeck (Hrsg.), *Handbuch Messemanagement* (S. 73–85). Gabler.
Bruhn, M. (2013). *Kommunikationspolitik – Systematischer Einsatz der Kommunikation für Unternehmen* (7. Aufl.). Vahlen.
Bruhn, M., & Hadwich, K. (2012). Customer Experience – Eine Einführung in die theoretischen und praktischen Problemstellungen. In M. Bruhn & K. Hadwich (Hrsg.), *Customer experience* (S. 3–36). Gabler.
Burmann, C., & Launspach, J. (2010). Identitätsbasierte Betrachtung von B-to-B-Marken. In C. Baumgarth (Hrsg.), *B-to-B-Markenführung* (S. 155–178). Gabler.
Dams, C. M., & Luppold, S. (2016). *Hybride Events – Zukunft und Herausforderung für Live Kommunikation* (1. Aufl.). Springer.
Eisermann, U., Winnen, L., & Wrobel, A. (2014). *Praxisorientiertes Eventmanagement: Events erfolgreich planen, umsetzen und bewerten* (1. Aufl.). Springer.
Erber, S. (2005). Eventmarketing – Erlebnisstrategien für Marken, 4. Aufl. mi-Fachverlag.
Ermer, B. (2014). *Markenadäquate Gestaltung von Live Communication-Instrumenten* (1. Aufl.). Gabler.
FAMAB Kommunikationsverband e.V. (2017). Kommunikationsetats – Verteilung in Deutschland 2016. Statista: https://de.statista.com/statistik/daten/studie/323497/umfrage/gesamtvolumen-derkommunikationsetats-in-deutschland/.
Fleck, M., & Niermann, C. (2016). Das Hands-on-Prinzip. In T. Knoll (Hrsg.), *Neue Konzepte für einprägsame Events* (S. 13–27). Springer.
Fremer, T., & Naughton, C. (2017). MEINS: Partizipative Events. In C. Bühnert & S. Luppold (Hrsg.), *Praxishandbuch Kongress-, Tagungs- und Konferenzmanagement* (S. 733–748). Springer.
Gabler Wirtschaftslexikon (4. Feb. 2018a). SWOT-Analyse. Gabler Wirtschaftslexikon: https://wirtschaftslexikon.gabler.de/definition/swot-analyse-52664/version-275782.
Gabler Wirtschaftslexikon (15. Feb. 2018b): Buying Center. Gabler Wirtschaftslexikon: https://wirtschaftslexikon.gabler.de/definition/buying-center-29360/version-252970.
Gaus, H. (2001). *Warum Gestern über Morgen erzählt* (1. Aufl.). Garant.
Grafen, J. (2017). Schauplatz Bühne. In C. Bühnert & S. Luppold (Hrsg.), *Praxishandbuch Kongress-, Tagungs- und Konferenzmanagement* (S. 99–112). Springer.
Hagen, D., & Luppold, S. (2017). Matchmaking: Steuerungsinstrument für Interaktion und Netzwerkbildung – Ansatz zur Incentivierung und Emotionalisierung. In C. Zanger (Hrsg.), *Events und Erlebnis* (S. 251–261). Gabler.
Hartmann, D. (2011). Live Communication und Social Media – die perfekte Symbiose. *Marketing Review St. Gallen, 28*(2), 34–39.

Holland, H. (2020). Customer experience management. In H. Holland (Hrsg.), *Digitales Dialogmarketing* (S. 1–10). Gabler.

Holzbaur, U. (2016). Wirksame Events. In U. Holzbaur (Hrsg.), *Events nachhaltig gestalten* (S. 31–104). Gabler.

Kirchgeorg, M., Bruhn, M., & Hartmann, D. (2011). Live Communication im Wandel der Kommunikationsportfolios – Substitution oder Integration? *Marketing Review St. Gallen 28*(2), 7–13.

Kirchgeorg, M., & Ermer, B. (2014). Live Communication: Potenziale von Events, Veranstaltungen, Messen und Erlebniswelten. In A. Zerfaß & M. Piwinger (Hrsg.), *Handbuch Unternehmenskommunikation* (S. 691–706). Gabler.

Kirchgeorg, M., Ermer, B., & Wiedmann, M. (2017). Szenarioanalyse: Messen & Live Communication. In: M. Kirchgeorg, W. M. Dornscheidt, & N. Stoeck (Hrsg.), *Handbuch Messemanagement* (S. 133–150). Gabler.

Kirchgeorg, M., & Klante, O. (2003). Strategisches Messemarketing. In M. Kirchgeorg, W. M. Dornscheidt, W. Giese, & N. Stoeck (Hrsg.), *Handbuch Messemanagement* (S. 365–390). Gabler.

Kirchgeorg, M., Springer, C., & Brühe, C. (2009). *Live communication management* (1. Aufl.). Gabler.

Knauer, B. (13. Juli 2020a). XING Events: Sechsmal so viele Online-Events wie 2019. Event Crisis: https://eventcrisis.org/de/articles/237-xing-events-sechsmal-so-viele-online-events-wie-2019.

Knauer, B. (7. Sept. 2020b) Die 18 wichtigsten KPIs zur Erfolgsmessung Ihres Online-Events. Xing Events: https://www.xing-events.com/de/ressourcen/blog/virtuelle-events/detail/die-18wichtigsten-kpis-zur-erfolgsmessung-ihres-online-events.

Knauer, B. (15. Sept. 2020c). Das perfekte Briefing für glückliche Speaker und Moderatoren. Xing Events: https://www.xing-events.com/de/ressourcen/blog/businessveranstaltung/detail/das-perfekte-briefing-fuer-glueckliche-speaker-und-moderatoren

Knoll, T. (2016). Partizipation: vom Teilnehmer zum Teilhaber. In T. Knoll (Hrsg.), *Neue Konzepte für einprägsame Events* (S. 1–11). Gabler.

Knoll, T. (2018). *Veranstaltungsformate im Vergleich* (1. Aufl.). Gabler.

Magerhans, A., Merkel, T., & Cimbalista, J. (2013). *Marktforschungsergebnisse zielgruppengerecht kommunizieren* (1. Aufl.). Gabler.

Mayer-Vorfelder, M. (2012). Konzeptualisierung der Entstehung von Kundenerfahrung. In M. Mayer-Vorfelder (Hrsg.), *Kundenerfahrungen im Dienstleistungsprozess* (S. 79–134). Gabler.

MCI Deutschland GmbH (2020). Voice of Participants: Studie zu Chancen und Herausforderungen von virtuellen Messen und Events aus Teilnehmersicht. https://www.mci-live.de/wpcontent/uploads/2020/08/Virtuelle_Messen_Thesenpapier.pdf

Meffert, H., Backhaus, K., & Becker, J. (2002). Erlebnisse um jeden Preis. Was leistet Event-Marketing? Dokumentationspapier Nr. 156 der Wissenschaftlichen Gesellschaft für Marketing und Unternehmensführung e. V.

Meffert, H., Burmann, C., Kirchgeorg, M., & Eisenbeiß, M. (2019). *Marketing – Grundlagen marktorientierter Unternehmensführung; Konzepte, Instrumente, Praxisbeispiele* (13. Aufl.). Gabler.

Michalski, U., Gehlert, O., Tandler, P., & Dieckmann, F. (2017). Erlebnis Inszenierte Digitale Moderation: Wertschätzende Partizipation in großen Gruppen. In C. Zanger (Hrsg.), *Events und Erlebnis* (S. 263–285). Gabler.

Mildenberger, T., & Burger, M. (2017). Digitale, virtuelle und hybride Konferenzformate. In: C. Bühnert & S. Luppold (Hrsg.), *Praxishandbuch Kongress-, Tagungs- und Konferenzmanagement* (S. 139–159). Gabler.

Neunecker, M. (7. Mai 2020). Neue Möglichkeiten für die virtuelle Live-Kommunikation. Event Crisis: https://www.eventcrisis.org/de/articles/146-neue-moglichkeiten-fur-die-virtuelle-livekommunikation.

Pine, B. J., Pine, J., & Gilmore, J. H. (1998). Welcome to the experience economy. *Harvard Business Review, 76*(4), 97–106.

Pine, B. J., Pine, J., & Gilmore, J. H. (2011). *The experience economy: Work is theatre & every business a stage* (2. Aufl.). Havard Business School Press.

Prahalad, C. K., & Ramaswamy, V. (2004). Co-creation experiences: The next practice in value creation. *Journal of Interactive Marketing, 18*(3), 5–14.

Richter, M. (2017). Lernen. In: C. Bühnert & S. Luppold (Hrsg.), *Praxishandbuch Kongress-, Tagungs- und Konferenzmanagement* (S. 721–732). Gabler.

Rietbrock, T. (2017). Digitalisierung in der Live-Kommunikation. In C. Zanger (Hrsg.), *Events und Erlebnis* (S. 241–249). Gabler.

Röthlisberger, S. (2017). Erlebnisse mit Format. In: C. Bühnert & S. Luppold (Hrsg.), *Praxishandbuch Kongress-, Tagungs- und Konferenzmanagement* (S. 77–85). Gabler.

Sandström, S., Edvardsson, B., Kristensson, P., & Magnusson, P. (2008). Value in use through service experience. *Managing Service Quality: an International Journal, 18*(2), 112–126.

Schreiber, M. T., Kunze, R., & Dessi, A. (2020). Meeting- und Event-Barometer Deutschland 2019/2020. GCB German Convention Bureau: https://www.dropbox.com/s/w5c8wspbt0q2l79/MEBa_ManagementInfo_2020.pdf?dl=0.

Schultze, M. (2017). Future Meeting Space – Zukunft von Veranstaltungen aktiv gestalten. In: T. Knoll (Hrsg.), *Veranstaltungen 4.0* (S. 253–266). Gabler.

Schultze, M. (9. Sept. 2020). Erfolgsfaktor Teilnehmer-Experience – Events, die begeistern. Xing Events: https://www.xing-events.com/de/ressourcen/blog/event-marketing/detail/erfolgsfaktor-teilnehmer-experience-events-die-begeistern.

Zanger, C. (2001). Eventmarketing. In D. Tscheulin & B. Helmig (Hrsg.), *Branchenspezifisches Marketing* (S. 831–853). Gabler.

Zanger, C. (2007). Eventmarketing als Kommunikationsinstrument – Entwicklungsstand in Wissenschaft und Praxis. In: O. Nickel (Hrsg.), *Eventmarketing: Grundlagen und Erfolgsbeispiele* (S. 12–26). Vahlen.

Zanger, C. (2014). *Ein Überblick zu Events im Zeitalter von Social Media* (1. Aufl.). Springer.

Lea Ott ist Marketing Specialist bei der objective partner AG. Durch ihr Studium der Politikwissenschaft an der Universität Mannheim und den dualen Master mit Schwerpunkt auf Medien und Marketing am DHBW CAS begeistert sie sich für den gesellschaftlichen Wandel und digitale Kommunikation – vor allem für Live Communication und die damit verbundenen neuen Möglichkeiten. Als Expertin für Brand- und Live Communication im B2B-Umfeld treibt sie aktiv die Übertragung von realen Business-Veranstaltungen in den digitalen Raum. Ihre mehrjährige Erfahrung in der Konzeption und Durchführung von Webinaren und virtuellen Meet-ups lieferten hierfür wertvolle Erkenntnisse.

Eine visuelle Expedition durch die Entstehungsgeschichte der einzelnen Beiträge

Für jeden Buchbeitrag hat Hans-Jürgen Frank, Mitherausgeber dieses Buches und Dialogarchitekt, eine oder mehrere Zeichnungen angefertigt, für die meisten Beiträge live in Online-Konferenzen.

Dabei hat er im Gespräch mit den Herausgebern und den Autoren deren Vorhaben beim Zeichnen reflektiert, bei der Strukturierung unterstützt und bei der Fokussierung assistiert (Abb. 1).

Schließlich hat er die markantesten Punkte eines Beitrags auf jeweils einer Seite zusammengefasst. Das ist der Überblick, den Ihnen die nächsten 21 Bildseiten liefern – eine Sammlung aller Beiträge in diesem Band.

Wenn Sie alle Bildseiten nebeneinander an die Wand hängen, gewinnen Sie einen Überblick über das gesamte Buch. Sprechen Sie mit anderen darüber, dann könnte es schon passieren, dass ihre Gesprächspartner*innen sagen: „Diese Erfahrungen und Hinweise lassen sich ja wirklich super kombinieren mit diesem da, und jenem!" Dabei gehen die Betrachter*innen an der Wand der Zeichnungen auf und ab, deuten hierhin und dorthin, kleben da und dort einen roten Punkt und sagen: „Diese fünf Erfahrungen und Hinweise will ich gleich bei der nächsten Online-Konferenz anwenden!" Jeder kann hier seine individuelle Kombination im Überblick und Zusammenhang markieren. Und vielleicht sagt dann jemand: „Aber das Interessanteste, ihr erinnert euch doch, das war der Punkt ganz rechts oben dort hinten an der Wand, und um ihn herum da war DAS und DAS und DAS…" Es wundert uns auch gar nicht, wenn der Inhaltspunkt dabei selbst

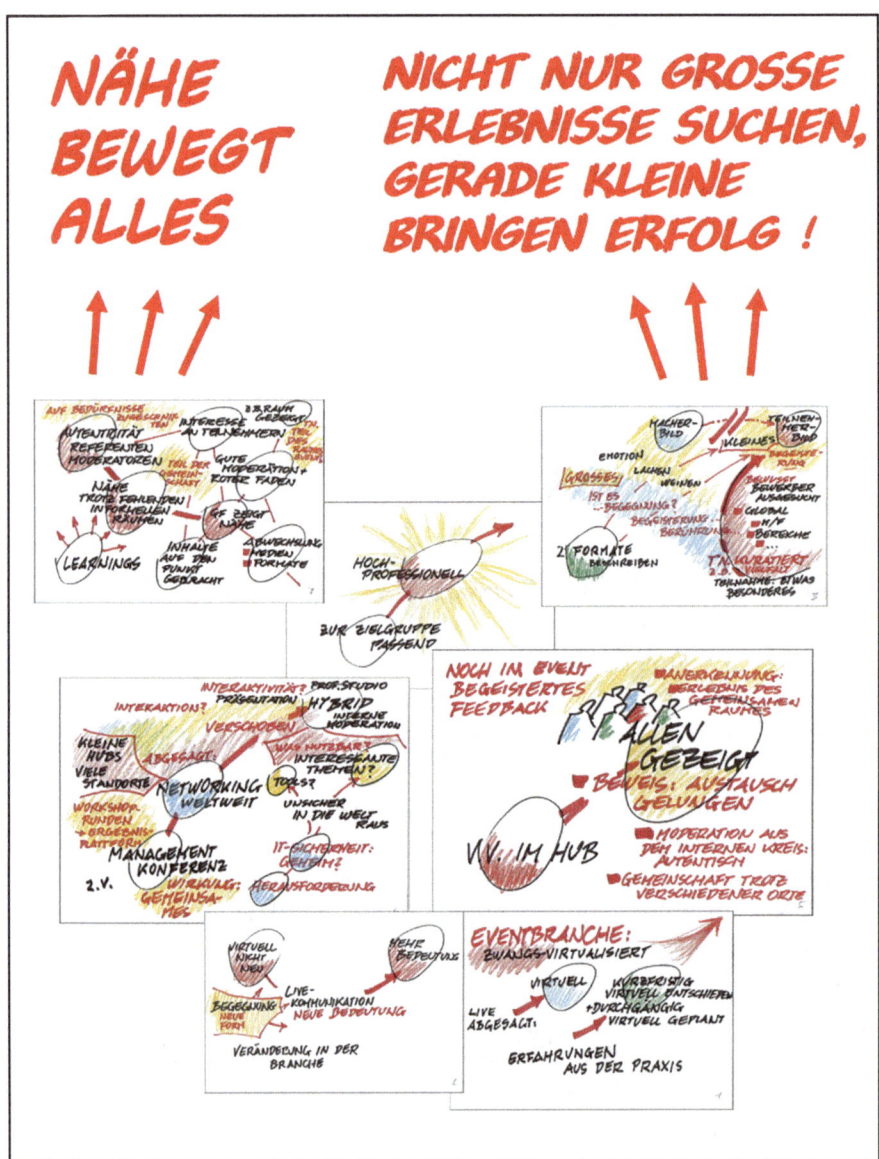

Abb. 1 Erster Versuch, Pattern mit Live-Zeichnungen aus der Online-Konferenz für den Beitrag „Zwangs-virtualisierte Events – Erfahrungen aus der Praxis" von Claudia Nielsen (Quelle: Frank 2021)

überhaupt nicht genannt ist und nur der Kontext explizit beschrieben wird. Wieder ist es dann gelungen, Zusammenhänge zu erkennen.

Damit Sie das so einfach wie möglich ausprobieren können, stellen wir Ihnen alle 21 Seiten online (www.beruehrende-online-veranstaltungen.de) zur Verfügung. So können Sie für sich auch die Größe des Ausdrucks bestimmen. Wir empfehlen zum Aufhängen an der Wand mindestens DIN A4. Das ist ungefähr doppelt so groß wie hier im Buch.

Alternativ können Sie die 21 Bildseiten aneinanderkleben und erhalten ein Leporello, das Sie gefaltet aufstellen können. Eine entsprechende Anleitung finden Sie online (Abb. 2).

Auch so gewinnen Sie einen Überblick und können Zusammenhänge, Gemeinsamkeiten oder Differenzen zwischen den Beiträgen erkennen. Oder Sie sagen einfach, das sind ja so vielfältige Blickrichtungen auf das Thema „Berührende Online-Veranstaltungen"!

Wir sind gespannt was Sie dazu meinen und wünschen viel Erfolg dabei, unsere Expedition fortzusetzen!

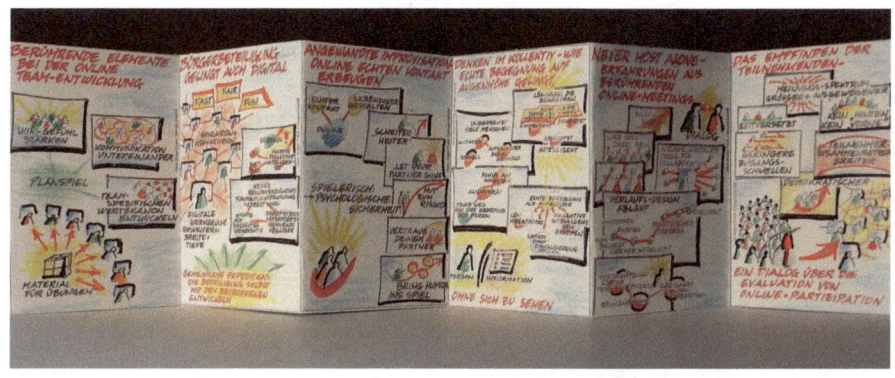

Abb. 2 Leporello (Quelle: Frank 2021)

Eine visuelle Expedition durch die Entstehungsgeschichte …

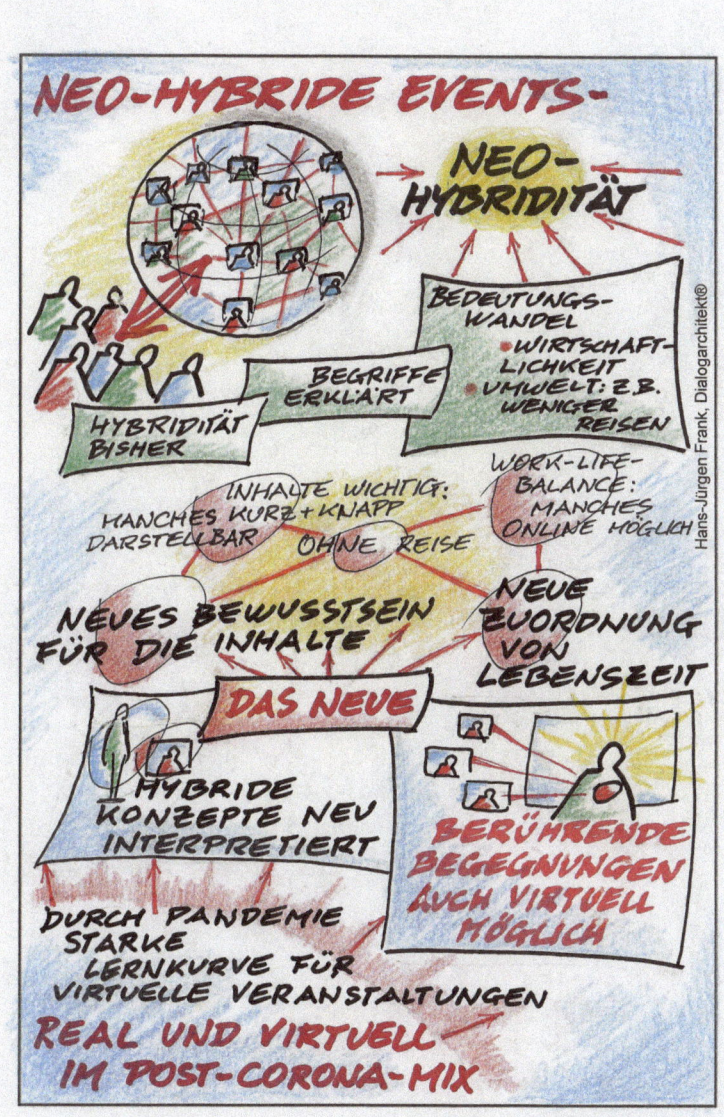

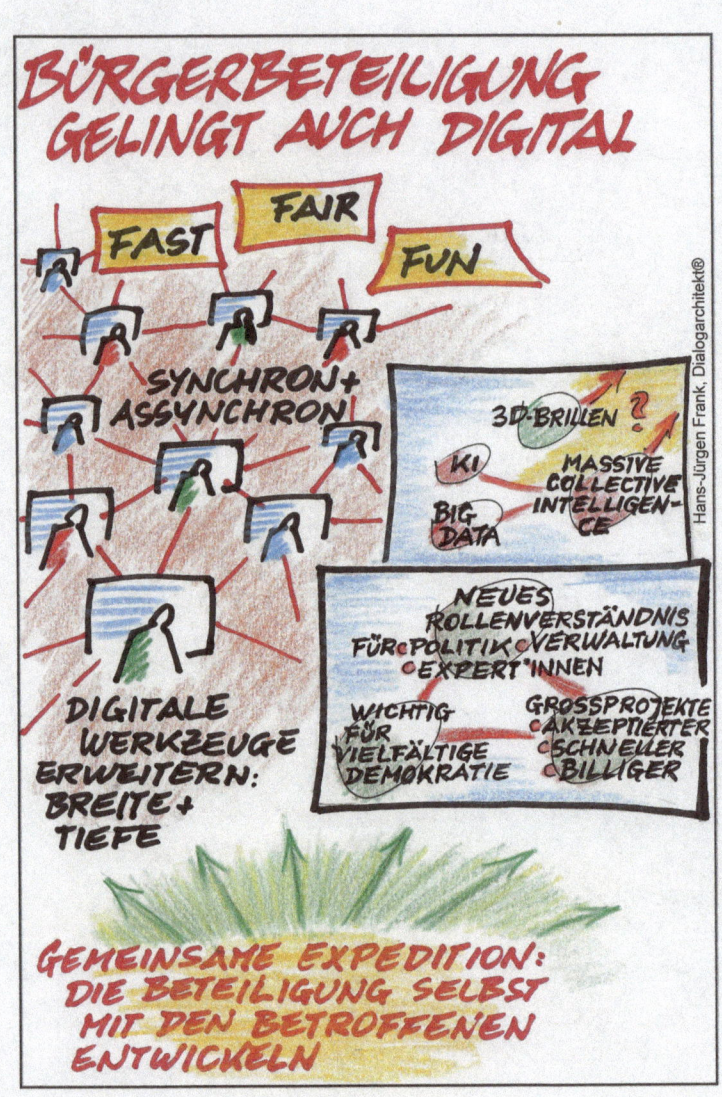

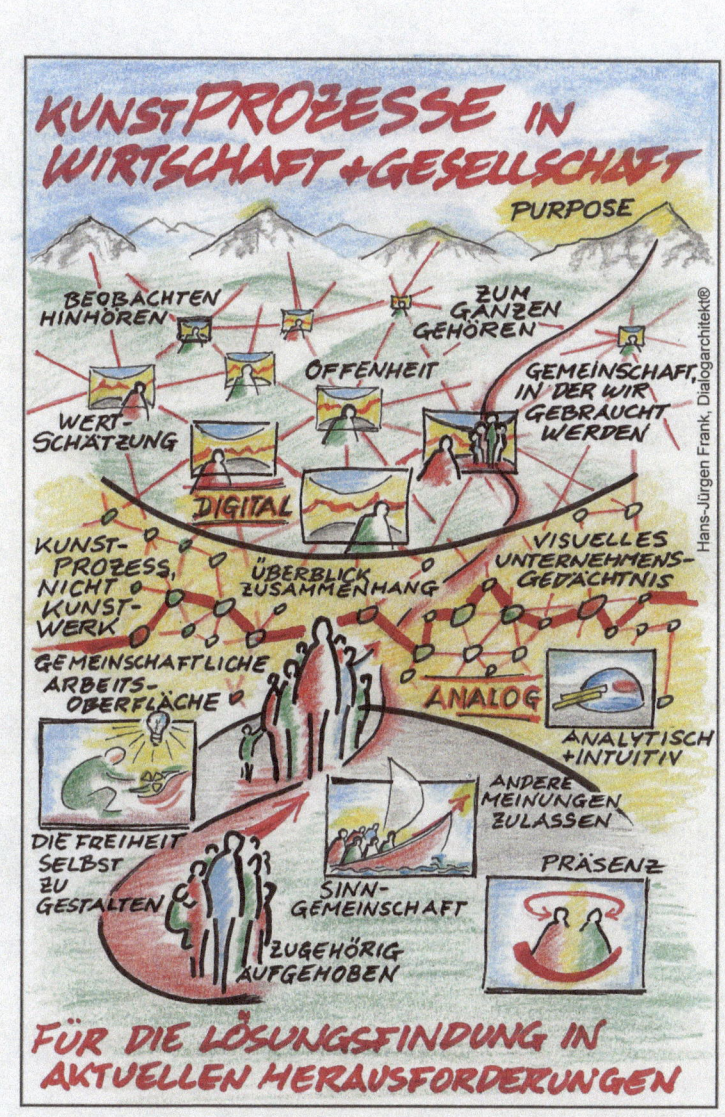

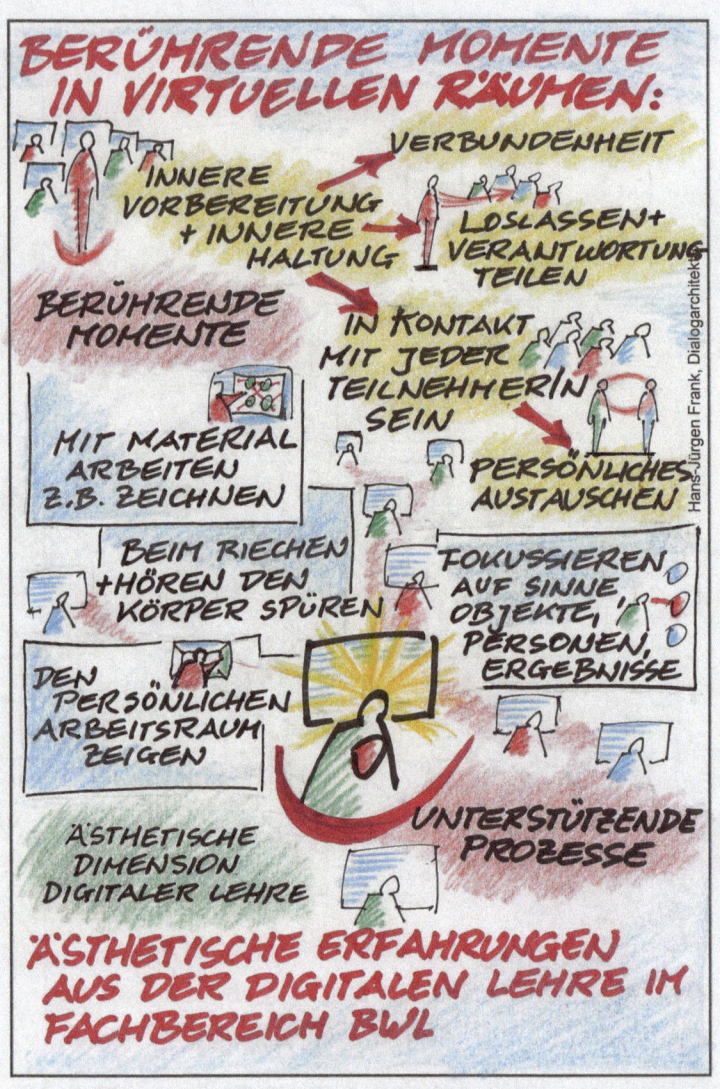

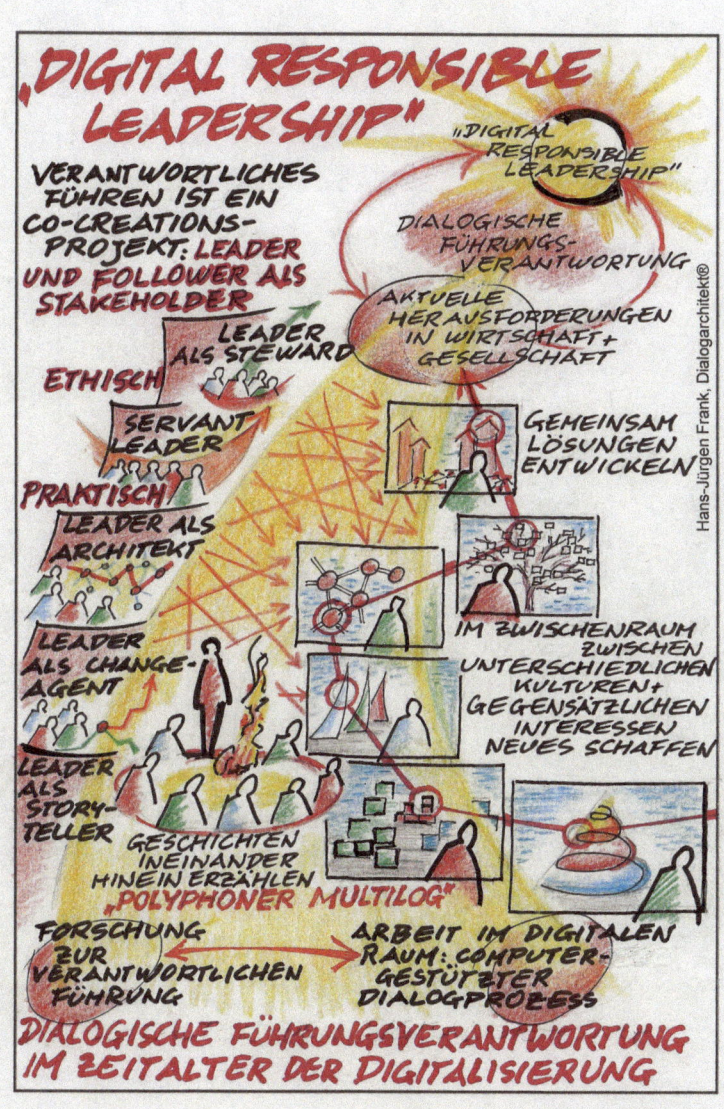

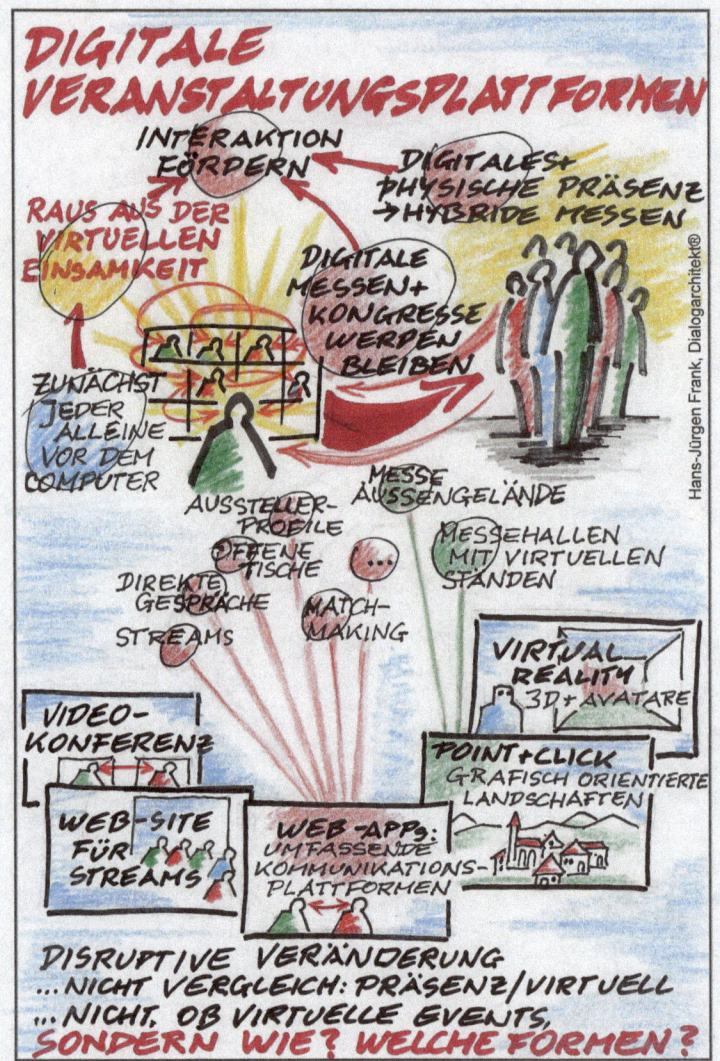

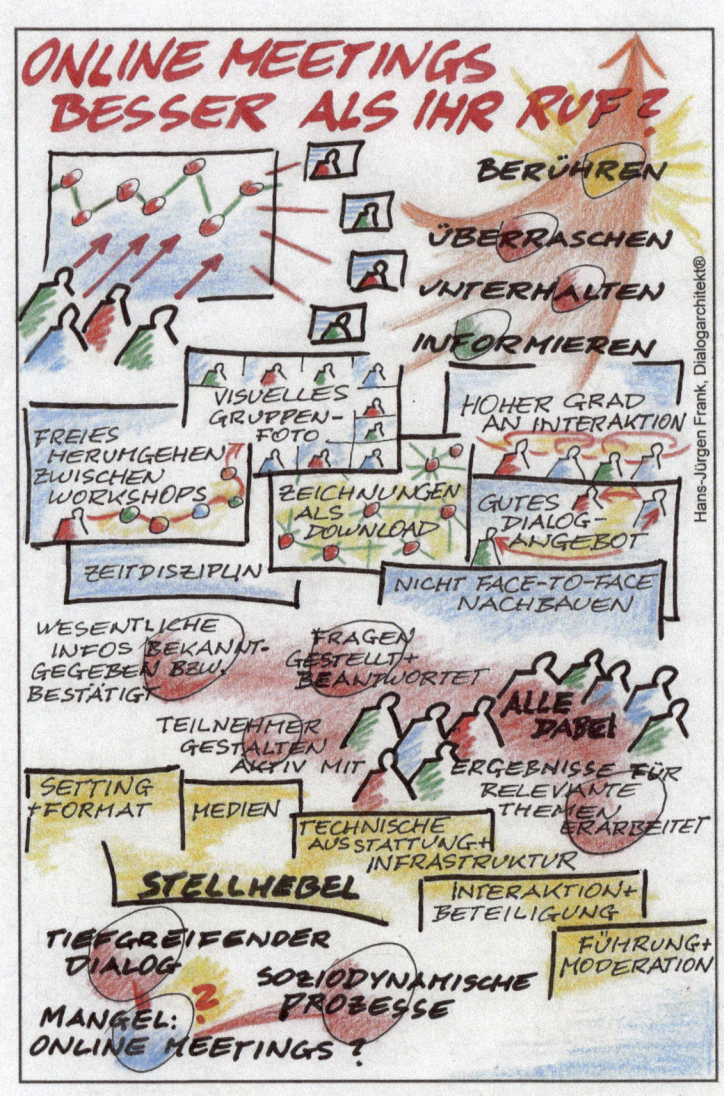

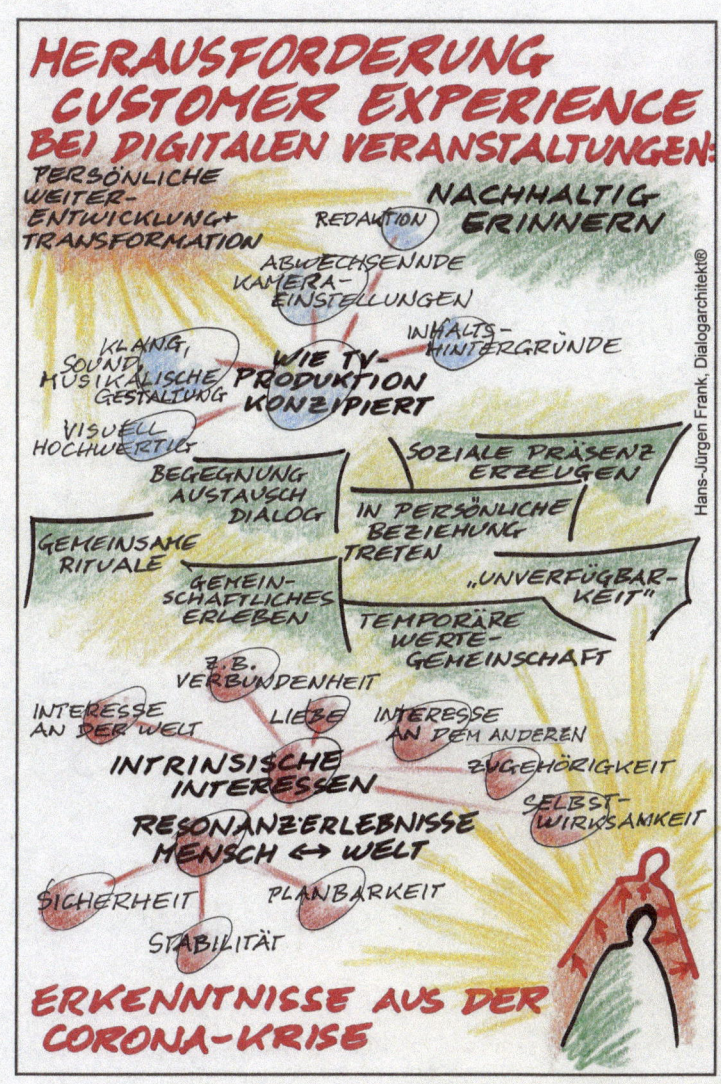

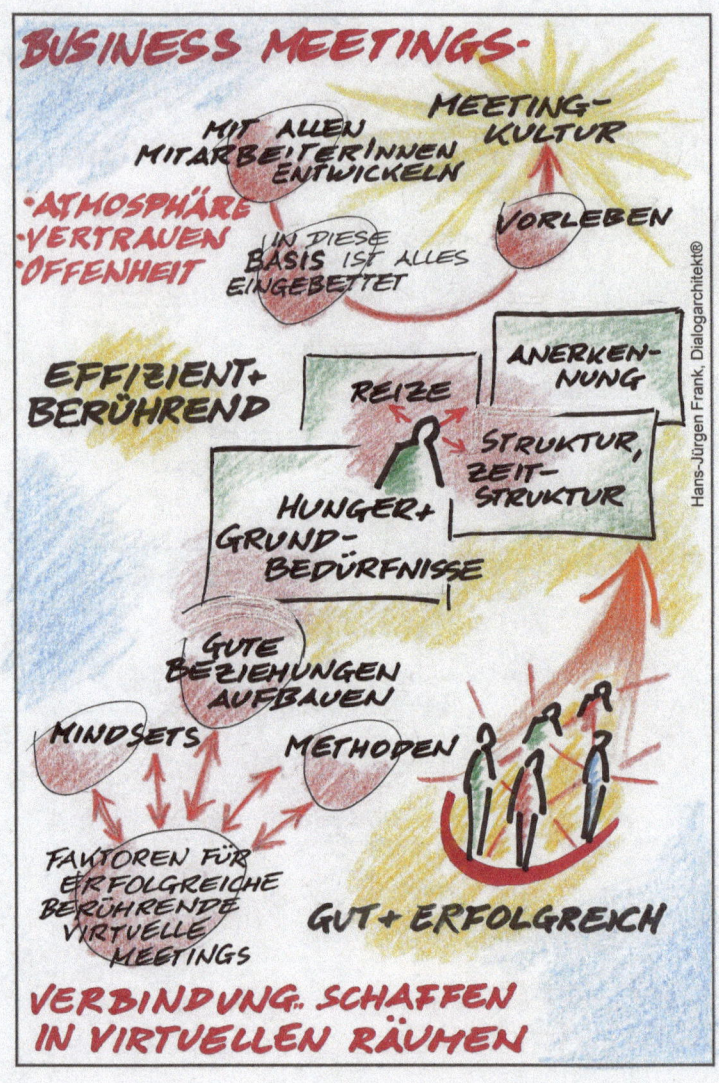

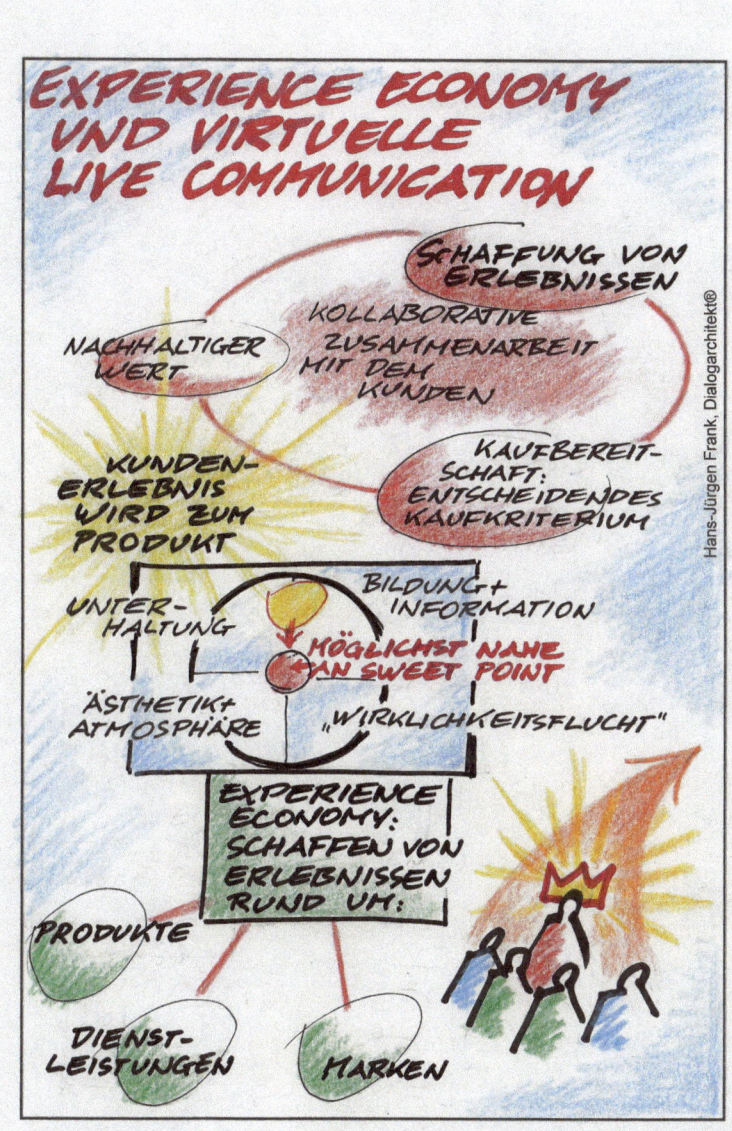

384 Eine visuelle Expedition durch die Entstehungsgeschichte …

 springer-gabler.de

Die kleine, feine Event-Bibliothek

Jetzt bestellen: springer-gabler.de